マリンバイオテクノロジー
―海洋生物成分の有効利用―
Marine Biotechnology

監修:伏谷伸宏

シーエムシー出版

刊行にあたって

　「海洋生物資源の有効利用」（内藤敦編）が1986年にシーエムシー出版から出版され，さらに一昨年には，この本の普及版が出版された。しかし，この20年近くの間に，マリンバイオテクノロジーという新研究分野が誕生するなど，海洋生物がもつ産業上のポテンシャルについて関心が高まるとともに，関連する研究も大きな発展を遂げた。特に，医薬素材の探索を中心とした研究の進展は顕著で，多数の医薬として重要な活性をもつ化合物が様々な海洋生物から発見された。それらのうち，30を越える化合物が抗がん剤や抗炎症剤として臨床試験に入っている。さらに，医薬ばかりでなく，近年の健康志向を反映して，多くの海洋由来の成分が機能性食品素材（健康食品，サプリメント）として開発されており，新しい産業として脚光を浴びている。また，「海洋生物資源の有効利用」に記載されている海洋生物成分に関する内容は大変時代遅れになっているばかりでなく，海洋微生物や海洋探索技術などにかなりの紙面がさかれており，記載されている海洋生物成分の範囲も限られている。一方，海洋生物成分に関する総説は散発的に出版されてはいるが，広い範囲の海洋生物に含まれる有用成分に関する単行本は，外国ではいくつか出版されているものの，我が国には見当たらない。そのため，最新の情報を盛り込んだ海洋生物成分に関する単行本の出版の要望が高まっていた。このような背景から「海洋生物成分の利用－マリンバイオのフロンティア－」を企画した。

　企画にあたっては，従来から注目されてきた抗がん，抗菌，抗炎症物質などの医薬素材ばかりでなく，医薬素材探索から派生した研究試薬，化粧品，機能性食品素材，ハイドロコロイド，レクチン，防汚剤，あるいはこれから注目されると思われる海洋タンパク質など，広い範囲の産業上有用な物質および候補物質を取り上げることとした。そして，当該研究に携わる第一線の研究者にお願いして，それぞれについて現状と将来展望を概説していただき，できるだけ多くの方々に海洋生物成分がいかに産業上魅力に富むかを認識していただき，かつ開発上の問題点も理解していただくことを目的とした。本書が企業で研究開発に携わっている方々はもとより，大学その他の研究機関の研究者の皆様に役立つことを願っている。最後に，多忙の中，執筆していただいた著者の皆さんに心より感謝申し上げる。

2005年3月

伏谷伸宏

普及版の刊行にあたって

本書は2005年に『海洋生物成分の利用―マリンバイオのフロンティア―』として刊行されました。普及版の刊行にあたり，内容は当時のままであり加筆・訂正などの手は加えておりませんので，ご了承ください。

2010年9月

シーエムシー出版　編集部

―― 執筆者一覧（執筆順）――

伏谷 伸宏	北海道大学　大学院水産科学研究科　生命資源科学専攻　客員教授；東京大学　名誉教授；マリンバイオテクノロジー学会　前会長 (現)一般財団法人 函館国際水産・海洋都市推進機構　機構長	
浪越 通夫	(現)東北薬科大学　天然物化学教室　教授	
沖野 龍文	北海道大学　大学院地球環境科学研究科　助教授	
塚本 佐知子	(現)熊本大学　大学院生命科学研究部　天然薬物学分野　教授	
中尾 洋一	東京大学　大学院農学生命科学研究科　講師 (現)早稲田大学　先進理工学部　化学・生命化学科　准教授	
井口 和男	東京薬科大学　生命科学部　教授	
永井 宏史	東京海洋大学　海洋科学部　助教授	
木越 英夫	筑波大学　大学院数理物質科学研究科　教授	
末永 聖武	筑波大学　大学院数理物質科学研究科　講師 (現)慶應義塾大学　理工学部　化学科　准教授	
福沢 世傑	(現)東京大学　理学系研究科　助教	
宮本 智文	九州大学　大学院薬学研究院　助教授	
石橋 正己	(現)千葉大学　大学院薬学研究院　教授	
日根野 照彦	㈱資生堂　素材・薬剤開発センター	
矢澤 一良	(現)東京海洋大学　大学院ヘルスフード科学講座　教授	
幹　　渉	サントリー㈱　先進技術応用研究所　部長	
酒井　武	(現)タカラバイオ㈱　楠工場　副工場長	
加藤 郁之進	(元)タカラバイオ㈱	
藤田 裕之	(現)日本サプリメント㈱　研究開発部　部長	
吉川 正明	京都大学　大学院農学研究科　食品生物科学専攻　食品生理機能学　教授	
西成 勝好	大阪市立大学　大学院生活科学研究科　教授	
堀　 貫治	(現)広島大学　大学院生物圏科学研究科　教授	
村本 光二	東北大学　大学院生命科学研究科　教授	
小川 智久	(現)東北大学　大学院生命科学研究科　准教授	
神谷 久男	(現)学校法人 北里研究所　監事	
野方 靖行	(現)㈶電力中央研究所　環境科学研究所　生物環境領域　主任研究員	

執筆者の所属表記は，注記以外は2005年当時のものを使用しております．

目 次

第1章 海洋成分の研究開発 －概説と展望－　　　伏谷伸宏

1 はじめに ……………………………………1
2 医薬開発 ……………………………………2
3 研究試薬 ……………………………………3
4 その他 ………………………………………4
5 将来展望 ……………………………………5

第2章 医薬素材および研究用試薬

1 細菌および真菌 ………………浪越通夫…8
  1.1 はじめに ………………………………8
  1.2 抗菌，抗カビ，および抗ウイルス物質 …10
  1.3 抗腫瘍物質 …………………………20
  1.4 抗炎症物質その他 …………………30
  1.5 おわりに ……………………………38
2 藻類 ……………………………沖野龍文…47
  2.1 はじめに ……………………………47
  2.2 抗菌，抗カビ，および抗ウイルス物質 …48
  2.3 抗腫瘍物質 …………………………50
  2.4 酵素阻害剤 …………………………55
  2.5 研究用試薬 …………………………56
3 海綿 ……………………………塚本佐知子…60
  3.1 抗菌，抗カビ，および抗ウイルス物質 …60
    3.1.1 オーラントシド …………………60
    3.1.2 プチロミカリンA ………………61
    3.1.3 マンザミンA …………………61
    3.1.4 ジャスプラキノリド（ジャスパミド）
      …………………………………62
    3.1.5 セオネラミドF …………………62
    3.1.6 ミカラミドとオンナミド …………62
  3.2 抗腫瘍物質 …………………………63
    3.2.1 ギロリン ………………………63
    3.2.2 ベンガミド ……………………65
    3.2.3 アレナスタチンA ………………65
    3.2.4 ハリコンドリンB ………………65
    3.2.5 ディスコデルモリド ……………67
    3.2.6 HTI-286（ヘミアスタリン誘導体）67
    3.2.7 KRN-7000 ……………………68
    3.2.8 NVP-LAQ824 …………………69
    3.2.9 ロウリマリド …………………69
    3.2.10 ペロルシドA …………………70
    3.2.11 サリシリハリミドA ……………70
    3.2.12 バリオリン ……………………71
    3.2.13 ラトランクリンA ………………71
    3.2.14 スウインホリド・ミサキノリド
      （ビスセオネリド）……………72
    3.2.15 ミカロリド類 …………………73
    3.2.16 ディクチオデンドリン …………73
  3.3 抗炎症物質および血管拡張作用を示す
    化合物 ………………………………75
    3.3.1 抗炎症物質 ……………………75
    3.3.2 血管拡張作用を示す化合物 ……76
4 酵素阻害剤 ……………………中尾洋一…82
  4.1 はじめに ……………………………82
  4.2 ホスホリパーゼA_2阻害剤 ……………82

I

4.3 タンパク質リン酸化酵素 ……………82
4.4 タンパク質脱リン酸化酵素阻害剤 ……84
4.5 プロテアーゼ ……………………85
4.6 ヒストン脱アセチル化酵素 …………88
4.7 糖鎖生合成関連酵素 …………………88
4.8 レセプターおよびチャンネル作用物質…90
4.9 研究用試薬 ………………………92
4.10 おわりに ………………………93
5 刺胞動物 ……………………井口和男…97
　5.1 はじめに ………………………97
　5.2 抗腫瘍物質（腫瘍細胞増殖抑制物質，
　　　細胞毒性物質）……………………97
　　　5.2.1 テルペノイド …………………97
　　　5.2.2 ステロイド ……………………99
　　　5.2.3 プロスタノイド ……………100
　　　5.2.4 その他の化合物 ……………101
　5.3 抗菌物質,抗ウイルス物質,抗HIV物質 102
　5.4 骨粗鬆症改善物質,摂食阻害物質,魚毒
　　　物質,抗炎症物質 ………………103
6 ペプチド毒およびタンパク毒…永井宏史…106
　6.1 はじめに ………………………106
　6.2 これまでのペプチド・タンパク質毒素
　　　研究の概略 ……………………107
　6.3 有害立方クラゲ類のタンパク質毒素 …107
　6.4 有毒イソギンチャクのタンパク質毒素 109
　6.5 ヒドラのタンパク質毒素 ……………112
　6.6 イソギンチャクのペプチド毒素 ………112
　6.7 ペプチド・タンパク毒の有効利用 ……112
7 軟体動物…………木越英夫, 末永聖武…115
　7.1 軟体動物の抗腫瘍性物質 ……………115
　　　7.1.1 海洋動物タツナミガイ Dolabella
　　　　　auricularia由来の抗腫瘍性物質 …115
　　　7.1.2 カハラライドF ………………118

7.1.3 細胞骨格系タンパク質アクチンに作
　　　用する抗腫瘍性物質 ……………118
7.2 軟体動物の毒 ……………………124
　　7.2.1 イモガイの毒 …………………125
　　7.2.2 ピンナトキシン類 ……………127
　　7.2.3 ピンナミン ……………………128
　　7.2.4 その他の毒 ……………………129
8 紐形，扁形，環形，外肛，および半索動物
　　　………………………福沢世傑…132
　8.1 抗菌および抗腫瘍物質 …………132
　　　8.1.1 ネライストキシン ……………132
　　　8.1.2 テレピン ………………………132
　　　8.1.3 ボネリン ………………………133
　　　8.1.4 ハラクロム ……………………134
　　　8.1.5 （2-ヒドロキシエチル）ジメチル
　　　　　　スルフォキソニウムイオン ……134
　　　8.1.6 フィドロピン …………………134
　　　8.1.7 タムジャミン類 ………………134
　　　8.1.8 ブリオスタチン類 ……………135
　　　8.1.9 チャーテリン類 ………………138
　　　8.1.10 2,5,6-トリブロモ-N-メチルグ
　　　　　　ラミン ……………………138
　　　8.1.11 アマタマイド類 ………………139
　　　8.1.12 セファロスタチン類 …………139
　8.2 その他 ……………………………140
　　　8.2.1 アナバセインおよびネメルテリン 140
　　　8.2.2 フラストラミン類 ……………141
9 棘皮動物 ……………………宮本智文…145
　9.1 はじめに ………………………145
　9.2 抗菌，抗カビ，抗ウイルス活性物質 …145
　　　9.2.1 ヒトデとクモヒトデ …………145
　　　9.2.2 ナマコの抗菌，抗ウイルス活性物質
　　　　　　………………………………148

9.3 細胞毒性,受精卵割阻害物質 ……… 149
　9.3.1 細胞毒性,ウニ受精卵割阻害物質 ……… 149
9.4 神経突起伸展作用物質 ……… 152
　9.4.1 神経突起伸展作用を示すヒトデガングリオシド ……… 152
　9.4.2 神経突起伸展作用を示すナマコガングリオシド ……… 152
　9.4.3 神経突起伸展作用を有するウミユリのシアル酸含有スフィンゴリン糖脂質 ……… 153
　9.4.4 その他 ……… 154
9.5 ウニ精子,卵のガングリオシド ……… 154
9.6 先体反応に関与する生理活性サポニン ……… 155
9.7 忌避,付着阻害物質 ……… 155
9.8 その他 ……… 156
9.9 おわりに ……… 156
10 原索動物および魚類 ……… 石橋正己 ……… 159

10.1 はじめに ……… 159
10.2 抗菌および抗ウイルス物質 ……… 159
　10.2.1 ホヤの抗菌ペプチド ……… 159
　10.2.2 魚類の抗菌ペプチド ……… 161
　10.2.3 ホヤの抗ウイルス性βカルボリンアルカロイド ……… 161
　10.2.4 ホヤのHIVインテグラーゼ阻害物質 ……… 162
10.3 抗腫瘍物質 ……… 162
　10.3.1 ディデムニンとアプリジン ……… 162
　10.3.2 エクテナシジン ……… 164
　10.3.3 スクアラミン ……… 165
　10.3.4 AE-941 ……… 166
　10.3.5 その他の抗腫瘍薬候補物質 ……… 167
10.4 その他の生物活性天然物 ……… 169
　10.4.1 ホヤ ……… 169
　10.4.2 魚 ……… 174

第3章 化粧品　　日根野照彦

1 はじめに ……… 178
2 化粧品原料 ……… 178
3 化粧品特許にみる海洋成分の動向 ……… 180
4 海洋成分由来の化粧品原料 ……… 182
　4.1 海藻由来の化粧品原料 ……… 182
　　4.1.1 海藻抽出物 ……… 182
　　4.1.2 アルギン酸塩 ……… 185
　　4.1.3 フコイダン ……… 187
　4.2 海水・海泥由来の化粧品原料 ……… 187
　　4.2.1 海水乾燥物(海塩) ……… 187
　　4.2.2 海泥 ……… 188
　4.3 海洋動物由来の化粧品原料 ……… 188
　4.4 海洋微生物由来の化粧品原料 ……… 189
　　4.4.1 好熱性菌発酵物 ……… 190
　　4.4.2 深海動物由来多糖類(Deepsane) ……… 190
　　4.4.3 アルテミア抽出エキス ……… 191
　4.5 紫外線吸収剤 ……… 191
　4.6 その他 ……… 192
5 おわりに ……… 192

第4章 機能性食品素材（サプリメント）

1 水産機能性物質（マリンビタミン）
　………………………矢澤一良…194
　1.1 水産機能性物質（マリンビタミン）の機能
　　………………………………194
　1.2 魚食と健康 ……………………196
　1.3 マリンビタミンと予防医学 ……197
　1.4 水産系資源のリサイクル（ゼロエミッション）………………………198
2 海産性不飽和脂肪酸と健康……矢澤一良…200
　2.1 はじめに ………………………200
　2.2 EPAの薬理作用と医薬品開発 ……201
　2.3 DHAの薬理活性 ………………201
　　2.3.1 DHAの中枢神経系作用 ……202
　　2.3.2 DHAの発がん予防作用 ……205
　　2.3.3 DHAの抗アレルギー・抗炎症作用 …205
　　2.3.4 DHAの抗動脈硬化作用 ……206
　2.4 ヘルスフードとしてのEPAとDHA …207
3 カロテノイド………………幹　渉…209
　3.1 はじめに ………………………209
　3.2 「抗酸化」活性 ………………210
　　3.2.1 一重項酸素（$^1O_2$）………212
　　3.2.2 スーパーオキシドアニオンラジカル（$\cdot O_2^-$）……………………213
　　3.2.3 ヒドロキシルラジカル（・OH）…213
　　3.2.4 ペルオキシラジカル（LOO・）…213
　　3.2.5 過酸化脂質（LOOH）………213
　3.3 ヒト・動物へのカロテノイドの活用の可能性 ……………………214
　3.4 産業への活用 …………………217
4 フコイダンその他の海藻多糖類
　………………酒井武，加藤郁之進…219
　4.1 はじめに ………………………219
　4.2 海藻とそれらの多糖類 ………219
　　4.2.1 緑藻の多糖類 ………………219
　　4.2.2 紅藻の多糖類 ………………220
　　4.2.3 褐藻の多糖類 ………………221
　4.3 海藻多糖類の食品としての機能性 …223
　　4.3.1 ガラクタン …………………223
　　4.3.2 アルギン酸 …………………223
　　4.3.3 フコイダン …………………224
　4.4 おわりに ………………………226
5 アミノ酸およびペプチド類
　………………藤田裕之，吉川正明…228
　5.1 はじめに ………………………228
　5.2 アミノ酸 ………………………228
　　5.2.1 ヒスチジン …………………228
　　5.2.2 グリシン ……………………228
　　5.2.3 タウリン ……………………229
　　5.2.4 γ-アミノ酪酸 ………………230
　　5.2.5 ラミニン ……………………230
　　5.2.6 クレアチン …………………230
　　5.2.7 ベタイン ……………………230
　　5.2.8 その他のアミノ酸成分 ……230
　5.3 ペプチド類 ……………………231
　　5.3.1 海洋生物に特有のペプチド類 …231
　5.4 おわりに ………………………236

第5章　ハイドロコロイド　西成勝好

1 海藻多糖類 …………………………238
2 多糖類のゲル形成機構 ……………240
3 ゲルの構造と力学的・熱的性質との関係…243
  3.1 アガロースのゲルの構造と弾性率 ……243
  3.2 アガロースおよびκ-カラギーナンのゲル形成に対する各種物質添加の影響 …………………………………246
3.3 κ-カラギーナンとアルカリ金属イオンとの相互作用 ……………………248
3.4 アガロースゲルの弾性率の温度依存性 250
3.5 カラギーナン-コンニャクグルコマンナン混合系のゲル化 ………………252
3.6 海藻多糖類の産業における応用 ………257
4 おわりに ……………………………257

第6章　レクチン

1 海藻のレクチン ……………堀　貴治…260
  1.1 はじめに …………………………260
  1.2 分布 ………………………………260
  1.3 精製レクチンの一般的性状 …………261
    1.3.1 緑藻レクチン ………………262
    1.3.2 紅藻レクチン ………………266
    1.3.3 藍藻レクチン ………………267
  1.4 生物活性 …………………………268
  1.5 糖鎖認識 …………………………268
  1.6 分子構造 …………………………269
2 動物レクチン
  ……村本光二，小川智久，神谷久男…276
  2.1 はじめに …………………………276
  2.2 動物レクチン・ファミリー ……………276
  2.3 動物レクチン・ファミリーの特性 ……279
    2.3.1 Cタイプ・レクチン …………279
    2.3.2 ガレクチン …………………279
    2.3.3 ファミリーの多様性 …………280
  2.4 バイオミネラリゼーションとレクチン …………………………………281
    2.4.1 バイオミネラリゼーション ……281
    2.4.2 フジツボ・レクチン …………281
    2.4.3 結晶化制御 …………………282
  2.5 ガレクチンによるアポトーシス誘導 …283
    2.5.1 多様なレクチンの生物活性 ……283
    2.5.2 マアナゴ・ガレクチン ………283
    2.5.3 T細胞に対するアポトーシス誘導…283
  2.6 魚類卵レクチンのパターン認識能 ……284
    2.6.1 生体防御 ……………………284
    2.6.2 魚類卵レクチン ………………284
    2.6.3 微生物表面パターンの認識 ……285
  2.7 おわりに …………………………287

第7章　その他

1 防汚剤 ………………………野方靖行…290
  1.1 はじめに …………………………290
  1.2 海藻由来の付着阻害物質 ………………291
  1.3 海綿および軟体動物由来の付着阻害物質

………291	2.1 はじめに …………299
1.4 腔腸動物由来の付着阻害物質 ………293	2.2 海洋タンパク質 …………299
1.5 外肛動物由来の付着阻害物質 ………294	2.2.1 セメントタンパク質 …………299
1.6 天然イソシアノ化合物から防汚剤の開発 ………295	2.2.2 バイオミネラル …………301
	2.2.3 蛍光タンパク質 …………301
1.7 おわりに …………296	2.3 抗菌ペプチド …………302
2 その他 ………伏谷伸宏…299	2.4 おわりに …………304

第1章　海洋成分の研究開発
─概説と展望─

伏谷伸宏*

1　はじめに

　海は，膨大で，しかも温度，光，水圧，塩分濃度などが複雑に異なる環境を提供しているため，そこには数千万種といわれる多種多様な生物が棲息する。しかし，われわれはこれらの生物のごく一部しか知らない。ましてや，大部分の海洋生物の生理機能や代謝機構については，何も分かっていない。陸上生物のそれとは違うことは想像できるし，それらの二次代謝産物も陸上生物のそれとはかなり異なると考えられる。このような発想のもとに，海洋生物に含まれる化学物質，とくに医薬として有用な生物活性をもつ物質の探索が始まった。それは仏海洋学者のクストーがアクアラングを改良したことにより，化学者でも気軽に海に潜れるようになって初めて可能になった。

　1950年代初めにカリブ海産海綿から陸上生物では知られていなかった特異なヌクレオシドが発見され，上記仮説は現実なものとなった。後にこれらのヌクレオシドから抗がん剤（Ara-C, 1）や抗ウイルス剤が開発され[1)]，海洋生物からの医薬開発の研究が始まった。ちょうど，海洋開発の必要性が世界的に叫ばれるようになるとともに，がんによる死亡者数も急増したことが重なり，この動きに拍車をかけた。この潮流が1970年初頭の海洋天然物化学という新しい学問分野を誕生させた。その後，多くの大学，企業の研究所などで，海洋生物から医薬，とくに抗がん剤を開発

1

---

*　Nobuhiro Fusetani　北海道大学　大学院水産科学研究科　生命資源科学専攻　客員教授；
　　東京大学　名誉教授；マリンバイオテクノロジー学会　前会長

すべく，活発な研究が展開されてきた。その結果，1万3,000を超える新規化合物が海洋生物から発見された[2]。これらのなかには，医薬として有望な活性をもつ化合物も少なくないにもかかわらず，医薬としての開発は遅々として進まなかった。これは，①構造が複雑で，化学合成でサンプルを供給できない，②海洋生物からの収量がきわめて少ない，③毒性が強いなどの理由によった。しかし最近になって，医薬としてまもなく認可されるものが出てくるとともに，臨床試験中のものも増えてきており，長年の夢が叶いそうである。

一方，海洋生物が生産する二次代謝産物には，強い生物活性と特異な作用機序をもつものが少なくない。これらは，医薬には応用できなくても，研究試薬として開発される可能性はきわめて高い。実際，多くの海洋天然物質が研究用ツールとして用いられている。また，海洋生物がもつ特殊機能を応用して，化粧品，機能性食品素材，防汚剤などの開発をめざした研究も行われている。なお，海藻由来のハイドロコロイド（硫酸多糖類）は古くから様々に利用されているが，近年その用途が多様化している。さらに，海洋生物に含まれるタンパク質も注目されるようになった。

2 医薬開発

海洋生物からの医薬開発が叫ばれるようになったのは，がんによる死亡者数が急増したのと時を同じくしたため，抗腫瘍物質の探索が最も活発に行われてきた。その傾向は現在も続いているが，抗炎症剤，鎮痛剤，あるいはアルツハイマー治療薬など，抗がん剤以外の医薬の開発研究も進展している。その結果，30を超える化合物がこれまでに臨床試験に入っている[3]（表1）。また，最近注目されているのが軟体動物，巻貝類のイモガイである（第2章7節参照）。

この巻貝は，その形状と美しい模様から，貝蒐集家にとって垂涎の的となっているが，時として採集中に，貝に刺されて命を落とすことがある。イモガイ類は，毒矢で餌を狩るという珍しい習性をもつ。毒は毒球と呼ばれる器官に蓄えられており，毒矢が餌となる獲物に刺さると，この器官が収縮して毒が注入される。毒球に含まれる毒液を分析したところ，非常に多種多様な活性を示す多数のペプチドが含まれていることがわかった。すなわち，ニコチン性アセチルコリンレセプターに作用する α-conotoxin類，Na^+チャンネルに作用する μ-conotoxin類，Ca^{2+}チャンネルに作用する ω-conotoxin類など多数のペプチドが，様々なイモ貝から分離されている[4]。これらのうち，数種のconotoxinが鎮痛剤として臨床試験に入っており（表1），最も先行しているSNX-1000（ziconitide）は，近々米国で鎮痛剤として認可される模様である。

第1章 海洋成分の研究開発 - 概説と展望 -

表1 臨床試験に入っている主な海洋生物成分

生物種	化合物	対象疾病	フェーズ
海綿動物			
Agelas mauritianus	KRN7000[1]	がん	I
Halichondria okadai	Halichondrin B	がん	I
Cymbastella sp.	HTI-286[2]	がん	I
Haliclona sp.	Manzamine A	マラリア	II
Petrosia contignata	IPL-567[3]	炎症	I
腔腸動物			
Pseudopterogorgaia elisabethae	Methopterosin[4]	炎症・外傷	I
紐形動物			
Amphiponus lactifloreus	GST-21[5]	痴呆症	I
軟体動物			
Dolabella auricularia	Dolastatin 10	がん	II
D. auricularia	LU-103798[6]	がん	I
Elysia rufescens	Kahalalide F	がん	II
Conus magnus	Ziconitide[7]	疼痛	III
C. catus	AM336[8]	疼痛	II
C. geographus	CGX-1007[9]	疼痛	II
C. tulipa	Conantokin-T	疼痛	II
外肛動物			
Bugula neritina	Bryostatin 1	がん	II
原索動物			
Aplidium albicans	Aplydine	がん	II
Ecteinascidia turbinata	Ecteinascidin 743	がん	III
魚類			
Squalus acanthias	Squalamine	がん	II
サメ軟骨	AE-941[10]	がん	II
フグ	Tetrodotoxin	疼痛など	II

[1]Agelasphin誘導体;[2]Contignasterol誘導体;[3]Hemiasterlin誘導体;[4]Pseudopterosin誘導体;[5]Anabaseine誘導体;[6]Dolastatin 15 誘導体;[7]ω-Conotoxin MVIIA;[8]ω-Conotoxin CVID;[9]contulakin-G;[10]サメ軟骨抽出物

3 研究試薬

　古くから動植物毒は，神経生理学などの分野で研究用ツール（薬理学試薬）として広く用いられてきた。1960年代半ばに，ふぐ毒のテトロドトキシンがナトリウムチャンネル（細胞膜に存在するNa$^+$イオンを選択的に通すタンパク質でできた孔）を特異的に阻害してNa$^+$イオンの細胞内流入を抑えることが明らかにされて以来，神経伝達機構など多岐にわたる研究に用いられてきた[5]。その結果，神経生理学分野の知見が大幅に進展した。

海洋生物成分の利用

このように，特異試薬の発見は，学問の発展に大きく寄与する。特に，近年生命科学分野の研究が分子レベルで行われるようになるにつれ，研究用試薬の重要性はますます高まっている。ひとたび，ある特定の酵素やレセプターに選択的に作用する化合物が発見されると，その酵素やレセプターが関与する生命現象に関する知見が大幅に蓄積される。いきおい，このような特異試薬の需要はきわめて高い。その良い例がタンパク質脱リン酸化酵素1および2A型の特異的阻害剤のオカダ酸やcalyculin Aの発見である[6]。これらの化合物は，当初細胞毒として海綿から単離されたが，その作用機序が上記の酵素の阻害によることが明らかにされるや，タンパク質のリン酸化と脱リン酸化が関わる生化学現象の解明に広く用いられるようになった。その結果，細胞内情報伝達，筋収縮，がん化などに関する知見が大幅に進展した。また，数年前にカイニン酸が世界的に不足して，カナダと英国の企業がその生産に乗り出したことが話題となった[7]。

このように今や研究用試薬は産業上重要性を増しているが，海洋生物の生物活性物質の多くは，活性が顕著で，化学構造が特異なため，特異な作用機序を持つことが期待される。事実，作用機序の解析が進むにつれ，多くの海洋天然物質が研究用試薬として開発されるようになった。今後研究試薬の開発研究がさらに活発化するものと思われる。

4 その他

おそらく記録に残るマリンバイオテクノロジーの最初の例は，フェニキア人による肉食性のアクキガイ科巻貝の鰓下腺からの古代紫（2）（royal purpleあるいはTyrian purple）の生産であろう。紀元前14世紀頃，今のレバノン沿岸のチレ（Tyre）には，この色素の生産工場が並んでいたという[8]。捨てられたおびただしい数の貝殻で，環境汚染も進んでいたらしい。一頃古代紫の値段は，金の10〜20倍もしていた。ずっと時代が下って，ロウの原料を求めて，マッコウクジラ漁が隆盛を極めたのが，19世紀中頃から約半世紀である。ところで，マリンバイオテクノロジーとは，このような海洋生物に特異的な機能を開発し，食糧生産や有用物質生産などに応用することを目指して生まれた新しい学問分野である。なかでも，TBTやTBTOなどの有機スズ系防汚剤の使用が規制されるようになり，海洋生物の化学防御機構を"環境に優しい"防汚剤開発に応

2

用しようという研究が世界的に活発になっている[9]（第7章1節参照）。関連して，イガイやフジツボなどの付着生物が岩などの基盤に付着するのに用いるセメント物質は，水中で使える接着剤として関心がもたれている（第7章2節参照）。

なお，海洋生物に含まれる酵素は，古くから研究用に用いられてきたが，最近緑色蛍光タンパク質などの腔腸動物由来の蛍光タンパク質が注目されている（第7章2節参照）。

5　将来展望

海洋生物に含まれる有用化合物を医薬その他に利用する際に最も問題になるのが，いかにしてそれらの化合物を大量に供給するかである。抗がん剤の開発を例に挙げると，活性は目を見張るようなものが多いものの，構造が複雑で収量が極めて低く，毒性の軽減などの検討が十分できないものがほとんどで，臨床試験まで進んだ例は非常に少ない。さらに抗がん剤として開発するとなると，膨大な量の化合物を供給する必要があり，現在最もよく用いられている抗がん剤のタキソールの場合（タキソール1gを得るのにイチイの幹150kg必要で，環境保護団体から反発を招いた）以上に，生態系への影響が問題となる。事実，何百kg，あるいは何トンという海洋生物を採集して，抗腫瘍物質を抽出することに懸念が示されている[10]。この問題を解決しなければ，海の生物から薬を開発するのは，夢物語に終ってしまうであろう。これこそマリンバイオテクノロジーの本題である。Dolastatin 10, dehydrodidemnin Bなどのペプチド類やKRN7000のような糖脂質は，化学合成によるサンプルの供給が可能であるが，多くの場合，構造が複雑で，化学合成による大量供給は無理である。従って，海綿などの海洋生物（多くの場合，動物）から抽出・精製しなければならない。困ったことに，これらの化合物はごく微量しか含まれていないので，何トンという材料を採集しなければならない。

例えば，クロイソカイメン*Halichondria okadai*から発見されたhalichonndrin Bは，上皮がんに顕著な抗腫瘍活性を示し，しかも毒性が弱かったので，抗がん剤への応用が期待されたが，海綿からの収量は非常に僅かで（600kgから数mgしか得られない），さらに構造が大変複雑なため化学合成による大量供給も難しく，医薬としての開発は困難と思われた。しかし，ニュージーランド南島沖の水深70～100mの海域で，この化合物を割合多く含む海綿*Lissodendoryx* sp.が発見されて状況が変わった[11]。ニュージーランド政府，米国立がん研究所（NCI）および企業が共同で，この海綿の養殖に乗り出した。すなわち，採集した海綿を1立方センチのサイコロ状に細切し，この小片をミドリイガイ養殖用の網篭に入れ，海中に垂下する。6週間経つと5,000倍に成長するという。抗腫瘍物質の含量も高く，養殖した海綿から抽出・精製して臨床試験に供給している。

同様に，定置網など様々な海中構築物に付着をして経済的な被害を与えるフサコケムシ

Bugula neritina から発見された白血病の治療薬として有望なbryostatin 1は，現在フェーズIIに進んでいるが，構造が複雑で化学合成による供給は今のところ望めないばかりでなく，コケムシ中の含量も非常に少ない（約10^{-6}％）ので，サンプルの供給が問題であった。そこで，カリフォルニアのベンチャー企業が養殖によるサンプルの供給を始めた[12]（第2章8節参照）。

さらに，カリブ海産の群体ホヤ*Ecteinascidia tubinata*から発見された陸上の放線菌由来の抗生物質，サフラマイシン類の骨格をもつecteinascidin 743が有望な抗がん剤として注目されているが，この場合も，含量が少なく，しかも合成で供給できないので，上記ベンチャー企業を含むいくつかの機関でこのホヤの養殖が試みられている[12]。なお，現在話題になっているフコイダンの抽出用に，ガゴメコンブの養殖も行われているという。最近，医薬などの有用物質生産のための水産養殖に向けた研究が盛んになってきている[13]。

一方，機能性食品素材として用いられているβ-カロテン，アスタキサンチン，DHA，EPAなどの供給も，より効率的な方法が模索されている。例えば，前三者は微細藻類の培養により生産されている[14]。また，EPAやDHAを大量に生産する海洋細菌も発見されている[15]ので，今後は発酵による生産も夢ではない。

以前から，海綿やホヤ由来の活性物質の多くは，共生微生物が生産するものと考えられてきたが，実験的に証明できなかった。ところがごく最近，八丈島産海綿*Theonella swinhoei*に含まれる強い抗腫瘍性物質を，共生バクテリアが生産していることが明らかにされたのみならず，その生合成遺伝子がクローニングされ，途が開けそうである[16]。同様に，bryosatatin 1が共生微生物により生産されること，およびその生合成遺伝子が明らかにされている[17]。クローニングした生合成遺伝子を大腸菌などで発現させ，抗腫瘍性物質の大量生産も夢ではない。実際，水産養殖による物質生産よりも，この方法の方がずっと現実的である。今後，この種の試みが活発になるであろう。今のところ，これらのバクテリアの培養はできないようであるが，将来発酵による海洋生物由来の有用物質の生産も可能になるかもしれない。

四面を海に囲まれた日本は海綿などの未利用資源に恵まれているので，これら生物の有効利用は新産業創生などの面から極めて重要と思われる。それにはさらなる研究の進展が必要である。いずれにしても，海洋生物は医薬その他の有用物質資源として魅力に満ちていることは確かである。それをどのようにして活かしてくのかは，われわれの責務である。

第 1 章　海洋成分の研究開発－概説と展望－

文　献

1) C. M. Ireland *et al.*, "Marine Biotechnology", Vol.1., p.1, Plenum, New York (1993)
2) J. W. Blunt *et al.*, *Nat. Prod. Rep.*, **21**, 1 (2004) ; 同, **20**, 1 (2003) ; D. J. Faulkner, *Nat. Prod. Rep.*, **19**, 1 (2002) および他の本シリーズ
3) Y. Z. Shu, *J. Nat Prod.*, **61**, 1053 (1998) ; B. Haefner, *Drug Discov. Today*, **8**, 536 (2003) ; M. A. Jordan, L. Wilson, *Nat. Rev. Cancer*, **4**, 253 (2004) ; B. G. Livett *et al.*, *Curr. Med. Chem.*, **11**, 1715 (2004)
4) H. Herlau, B. M. Olivera, *Physiol. Rev.*, **84**, 41 (2003)
5) 橋本芳郎, 魚貝類の毒, 学会出版センター (1977)
6) 菅沼雅美, 藤木博太, 蛋白質・核酸・酵素, **38**, 326 (1993)
7) J.-F. Tremblay, *Chem. Eng. News*, **78**, 31 (2000)
8) P. E. McGovern, R. H. Michel, *Acc. Chem. Res.*, **23**, 152 (1990)
9) N. Fusetani, *Nat. Prod. Rep.*, **21**, 94 (2004)
10) L. Tangley, *BioScience*, **46**, 245 (1996) ; I. Anderson, *New Scient.*, **148**, 5 (1995)
11) M. H. G. Munro *et al.*, *J. Biotechnol.*, **70**, 15 (1999) ; A. Duckworth, C. Battershill, *Aquaculture*, **217**, 139 (2003)
12) D. Mendola, *Biomol. Eng.*, **20**, 441 (2003)
13) A. Duckworth, C. Battershill, *Aquaculture*, **212**, 311 (2003)
14) 伏谷伸宏, 化学と生物, **35**, 245 (1997) ; N. Hata *et al.*, *J. Appl. Phycol.*, **13**, 395 (2001)
15) P. Bajpai, P. K. Bajpai, *J. Biotechnol.*, **30**, 161 (1993) ; Y. Yano *et al.*, *Appl. Environ. Microbiol.*, **63**, 2572 (1997)
16) J. Piel *et al.*, *Proc. Natl. Acad. Sci. USA*, **101**, 16222 (2004)
17) S. K. Davidson, M. G. Haygood, *Biol. Bull.*, **196**, 273 (1999) ; M. Hildebrand *et al.*, *Chem. Biol.*, **11**, 1543 (2004)

第2章　医薬素材および研究用試薬

1　細菌および真菌

浪越通夫*

1.1　はじめに

　細菌と真菌は医薬，農薬あるいはそれらのリードやシードとなる化合物の探索資源として大変重要である。1929年のペニシリンの発見に始まり，抗生物質の探索は1940年代後半から急速に発展してきた。これまでに応用されている化合物は陸上から分離された微生物により生産されたものばかりであるが，研究が進んだ結果，新規化合物の得られる確率が著しく低下している。そのため，海洋由来の微生物代謝産物が注目されている。このことは，海洋微生物の第二次代謝産物に関する総説の数からも伺える[1〜20]。

　1986年に出版された「海洋生物資源の有効利用」（内藤敦編）では，海洋微生物の分布や分離培養に関する解説が述べられているが，丁度その頃は医薬活性物質の探索資源として海洋微生物が注目され始めた時期であったので，大変タイムリーな出版であったと言える。

　海洋細菌の抗生物質生産能については，1947年に一番初めの報告がなされたが，化合物の単離については1966年の報告が初めてである[18]。後にpentabromopseudilineと名付けられたこの化合物（1）は，グラム陽性菌に強い抗菌活性を示した[21]。その後，1985年までに海洋細菌からは，15種類の新規化合物が報告されている。

　海洋真菌を探索資源とした研究は海洋細菌に遅れを取った感があるが，糸状菌 *Leptosphaeria oraemaris* から単離された新規化合物leptosphaerin（2）の構造が1986年に初めて報告された[22]。ちなみに，この年には海洋細菌由来の新規化合物の報告はなかった。

1　　　　　　　　　2

---

*　Michio Namikoshi　東京海洋大学　海洋科学部　海洋環境学科　教授

第2章 医薬素材および研究用試薬

表1 海洋細菌および海洋真菌から単離された新規化合物とその報告数の年次変化

	年	~86	87	88	89	90	91	92	93	94	95	96	97	98	99	00	01	02	03	合計
細菌	報告数	7	1	0	4	0	4	5	6	11	10	7	14	10	10	10	12	6	16	133
	化合物数	15	1	0	11	0	5	10	10	15	22	12	31	16	25	22	26	15	38	274
真菌	報告数	1	1	1	4	1	4	2	2	6	7	12	7	20	14	17	18	29	23	169
	化合物数	1	1	1	12	4	6	5	3	19	18	24	20	44	31	48	34	79	54	404

表1に海洋細菌と海洋真菌から単離された新規化合物の数とその報告の数を示した。海洋細菌はグラム陰性菌と放線菌がその大部分を占める。藍藻（シアノバクテリア）を細菌類に含めることもあるが，藍藻の代謝産物については次節で述べられているので，ここでは真性細菌と古細菌のみをリストアップした。海洋真菌は糸状菌がほとんどである。

海洋細菌の研究は1990年代前半から盛んになり，その後は比較的コンスタントな成果が出ている。海洋真菌の研究は，1994年から急速な伸びを示している。

海洋環境から分離される糸状菌は，厳密には海生菌（marine fungi）とmarine-derived fungi（正確な日本語がないので海洋由来菌と訳す）に分類される[3]。海生菌はさらに，偏性海生菌（obligate marine fungi）と通性海生菌（facultative marine fungi）に大別され，生活環のすべてあるいは一部が海にあると確認されたものである[23,24]。これに対し，分離された環境で生活していたかどうか明らかにされていないものはmarine-derived fungiと呼んでいる[3,24]。海洋糸状菌はそれらを総合した意味で用いている。これまでに新規化合物が単離された種のほとんどは陸生菌と同じか非常に近い種である。

同様のことは海洋細菌，とくに放線菌についても言える。海洋環境で進化したのか，あるいは海洋糸状菌と同様に陸上から流入して海洋環境に適応したのかは面白い研究課題であるが，放線菌は後者であると考えられている。

生育に塩を要求するものが海洋に生活の場をもつのは明らかである。一方，分離された菌がその場所で生活していたかどうか分からない場合でも，新しい生物活性物質を生産している限り，探索資源としてはとても重要である。

グラム陰性菌から生物活性第二次代謝産物が見つかる確率は低く，これは陸上由来と海洋由来の両方に言えるが，海洋細菌からは特殊な構造をもつ化合物が幾つか報告されており，pentabromopseudiline（1）もその一つである。海洋から分離された放線菌と糸状菌からは，陸上由来のものと似たような構造をもつ化合物が見つかることが多いが，特異な構造の新規化合物が見つかる確率は，陸上由来の菌よりも高いと思われる。これは，塩濃度，水圧，温度など，陸上とは異なる生活環境に適応するために第二次代謝系に変化が起きた結果であると考えられる。

よって，海洋環境に高度に適応した菌や特殊な海洋環境にいる菌の資源化により，海洋細菌と真菌の創薬資源としての利用価値がさらに高まると期待される．

海洋微生物の生物活性物質については，もう一つ重要な事柄がある．すなわち，微生物と他の生物との共生や共存における第二次代謝産物の生産である．共生微生物が生物活性物質の真の生産者であると確認された例はまだ少ないが，最近のトピックとしては，フサコケムシ*Bugula neritina*から単離されたbryostatin類が共生細菌*Endobugula sertula*により生産されていることが明らかにされたことである[25, 26]．この細菌はフサコケムシの幼生にも共生し，bryostatin類によって幼生を捕食者から守っている[26, 27]．このような海洋微生物と海洋生物の共生あるいは共存に関する研究は，化学生態学的な興味とともに，生物活性物質の探索においてもまた，重要な考察を与えてくれる．

現在の技術で培養可能な海洋細菌は，1%以下であると言われている．研究者によっては0.1%にも達していないと考えている場合もある．特に，共生系の細菌については培養できるものは非常に限られている．細菌と真菌ともに，培養不可能な菌の生合成遺伝子の利用も大変面白い研究課題であるが，培地や培養条件をさらに改良して，未培養の菌の資源化を諮ることも重要であると考える．また，深海，熱水鉱床，高塩濃度，マングローブ林など，特殊な環境や変化に富む場所に棲息する細菌や真菌の資源化も，今後の興味ある課題である．

本節では，これまでに海洋由来の細菌（グラム陰性菌，放線菌，ミキソバクテリア）と真菌（糸状菌，酵母）から単離された生物活性物質について概説する．

1.2 抗菌，抗カビ，および抗ウイルス物質

抗生物質は感染症の治療に多大な貢献をして来たが，一方で薬剤耐性菌の出現という新たな問題を引き起こしている．特に，メチシリン耐性黄色ブドウ球菌（MRSA），バンコマイシン耐性腸球菌（VRE），多剤耐性結核菌に対する効果的な抗生物質の実用が急がれている．抗カビ剤も免疫力の弱まった患者に必要な抗生物質であるが，合成抗カビ剤に対する耐性菌が見つかって来ている．また，抗ウイルス剤や抗マラリア薬の探索も重要な研究課題である．

抗菌活性試験は比較的容易に行えるので，海洋細菌や真菌からの抗微生物活性物質の探索は，精力的に行われている．表2と表3に，それぞれ海洋細菌と海洋真菌から単離された新規抗菌物質，抗カビ物質，抗ウイルス物質，および抗マラリア物質を示した．

芳香族アミノ酸や*p*-アミノ安息香酸の生合成経路を阻害する物質のスクリーニングにより，海洋細菌*Verrucosispora* sp. AB-18-032株から，3種類の多環ポリケタイドabyssomicin B〜Dが発見された[28]．この菌は日本海の水深289mの海泥から分離された．主成分のabyssomicin C（3）はコリスミン酸から*p*-アミノ安息香酸になる段階を阻害し，グラム陽性菌に強い抗菌活性を示

第2章 医薬素材および研究用試薬

表2 海洋細菌から単離された新規抗菌，抗カビ，および抗ウイルス物質

化 合 物	生 産 菌	分 離 源	文 献
1) 抗菌物質			
Abyssomicin B~D	*Verrucosispora* sp.	海泥	28
Andrimid, Noiramide A~C	*Pseudomonas fluorescens*	ホヤ	29
Aplasmomycin A~C	*Streptomyces griseus*	海泥	30~33
B-1015	*Alcaligenes faecalis*	軟体動物	34
Bioxalomycin類	*Streptomyces* sp.	海泥	35
Bogorol A	*Bacillus laterosporus*	環形動物	36
Bonactin	*Streptomyces* sp.	海泥	37
Chalcomycin B	*Streptomyces* sp.	海泥	38
Diazepinomicin	*Micromonospora* sp.	ホヤ	39
2,4-Dibromo-6-chlorophenol	*Pseudoalteromonas luteoviolacea*	海藻	40
Himalomycin A・B	*Streptomyces* sp.	海泥	41
Istamycin A・B	*Streptomyces tenjimariensis*	海泥	42, 43
Kahakamide A・B	*Nocardiopsis dassonvillei*	海泥	44
Korormicin類	*Pseudoalteromonas* sp.	海藻	45, 46
Loloatin A~D	*Bacillus* sp.	環形動物	47, 48
LornemideA・B	actinomycete	浜砂	49
Macrolactin G~M	*Bacillus* sp.	海藻	50
Maduralide	maduromycete	海泥	51
Magnesidin類	*Vibrio gazogenes*	海泥	52~54
Marinone類	actinomycete	海泥	55
Massetolide A~H	*Pseudomonas* sp.	海藻	56
Pentabromopseudilin	*Pseudomonas bromoutilis*	海草	21
Quinolinol	pseudomonas sp.	海水	57
Thiomarinol A-G	*Alteromonas rava*	海水	58~61
Trisindoline	*Vibrio* sp.	海綿	62
Urauchimycin A・B	*Streptomyces* sp.	海綿	63
Wailupemycin類	streptomyces sp.	海泥	64
YM-266183, YM-266184	*Bacillus cereus*	海綿	65
α-ピロン	*Pseudomonas* sp.	海綿	66
アミノ酸	*Streptomyces* sp.	海泥	67
ブロモピロール	*Chromobacterium* sp.	海水	68
環状ペプチド	*Ruegeria* sp.	海綿	69
DD-ジケトピペラジン	バクテリア株 CF-20 および C-148	二枚貝幼生	70
ジケトピペラジン	*Pseudomonas aeruginosa*	海綿	71
フェナジン	*Streptomyces* sp.	海泥	72
フェノール	*Vibrio* sp.	海綿	73
2) 抗カビ物質			
Basiliskamide A・B	*Bacillus laterosporus*	環形動物	74
Haliangicin類	*Haliangium ochraceum*	海藻	75, 76
Halolitoralin A~C	*Halobacillus litoralis*	海泥	77
リゾフォスファチジルイノシトール	*Streptomyces* sp.	海泥	78
3) 抗ウイルス物質			
Caprolactin A・B	グラム陽性菌	海泥	79
Macrolactin A~F	グラム陽性菌	海泥	80

海洋生物成分の利用

表3 海洋真菌から単離された新規抗菌, 抗カビ, および抗ウイルス物質

化合物	生産菌	分離源	文献
1) 抗菌物質			
Acetyl Sumiki's acid	*Cladosporium herbarum*	海綿	81
Ascochital	*Kirschsteiniothelia maritima*	木材	82
Aspergillitine	*Aspergillus versicolor*	海綿	83
Auranticin A・B	*Preussia aurantiaca*	海泥	84
Corollosporine	*Corollospora maritima*	流木	85
Exophilin A	*Exophiala pisciphila*	海綿	86
Guisinol	*Emericella unguisu*	クラゲ	87
Hirsutanol A	未同定真菌	海綿	88
Isocyclocitrinol類	*Penicillium citrinum*	海綿	89
Lunatin	*Curvularia lunata*	海綿	90
Modiolide A・B	*Paraphaeosphaeria* sp.	二枚貝	91
Pestalone	*Pestalotia* sp.	海藻	92
Secocurvularin	未同定真菌	海綿	93
Seragakinone A	未同定真菌	海藻	94
Speradine A	*Aspergillus tamarii*	流木	95
Unguisin A・B	*Emericella unguis*	クラゲ・軟体動物	96
Varixanthone	*Emericella variecolor*	海綿	97
ベンゾフラノン	*Halorosellinia oceanica*	不明	98
Chloroasperlactone類	*Aspergillus ostianus*	海綿	99
2) 抗カビ物質			
15G256類	*Hypoxylon oceanicum*	マングローブ	100〜102
Cladospolide D	*Cladosporium* sp.	海綿	103
Dihydrocolletodiol類	*Varicosporina ramulosa*	海藻	104
Fumiquinazoline H・I	*Acremonium* sp.	ホヤ	105
Hypoxysordarin	*Hypoxylon croceum*	流木	106
Keisslone	*Keisslleriella* sp.	海泥	107
M-3	未同定真菌	海藻	108
Mactanamide	*Aspergillus* sp.	海藻	109
Microsphaeropsisin	*Microsphaeropsis* sp.	海綿	110
Phomopsidin	*Phomopsis* sp.	マングローブ	111
Stachybotrin A・B	*Stachybotrys* sp.	枯枝	112
Xestodecalactone B	*Penicillium cf. montanense*	海綿	113
Yanuthone類	*Aspergillus niger*	ホヤ	114
YM-202204	*Phoma* sp.	海綿	115
Zopfiellamide A・B	*Zopfiella latipes*	海泥	116
ナフタレン	*Keisslleriella* sp.	海泥	117
フェニルブタノン	*Coniothyrium* sp.	海綿	111
3) 抗ウイルス物質			
Halovir A〜E	*Scytalidium* sp.	海草	118
Sansalvamide A	*Fusarium* sp.	海草	119
4) 抗マラリア物質			
Aigialomycin D	*Aigialus parvus*	マングローブ	120
Ascosalipyrrolidinone A	*Ascochyta salicorniae*	海藻	121
Drechslerine E〜G	*Drechslera dematioidea*	海藻	122
Halorosellinic acid	*Halorosellinia oceanica*	不明	123
5) 抗微細藻物質			
Bipolal	*Bipolaris* sp.	葉	124
Exumolide A・B	*Scytalidium* sp.	植物	125
Halymecin A	*Fusarium* sp.	海藻	126
Solanapyrone E・F	未同定真菌	海藻	127

第2章 医薬素材および研究用試薬

した。多剤耐性黄色ブドウ球菌（multidrug‐resistant *Staphylococcus aureus*, MdRSA）に対するMICは4μg/mLである。化合物3はコリスミン酸の基質類似体として阻害活性を発現している。このことから，バンコマイシンを含むMdRSAに対する抗菌剤としてばかりでなく，抗マラリア剤としても応用できると思われる。現在その検討がなされている。

3

陽イオン性鎖状ペプチドbogorol A（4）が，海洋細菌*Bacillus laterosporus* PNG 276株から単離された[36]。この菌はパプアニューギニアの未同定ケヤリムシの組織から分離された。Bogorol A（4）はC末端とN末端のアミノ酸がともに修飾されたペプチドで，アミノ側鎖をもつアミノ酸により陽イオン性をもつ。このような化合物はこれまでに知られていなかった。化合物4はMRSA（MIC=2μg/mL）とVRE（10μg/mL）に選択的に抗菌活性を示した。また，同族体の存在も明らかにされている。

4

抗菌活性は余り強くないが，天然物としては稀なジベンゾジアゼピン骨格をもつ化合物diazepinomicin（5）が，ホヤ*Didemnum proliferum*由来の細菌*Micromonospora* sp. DPJ12株から単離された[39]。ジベンゾジアゼピン構造をもつ化合物は，天然物としては5が2番目の例である。この化合物はさらにファルネシル側鎖をもっており，とてもユニークな構造である。グラム陽性菌に対するMICはおよそ32μg/mLと弱いが，他の薬理活性を調べてみる価値があると思われる。

ナフトキノンにセスキテルペンが結合したユニークな構造をもつmarinone（6）とdebromo-marinone（7）が，*Streptomyces*属と思われる放線菌CNB-632株から単離された[55]。化合物6と7

海洋生物成分の利用

5

はグラム陽性菌（*Bacillus*と*Staphylococcus*）に対してともに1〜2μg/mLで抗菌活性を示すので，Brの有無は活性に影響していない。

6:R=Br
7:R=H

環状のペプチドとデプシペプチドは細菌や真菌の代謝産物として頻繁に単離されているが，ユニークな構造をもつものが海洋由来の菌からも発見されている。*Pseudomonas*属の海洋細菌から得られたmassetolide A〜Hも，新規な環状デプシペプチドである[56]。Massetolide A〜Dは紅藻から分離されたMK90e85株，massetolide E〜Hはケヤリムシ由来のMK91CC8株から単離された。Massetolide A（8）は*Mycobacterium tuberculosis*（MIC=5〜10μg/mL）と*Mycobacterium avium-intracellulare*（MIC=2.5〜5μg/mL）に抗菌活性をもつので，結核の治療への応用が期待される。

8

南伊豆町の海水から分離された海洋細菌*Alteromonas rava* SANK73390株から単離されたthiomarinol類は，2種類の抗生物質（pseudomonic acid類とholothin類）がエステル結合したユニークなハイブリッド構造をもっている[58〜61]。主成分のthiomarinol A（9）はグラム陽性菌と陰性菌の両方に抗菌活性を示す[58]。特に，MRSAに対するMICは0.01μg/mL以下であった。化合物

14

第 2 章　医薬素材および研究用試薬

9はRNA合成とタンパク質合成を阻害するが，抗菌活性は主にタンパク質合成阻害作用によると考えられる。

9

新規な構造をもつステロイドisocyclocitrinol A（10）と22-acetylisocyclocitrinol A（11）が，海綿由来の糸状菌*Penicillium citrinum* 991084株から単離された[89]。抗菌活性は弱い（グラム陽性菌に対してMIC=100μg/mL）が，ビシクロ［4.4.1］A/B環をもつとてもユニークな化合物である。

10:R=H
11:R=COCH$_3$

バハマ産の褐藻*Rosenvingea* sp. から分離された糸状菌*Pestalitia* sp. CNL-365株を海洋細菌とともに培養すると，抗菌物質pestalone（12）が得られた[92]。糸状菌と細菌をそれぞれ単独で培養した時には12は生産されなかった。また，CNL-365株の培養の途中でエタノール（1%）を加えた時に，極微量の12が得られた。このことから，CNL-365株は海洋細菌の存在を感知して，この抗菌物質を生産していると考えられる。化合物12はMRSA（MIC=37ng/mL）とVRE（78 ng/mL）に強い抗菌活性を示した。また，12は弱い抗腫瘍細胞活性ももつ。

12

新規生物活性物質の生産者として，ミキソバクテリアが注目されている。最近，海洋からも分離されることが示されたので[128]，今後は海洋由来のミキソバクテリアも第二次代謝産物の探索資

源としての利用が期待される。海洋ミキソバクテリアから最初に単離された化合物は，抗カビ物質のhaliangicin（13）である[75]。海藻から分離された*Haliangium ochraceum* AJ13395株は，13の他にその同族体であるhaliangisin B～Dを生産している[76]。この菌は生育とhaliangisin類の生産に2～3%のNaClを必要とすることから，海洋に適応していることが分かる。化合物13は7種類のカビに対して0.1～12.5μg/mL（MIC）で生育阻害を示す。また，マウス白血病細胞P388の増殖を0.21μM（IC$_{50}$）で抑制した。

マングローブの海生菌*Hypoxylon oceanicum* LL-15G256株から，3種類の環状リポデプシペプチド15G256γ（14），δ，εが単離された[100, 101]。この菌は同時に環状ポリラクトン15G256ι，

13

ωとその前駆体のポリエステル15G256α-2，β-2，ν，ο，πも生産している[102]。環状デプシペプチドと環状ポリラクトンは，植物病原菌*Neurospora crassa*に抗カビ活性を示した。鎖状ポリエステルは活性を示さなかった。抗カビ活性は細胞壁の生合成阻害によるが，15G256γ（14）を用いた生化学的研究により，これまでの細胞壁生合成阻害剤とは異なる作用点をもつことが分かった。化合物14は皮膚感染性のカビと酵母にも抗カビ活性（MIC = 2～16μg/mL）を示した。

微小管重合阻害物質を検出する簡便な方法として開発したイネイモチ病菌胞子を用いるスクリーニング[129, 130]で，海洋糸状菌*Phomopsis* sp. TUF 95F47株からphomopsidin（15）が発見された[111]。

14

この化合物は，ブタ脳から精製した微小管タンパク質の重合を5.7μM（IC$_{50}$）で阻害した[131, 132]。腫瘍細胞に対する増殖抑制活性は弱かったが，種々の植物病原菌に強い抗カビ活性を示した。

スサビノリから分離された糸状菌M-3株の培養液もイネイモチ病菌胞子を用いるスクリーニングで活性を示し，抗カビ物質としてM-3（16）が単離された[108]。この化合物はイネイモチ病

第 2 章　医薬素材および研究用試薬

15

菌*Pyricularia oryzae*に抗カビ活性（MIC = 0.36 μM）を示した。類似のジケトピペラジンが微小管の重合を阻害することから，M-3も同様の活性をもつと考えられる[130]。

16

エビ*Palaemon macrodactylus*の卵の表面に共生している海洋細菌*Alteromonas* sp. の培養液から，強い抗カビ活性をもつ化合物isatin（17）が単離された[133]。Isatin（17）はすでに化学合成されていた既知の化合物であったが，抗カビ作用をもつことは知られていなかった。この細菌を取り除いた卵はすぐに病原性のカビに感染されてしまうので，isatinは抗カビ剤として利用されていると考えられる。先に述べたbryostatin類の生産菌と同様に，感染に対する防御の役割をになっている海洋細菌あるいは真菌は，抗菌物質や抗カビ物質の探索源として有用である。このような例は他にも知られており，化学生態学的考察に基づく医薬活性物質の探索の一つと言える。

17

抗ウイルス活性と抗腫瘍活性を示すmacrolactin A〜Fが，塩要求性のグラム陽性菌C-237株から単離された[80]。この細菌は水深1,000mの海泥から分離され，通常の方法では同定が不可能であった。主成分のmacrolactin A（18）[134]はマウスメラノーマ細胞B16-F10の増殖を抑制（IC_{50}=3.5 μg/mL）し，また弱い抗菌活性を示したが，特筆すべきはその抗ウイルス活性である。化合物18は10 μg/mL（IC_{50}）でT-細胞におけるHIVの複製を阻害した。また，*herpes simplex virus*

(HSV)に対しても，5.0μg/mL（IC$_{50}$）で活性を示した。その後，海藻由来の細菌*Bacillus* sp. PP19-H3株から，macrolactin A，Fおよび新しい同族体G～Mが単離された[50]。

18

N末端に脂肪酸が結合した鎖状ペプチドhalovir A～Eが，カリブ海の海草*Halodule wrightii*由来の糸状菌*Scytalidium* sp. CNL240株から単離された[118]。これらの化合物はHSV-ⅠとHSV-Ⅱに比較的強い抗ウイルス活性を示した。例えば，halovir A（19）はHSV-Ⅰを1.1μg/mL（IC$_{50}$）で抑制した。また，0.6μMの19で30分処理することにより，HSV-Ⅰによる細胞溶解を完全に押さえることができる。このように，halovir類はウイルスを直接不活性化するので，HSVの伝染の防止に利用できる可能性がある。

19

バハマ産の海草*Halodule wrightii*の表層から分離された糸状菌*Fusarium* sp. CNL 292株からは，環状デプシペプチドの抗ウイルス物質sansalvamide A（20）が単離された[119]。化合物20は抗腫瘍細胞活性も示すが，ポックスウイルス*Molluscum contagiosum*（MCV）のトポイソメラーゼを選択的に阻害することが明らかにされた[135]。MCVはAIDS患者に激しい傷害を引き起こす。化合物20は新規MCVトポイソメラーゼ阻害剤の最初の例である。

20

第2章 医薬素材および研究用試薬

緑藻 *Ulva* sp. の表層から分離された偏性海生菌 *Ascochyta salicorniae* が，抗マラリア物質 ascosalipyrrolidinone A（21）を生産していた[121]。化合物21はクロロキン耐性の *Plasmodium falciparum* K1株に対しても活性（IC_{50}=378 ng/mL）を示した。また，この化合物はトリパノゾーマにも活性（MIC=1.1 μg/mL）を示し，癌細胞の増殖を抑制（2.2〜3.7 μg/mL）した。同族体B（22）は全く活性を示さないので，エーテル部分の炭素数が活性に影響している。その炭素数と活性との関係も興味ある課題である。また，化合物21はチロシンキナーゼ（p56^{lck}）の活性を40 μg/mLで30%阻害した。

偏性海生菌 *Halorosellinia oceanica* BCC 5149株から単離された halorosellinic acid（23）は，マラリア原虫 *P. faciparum* に活性（IC_{50}=13 μg/mL）を示した[123]。同時に得られたデヒドロ体（24）は全く抗マラリア活性を示さないので，ジオールが活性に不可欠であると考えられる。

バハマの緑藻 *Halimeda monile* から分離された糸状菌CNC-159株は，単細胞緑藻 *Dunaliella* sp. に対する抗藻物質を生産している。活性成分として solanapyrone E（25）とF（26）が単離された[127]。

パラオの海藻 *Halumenia dilatata* からは，halymecin A（27）を生産する糸状菌 *Fusarium* sp. FE-71-1が分離された[126]。化合物27は珪藻 *Skeletonema costatum* の生育を抑制（MIC=4 μg/mL）した。また，抗菌活性（MIC=10 μg/mL）と抗腫瘍細胞活性（IC_{50}=6〜7 μg/mL）も示した。

海洋生物成分の利用

25:R=β-OH
26:R=α-OH

27

　海藻の表層にいる糸状菌が抗微細藻物質を生産していることから，これらの化合物は海藻と海洋糸状菌の共存関係になんらかの生態学的役割を担っているのではないかと考えられる。

1.3 抗腫瘍物質

　培養腫瘍細胞を用いた増殖抑制活性は比較的簡単に行えるため，海洋微生物代謝産物のスクリーニングにも頻繁に利用されている。これまでに海洋細菌と真菌から発見された新規抗腫瘍物質の数は，抗微生物活性物質よりも多い。表4と表5に，それぞれ海洋細菌と真菌から単離された新規抗腫瘍物質を示した。

　最も開発が進んでいるのはthiocoraline（28）で，海洋細菌および真菌由来の化合物として初めて前臨床試験に進んでいる。この化合物は，モザンビークのソフトコーラルから分離された放線菌 *Micromonospora marina* L-13-ACM2-092株より得られた[166, 167]。化合物28はマウス（P388）およびヒト（A549，HT-29，MEL-28）腫瘍細胞に対して，それぞれ2，2，10，および2 ng/mL（IC_{50}）で増殖抑制活性を示した。活性発現機構の研究から，この化合物はDNAのスーパーコイルに結合し，*in vitro*でRNA合成（IC_{50}=8ng/mL）およびDNAとRNAポリメラーゼ（IC_{50}=6μg/mL）を阻害することが分かった。その後の研究[227]では，28はヒト大腸癌細胞をG1期で阻止し，DNAポリメラーゼによるDNA鎖伸長を阻害することが示された。このDNA鎖伸長阻害はDNAポリメラーゼα活性の阻害によると考えられる。また，化合物28は，グラム陽性菌 *S. aureus*，*B. subtilis* および *M. luteus* に，強い抗菌活性（MIC = 0.05，0.05および0.03μg/mL）を示した[166]。

　カリフォルニア大学スクリプス海洋研究所のFenical教授のグループは海洋微生物の化学的研究において数々のすばらしい発見を報告し，この研究領域をリードして来ている。生育に塩を要求する放線菌の資源化にもいち早く取り組み，新しい属 *Salinospora* が海泥に広く分布[228]してい

第2章　医薬素材および研究用試薬

表4　海洋細菌から単離された新規抗腫瘍物質

化合物	生産菌	分離源	文献
Abratubolactam C	streptomyces sp.	軟体動物	136
Agrochelin	Agrobacterium sp.	ホヤ	137, 138
Altemicidin	Streptomyces sioyaensis	海泥	139
Alteramide A	Alteromonas sp.	海綿	140
Aureoverticillactam	Streptomyces aureoverticillatus	海泥	141
Bisucaberin	Alteromonas haloplanktis	海泥	142, 143
Chandrananimycin A〜C	Actinomadura sp.	海泥	144
Cyclomarin A〜C	Streptomyces sp.	海泥	145
δ-Indomycinone	Streptomyces sp.	海泥	146
γ-Indomycinone	Streptomyces sp.	海泥	147
Halichoblelide	Streptomyces hygroscopicus	魚類	148
Halichomycin	Streptomyces hygroscopicus	魚類	149
Halobacillin	Bacillus sp.	海泥	150
Homocereulide	Bacillus cereus	軟体動物	151
IB-00208	Actinomadura sp.	多毛類	152
IB-96212	Micromonospora sp.	海綿	153, 154
Kailuin A〜D	Vibrio sp.	流木	155
Lagunapyrone A〜C	actinomycete	海泥	156
LL-141352b	未同定バクテリア	ホヤ	157
Lomaiviticin A・B	Micromonospora lamaivitiensis	ホヤ	158
Neomarinone, Marinone類	actinomycete	海泥	159
Octalactin A・B	Streptomyces sp.	ソフトコーラル	160
Pelagiomicin A〜C	Pelagiobacter sp.	海藻	161
PM-94128	Bacillus sp.	海泥	162
Salinosporamide A	Salinospora sp.	海泥	163
SS-228Y	Chaina purpurogena	海泥	164, 165
Thiocoraline	Micromonospora marina	ソフトコーラル	166, 167
Caprolactone類	Streptomyces sp.	海泥	168
Staurosporin類	Micromonospora sp.	海綿	169
インドール	Streptomyces sp.	無脊椎動物	170

表5 海洋真菌から単離された新規抗腫瘍物質

化 合 物	生 産 菌	分 離 源	文 献
Acetophthalidin	*Penicillium* sp.	海泥	171
Asperazine	*Aspergillus niger*	海綿	172
Aspergillamide A・B	*Aspergillus* sp.	海泥	173
Aspergillicin A〜E	*Aspergillus carneus*	海泥	174
Aspergilloxide	*Aspergillus* sp.	不明	175
Brocaenol A・B	*Penicillium brocae*	海綿	176
Communesin A・B	*Penicillium* sp.	海藻	177
Communesin C〜D	*Penicillium* sp.	海綿	178
Cyclotryprostatin A〜D	*Aspergillus fumigatus*	海泥	179
Dankasterone	*Gymnascella dankaliensis*	海綿	180
7-Deacetoxyyanuthone A	*Penicillium* sp.	化学繊維綱	181
12,13-Deoxyroridin E	*Myrothecium roridum*	木片	182
6-Epi-ophiobolin G・N	*Emericella variecolor*	海泥	183
Evariquinone	*Emericella variecolor*	海綿	184
Fellutamide A・B	*Penicillium fellutanum*	魚類	185
Fumiquinazoline A〜G	*Aspergillus fumigatus*	魚類	186, 187
Fusaperazine A	*Fusarium chlamydosporum*	海綿	188
Gymnastatin A〜E	*Gymnascella dankaliensis*	海綿	189, 190
Gymnasterone A・B	*Gymnascella dankaliensis*	海綿	191
Harzialactone B	*Trichoderma harzianum*	海綿	192
Herbarin A・B	*Cladosporium herbarum*	海綿	90
Humicolone	*Humicola grisea*	流木	193
Insulicolide A	*Aspergillus insulicola*	海藻	194
Kasarin	*Hyphomycetes* sp.	スナギンチャク	195
Leptosin A〜S	*Leptosphaeria* sp.	海藻	196〜201
Macrosphelide類	*Periconia byssoides*	アメフラシ	202〜204
Mangicol A〜G	*Fusarium heterosporum*	流木	205
Neomangicol A・B	*Fusarium heterosporum*	流木	206
N-Methylsansalvamide	*Fusarium* sp.	海藻	207
Penochalasin A〜H	*Penicillium* sp.	海藻	208, 209
Penostatin A〜I	*Penicillium* sp.	海藻	210, 211
Pericosine A・B	*Periconia byssoides*	アメフラシ	212
Pyrenocine E	*Penicillium waksmanii*	海藻	213
Sansalvamide A	*Fusarium* sp.	海草	119
Scytalidamide A・B	*Scytalidium* sp.	海藻	214
Spirotryprostatin A・B	*Aspergillus fumigatus*	海泥	215
Spiroxin A〜E	未同定真菌	ソフトコーラル	216
Trichodenone A〜C	*Trichoderma harzianum*	海綿	192
Trichodermamide B	*Trichoderma virens*	海藻	217
Tryprostatin A・B	*Aspergillus fumigatus*	海泥	218
Varitriol	*Emericella variecolor*	海綿	97
Verrol 4-acetate	*Acremonium neocaledoniae*	流木	219
Virescenoside M〜U	*Acremonium striatisporum*	ナマコ	220〜222
Anserinone類	*Penicillium corylophilum*	海泥	223
Phosphorohydrorazide thioate	*Lignincola laevis*	海草	224
Trichothecene類	*Myrothecium verrucaria*	海綿	225
Verticillin類	*Penicillium* sp.	海藻	226

第2章 医薬素材および研究用試薬

ることを最近明らかにした。そのうちの1種,バハマのマングローブ林の海泥(1mの水深)から分離した*Salinospora* sp. CNB-392株から,特異な構造をもつ抗腫瘍物質salinosporamide A (29)を単離した[163]。この化合物は,γ-ラクタムとβ-ラクトンの2つの環が結合した,とてもユニークな構造をもっている。このような構造をもつ化合物は,lactacystinの変換体である*clasto*-lactacystin-β-lactone (omuralide) のみであった。この化合物はプロテアソームの特異的阻害剤の最初の例である。化合物29もプロテアソームの20Sサブユニットを特異的に阻害する活性はomuralideと同じで,しかもおよそ35倍の強さを示した (IC$_{50}$=1.3nM)。この作用機序により,29は強い抗腫瘍細胞活性を示す。ヒト大腸癌細胞HCT-116に対して11ng/mL (IC$_{50}$) で増殖を抑制し,米国立癌研究所 (NCI) のヒト60癌細胞パネルでは高い選択性とGI$_{50}$ (50%増殖阻害濃度) の平均値が10nM以下という結果を与えた。

29

大阪薬大の沼田教授のグループも海洋微生物成分の研究に多大な貢献をしており,海洋細菌と真菌から数々の抗腫瘍物質を単離している。褐藻*Sargassum tortile*から分離された偏性海生菌*Leptosphaeria* sp. OUPS-N80 (= OUPS-4) はとても多産で,これまでに24種類のジケトピペラジン二量体 (leptosin A〜S) が得られている[196〜201]。Leptosin A (30) はP388の増殖を1.85ng/mL (ED$_{50}$) で抑制した。ヒト癌細胞パネルで有望な活性を示すものもある。一連の同族体から,構造と活性の相関も考察されている。

30

2つのアミノ酸が環化した単純なジケトピペラジンからleptosin類のように複雑に修飾されたものまで,ジケトピペラジンを含む化合物はカビの代謝産物としてよく見られ,様々な生物活性を

示している。

31　　　　　　　　　　　32

ユニークな構造のマクロライドhalichomycin（31）も，沼田らにより海洋放線菌*Streptomyces hygroscopicus* OUPS-N92株から単離された[149]。化合物31のP388に対する活性は0.13μg/mL（ED_{50}）である。この放線菌は魚*Halichoeres bleclceri*の腸管から分離された。魚の腸管は放線菌の生活の場とは考えられていなかったので，この報告は大変面白い。最近，この放線菌からもう1種類のマクロライドhalichoblelide（32）が単離された[148]。化合物32はP388の増殖を0.63μg/mL（ED_{50}）で抑制した。また，ヒト39癌細胞パネルで$logGI_{50}$の平均値が−5.25であった。

海洋糸状菌*Gymnascella dankaliensis* OUPS-N134株も沼田らにより海綿*Halichondria japonica*から分離された。この菌は8種類の抗腫瘍物質gymnastatin A（33）〜E（34）[189, 190]，gymnasteron AとB[191]およびdankasterone（35）[180]を生産している。Gymnastatin A（33）とE（34）はP388に対してそれぞれ0.018および10.8μg/mL（ED_{50}）で増殖抑制活性を示した。このことから，カルボニル基とエポキシドが活性に影響していると考えられる。P388に対する活性はあまり強くない（ED_{50}=2.2μg/mL）が，化合物35は変わった環構造をもっている。

33: α β=1:2　　　34: α β=1:2　　　35

沼田らにより緑藻*Enteromorpha intestinalis*から分離された*Penicillium* sp. OUPS-N79も多産な糸状菌で，これまでに19種類の新規抗腫瘍物質penostatin A〜I[210, 211]，penochalasin A〜H[208, 209]およびcommunesin A（36）とB（37）[177]が単離されている。これらの化合物はP388に対して0.3〜11.5μg/mL（ED_{50}）で増殖抑制活性を示した。化合物36と37はとてもユニークな構造をもっている。その後，同じような構造をもつ化合物perophoramidineがホヤ*Perophora nameii*から

得られた[229]。また最近，地中海の海綿*Axinella verrucosa*から分離された*Penicillium*属の糸状菌が，communesin B（36）とともに新しい化合物C（BのN-CH$_3$がNHになっている）とD（BのN-CH$_3$がN-CHOになっている）を生産していることが報告された[178]。*Penicillium*は陸上でよく見られる属であるが，海洋由来の菌は陸生のものと異なった代謝産物を生産している場合がよくある。*Aspergillus*属の糸状菌でも同様のことが言える。この特異な骨格の化合物がホヤから得られたのは，その生産に微生物が関与している可能性が示唆される。

36 37

モザンビーク産海綿から分離された放線菌*Micromonospora* sp. L-25-ES-008株は，スピロケタールを含む新規なマクロライドIB-96212（38）を生産している[153, 154]。スピロケタールをもつマクロライドはこの化合物が初めての単離例である。化合物38はP388に対して強い増殖抑制活性（IC$_{50}$=0.1ng/mL）を示した。また，ヒト癌細胞（A-549, HT-29, MEL-28）の増殖を1μg/mL（IC$_{50}$）で抑制した。面白いことに，38は*M. luteus*に選択的に抗菌活性（MIC=0.4μg/mL）を示し，他のグラム陽性菌（*S. aureus*と*B. subtilis*）とグラム陰性菌には活性を示さなかった。

38

ホヤ*Polysyncraton lithostroyum*の内部から分離された放線菌*Micromonospora lomaivitiensis* LL-371366株から，ユニークな構造をもつlomaiviticin A（39）とBが単離された[158]。これらの化合物はジベンゾフルオレングリコシドの二量体構造をもつ。ジベンゾフルオレン構造をもつ化合物としては抗生物質のkinamycin類が知られているが，これらは単量体である。Lomaiviticin類は構

造のユニークさとともに、非常に強い抗腫瘍細胞活性を示すので、大変興味深い化合物である。化合物39は種々の癌細胞の増殖を0.01〜98ng/mL (IC_{50}) で抑制した。その活性発現はDNAに対する傷害作用であるが、24癌細胞パネルによる検定の結果、adriamycinやmitomicin Cなどの抗癌剤とは異なるメカニズムであることが分かった。また、lomaiviticin類はグラム陽性菌（*S. aureus* と *E. faecium*）にも強い抗菌活性（MIC = 6〜25ng/スポット）を示した。

39

パラオ産の海藻*Pocockiella variegata*から分離された細菌*Pelagiobacter variabilis*は、新しい属のグラム陰性菌である[161]。この菌はgriseolutic acid構造をもつフェナジン型アルカロイドpelagiomicin A (40)〜Cを生産している。フェナジン型アルカロイドは微生物代謝物としてよく知られているが、griseolutic acid構造をもつ化合物は、陸生の*Streptomyces*属から2種類のみが報告されていた。Pelagiomicin類は3番目の例であるが、グラム陽性放線菌と塩要求性のグラム陰性菌が同様の第二次代謝系をもつという点で興味がある。化合物40はグラム陽性菌と陰性菌に抗菌活性（MIC = 0.16〜10μg/mL）を示し、ヒト癌細胞の増殖を抑制（ID_{50}=0.04〜0.2μg/mL）した。また、*in vivo*でP388に対して弱い抗癌活性を示した。

40

イオウと窒素を含む特異な構造をもつアルカロイドaltemicidin (41) が、海泥由来の放線菌*Streptomyces sioyaensis* SA-1758株から単離された[139]。ブラインシュリンプに対する毒性試験で

第2章 医薬素材および研究用試薬

発見されたこの化合物は，L1210およびIMCの増殖をそれぞれ0.84および0.82μg/mL（IC_{50}）で抑制したが，マウスに対する毒性（LD_{50}=0.3μg/kg, iv）も高かった。

41

海綿*Halichondria okadai*由来の細菌*Alteromonas* sp. から，4環性のユニークな構造をもつアルカロイドalteramide A（42）が単離された[140]。化合物42はP388とL1210やヒト上皮癌細胞KBに増殖抑制活性（IC_{50}=0.1, 1.7および5.0μg/mL）を示した。また，類似の構造をもつaburatsubo-lactam A（43）が，海洋放線菌*Streptomyces* sp. SCRC-A20株から発見された[230]。化合物43は好中球によるスーパーオキシドアニオンの産生を阻害する。海綿からも同族の化合物cyrindramideが得られている。海綿の場合は共生あるいは共存する微生物に由来すると考えられるが，これもグラム陰性細菌とグラム陽性放線菌が類似の第二次代謝系をもつという興味深い例の一つである。

42   43

水深3,300mの海泥から分離された*Alteromonas haloplanktis* SB-1123株は，シデロフォアbisucaberin（44）を生産している[142, 143]。化合物44は，マウスにおいてマクロファージに対する腫瘍の感受性を高めるという，興味ある作用を示した。

44

海洋生物成分の利用

ソフトコーラルから分離された*Streptomyces* sp. PG-19株が，8員環をもつ新規な化合物octalactin A（45）とB（46）を生産していることが報告された[160]。化合物45はB16-F10とHCT-116に抗腫瘍細胞活性を示した。化合物46は全く活性をもたないことから，エポキシケトン構造が活性に不可欠である。

45 46

エポキシドが二重結合に変わって抗腫瘍細胞活性が著しく低下した例は，大環状トリコテセンでも観察された。パラオのサンゴ礁で分離された*Myrothecium roridum* TUF 98F42株が生産する12, 13-deoxyroridin E（47）は，相当するエポキシ体（roridin E）の80分の1の活性を示した[182]。ただし，47はHL-60およびL1210にそれぞれ25および15ng/mL（IC$_{50}$）という強い活性を保持していたので，エポキシドは活性の一部に寄与していると考えられる。

47

バハマで流木から分離された*Fusarium heterosporum* CNC-477株から，neomangicol A～Cが単離された[206]。これらの化合物は転位を受けたセスキテルペン構造をもつので，通常のテルペン生合成とは異なる経路が存在するのではないかと思われる。Neomangicol A（48）とB（49）はそれぞれClとBrを含むので，海洋に適応した第二次代謝系をもつと考えられる。また，48と49はハロゲン化セスキテルペンの最初の例である。化合物48はヒト乳癌細胞MCF-7とヒト大腸癌細胞CACO-2にそれぞれ4.9および5.7μM（IC$_{50}$）で活性を示した。

第2章 医薬素材および研究用試薬

48:R=Cl
49:R=Br

 *Trichoderma virens*の2つの株（CNK266とCNL910）から，trichodermamide A（50）とB（51）が単離された[217]。2つの株はそれぞれパプアニューギニアの緑藻*Halimeda* sp. とホヤ*Didemnum molle*から分離された。塩素を構造中に含むB（51）はHCT-116に比較的強い抑制活性（IC$_{50}$=0.32μg/mL）を示すのに対し，塩素の代わりにOH基をもつA（50）は全く活性を示さなかったので，塩素原子は抗腫瘍細胞活性に不可欠であると考えられる。

50:R=OH
51:R=Cl

 偏性海生菌*Lignincola laevis*から，とてもユニークな構造をもつ化合物52が得られた[224]。殺虫剤由来とも思われる構造であるが，この菌により生合成されていることが明らかにされた。化合物52はL1210に0.25μg/mLで活性を示した。

52

 カナダのソフトコーラルから分離された糸状菌LL-37H248株から，5種類の抗腫瘍物質spirox-in A（53）～Eが単離された[216]。化合物53は25癌細胞パネルでIC$_{50}$の平均値0.09μg/mLを与え，ヌードマウスを用いた*in vivo*のテストで卵巣癌に対して21日で59%の阻害活性を示した。

海洋生物成分の利用

53

　南太平洋の水深1,335mで採取した海泥から，糸状菌*Penicillium corylopholum*が分離された[223]。この分離菌には2種類の株（a004181とb004181）が含まれていたが，その培養液から既知のanserinone A（54）とB（55）とともに5種類の新しいanserinone誘導体が得られた。Anserinone AとBは糞生菌*Podospora anserina*から最初に単離された化合物である[231]。糞生菌と深海の糸状菌が同じ化合物を生産しているのは興味深い。また，anserinone B（55）と海洋糸状菌から単離されたformylanserinone B（56）は，インドネシア（北スラウェシ島）の海綿から分離した糸状菌からも見つかっている（未発表データ）。これらの化合物はHL-60の増殖を抑制し，海洋細菌*Ruegeria atlantica*に強い抗菌活性を示す（未発表データ）。化合物56はMDA-MB-435（乳がん細胞）に抗腫瘍細胞活性（IC_{50}=2.90 μg/mL）を示した[223]。

54　　55　　56

1.4 抗炎症物質その他

　表6と表7に，それぞれ海洋細菌と真菌から単離された抗炎症物質およびその他の生物活性物質を示した。抗炎症物質のほかには，海洋細菌と真菌ともに，酵素阻害剤の探索が行われている。海洋細菌からは幾つかのシデロフォアも単離され，また，海洋真菌からは抗酸化物質の単離が報告されている。

　海洋微生物由来の抗炎症物質として特筆すべきは，*Phoma* sp. SANK 11486株から得られたphomactin A（57）～Gである[247~249]。この糸状菌はズワイガニ*Chinoecetes opillio*の甲殻から分離された。これらの化合物は，血小板活性化因子（PAF）による血小板凝集と，PAFの受容体への結合の両方を阻害する。最も強い活性を示したのはD（58）で，それぞれ0.12および0.8 μM（IC_{50}）で受容体への結合および血小板凝集を阻害した。天然物と合成品を用いた構造活性相関に

第2章 医薬素材および研究用試薬

表6 海洋細菌から単離された新規抗炎症物質およびその他の活性物質

化合物	生産菌	分離源	文献
1) 抗炎症物質			
Cyclomarin A〜C	*Streptomyces* sp.	海泥	145
Lobophorin A・B	Actinomycete	褐藻	232
Salinamide A〜E	*Streptomyces* sp.	クラゲ	233〜235
2) 酵素阻害物質			
B-5354 a〜c	*Ruegeria* sp.	海水	236
B-90063	*Blastobacter* sp.	海水	237
Flavocristamide A・B	*Flavobacterium* sp.	二枚貝	238
Hydroxyakalone	*Agrobacterium aurantiacum*	不明	239
Pyrostatin A・B	*Streptomyces* sp.	海泥	240
3) シデロフォア			
Anguibactin	*Vibrio anguillarum*	魚類	241
B-4317	*Alteromonas rava*	海水	14
Bisucaberin	*Alteromonas haloplanktis*	海泥	142, 143
Petrobactin	*Marinobacter hydrocarbonoclasticus*	不明	242
Pseudoalterobactin A・B	*Pseudoalteromonas* sp.	海綿	243
4) その他			
Aburatubolactam A	*Streptomyces* sp.	軟体動物	230
Anthranilamid	*Streptomyces* sp.	海泥	244
Komodoquinone A・B	*Streptomyces* sp.	海泥	245
aromatic acids	*Alteromonas rubra*	不明	246

ついても報告されている[272]。

　カリフォルニアの海泥由来の放線菌 *Streptomyces* sp. CNB-982株から、3種類の抗炎症物質 cyclomarin A (59) 〜Cが単離された[145]。主成分のA (59) はヒト癌細胞パネルでIC_{50}の平均値 2.6μMの抗腫瘍細胞活性を示した。しかし、この化合物の重要なことは、*in vitro* と *in vivo* における強い抗炎症作用である。化合物59は、ホルボールエステルで誘起したマウス耳の浮腫を50μg で92%阻害した。これは抗炎症剤 indomethacin (72%阻害) よりも強い。また、同じアッセイ法による *in vivo* テストでも有効性が示されたので、医薬品候補となる可能性がある。

表7 海洋真菌から単離された新規抗炎症物質およびその他の活性物質

化 合 物	生 産 菌	分 離 源	文 献
1) 抗炎症物質			
Mangicol A・C	*Fusarium heterosporum*	流木	205
Oxepinamide A	*Acremonium* sp.	ホヤ	105
Phomactin A〜G	*Phoma* sp.	カニ	247〜249
2) 酵素阻害物質			
Cathestatin C	*Microascus longirostris*	海綿	250
Chlorogentisylquinone	*Phoma* sp.	浜砂	251
Dictyonamide A	未同定真菌	海藻	252
Epolactaene	*Penicillium* sp.	海泥	253
Nafuredin	*Aspergillus niger*	海綿	254
Phenochalasin A・B	*Phomopsis* sp.	海綿	255
Pulchellalactam	*Corollospora pulchella*	流木	256
Roselipin類	*Gliocladium roseum*	海藻	257
Sculezonone A・B	*Penicillium* sp.	二枚貝	258
Ulocladol	*Ulocladium botrytis*	海綿	104
Xyloketal A	*Xylaria* sp.	マングローブの実	259
Betaenone	*Microsphaeropsis* sp.	海綿	260
3) 抗酸化物質			
Anomalin A	*Wardomyces anomalus*	海藻	261
Dihydroxyisoechinulin A	*Aspergillus* sp.	海藻	262
Epicoccone	*Epicoccum* sp.	海藻	263
Farnesylhydroquinone	*Penicillium* sp.	化学繊維綱	264
Golmaenone	*Aspergillus* sp.	海藻	265
Parasitenone	*Aspergillus parasiticus*	海藻	266
ヒドロキノン	*Acremonium* cf. *roseogriseum*	海藻	267
4) その他			
Aspermytin A	*Aspergillus* sp.	二枚貝	268
Obionin A	*Leptosphaeria obiones*	海草	269
Paecilospirone	*Paecilomyces* sp.	海水	270
Terreusinone	*Aspergillus terreus*	海藻	271

フロリダのサカサクラゲ*Cassiopeia xamancha*の体表から単離された*Streptomyces* sp. CNB-091株は、ユニークな構造の2環性デプシペプチドsalinamide A〜Eを生産している[233〜235]。Salinamide A (60) とBは病原性グラム陽性菌に対する抗菌物質として単離されたが、後に強い

第 2 章　医薬素材および研究用試薬

抗炎症活性を示すことが発見された。これらの化合物はマウス耳の浮腫に対して，50μgの投与で84%（A）および83%（B）の阻害活性を示した。

57

58

59

60

抗炎症物質oxepinamide A（61）は，バハマ産のホヤ*Ecteinascidia turbinata*の表面から分離された糸状菌*Acremonium* sp. CNC 890株から，抗カビ物質fumiquinazolin HとIおよび不活性のoxepinamide B（62）とC（63）とともに得られた[105]。化合物61は50μgでマウス耳の浮腫を82%阻害した。一方，62と63は活性を示さないことから，OH基とその立体構造が活性発現に重要であることが分かる。

61:R=H
63:R=CH₃

62

64

特定の疾病等に関係する酵素の阻害活性を指標にした生物検定試験が海洋微生物の培養液にも適用され,幾つかの酵素阻害剤が発見されている。海水由来のグラム陰性菌*Blastobacter* sp. SANK 71894株から,ユニークな構造をもつ酵素阻害物質B-90063(64)が単離された[237]。この化合物は,4-ピリドンとオキサゾール環からなる2つのユニットがジスルフィド結合で二量体を形成するという,特異な構造をもっている。化合物64はエンドセリン(ET-1)を生成する酵素(エンドセリン転換酵素,ECE)を阻害(ヒトおよびラットECEでIC_{50}でそれぞれ1.0および3.2 μM)し,ET-1のラットET_A受容体(IC_{50} = 43.7μM)およびウシET_B受容体(27.2μM)への結合を阻害した。ET-1の拮抗剤のなかには,動脈硬化,高血圧,急性心筋梗塞,急性腎不全などの予防と治療のための医薬品として,臨床試験に入っているものもある。

65

ミクロネシアのヤップで採取した紅藻から分離した糸状菌*Gliocladium roseum* KF-1040株から,roselipin 1A(65),1B,2A,2Bが得られた[257]。化合物65はジアシルグリセロールアシル転位酵素(DGAT)を17μM(IC_{50})で阻害した。他の3つの化合物もDGATに対して65と同等の活性を示した。これらの化合物は中性脂肪の生合成阻害剤としての利用が可能である。

第 2 章 医薬素材および研究用試薬

66 67 68

マングローブの海生菌*Xylaria* sp. 2508株から，xyloketal A〜Eが単離された[259]。Xyloketal A (66) はアセチルコリンエステラーゼの活性を1.5 μMで阻害するが，B (67) やC (68) などのエーテル環の数が少ない化合物は活性を示さなかった。

69

ニュージーランドの海綿由来の糸状菌*Microascus longirostris* SF-73株から，酵素阻害物質cathestatin C (69) が単離された[250]。この化合物はパパイン，カテプシンBとLを，それぞれ2.5，5.0および15.0 μM (IC_{50}) で阻害した。

70

神奈川の海砂から分離された糸状菌*Phoma* sp. FOM-8108株から，chlorogentisylquinone (70) が単離された[251, 273]。この化合物は，炎症に関係すると考えられている中性スフィンゴミエリナーゼ (SMase) に対して1.2 μM (IC_{50}) という強い阻害活性を示したが，アポトーシス誘導に関与すると考えられる酸性SMaseは100 μMでも阻害しなかった。化合物70と同時に単離されたCl基をもたない化合物gentisylquinoneの活性は70の約5分の1であることから，酵素阻害活性にはClが重要であることが分かった。

パラオ産海綿由来の糸状菌*Aspergillus niger* FT-0554株から，酵素阻害物質nafuredin (71) が得られた[254, 274, 275]。この化合物は，回虫のNADH-フマル酸還元酵素 (NFRD) を0.11 μM

海洋生物成分の利用

71

（IC$_{50}$）で阻害するが，ほ乳類のNFRDに対する阻害濃度は2.5μM（IC$_{50}$）であるので，回虫の酵素に選択性をもつ。また，ヒツジによる感染試験でも有効性が示された。化合物71は抗寄生虫薬のリード化合物として期待されている。

化合物70と71の生産におよぼす海水濃度の影響が検討された。淡水培養では70は全く生産されず，75～100%の海水濃度で高い生産性が見られた[273]。このことから，70の生産菌は高い塩濃度において細胞内の浸透圧を調整するために，70にClを結合させて菌体外に排出させているのではないかと考察された[273]。化合物71も同様に，50～100%の海水濃度で生産性が向上した[2]。また，海水濃度により第二次代謝産物の組成が変化したり，異なる成分が生産されることも観察されているので，海洋由来の微生物の培養の際に培地成分の変化とともに異なる海水濃度での培養を検討することにより，新規な代謝産物が得られる可能性が増すと思われる。

生育に欠かせない鉄イオンを補足するために，低分子シデロフォアを生産している細菌が数多く知られている。海洋細菌からもシデロフォアが幾つか単離されている。シデロフォアで，医薬として利用されている化合物にdesferrioxamine Bがある。また，免疫抑制作用をもつシデロフォアも発見されており，最近では，ドラッグデリバリーシステムのキャリアーとしてシデロフォアを利用する研究も進められている。

72

海水由来の*Alteromonas rava* SANK 70294株から，シデロフォアB-4317（72）が単離された[14]。この海洋細菌は抗菌物質thiomarinol類も生産している。化合物72はグラム陽性菌に弱い抗菌活性を示した。

特異な構造をもつシデロフォアanguibactin（73）が，魚の病原菌である*Vibrio anguillarum*の培養液から単離された[241]。化合物73は，カテコールを分子中にもつシデロフォアの仲間である

第2章 医薬素材および研究用試薬

が，チアゾリン環とイミダゾール環をもつユニークな構造である。

73

74

石油分解海洋細菌 *Marinobacter hydrocarbonoclasticus* sp.17株から，α-ヒドロキシ酸構造をもつシデロフォア petrobactin（74）が単離された[242]。この化合物は鉄（Ⅲ）と結合すると，光によって容易に脱炭酸を受ける。この現象は化合物74で始めて発見された。α-ヒドロキシ酸構造をもつシデロフォアは他にも知られているので，それらの化合物でも同様の現象が見られるのか，および光によって脱炭酸することの意味などが今後の興味ある研究課題である。

75   76

ラジカル除去活性と不飽和脂肪酸の過酸化防止活性を指標にした物質探索が，海洋糸状菌の培養液に適用され，幾つかの抗酸化物質が発見されている。地中海の褐藻 *Cladosteriseum spongius* から分離された *Acremonium* cf. *roseogriseum* M1-11-1株から，抗酸化物質75と76が単離された[267]。化合物75は，α,α-diphenyl-β-picrylhydrazyl ラジカルの除去活性試験（DPPHアッセイ）で強い活性（25.0μg/mLで85.5%の阻害）を示した。また，リノレン酸の過酸化を37.0μ g/mLで35.5%阻害した。化合物76はDPPHアッセイで17.5%の活性（25.0μg/mL）を示した。よって，親水性の糖の存在は活性を低下させる。

77

韓国産の紅藻*Lomentaria catenata*から分離された*Aspergillus* sp. MFA 212株は，2種類のジケトピペラジン抗酸化物質golmaenone（77）とdihydroxyisoechinulin A[262]を生産している。化合物77はDPPHアッセイでIC$_{50}$=20μMのラジカル除去活性を示した。この値はビタミンA（22.7μM）と同等である。また，この化合物はサンスクリーンに使用されているoxybenzone（ED$_{50}$=350μM）よりも強いUV-A防御活性（90μM）をもっている。もう1つの化合物も同様の活性を示した。

1.5 おわりに

　海洋細菌と真菌から単離された新規化合物のうち，生物活性が見出されていないものが半数近くに達する。そのような化合物は生物活性物質と一緒に単離されたケースが多いが，生物活性が見出されていないのは，試験した生物検定法の数が限られているのが最大の理由である。また，化合物を分離するために設定した生物活性とは異なる活性が単離後に見出された例も少なくない。生物活性が報告されていない化合物の中にもユニークな構造をもつものがあるので，幅広い薬理活性を検討してみる価値があると思われる。

　また，海洋微生物に潜む謎，海洋への適応と他の生物との共生・共存も興味ある研究課題である。この謎を解くにつれて新規な生物活性物質が発見されることも期待される。

　以上のことから，海洋微生物の分離・培養，生態学，天然物化学および薬理活性試験のそれぞれの分野の専門家が共同して総合的な研究体制を作ることが今後ますます重要になると思う。

第 2 章 医薬素材および研究用試薬

文　献

1) T.S. Bugni, C.M. Ireland, *Nat. Prod. Rep.*, **21**, 143 (2004)
2) 供田洋, 化学と生物, **40**, No. 11, 757 (2002)
3) P.R. Jensen and W. Fenical, "Fungi in Marine Environments", p.293, Fungal Dieversity Press, Hong Kong (2002)
4) I. Wagner-Dobler *et al.*, *AdV. Biochem. Eng. Biotechnol.*, **74**, 204 (2002)
5) P. Proksch *et al.*, *Appl. Microbiol. Biotechnol.*, **59**, 125 (2002)
6) A. Kelecom, *Ann. Brazil. Acad. Sci.*, **74**, 151 (2002)
7) P.R. Jensen, W. Fenical, "Drugs from the Sea", p.6, Karger, Basel (2000)
8) J.-F. Verbist *et al.*, "Studies in Natural Products Chemistry, Vol. 24" p. 979, Elsevier Science, New York (2000)
9) M.A.F. Biabani, H. Laatsch, *J. Prakt. Chem.*, **340**, 589 (1998)
10) F. Pietra, *Nat. Prod. Rep.*, **14**, 453 (1997)
11) V.S. Bernan *et al.*, *Adv. Appl. Microbiol.*, **43**, 57 (1997)
12) G.M. Konig, A.D. Wright, *Planta Med.*, **62**, 193 (1996)
13) K. Liberra, U. Lindequist, *Pharmazie*, **50**, 583 (1995)
14) 佐藤讓也ほか, 三共研究所年報, **47**, 1 (1995)
15) B.S. Davidson, *Curr. Opin. Biotechnol.*, **6**, 284 (1995)
16) P.R. Jensen, W. Fenical, *Annu. Rev. Microbiol.*, **48**, 559 (1994)
17) J. Kobayashi, M. Ishibashi, *Chem. Rev.*, **93**, 1753 (1993)
18) W. Fenical, *Chem. Rev.*, **93**, 1673 (1993)
19) 小林淳一ほか, 有機合成化学, **50**, No. 9, 772 (1992)
20) B. Austin, *J. Appl. Bacteriol.*, **67**, 461 (1989)
21) F.M. Lovell, *J. Am. Chem. Soc.*, **88**, 4510 (1966)
22) G.A. Schiehser *et al.*, *Tetrahedron Lett.*, **27**, 5587 (1986)
23) J. Kohlmeyer, E. Kohlmeyer, "Marine Mycology: the Higher Fungi", Academic Press, New York (1979)
24) J. Kohlmeyer, B. Volkmann-Kohlmeyer, *Mycol. Res.*, **107**, 386 (2003)
25) S.K. Davidson *et al.*, *Appl. Environ. Microbiol.*, **67**, 4531 (2001)
26) N.B. Lopanik *et al.*, *Oecologia*, **139**, 131 (2004)
27) N. Lopanik *et al.*, *J. Nat. Prod.*, **67**, 1412 (2004)
28) J. Riedlinger *et al.*, *J. Antibiot.*, **57**, 271 (2004)
29) J. Needham *et al.*, *J. Org. Chem.*, **59**, 2058 (1994)
30) H. Nakamura *et al.*, *J. Antibiot.*, **30**, 714 (1977)
31) Y. Okami *et al.*, *J. Antibiot.*, **29**, 1019 (1976)
32) K. Sato *et al.*, *J. Antibiot.*, **31**, 632 (1978)
33) T.J. Stout *et al.*, *Tetrahedron*, **47**, 3511 (1991)

34) F. Isono *et al.*, *Ann. Rep. Sankyo Res. Lab.*, **45**, 113 (1993)
35) V.S. Bernan *et al.*, *J. Antibiot.*, **47**, 1417 (1994)
36) T. Barsby *et al.*, *Org. Lett.*, **3**, 437 (2001)
37) R.W. Schumacher *et al.*, *J. Nat. Prod.*, **66**, 1291 (2003)
38) R.N. Asolkar *et al.*, *J. Antibiot.*, **55**, 893 (2002)
39) R.D. Charan *et al.*, *J. Nat. Prod.*, **67**, 1431 (2004)
40) Z. Jiang *et al.*, *Nat. Prod. Lett.*, **14**, 435 (2000)
41) R.P. Maskey *et al.*, *J. Antibiot.*, **56**, 942 (2003)
42) Y. Okami *et al.*, *J. Antibiot.*, **32**, 964 (1979)
43) K. Hotta *et al.*, *J. Antibiot.*, **33**, 1515 (1980)
44) R.W. Schumacher *et al.*, *Tetrahedron Lett.*, **42**, 5133 (2001)
45) K. Yoshikawa *et al.*, *J. Antibiot.*, **50**, 949 (1997)
46) K. Yoshikawa *et al.*, *J. Antibiot.*, **56**, 866 (2003)
47) J. Gerard *et al.*, *Tetrahedron Lett.*, **37**, 7201 (1996)
48) J. Gerard *et al.*, *J. Nat. Prod.*, **62**, 80 (1999)
49) R.J. Capon *et al.*, *J. Nat. Prod.*, **63**, 1682 (2000)
50) T. Nagao *et al.*, *J. Antibiot.*, **54**, 333 (2001)
51) C. Pathirana *et al.*, *Tetrahedron Lett.*, **32**, 2323 (1991)
52) N.M. Gandhi *et al.*, *J. Antibiot.*, **26**, 797 (1973)
53) H. Kohl *et al.*, *Tetrahedron Lett.*, **12**, 983 (1974)
54) N. Imamura *et al.*, *J. Antibiot.*, **47**, 257 (1994)
55) C. Pathirana *et al.*, *Tetrahedron Lett.*, **33**, 7663 (1992)
56) J. Gerard *et al.*, *J. Nat. Prod.*, **60**, 223 (1997)
57) S.J. Wratten *et al.*, *Antimicrob. Agents Chemother.*, **11**, 411 (1977)
58) H. Shiozawa *et al.*, *J. Antibiot.*, **46**, 1834 (1993)
59) H. Shiozawa *et al.*, *J. Antibiot.*, **48**, 907 (1995)
60) H. Shiozawa *et al.*, *J. Antibiot.*, **50**, 449 (1997)
61) K. Kodama *et al.*, *Ann. Rep. Sankyo Res. Lab.*, **45**, 131 (1993)
62) M. Kobayashi *et al.*, *Chem. Pharm. Bull.*, **42**, 2449 (1994)
63) N. Imamura *et al.*, *J. Antibiot.*, **46**, 241 (1993)
64) N. Sitachitta *et al.*, *Tetrahedron*, **52**, 8073 (1996)
65) K. Nagai *et al.*, *J. Antibiot.*, **56**, 123, 129 (2003)
66) M.P. Singh *et al.*, *J. Antibiot.*, **56**, 1033 (2003)
67) V. Ivanova *et al.*, *Z. Naturforsh.*, **56C**, 1 (2001)
68) R.J. Andersen *et al.*, *Mar. Biol.*, **27**, 281 (1974)
69) M. Mitova *et al.*, *J. Nat. Prod.*, **67**, 1178 (2004)
70) F. Fdhila *et al.*, *J. Nat. Prod.*, **66**, 1299 (2003)
71) G.S. Jayatilake *et al.*, *J. Nat. Prod.*, **59**, 293 (1996)

72) C. Pathirana *et al.*, *J. Org. Chem.*, **57**, 740 (1992)
73) J.M. Oclarit *et al.*, *Nat. Prod. Lett.*, **4**, 309 (1994)
74) T. Barsby *et al.*, *J. Nat. Prod.*, **65**, 1447 (2002)
75) R. Fudou *et al.*, *J. Antibiot.*, **54**, 149, 153 (2001)
76) B.A. Kundim *et al.*, *J. Antibiot.*, **56**, 630 (2003)
77) L. Yang *et al.*, *Tetrahedron Lett.*, **43**, 6545 (2002)
78) K.W. Cho *et al.*, *J. Microbiol. Biotechnol.*, **9**, 709 (1999)
79) B.S. Davidson *et al.*, *Tetrahedron*, **49**, 6569 (1993)
80) K. Gustafson *et al.*, *J. Am. Chem. Soc.*, **111**, 7519 (1989)
81) R. Jadulco *et al.*, *J. Nat. Prod.*, **64**, 527 (2001)
82) C. Kusnick *et al.*, *Pharmazie*, **57**, 510 (2002)
83) W. Lin *et al.*, *J. Nat. Prod.*, **66**, 57 (2003)
84) G.K. Poch, J.B. Gloer, *J. Nat. Prod.*, **54**, 213 (1991)
85) K. Liberra *et al.*, *Pharmazie*, **53**, 578 (1998)
86) J. Doshida *et al.*, *J. Antibiot.*, **49**, 1105 (1996)
87) J. Nielsen *et al.*, *Phytochemistry*, **50**, 263 (1999)
88) G.Y.S. Wang *et al.*, *Tetrahedron*, **54**, 7335 (1998)
89) T. Amagata *et al.*, *Org. Lett.*, **5**, 4393 (2003)
90) R. Jadulco *et al.*, *J. Nat. Prod.*, **65**, 730 (2002)
91) M. Tsuda *et al.*, *J. Nat. Prod.*, **66**, 412 (2003)
92) M. Cueto *et al.*, *J. Nat. Prod.*, **64**, 1444 (2001)
93) L.M. Abrell *et al.*, *Tetrahedron Lett.*, **37**, 8983 (1996)
94) H. Shigemori *et al.*, *Tetrahedron*, **55**, 14925 (1999)
95) M. Tsuda *et al.*, *Tetrahedron*, **59**, 3227 (2003)
96) J. Malmstrøm, *J. Nat. Prod.*, **62**, 787 (1999)
97) J. Malmstrøm *et al.*, *J. Nat. Prod.*, **65**, 364 (2002)
98) M. Chinworrungsee *et al.*, *J. Chem. Soc. Perkin Trans. 1*, 2473 (2002)
99) M. Namikoshi *et al.*, *J. Antibiot.*, **56**, 755 (2003)
100) D. Abbanat *et al.*, *J. Antibiot.*, **51**, 296 (1998)
101) G. Schlingmann *et al.*, *J. Antibiot.*, **51**, 303 (1998)
102) G. Schlingmann *et al.*, *Tetrahedron*, **58**, 6825 (2002)
103) H. Zhang *et al.*, *J. Antibiot.*, **54**, 635 (2001)
104) U. Höller *et al.*, *Eur. J. Org. Chem.*, 2949 (1999)
105) G.N. Belofsky *et al.*, *Chem. Eur. J.*, **6**, 1355 (2000)
106) M. Daferner *et al.*, *Z. Naturforsch.*, **54C**, 474 (1999)
107) C.H. Liu *et al.*, *Planta Med.*, **69**, 481 (2003)
108) H.G. Byun *et al.*, *J. Antibiot.*, **56**, 102 (2003)
109) P. Lorenz *et al.*, *Nat. Prod. Lett.*, **12**, 55 (1998)

110) U. Höller *et al.*, *J. Nat. Prod.*, **62**, 114 (1999)
111) M. Namikoshi *et al.*, *J. Antibiot.*, **50**, 890 (1997)
112) X. Xu *et al.*, *J. Org. Chem.*, **57**, 6700 (1992)
113) R.A. Edrada *et al.*, *J. Nat. Prod.*, **65**, 1598 (2002)
114) T.S. Bugni *et al.*, *J. Org. Chem.*, **65**, 7195 (2000)
115) K. Nagai *et al.*, *J. Antibiot.*, **55**, 1036 (2002)
116) M. Daferner *et al.*, *Tetrahedron*, **58**, 7781 (2002)
117) C.H. Liu *et al.*, *Planta Med.*, **68**, 363 (2002)
118) D.C. Rowley *et al.*, *Bioorg. Med. Chem.*, **11**, 4263 (2003)
119) G.N. Belofsky *et al.*, *Tetrahedron Lett.*, **40**, 2913 (1999)
120) M. Isaka *et al.*, *J. Org. Chem.*, **67**, 1561 (2002)
121) C. Osterhage *et al.*, *J. Org. Chem.*, **65**, 6412 (2000)
122) C. Osterhage *et al.*, *J. Nat. Prod.*, **65**, 306 (2002)
123) M. Chinworrungsee *et al.*, *Bioorg. Med. Chem. Lett.*, **11**, 1965 (2001)
124) N. Watanabe *et al.*, *J. Nat. Prod.*, **58**, 463 (1995)
125) K.M. Jenkins *et al.*, *Tetrahedron Lett.*, **39**, 2463 (1998)
126) C. Chen *et al.*, *J. Antibiot.*, **49**, 998 (1996)
127) K.M. Jenkins *et al.*, *Phytochemistry*, **49**, 2299 (1998)
128) T. Iizuka *et al.*, *FEMS Microbiol. Lett.*, **169**, 317 (1998)
129) H. Kobayashi *et al.*, *J. Antibiot.*, **49**, 873 (1996)
130) M. Namikoshi *et al.*, *Drug Des. Rev.-Online*, **1**, 257 (2004)
131) M. Namikoshi *et al.*, *Chem. Pharm. Bull.*, **48**, 1452 (2000)
132) H. Kobayashi *et al.*, *Tetrahedron*, **59**, 455 (2003)
133) M.S. Gil-Turnes *et al.*, *Science*, **246**, 116 (1989)
134) S. Rychnovsky *et al.*, *J. Am. Chem. Soc.*, **114**, 671 (1992)
135) Y. Hwang *et al.*, *Mol. Pharmacol.*, **55**, 1049 (1999)
136) M.A. Bae *et al.*, *J. Microbiol. Biotechnol.*, **8**, 455 (1998)
137) L.M. Canedo *et al.*, *Tetrahedron Lett.*, **40**, 6841 (1999)
138) C. Acebal *et al.*, *J. Antibiot.*, **52**, 983 (1999)
139) A. Takahashi *et al.*, *J. Antibiot.*, **42**, 1556, 1562 (1989)
140) H. Shigemori *et al.*, *J. Org. Chem.*, **57**, 4317 (1992)
141) S.S. Mitchell *et al.*, *J. Nat. Prod.*, **67**, 1400 (2004)
142) T. Kameyama *et al.*, *J. Antibiot.*, **40**, 1664 (1987)
143) A. Takahashi *et al.*, *J. Antibiot.*, **40**, 1671 (1987)
144) R.P. Maskey *et al.*, *J. Antibiot.*, **56**, 622 (2003)
145) M.K. Renner *et al.*, *J. Am. Chem. Soc.*, **121**, 11273 (1999)
146) M.A.F. Biabani *et al.*, *J. Antibiot.*, **50**, 874 (1997)
147) R.W. Schumacher *et al.*, *J. Nat. Prod.*, **58**, 613 (1995)

第 2 章　医薬素材および研究用試薬

148) T. Yamada et al., Tetrahedron Lett., **43**, 1721 (2002)
149) C. Takahashi et al., Tetrahedron Lett., **35**, 5013 (1994)
150) J. Trischman et al., Tetrahedron Lett., **35**, 5571 (1994)
151) G.Y.S. Wang et al., Chem. Lett., **9**, 791 (1995)
152) L. Malet-Cascon et al., J. Antibiot., **56**, 219 (2003)
153) L.M. Canedo et al., J. Antibiot., **53**, 479 (2000)
154) R.I. Fernamdez-Chimeno et al., J. Antibiot., **53**, 474 (2000)
155) G.G. Harrigan et al., Tetrahedron, **53**, 1577 (1997)
156) T. Lindel et al., Tetrahedron Lett., **37**, 1327 (1996)
157) M.P. Singh et al., J. Antibiot., **50**, 785 (1997)
158) H. He et al., J. Am. Chem. Soc., **123**, 5362 (2001)
159) I.H. Hardt et al., Tetrahedron Lett., **41**, 2073 (2000)
160) D.M. Tapiolas et al., J. Am. Chem. Soc., **113**, 4682 (1991)
161) N. Imamura et al., J. Antibiot., **50**, 8 (1997)
162) L.M. Canedo et al., J. Antibiot., **50**, 175 (1997)
163) R. H. Feling et al., Angew. Chem. Int. Ed., **42**, 355 (2003)
164) T. Kitahara et al., J. Antibiot., **28**, 280 (1975)
165) T. Okazaki et al., J. Antibiot., **28**, 176 (1975)
166) F. Romero et al., J. Antibiot., **50**, 734 (1997)
167) J.P. Baz et al., J. Antibiot., **50**, 738 (1997)
168) K. Stritzke et al., J. Nat. Prod., **67**, 395 (2004)
169) L.M. Canedo et al., J. Antibiot., **53**, 895 (2000)
170) J.M. Sanchez et al., J. Nat. Prod., **66**, 863 (2003)
171) C.-B. Cui et al., J. Antibiot., **49**, 216 (1996)
172) M. Varoglu et al., J. Org. Chem., **62**, 7078 (1997)
173) S.G. Toske et al., Tetrahedron, **54**, 13459 (1998)
174) R.J. Capon et al., Org. Biomol. Chem., **1**, 1856 (2003)
175) M. Cueto et al., Org. Lett., **4**, 1583 (2002)
176) T.S. Bugni et al., J. Org. Chem., **68**, 2014 (2003)
177) A. Numata et al., Tetrahedron Lett., **34**, 2355 (1993)
178) R. Jadulco et al., J. Nat. Prod., **67**, 78 (2004)
179) C.-B. Cui et al., Tetrahedron, **53**, 59 (1997)
180) T. Amagata et al., Chem. Commun., 1321 (1999)
181) X. Li et al., J. Nat. Prod., **66**, 1499 (2003)
182) M. Namikoshi et al., J. Nat. Prod., **64**, 396 (2001)
183) H. Wei et al., Tetrahedron, **60**, 6015 (2004)
184) G. Bringmann et al., Phytochemistry, **63**, 437 (2003)
185) H. Shigemori et al., Tetrahedron, **47**, 8529 (1991)

186) A. Numata *et al.*, *Tetrahedron Lett.*, **23**, 1621 (1992)
187) C. Takahashi *et al.*, *J. Chem. Soc. Perkin Trans. 1*, 2345 (1995)
188) Y. Usami *et al.*, *J. Antibiot.*, **55**, 655 (2002)
189) A. Numata *et al.*, *Tetrahedron Lett.*, **38**, 5675 (1997)
190) T. Amagata *et al.*, *J. Chem. Soc. Perkin Trans. 1*, 3585 (1998)
191) T. Amagata *et al.*, *Tetrahedron Lett.*, **39**, 3773 (1998)
192) T. Amagata *et al.*, *J. Antibiot.*, **51**, 33 (1998)
193) D. Laurent *et al.*, *Tetrahedron*, **58**, 9163 (2002)
194) L. Rahbak *et al.*, *J. Nat. Prod.*, **60**, 811 (1997)
195) K. Suenaga *et al.*, *Heterocycles*, **52**, 1033 (2000)
196) C. Takahashi *et al.*, *J. Chem. Soc. Perkin Trans. 1*, 1859 (1994)
197) C. Takahashi *et al.*, *Phytochemistry*, **38**, 155 (1995)
198) C. Takahashi *et al.*, *J. Antibiot.*, **47**, 1242 (1994)
199) C. Takahashi *et al.*, *Tetrahedron*, **51**, 3483 (1995)
200) T. Yamada *et al.*, *Tetrahedron*, **58**, 479 (2002)
201) T. Yamada *et al.*, *Heterocycles*, **63**, 641 (2004)
202) A. Numata *et al.*, *Tetrahedron Lett.*, **38**, 8215 (1997)
203) T. Yamada *et al.*, *J. Chem. Soc. Perkin Trans. 1*, 3046 (2001)
204) T. Yamada *et al.*, *J. Antibiot.*, **55**, 147 (2002)
205) M.K. Renner *et al.*, *J. Org. Chem.*, **65**, 4843 (2000)
206) M.K. Renner *et al.*, *J. Org. Chem.*, **63**, 8346 (1998)
207) M. Cueto *et al.*, *Phytochemistry*, **55**, 223 (2000)
208) A. Numata *et al.*, *J. Chem. Soc. Perkin Trans. 1*, 239 (1996)
209) C. Iwamoto *et al.*, *Tetrahedron*, **57**, 2997 (2001)
210) C. Takahashi *et al.*, *Tetrahedron Lett.*, **37**, 655 (1996)
211) C. Iwamoto *et al.*, *J. Chem. Soc. Perkin Trans. 1*, 449 (1998)
212) A. Numata *et al.*, *Tetrahedron Lett.*, **38**, 8215 (1997)
213) T. Amagata *et al.*, *J. Antibiot.*, **51**, 432 (1998)
214) L.T. Tan *et al.*, *J. Org. Chem.*, **68**, 8767 (2003)
215) C.-B. Cui *et al.*, *Tetrahedron*, **52**, 12651 (1996)
216) L.A. McDonald *et al.*, *Tetrahedron Lett.*, **40**, 2498 (1999)
217) E. Garo *et al.*, *J. Nat. Prod.*, **66**, 423 (2003)
218) C.-B. Cui *et al.*, *J. Antibiot.*, **48**, 1382 (1995)
219) D. Laurent *et al.*, *Planta Med.*, **66**, 63 (2000)
220) S.S. Afiyatullov *et al.*, *J. Nat. Prod.*, **63**, 848 (2000)
221) S.S. Afiyatullov *et al.*, *J. Nat. Prod.*, **65**, 641 (2002)
222) S.S. Afiyatullov *et al.*, *J. Nat. Prod.*, **67**, 1047 (2004)
223) J.T. Gautschi *et al.*, *J. Nat. Prod.*, **67**, 362 (2004)

224) S.P. Abraham *et al.*, *Pure Appl. Chem.*, **66**, 2391 (1994)
225) T. Amagata *et al.*, *J. Med. Chem.*, **46**, 4342 (2003)
226) B.W. Son *et al.*, *Nat. Prod. Lett.*, **13**, 213 (1999)
227) E. Erba *et al.*, *Br. J. Cancer*, **80**, 971 (1999)
228) T.J. Mincer *et al.*, *Appl. Environ. Microbiol.*, **68**, 5005 (2002)
229) S.M. Verbitski *et al.*, *J. Org. Chem.*, **67**, 7124 (2002)
230) M.A. Bae *et al.*, *Heterocycl. Commun.*, **2**, 315 (1996)
231) H.-J. Wang *et al.*, *J. Nat. Prod.*, **60**, 629 (1997)
232) Z.-D. Jiang *et al.*, *Bioorg. Med. Chem. Lett.*, **9**, 2003 (1999)
233) J.A. Trischman *et al.*, *J. Am. Chem. Soc.*, **116**, 757 (1994)
234) B.S. Moore *et al.*, *J. Org. Chem.*, **64**, 1145 (1999)
235) J.M. Gerard *et al.*, *J. Nat. Prod.*, **62**, 80 (1999)
236) K. Kono *et al.*, *J. Antibiot.*, **53**, 753 (2000)
237) S. Takaishi *et al.*, *J. Antibiot.*, **51**, 805 (1998)
238) J. Kobayashi *et al.*, *Tetrahedron*, **51**, 10487 (1995)
239) H. Izumida *et al.*, *J. Antibiot.*, **50**, 916 (1997)
240) T. Aoyama *et al.*, *J. Enzyme Inhib.*, **8**, 223 (1995)
241) M.A.F. Jalal *et al.*, *J. Am. Chem. Soc.*, **111**, 292 (1989)
242) K. Barbeau *et al.*, *J. Am. Chem. Soc.*, **124**, 378 (2002)
243) K. Kanoh *et al.*, *J. Antibiot.*, **56**, 871 (2003)
244) M.A.F. Biabani *et al.*, *J. Antibiot.*, **51**, 333 (1998)
245) T. Itoh *et al.*, *J. Nat. Prod.*, **66**, 1373 (2003)
246) G.S. Holland *et al.*, *Chem. Ind.*, **23**, 850 (1984)
247) M. Sugano *et al.*, *J. Am. Chem. Soc.*, **113**, 5463 (1991)
248) M. Sugano *et al.*, *J. Org. Chem.*, **59**, 564 (1994)
249) M. Sugano *et al.*, *J. Antibiot.*, **48**, 1188 (1995)
250) C.M. Yu *et al.*, *J. Antibiot.*, **49**, 395 (1996)
251) R. Uchida *et al.*, *J. Antibiot.*, **54**, 882 (2001)
252) K. Komatsu *et al.*, *J. Org. Chem.*, **66**, 6189 (2001)
253) H. Kakeya *et al.*, *J. Antibiot.*, **48**, 733 (1995)
254) S. Omura *et al.*, *Proc. Natl. Acad. Sci. USA*, **98**, 60 (2001)
255) H. Tomoda *et al.*, *J. Antibiot.*, **52**, 851 (1999)
256) K.A. Alvi *et al.*, *J. Antibiot.*, **51**, 515 (1998)
257) S. Omura *et al.*, *J. Antibiot.*, **52**, 586 (1999)
258) K. Komatsu *et al.*, *J. Nat. Prod.*, **63**, 408 (2000)
259) Y. Lin *et al.*, *J. Org. Chem.*, **66**, 6252 (2001)
260) G. Brauers *et al.*, *J. Nat. Prod.*, **63**, 739 (2000)
261) A. Abdel-Lateff *et al.*, *J. Nat. Prod.*, **66**, 706 (2003)

262) Y. Li et al., *J. Antibiot.*, **57**, 337 (2004)
263) A. Abdel-Lateff et al., *Planta Med.*, **69**, 831 (2003)
264) B.W. Son et al., *Arch. Pharm. Res.*, **25**, 77 (2002)
265) Y. Li et al., *Chem. Pharm. Bull.*, **52**, 375 (2004)
266) B.W. Son et al., *J. Nat. Prod.*, **65**, 794 (2002)
267) A. Abdel-Lateff et al., *J. Nat. Prod.*, **65**, 1605 (2002)
268) S. Tsukamoto et al., *Bioorg. Med. Chem. Lett.*, **14**, 417 (2004)
269) G.K. Poch, J.B. Gloer, *Tetrahedron Lett.*, **30**, 3483 (1989)
270) M. Namikoshi et al., *Chem. Lett.*, 308 (2000)
271) S.M. Lee et al., *Tetrahedron Lett.*, **44**, 7707 (2003)
272) M. Sugano et al., *J. Med. Chem.*, **39**, 5281 (1996)
273) Y. Yamaguchi et al., *Mycoscience*, **43**, 127 (2002)
274) H. Ui et al., *J. Antibiot.*, **54**, 234 (2001)
275) D. Takano et al., *Tetrahedron Lett.*, **42**, 3017 (2001)

2 藻類

沖野龍文*

2.1 はじめに

　海藻の成分は古くから利用されてきた。例えば，海人草とよばれる紅藻マクリ*Digenea simplex*は，回虫駆除剤として用いられていた。この活性成分はα-kainic acidである。一方，同じ科に属するハナヤナギ*Chondria armata*からは，駆虫成分としてdomoic acidが得られた。このように大型海藻は古くから利用され，かつ海洋天然物化学の最初のターゲットであった。その結果，海洋天然物として報告されてきた化合物の約2割が大型海藻からのものである。ポリフェノールやテルペン類が多く，特に臭素などのハロゲンを含む化合物が特徴的である[1〜3]。しかし，現在低分子化合物の医薬素材という観点でみると興味をもたれているものは少ない。とはいえ，古くから研究されているが故に，十分に生物活性が評価されていない化合物も多いので，将来に向けての潜在性を示すためにいくつかの化合物を本節で紹介したい。一方，海藻の多糖類などは既に産業として成立しており，その機能性もますます注目を集めているが，それらについては第5章を参照されたい。

　藻類というと，一般には海岸で容易に観察することのできる海藻類を思い浮かべることが多いが，赤潮プランクトンに代表されるような微細藻類からは，近年様々な生物活性物質が発見されており，色々な面で注目されている。なかでも注目されているのが藍藻で，シアノバクテリアと呼ばれ，グラム陰性細菌であるが，形態的にも光合成をするという点でも藻類の仲間ととらえられることが多い。実際，天然物化学者の立場では，他の微細藻類を扱うのと同じスタンスで藍藻を扱う。本節でも藍藻と呼ぶことにしたい。1970年代からハワイ大学のMoore・Pattersonグループにより，海産藍藻から様々な生物活性物質が単離され，その一部は現在も生化学試薬として用いられている。その後，彼らは培養困難な海産藍藻から，陸生藍藻にターゲットを移し，非常に多彩な生物活性物質を報告したが，本節ではあまり紹介しない。ところが，1990年代後半以降，海産藍藻に回帰した。オレゴン州立大のGerwickグループが中心となり，主に*Lyngbya majuscula*を精力的に研究し，非常に多くの化合物が報告されている。その多くは，ポリケチド部分と高度に修飾されたアミノ酸からなるペプチド部分のハイブリッド化合物で，ポリケチド生合成酵素（PKS）とリボソーム非依存的ペプチド生合成酵素（NRPS）の複合体により生合成される。放線菌のPKS/NRPS遺伝子の解析がちょうどその頃から行われるようになったこともあり，藍藻のPKS/NRPS遺伝子研究も急速に進んだ。本節でも重要なものをとりあげる。なお，海産および淡水藍藻に共通する生物活性物質が得られている例が多く，海産と淡水産に区別する必要があ

＊　Tatsufumi Okino　　北海道大学　大学院地球環境科学研究科　助教授

るか疑わしいので，ここでは海洋生物から得られている化合物と関連のある淡水藍藻由来化合物も一部紹介する。実際，淡水藍藻からもPKS/NRPSにより生合成される化合物が多く知られている。一方，海洋無脊椎動物から得られた生物活性物質の真の生産者が，共生生物あるいは餌である藍藻や渦鞭毛藻由来ではないかということは長く論じられてきた。海綿などから得られた化合物が共生藍藻由来であることは，一部で確かめられている一方，多くのケースで否定されている。しかし，特に軟体動物から単離された化合物が，古くから示唆されてきたように餌の藍藻由来であることが，最近10年くらいで確実となってきた。特に，抗がん剤候補として有名なdolastatin 10も藍藻から実際に単離されたことは後で述べるように，大きなトピックである。その意味で第7節も併せて読まれたい。最近では海藻から藍藻に由来すると思われる化合物も分離されている。これも，共生というよりは付着している藍藻から由来する可能性が高い。共生という観点では，無脊椎動物に共生する渦鞭毛藻を培養して生物活性物質を単離するという試みは成功してきた。さらに，魚介類による食中毒の原因物質が，渦鞭毛藻によって生産され食物連鎖を通じて魚介類に蓄積されることはよく知られている。これは，魚介類を食する文化をもつ日本の研究者を中心に解明されてきたし，現在生化学試薬として用いられている化合物も多い。構造研究では，この10年ほどで進んでいることも多いが既に総説も多く，生物活性は前書にも紹介されている。そこで，本節では藍藻・渦鞭毛藻を中心に大型海藻も含めて最近注目されている化合物を概説することとする。重要な化合物に絞って紹介するが，微細藻類の生物活性物質の網羅的な総説もあわせて読まれたい[4〜10]。

2.2 抗菌・抗カビ，および抗ウイルス物質

カリブ海の褐藻アミジグサ科のハイオオギ*Lobophora variegata*から最近単離されたマクロライドlobophorolide（1）は，海藻が微生物からの感染に対する防御物質として含有するとされ，海洋性のカビに対し活性を示した[11]。海藻病原菌をターゲットとした研究から報告された化合物であるが，細胞毒性も顕著であり，抗カビ物質としても開発される可能性がある。構造的には陸生藍藻由来のscytophycinに類似しており，これらは，海綿由来のswinholide類のちょうど半分に相当する構造である。大型海藻からこのような化合物が単離されたのは，非常に珍しく，生産者が海藻でなく，藍藻あるいはバクテリアである可能性が高いと考えられる。

海藻の抗菌物質でクオーラムセンシングとの関係で現在最も注目されているのは，紅藻タマイタダキ*Delisea pulchra*から得られたフラノン化合物である。これらの化合物は，現在防汚剤として研究が進められている（第7章1節参照）。

Majusculamide C（2）は，ハワイ産*L. majuscula*から単離された環状デプシペプチドで，ジャガイモ疫病菌*Phytophthora infestans*やブドウべと病菌*Plasmopara viticola*に対し顕著な活性を示し

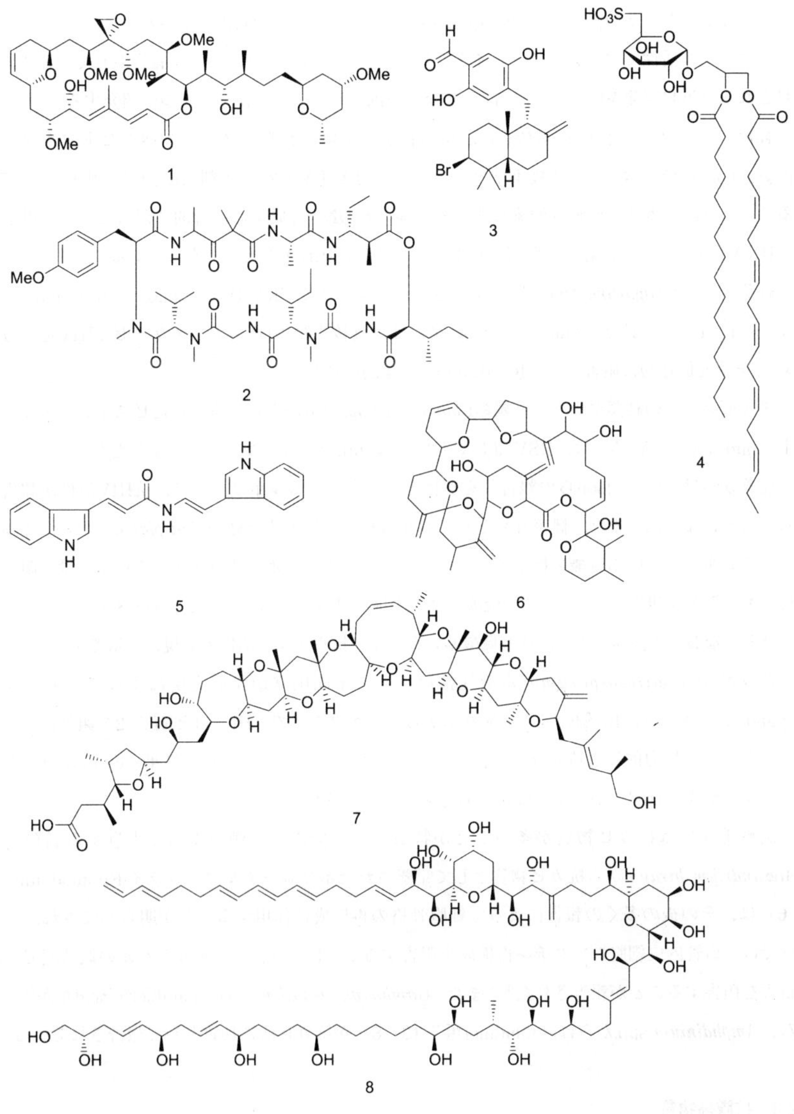

第 2 章　医薬素材および研究用試薬

図1　抗菌・抗カビおよび抗ウイルス物質

た。この活性はミクロフィラメントの脱重合による。農薬として開発が進められたが，商品化には至らなかった。その後，海綿*Ptilocaulis trachys*からもこの化合物が単離された[12]。

抗ウイルス活性では，海藻のフコイダンなどの多糖類に，抗HIV活性が報告されているのが注目される（第4章4節参照）。ここでは，低分子の抗ウイルス化合物をいくつか紹介する。

紅海のイワノカワ科の紅藻*Peyssonelis* sp.から単離されたセスキテルペンヒドロキノンのpeyssonol A (3) は，ヒト免疫不全ウイルスHIV-1とHIV-2の阻害剤（IC_{50} 6.4, 21.3μM）である[13]。この化合物は，逆転写酵素によるウイルスのDNA合成を非競合的に阻害したが，哺乳類のDNAポリメラーゼに対する阻害活性が低いために，抗HIV剤として有望である。

紅藻スギノリ*Gigartina tenella*から単離されたスルホリピドKM043(6-sulfo-α-D-quinovopyranosyl-(1→3')-1',2'-diacylglycerol, 4) は，真核生物のDNAポリメラーゼとHIV逆転写酵素-1を濃度依存的に阻害した（IC_{50} 0.25-3.6, 11.2μM）[14]。

アルゼンチンの紅藻ヤナギノリ属*Chondria atropurpurea*から単離されたビスインドールアミドchondriamide A (5) は，HSV IIに対して1μg/mLで抗ウイルス活性を示した[15]。

藍藻からは，Gustafsonらの報告[16]を契機として多くのスルホリピドに，抗HIV活性が報告されるようになった。また，健康食品としても知られるスピルリナ*Spirulina platensis*から，カルシウムスピルランと呼ぶ硫酸多糖がインフルエンザウイルス，ポリオウイルスやHIVに対し阻害活性をもつことが報告された[17]。この硫酸多糖の主構成糖は，ラムノースと3-O-メチルラムノースである。なお，カルシウムの配位と硫酸基の存在が，抗ウイルス活性の発現に必須であるという。

藍藻*Nostoc ellipsosporum*の水溶性抽出物から米国立がん研究所によって単離されたcyanovirin-N[18] は，101個のアミノ酸残基からなるペプチドで，HIV-1とHIV-2を顕著に阻害することから，精力的に構造研究，活性発現機構の解明が行われた。その結果，cyanovirin-Nはウイルスが標的細胞に融合する段階を阻害すると結論された。

渦鞭毛藻には抗カビ物質が多いことが特徴の一つである。潮溜まりに生息する渦鞭毛藻*Alexandrium hiranoi*から抗カビ物質として単離されたポリエーテルマクロライドgoniodomin A (6) は，その後の多くの報告によって細胞骨格の再構成に作用することが明らかにされた。最近では，血管内皮細胞のアクチン再構成を阻害することにより，ナノモルレベルの低濃度で血管新生を阻害することが報告された[19]。また。*Gambierdiscus toxicus*からはgambieric acid類が[20] (A, 7)，*Amphdinium* spp.からはamphidinol類[21] (3, 8) が抗カビ活性物質として報告されている。

2.3 抗腫瘍物質

紅藻ソソ類は，多彩な生物活性物質を有することで有名であるが，そのなかでもポリエーテルトリテルペノイドが注目されている。北海道天売島産マギレソゾ*Laurencia obtusa*から得られた

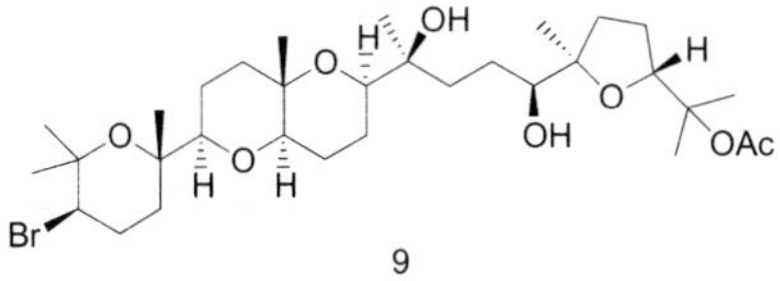

第 2 章　医薬素材および研究用試薬

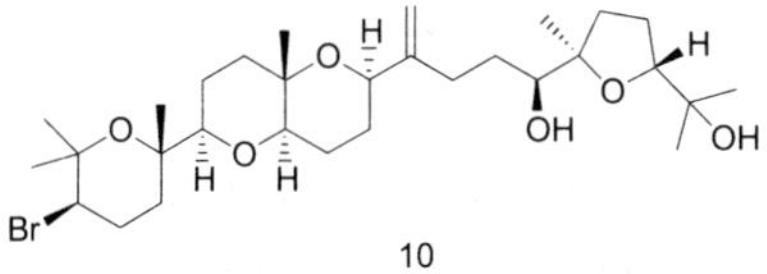

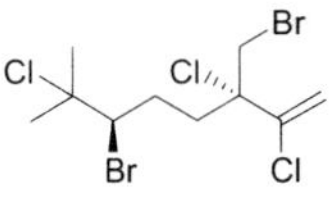

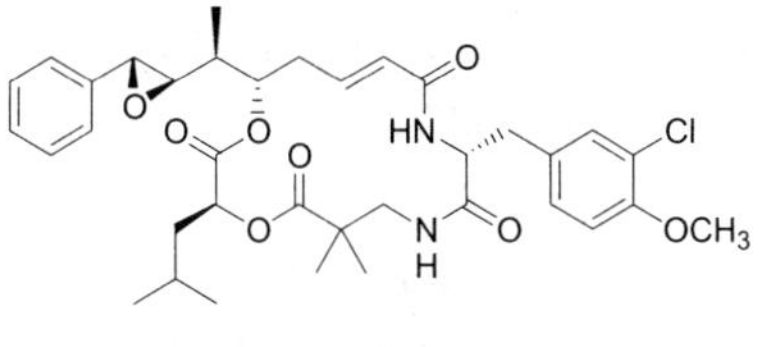

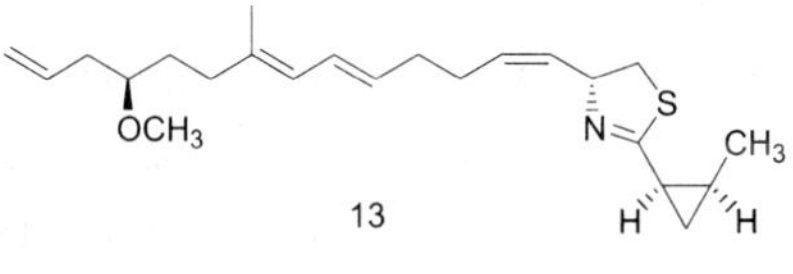

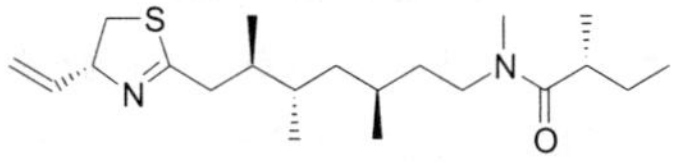

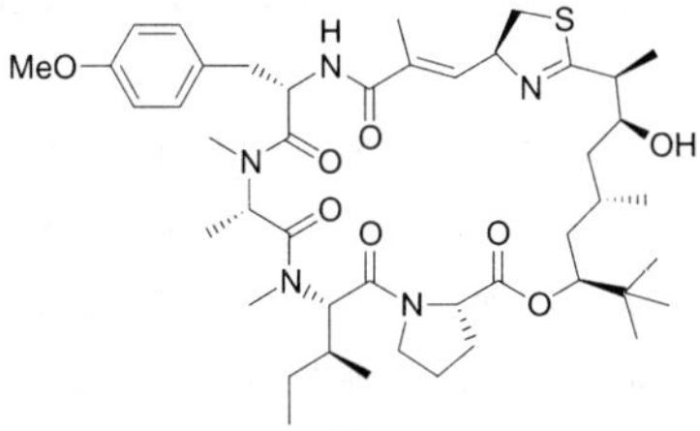

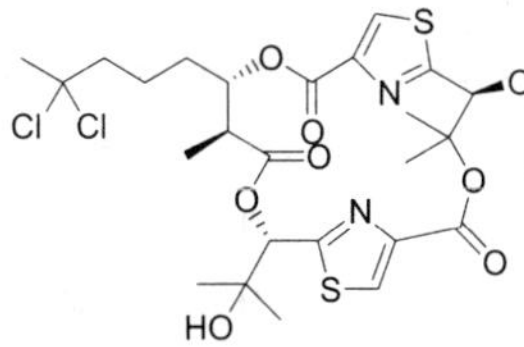

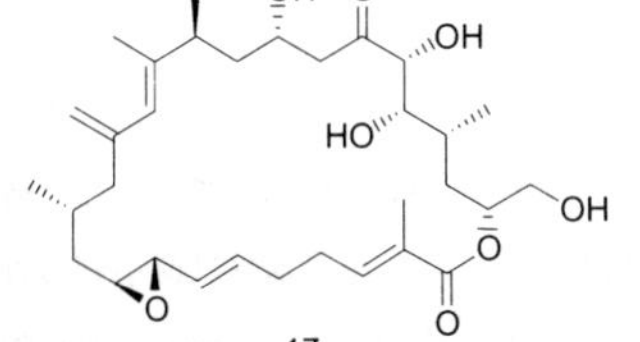

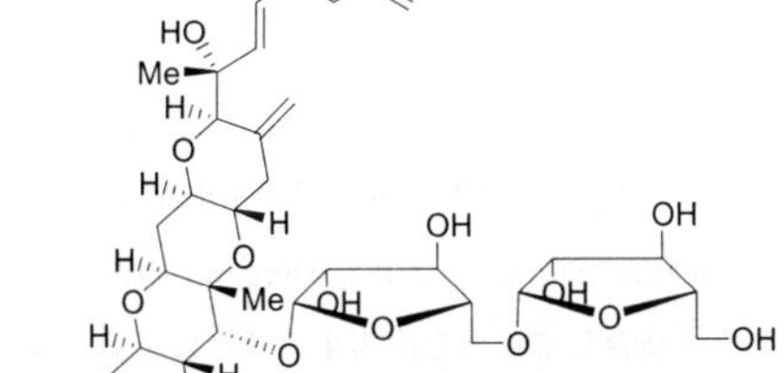

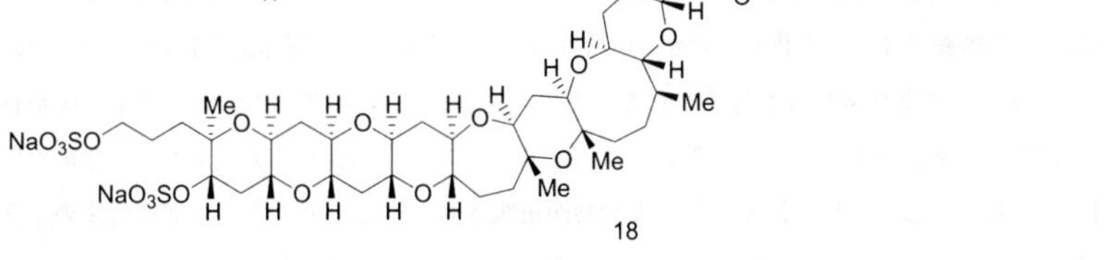

図2　抗腫瘍物質

thyrsiferyl 23-acetate（9）は，P388細胞に対し0.3ng/mLという低濃度で細胞毒性を示し，タンパク質脱リン酸化酵素2AをIC$_{50}$ 4〜16μMで特異的に阻害する。また，白血病細胞にアポトーシスを引き起こす作用をもつ[22]。一方，カナリア諸島産の*L. viridis*から得られたdehydrothyrsiferol（10）は，P388細胞に対する細胞毒性はIC$_{50}$ 0.01μg/mLで，タンパク質脱リン酸化酵素をほとんど阻害せず，P-糖タンパク質による多剤耐性を受けないことから，注目されている。最近乳がん細胞におけるアポトーシスを誘導することが認められた[23]。ソゾ類から得られた両化合物とも，抗がん剤への開発が期待されている。

フィリピン産紅藻ホソバナミノハナ*Portieria hornemannii*から単離されたhalomon（11）は，3つの塩素と2つの臭素を含む特異なモノテルペンである[24]。一時，上皮がん細胞などに選択的に効果があるので注目され，前臨床試験まで進んだが，臨床試験へ進むことができなかった。

ハワイ産後鰓類*Elysia rufescens*から単離されたデプシペプチドkahalalide Fは，抗がん剤として臨床試験に進んでいるが，この動物が食しているハネモ属の緑藻*Bryopsis* sp.からも単離された[25]（第7節参照）。緑藻類からデプシペプチドが報告されることは珍しい。これも真の生産者の探求が必要である。

地衣類に共生していた藍藻*Nostoc* sp.の培養株から得られたcryptophycin類は，1990年にメルクのグループにより，抗カビ化合物として報告されたが，毒性が強いとして開発に進まなかった。その後，ハワイ大学のグループにより陸生の*Nostoc* sp.から抗がん剤候補として単離されたのとほぼ同時に，海綿から小林らにより類似の構造をもつarenastatin Aが報告された（第3節参照）。その後，合成された多くの類縁体から，cryptophycin 52（12）[26]が選択され，臨床試験が行われたが，結局phase IIIで打ち切られてしまった。Cryptophycin類の活性のターゲットは次のcuracin Aと同様に微小管である。

カリブ海のキュラソーで採集した*L. majuscula*から単離されたcuracin A（13）は，チアゾリン環を有し，2つのポリケチドが脱カルボキシル化したシステイン残基を介して結合した構造をもつ[27]。哺乳類細胞に対し，IC$_{50}$ 6.8ng/mLの顕著な細胞毒性を示し，その活性は微小管のコルヒチン部位に結合して重合を阻害することによる。世界各地で採集された*L. majuscula*から頻繁に単離され，また培養藻体からも得られたが，溶解性などに問題があり，臨床試験には進んでいない。複数のグループにより全合成が達成された一方で，Wipfらによりコンビナトリアル合成が行われ，安定性・水溶性ともに高く，天然物の活性を維持する化合物が得られたので[28]，今後の展開が期待される。なお，生化学試薬として天然物が市販されている。ところで，海産藍藻の生合成は，藻体を無菌培養することが難しく，生合成遺伝子の解析が容易となった現在でも初期の研究段階にある。しかし，curacin生産株では例外的に成功し，現在では生合成遺伝子配列が調べられ，シクロプロパン環形成を含む機能解析も行われている。Curacin生産株は，大規模培養にも

第2章 医薬素材および研究用試薬

成功しており,縦36cm,横43cm,高さ10cmのプラスチックパンに通気してラップをかけて静置培養するというシンプルな方法で,培養期間6週間,プラスチックパン16枚の規模の培養4回で,130 mg以上のcuracin Aを生産させることに成功した。大学の実験室で実行可能な規模で,言い換えると必要な労力の少ないシステムで100 mg以上容易に生産可能であるということは,産業レベルに展開可能であるといえる。海洋天然物が直面する化合物の供給問題解決に,藍藻などの"真の"生産者の培養がひとつの方途であることを明確に示している。

　Dolastatin 10は,1987年に軟体動物タツナミガイから単離された化合物で,抗がん剤として臨床試験のphase IIに進んでいる(第7節参照)。この化合物の真の生産者が,藍藻であることは推測されていたが,1998年に藍藻*Symploca hydnoides*からそのメチル体であるsymplostatin 1が単離され,続いて2001年にはdolastatin 10がとうとう藍藻から報告された[29]。また,この藍藻を食べるウミウシからdolastatin 10が単離され,食物連鎖により藍藻から軟体動物に蓄積されることが証明された。なお,symplostatin 1も非常に顕著な活性を示した。また,dolastatin類は,タツナミガイにごくわずかしか含まれない。その後,dolastatin 10を含む多くの構造的に異なるがdolastatin類と総称されるペプチドが藍藻から単離され,医薬品開発用のサンプル供給における藍藻の重要性がより明確となった。

　この10年ほどMoore・PaulおよびGerwickグループにより,*L. majuscula*を中心とした海産藍藻から,PKS/NRPSハイブリッド化合物が多数単離されている。利用面の展開はこれからであるが,その代表格としてグアム産*L. majuscula*から単離されたapratoxin A(14)を挙げる[30]。デヒドロチアゾリン環を有し,高度にメチル化されたこの化合物は,非常に強い細胞毒性を示した。残念ながら,毒性が強く,致死活性を示さない濃度では抗腫瘍活性も示さない。ごく最近合成も成功した。

　Kalkitoxin(15)は,カリブ海産*L. majuscula*から魚毒性物質として単離されたポリケチド・ペプチド複合化合物である[31]。全合成研究とNMR研究が並行して行われて,絶対立体配置を含めて報告された。NMDAレセプター(N-メチル-D-アスパラギン酸が作用するグルタミン酸受容体)を介して毒性を発現することが判ったのち,ウワバインとベラトリジンを用いる培養細胞によるナトリウムチャンネルアッセイで,電位依存性ナトリウムチャンネルを阻害することが示唆された。その他,多種の生物活性を示すが,特筆すべきは大腸がん細胞HCT-116に対し,1ng/mLで細胞毒性を示すことである。さらに,固形がん選択的であることが判明した。若干弱い活性ではあるが,同様の選択性を示す合成前駆体を用いた実験によると,10μg/mLの投与でも24時間以内では細胞毒性を示さないが,168時間,2ng/mLの濃度を維持したときには細胞毒性が認められた。つまり,低濃度でよいが長期間細胞に化合物を暴露する必要がある。したがって,臨床的には少量の毎日投与で,低濃度を維持すれば,抗腫瘍活性が期待できる一方で,高濃

度投与による副作用を避けられる。

ジャマイカ産L. majusculaの培養株から単離されたhectochlorin (16) は, 軟体動物から得られたdolabellinに類似の構造をもつリポペプチドで, 顕著な抗カビ活性と細胞毒性を示した[32]。この化合物のターゲットは, アクチンの会合を促進することが明らかになった。Majusculamide Cと同様細胞骨格をターゲットとすることになる。

このようにL. majuscula 1種からだけでも多数の生物活性物質が得られてきた。そして, 採集地あるいは株間で, 得られる化合物の種類や量が, 非常に異なることが指摘されてきた。新種の報告もあり, 整理が必要であるが, 分類に用いられる16S rDNAの配列や細胞の形態では, この株特異性を説明することはできない[33]。生合成遺伝子の遺伝子拡散によって, この多様性が起こっていると考えられるが, 生息環境と生合成遺伝子の発現に関係があるのかないのか, 議論はつきない。

海洋無脊椎動物に共生する微細藻類が, 非常に強い活性をもつ化合物を生産している例で, 最も有名なものがマクロライドのamphidinolide類である[34]。沖縄産の扁形動物ヒラムシ*Amphiscolops breviviridis*に共生する渦鞭毛藻*Amphidinium* sp.から多くのマクロライド類が小林らによって報告されてきた。これまでに, 30種以上のマクロライドが単離されたが, 環のサイズや官能基の置換様式が多彩であり, ほとんどが奇数員環マクロライドであることも特徴である。彼らは多くの*Amphidinium* sp.の単離株からこのマクロライドを報告してきたが, 例えばY-5株だけからでも, 15種のamphidinolide類が得られたということは驚異的である。特に活性が強いのはamphidinolide B, HおよびNである。Amphidinolide BとH (17) は類似の構造をもち, エポキシドを含む26員環マクロライドである。また, amphidinolide Bおよびその類縁体が浮遊性の*Amphidinium* sp.からも単離された。Amphidinolide Nも26員環マクロライドであるが, ヘミアセタール6員環を有する点が大きく異なる。この化合物の細胞毒性はamphidinolideの中で最強であり, L1210細胞に対しIC$_{50}$ 0.05ng/mL, KB細胞に対しIC$_{50}$ 0.06ng/mLという非常に低い濃度で細胞毒性を示した。さらに, amphidinolide Nに類似の化合物として浮遊性の*A. operculatum*からcaribenolide Iが単離され, 大腸がん細胞HCT-116とその薬剤耐性細胞株に対し, IC$_{50}$ 1 ng/mLという活性を示した。また, *in vivo*で抗腫瘍活性も示したという。Amphidinolide BとHの[13]Cで標識した酢酸取り込み実験の結果をみると, 構造の類似性にもかかわらず, 取り込みパターンが大きく異なっていることは興味深い。また, 酢酸の2位に由来する炭素が連続していることや, 酸素の付け根の炭素が酢酸の2位由来であることが多いことなど, 従来のポリケチド生合成系路からだけでは説明できない。生合成酵素遺伝子の探索は当然考えられる方向性であるが, 渦鞭毛藻の巨大なゲノムはこれを阻んでいる。ところで, 渦鞭毛藻の分類は難しく, amphidinolide生産株も長い間属の同定にとどまっていたが, 18S rDNAの配列解析により, Y-42株は, ヒ

第2章 医薬素材および研究用試薬

ラムシ*Haplodiscus* sp.に共生する*A. belauense*に近いという結果が得られた。Amphidinolideの生物活性発現機序は解明が待たれているところであるが，38種のがん細胞に対するパネルスクリーニングの結果によると，amphidinolide Nは前立腺がん細胞に親和性が高いことが示唆された一方，amphidinolide Hは既知の抗がん剤とは異なるメカニズムで細胞毒性を発現すると結論された。なお最近，amphidinolide Hはアクチンを安定化させることが報告された。また，amphidinolide Bはアクトミオシン ATPaseを活性化した。ところで，渦鞭毛藻の培養は，一般にかぶ型フラスコという扱い難く，スペースをとる容器を用いて行われ，増殖速度も遅く，多大な労力を要していた。小林らのグループは，最近大型の腰高シャーレを用いて，容易に扱い，収量の向上に成功した。

一方，温帯海域によくみられる渦鞭毛藻*Protoceratium* cf. *reticulatum*からは，ポリエーテル配糖体のprotoceratin Ⅰ−Ⅳ（Ⅱ, 18）が報告されている[35]。ポリエーテル化合物は，渦鞭毛藻の代表的な二次代謝産物でその多くは有毒物質として知られているが，本物質は，0.5nMという非常に低濃度でヒト由来がん細胞に対し，細胞毒性を示した。また，構造的には，yessotoxin類縁体の配糖体であるが，ポリエーテル化合物に糖が結合している点はユニークである。さらに，細胞の抽出物ではなく，培養ろ液から単離されたことも特徴的である。清水によると，渦鞭毛藻の活性物質のほとんどが細胞の抽出物から単離されてきたが，培養ろ液に活性があることが多く，今後の重要な研究対象とされている。

2.4 酵素阻害剤

フィジー産*L. majuscula*と*Schizothrix* sp.の混合試料より単離された環状デプシペプチドsomamide類は，Ahp（3-アミノ-6-ヒドロキシ-2-ピペリドン）を含み，dolastatin 13に類似の構造をもつ。この種のペプチドは淡水産藍藻よりプロテアーゼ阻害ペプチドとして多数単離されている。例えば，*Microcystis aeruginosa*より単離されたmicropeptin A（19）はトリプシンおよびプラスミンを阻害した。これら淡水産藍藻由来の化合物については，総説を参照されたい[36,37]。

*M. aeruginosa*から得られるmicrocystin類は，アオコの毒として有名であるが，タンパク質脱リン酸化酵素1および2Aの阻害剤として市販されている[38]。もっとも，市販試薬の主なターゲットは，有毒物質の定量に用いられる標品としてである。ところで，microcystin類縁体が，汽水域に生息する藍藻*Nodularia spumigena*や海綿*Theonella* spp.から単離されており，海洋生物との関わりが強いことを指摘しておく。

DNAメチルトランスフェラーゼは，多くのがん抑制遺伝子のプロモーターをメチル化することが知られており，この低分子阻害剤は抗がん剤あるいは生化学的試薬として期待される。海産藍藻および大型海藻を対象にスクリーニングが行われた結果，フィジー産紅藻エツキイワノカワ

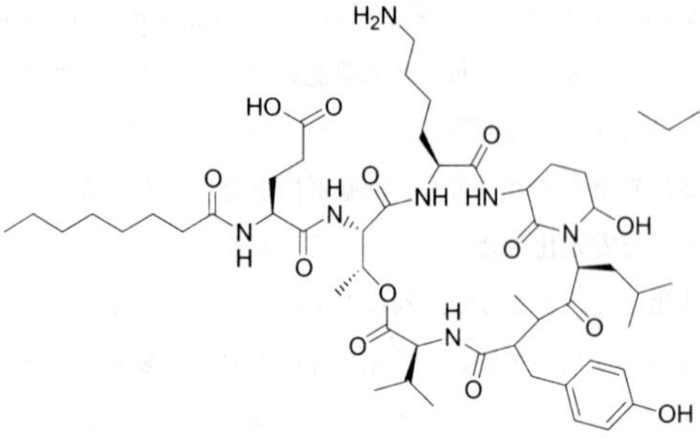

図3　酵素阻害剤

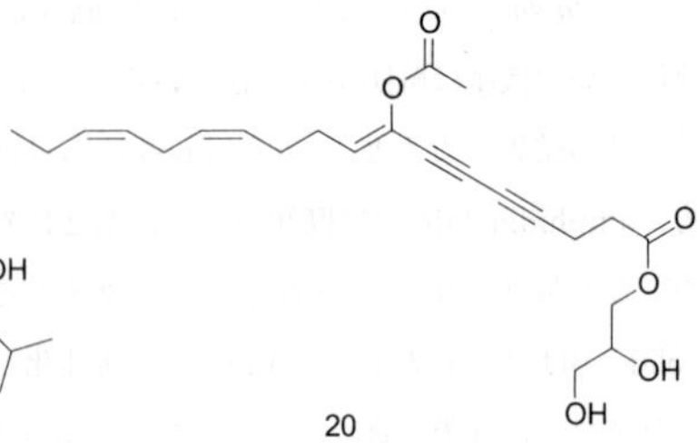

*Peyssonnelia caulifera*から，IC$_{50}$ 9-16 μ Mのpeyssonenyne AとB（20）が単離された[39]。両化合物はoxylipinの1種で，珍しいエンジイン部を有する。Oxylipin は，C$_{20}$またはC$_{18}$のω3脂肪酸からリポキシゲナーゼにより酸化的に代謝されてできる化合物で，紅藻に多く存在し，ハロゲン化，環化などの修飾を受けて種類も豊富である。

2.5　研究用試薬

*L. majuscula*由来のantillatoxin（21）は，前述のcuracin Aと同じ株から魚毒性化合物として報告された。この化合物はNMDAレセプターを介して毒性を発現することが判った。その後，電位依存性ナトリウムチャンネルのブロッカーであるフグ毒テトロドトキシンによって，その毒性が抑えられることから電位依存性ナトリウムチャンネルを促進すると推定された。放射性ナトリウムの取り込み実験により，そのことが確認され，各種ナトリウムチャンネル毒との競合試験により，既知のナトリウムチャンネルの結合サイトとは異なる部位で結合することが示唆されている[40]。今後ナトリウムチャンネル関連の生化学試薬として使われる可能性がある。供給面では，同時に単離されたcuracin Aが培養株を含む多くの株から得られるのに比べ，最初の株以外からは長年得られず，限定された株のみが生産すると認識された時期もあった。しかし，ナトリウムチャンネルに対する活性を指標に探索した結果，世界各地の株から単離されるようになった。まだ，生産する培養株は確立されていないが，全合成は可能となっている。実際，天然物以外の3種の立体異性体が合成され，2か所の立体の相違により，コンホメーションが大きく変わり，活性は天然物以外ほとんど認められないことが判明している。

Hectochlorinを生産する*L. majuscula*の培養株からアルキニル臭素，ビニル塩素およびピロリノン環を有するリポペプチドjamaicamide A（22）が単離された。Kalkitoxinの場合と同じ試験

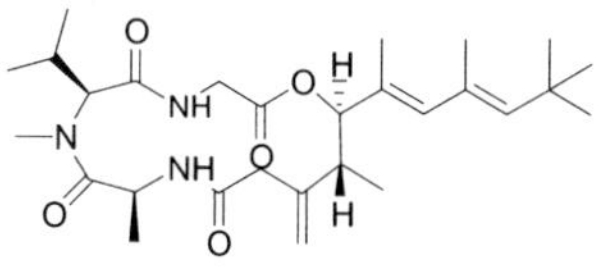

第 2 章 医薬素材および研究用試薬

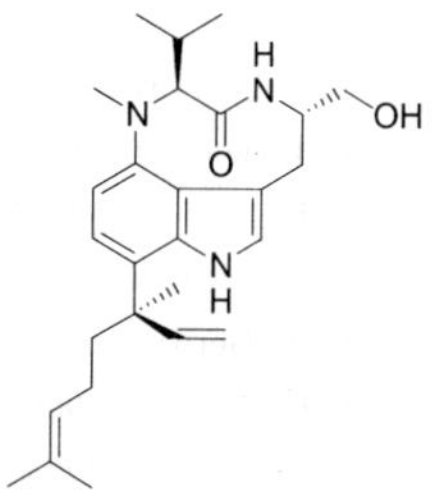

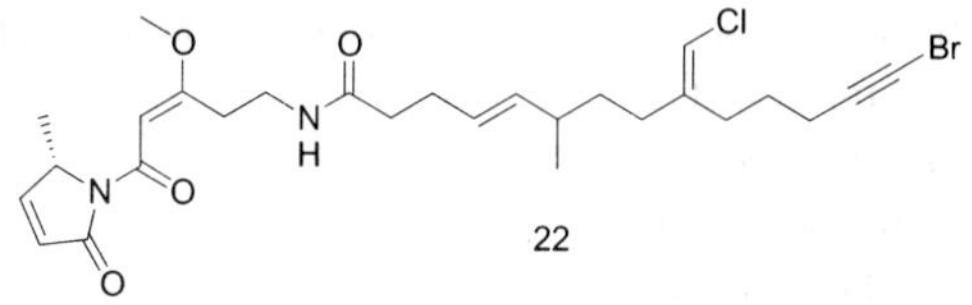

図4 研究用試薬

　方法により電位依存性のナトリウムチャンネルを阻害する活性が認められ，海産藍藻のナトリウムチャンネルをターゲットとする化合物のグループに属する。2004年に報告されたこの化合物は，1報の論文で単離・構造決定から安定同位体の標識実験，そして生合成遺伝子の配列を決定し，すべての機能を推測しており，この分野の研究のスピードの速さを示している[41]。ただし，海産藍藻での遺伝子破壊実験などは手法が確立されていない。また，58 kbpにおよぶ遺伝子クラスターの大きさは，大腸菌などでの発現実験を困難にしている。

　Lyngbyatoxin A（23）は，ハワイで海水浴客に皮膚炎を起こす原因物質として*L. majuscula*から単離されたインドールアルカロイドである。その後，強力な発がんプロモーターであることが明らかにされ，化学構造的にも薬理学的にも放線菌由来のテレオシジンに類似している。現在プロテインキナーゼC活性化剤として，市販されている。最近，新規プレニルトランスフェラーゼを含むlyngbyatoxin生合成遺伝子クラスターの配列が明らかにされた[42]。

　また，アメフラシより単離されたaplysiatoxinは発がんプロモーターとして多くの研究で用いられてきたが，真の生産者は*L. majuscula*である。なお，ハワイで発生した紅藻オゴノリ*Gracilaria coronopifolia*による中毒の原因は，付着した*L. majuscula*に由来するaplysiatoxinである[43]。

　渦鞭毛藻は，魚介類による食中毒原因物質の生産者として，麻痺性貝毒のサキシトキシン，シガテラ中毒のシガトキシン・マイトトキシンなどを合成している[44~46]。サキシトキシン，シガトキシンおよび赤潮で知られるブレベトキシンは，いずれもナトリウムチャンネルをターゲットとする。これらは市販されているが，サキシトキシンは化学兵器として取り扱われ入手できなくなった。

海洋生物成分の利用

文　献

1) 楠見武徳, 有用海藻誌　海藻の資源開発と利用に向けて, 内田老鶴圃, p.508 (2004)
2) C. Tringali, *Curr. Org. Chem.*, **1**, 375 (1997)
3) A. J. Smit, *J. Appl. Phycol.*, **16**, 245 (2004)
4) Y. Shimizu, *Curr. Opin. Microbiol.*, **6**, 236 (2003)
5) W. H. Gerwick et al., "The Alkaloids", vol. 57, p.75, Academic Press, San Diego (2001)
6) R. E. Moore, *J. Ind. Microbiol.*, **16**, 134 (1996)
7) M. Namikoshi et al., *J. Ind. Microbiol. Biotechnol.*, **17**, 373 (1996)
8) B. S. Moore, *Nat. Prod. Rep.*, **16**, 653 (1999)
9) A. M. Burja et al., *Tetrahedron*, **57**, 9347 (2001)
10) M. A. Borowitzka, "Chemicals from Microalgae", p.313, Taylor & Francis, London (1999)
11) J. Kubanek et al., *Proc. Natl. Acad. Sci. USA*, **100**, 6916 (2003)
12) D. E. Williams et al., *J. Nat. Prod.*, **56**, 545 (1993)
13) S. Loya et al., *Arch. Biochem. Biophys.*, **316**, 789 (1995)
14) K. Ohta et al., *Chem. Pharm. Bull.*, **46**, 684 (1998)
15) J. A. Palermo et al., *Tetrahedron Lett.*, **33**, 3097 (1992)
16) K. R. Gustafson et al., *J. Natl. Cancer Inst.*, **81**, 1254 (1989)
17) T. Hayashi et al., *J. Nat. Prod.*, **59**, 83 (1996)
18) M. R. Boyd et al., *Antimicrob. Agents Chemother.*, **41**, 1521 (1997)
19) M. Abe et al., *J. Cell. Physiol.*, **190**, 109 (2002)
20) H. Nagai et al., *J. Am. Chem. Soc.*, **114**, 1102 (1992)
21) M. Murata et al., *J. Am. Chem. Soc.*, **121**, 870 (1999)
22) S. Matsuzawa et al., *Bioorg. Med. Chem.*, **7**, 381 (1999)
23) M. K. Pec et al., *Biochem. Pharmacol.*, **65**, 1451 (2003)
24) R. W. Fuller et al., *J. Med. Chem.*, **35**, 3007 (1992)
25) M. T. Hamann et al., *J. Org. Chem.*, **61**, 6594 (1996)
26) D. Panda et al., *Proc. Natl. Acad. Sci. USA*, **95**, 9313 (1998)
27) W. H. Gerwick et al., *J. Org. Chem.*, **59**, 1243 (1994)
28) P. Wipf et al., *J. Am. Chem. Soc.*, **122**, 9391 (2000)
29) H. Luesch et al., *J. Nat. Prod.*, **64**, 907 (2001)
30) H. Luesch et al., *J. Am. Chem. Soc.*, **123**, 5418 (2001)
31) M. Wu et al., *J. Am. Chem. Soc.*, **122**, 12041 (2000)
32) B. L. Marquez et al., *J. Nat. Prod.*, **65**, 866 (2002)
33) R. W. Thacker et al., *Appl. Env. Microbiol.*, **70**, 3305 (2004)
34) J. Kobayashi et al., *Nat. Prod. Rep.*, **21**, 77 (2004)
35) M. Konishi et al., *J. Nat. Prod.*, **67**, 1309 (2004)

36) 沖野龍文,化学と生物, **35**, No. 8, 556 (1997)
37) K. Harada, *Chem. Pharm. Bull.*, **52**, 889 (2004)
38) 彼谷邦光,飲料水に忍びよる有毒シアノバクテリア,裳華房 (2001)
39) K. L. McPhail *et al.*, *J. Nat. Prod.*, **67**, 1010 (2004)
40) W. I. Li *et al.*, *Proc. Natl. Acad. Sci. USA*, **98**, 7599 (2001)
41) D. J. Edwards *et al.*, *Chem. Biol.*, **11**, 817 (2004)
42) D. J. Edwards *et al.*, *J. Am. Chem. Soc.*, **126**, 11432 (2004)
43) H. Nagai *et al.*, *Toxicon*, **34**, 753 (1996)
44) T. Yasumoto *et al.*, *Chem. Rev.*, **93**, 1897 (1993)
45) M. Murata *et al.*, *Nat. Prod. Rep.*, **17**, 293 (2000)
46) A. H. Daranas *et al.*, *Toxicon*, **39**, 1101 (2001)

3 海綿

塚本佐知子[*]

3.1 抗菌，抗カビ，および抗ウイルス物質

海綿からは，多くの抗菌，抗カビ，および抗ウイルス物質が得られているが，それらの物質の多くについては，細胞毒性も報告されている。これらの化合物は，海水中の病原性微生物が海綿に感染するのを防ぐ働きをしていると考えられている。また，それらの物質が，他の生物に対して摂餌阻害作用を示しているとも考えられている。

3.1.1 オーラントシド

1991年，Fusetaniらは，*Theonella*属海綿から細胞毒性物質としてテトラミン酸を部分構造として有するオーラントシドA, B (aurantoside A, B) (図1) を単離した[1]。その後，海綿 *Siliquariaspongia japonica*から抗カビ試験を用いて，オーラントシドAとBを含む類縁物質を単離しているが，それらの中で，最も*Aspergillus fumigatus*に対して抗カビ活性が強かったのは，オーラントシドEで，最少阻害濃度 (MIC) は0.04 μg/mLであった[2]。

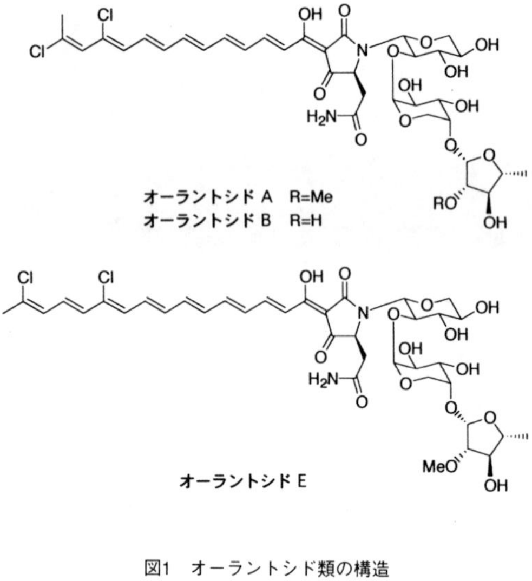

図1 オーラントシド類の構造

---

[*] Sachiko Tsukamoto 金沢大学 自然科学研究科（薬学部） 助教授

3.1.2 プチロミカリンA

1989年,KashmanとKakisawaらは,カリブ海産の海綿*Ptilocaulis spiculifer*と紅海産の*Hemimycale*属海綿から,特異な構造を有するグアニジンアルカロイドを単離し,プチロミカリンA (ptilomycalin A)(図2)と命名した[3,4]。この化合物は,P388細胞に対してIC$_{50}$ 0.1μg/mLで細胞毒性を示すとともに,*Candida albicans*に対してMIC 0.8μg/mLで抗カビ活性,さらに,単純ヘルペスウイルス(HSV)に対してMIC 0.2μg/mLで抗ウイルス活性を示した。

図2 プチロミカリンAの構造

3.1.3 マンザミンA

1986年,Higaらは,沖縄で採集した*Haliclona*属海綿からβ-カルボリン環を含む特異な環構造を有するアルカロイドを単離し,マンザミンA~C (manzamine A~C)(図3)と命名した[5,6]。その後,多くの類縁化合物が単離されたが,その特異な構造から一連の化合物の生合成経路[7],および,全合成に関する研究が数多くなされた[8]。そして,マンザミン類に関しては,抗菌,抗カビ,抗HIV活性に加えて,*in vivo*での抗マラリア活性も報告されており,現在,マラリア治療薬としてのフェーズIの試験が行われている[9,10]。

マンザミンA　　　マンザミンB　　　マンザミンC

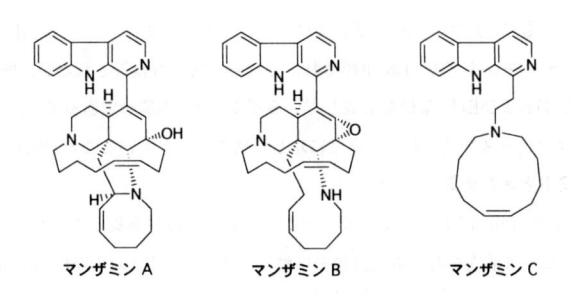

図3 マンザミン類の構造

3.1.4 ジャスプラキノリド（ジャスパミド）

1986年，CrewsらおよびFaulknerらにより，フィジーで採集された*Jaspis*属海綿から単離された環状デプシペプチドであるジャスプラキノリド（jasplakinolide）［＝ジャスパミド，jaspamide］（図4）は，線虫*Nippostrongylus braziliensis*に対してED$_{50}$<1μg/mLで成長阻害活性を示した[11, 12]。また，*Candida albicans*に対しては，MIC 25μg/mLで抗カビ活性を示した。その後，この化合物は，アクチンの重合を誘起することにより，強い細胞毒性を示すことも報告されている[13]。

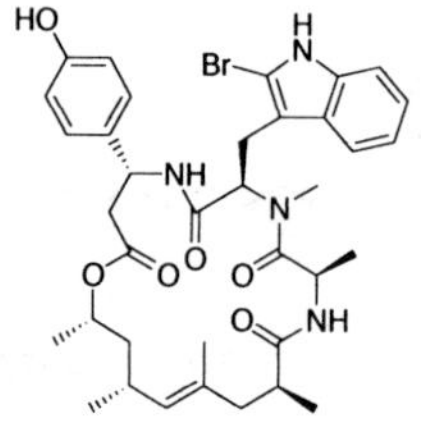

図4　ジャスプラキノリドの構造

3.1.5 セオネラミドF

*Theonella*属海綿から単離された，異常アミノ酸を含む二環性ペプチドであるセオネラミドF（theonellamide F）（図5）[14] は，通常のペプチド結合から構成される環状ペプチドであるだけでなく，構成アミノ酸のうち，ヒスチジン残基のイミダゾール環の窒素原子が環の反対側に存在するアラニン残基のβ位と結合して架橋を形成することにより結果的に二環性の構造を有している。そして，*Candida*, *Trichophyton*, *Aspergillus*属のカビに対して3〜12μg/mLの濃度で成長阻害活性を示すとともに，L1210やP388細胞に対しては，IC$_{50}$ 3.2および2.7μg/mLで細胞毒性を示した。その後，セオネラミドA〜Eが単離され，それらの構造も報告されたが，興味深いことに，セオネラミドA，DおよびEは，架橋を形成しているイミダゾール環の窒素原子にD-ガラクトース，または，L-アラビノースが結合した，非常に珍しい構造を有していることが明らかとなった[15]。

3.1.6 ミカラミドとオンナミド

1988年，BluntとMunroらは，ニュージーランド産の*Mycale*属海綿から単純ヘルペスウイルスに対して強い成長阻害活性を有する化合物を単離し，ミカラミドAおよびB（mycalamide A, B）（図6）と命名した[16, 17]。そして同じ頃，Higaらは，沖縄産の*Theonella*属海綿からオンナミドA（onnanmide A）（図6）を単離したが，その構造は，ミカラミドと非常に類似したものであった[18]。さらに，興味深いことには，ミカラミドとオンナミドの環構造部分は，以前，アオバアリガタハ

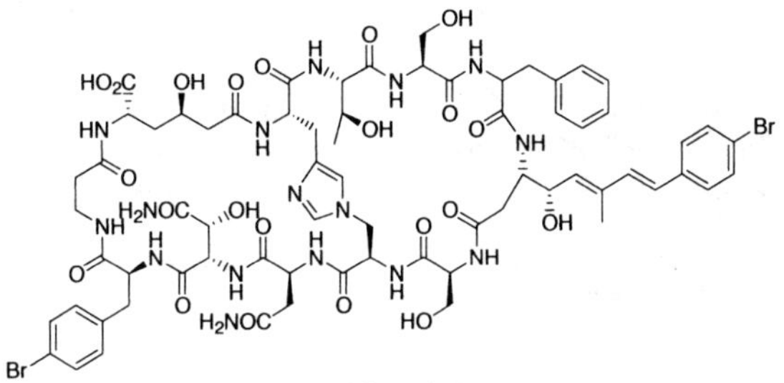

第 2 章 医薬素材および研究用試薬

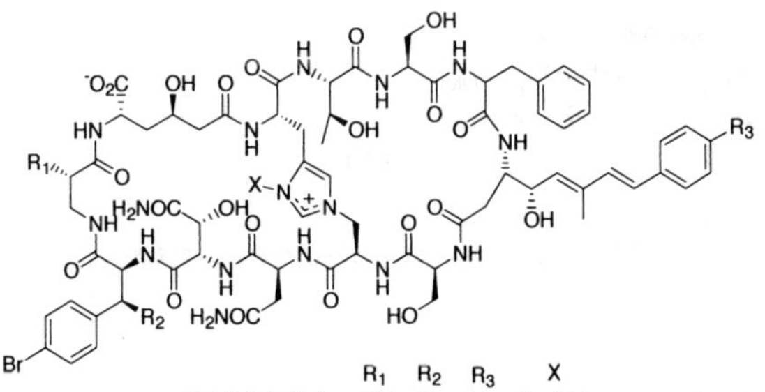

	R_1	R_2	R_3	X
セオネラミド A	OH	Me	H	β-D-Gal
セオネラミド D	H	H	Br	β-L-Ara
セオネラミド E	H	H	Br	β-D-Gal

図5 セオネラミドの構造

ネカクシ*Paederus fuscipes*という昆虫から単離され,タンパク質合成阻害活性が報告されているペデリン(pederin)(図6)と同じであった[19〜21]。

3.2 抗腫瘍物質
3.2.1 ギロリン

1988年,ニューカレドニアで採集された海綿*Pseudoaxinyssa cantharella*から,2-アミノイミダゾール誘導体であるギロリン(girolline)(図7)が単離された[22]。この化合物は,P388細胞に対して*in vivo*および*in vitro*で強い抗腫瘍活性を示した。さらに,ギロリンは,イヌやマウスを用いた動物実験で毒性を示さなかったので,フランスにおいて抗がん剤としての臨床試験が行われた[23]。ギロリンの生体での作用については,当初,構造上の特徴からアルキル化剤としての作用を有すると推定されたが,実際にはそのような活性は示さず,リボソーム上でタンパク質が合成される

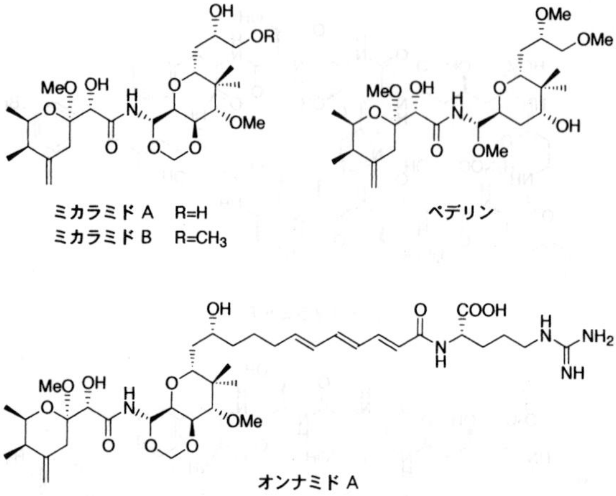

海洋生物成分の利用

図6 ミカラミド，オンナミド，ペデリンの構造

際の終了段階を阻害することが明らかとなった[24]。ギロリンのヒトに対する臨床試験は，強い副作用のためフェイズⅠで中断されてしまった。また，副作用が少なく，かつ，抗がん活性を示すギロリンの誘導体の合成も試みられたが，残念ながらKB細胞を用いた*in vitro*のアッセイにおいてギロリンよりも強い成長阻害活性を示した化合物は得られなかった[25]。しかし，構造-活性相関に基づき，さらなる挑戦が続けられている。一方，ギロリンの生体内における標的に関して，最近，新たな報告がなされた。細胞内で分解されるべきタンパク質は，まず，分解の目印としてユビキチンがいくつも結合した後で，プロテアソームによって分解される。ギロリンは，培養細胞を処理した際に，がん抑制遺伝子産物であるp53にユビキチンが結合した状態のものが細胞内において蓄積することから，ポリユビキチン化されたp53をプロテアソームへと運搬する過程を阻害していると考えられる。ユビキチン-プロテアソームシステムに関しては未知の部分が多く残されているが，この運搬の過程を阻害する化合物は，ギロリンが初めての例である[26]。

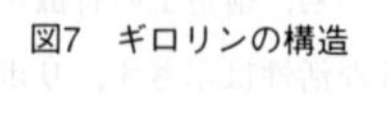

図7 ギロリンの構造

第 2 章　医薬素材および研究用試薬

3.2.2　ベンガミド

　ベンガミド A（bengamide A）（図8）は，Crewsらにより，1986年に抗駆虫薬として，*Jaspis* 属の海綿から単離された[27]。その際，ベンガミド Aは，抗菌作用と細胞毒性を示すことも報告されている。その後，同族体がいくつも単離されたが[28〜30]，それらの中で，最も，細胞毒性の強かった化合物は，ベンガミド AとOで，それぞれIC_{50}が1nMと0.3nMであった。さらに，製薬会社（チバ・ガイギーとノバルティス）によりベンガミド Aの誘導体がいくつも合成されたが，それらの中で，図8に示す誘導体が2000年に臨床試験に入った。しかし，2年後にフェーズⅠの段階で中止となった。なお，この誘導体は，メチオニンアミノペプチダーゼ阻害作用を示す。

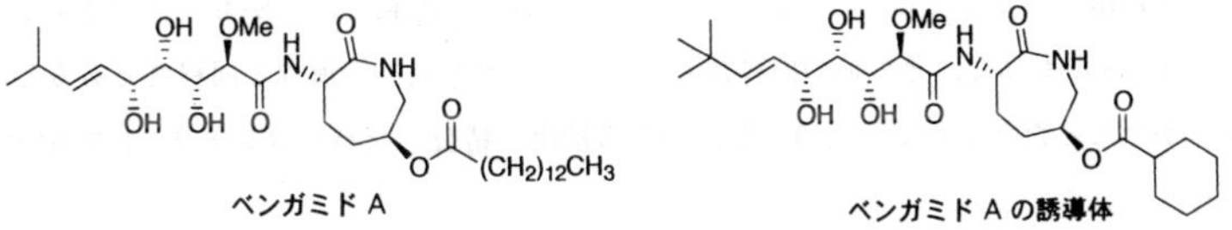

図8　ベンガミド類の構造

3.2.3　アレナスタチンA

　淡水産のシアノバクテリアから単離されたクリプトファイシン（cryptophycin）は，非常に強い細胞毒性を示したことから様々な誘導体が合成され，抗がん剤としての臨床試験に入ったが，フェーズⅢの段階で試験が中止となった。クリプトファイシンと構造が非常に類似した化合物として，1994年に沖縄産の海綿*Dysidea arenaria*から単離されたアレナスタチンA（arenastatin A）（図9）は[31]，1995年にMooreらが報告したクリプトファイシン 24[32,33]と同一の化合物であることが明らかとなった。その後，アレナスタチンAおよびその誘導体は，チューブリンの重合阻害活性を示すことが明らかとされた[34,35]。

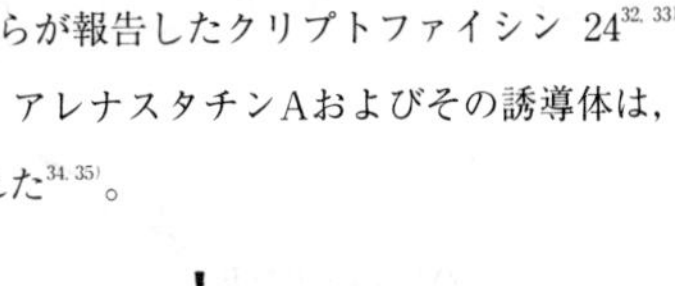

図9　アレナスタチンAの構造

3.2.4　ハリコンドリンB

　ハリコンドリンB（halichondrin B）（図10）は，1985年にUemuraらにより相模湾産のクロイソカイメン*Halichondria okadai*から単離された[36,37]。その後，太平洋やインド洋で採集された海綿からも同族体がいくつも発見されている[38〜40]。ハリコンドリンBは，微小管の脱重合を阻害す

る作用があることが明らかとされ，その作用部位はビンカアルカロイドと同じ部位であり[41〜43]，L1210マウス白血病細胞に対して，IC_{50} 0.3nMという非常に強い細胞毒性を示す。ハリコンドリンBは，*in vivo*でも抗腫瘍活性を示すことが予備実験により明らかとなったが[44]，海綿からの収量では，その後の臨床試験に進むことができなかった。しかし，ニュージーランド沖の水深70〜100mの深海で採集された*Lissodendryx*属海綿は，ハリコンドリンBを1mg/kgという比較的高い収量で含有していることが明らかとなり，さらに，米国国立がん研究所（NCI），ニュージーランド政府，NIWA（National Institute for Water and Atomospheric Research，ニュージーランドにある国立の研究所）が共同で，この海綿の養殖を試みた。採集した海綿をスライスしてカゴに入れて海中10mにつるしておくと6週間で5,000倍の大きさに成長し，しかも，目的とするハリコンドリンBの含量も高く，その他の同属体の組成・含量とも天然の海綿と同程度であるということが明らかとなった。そして，養殖した海綿から抽出・精製したハリコンドリンBを用いて臨床試験を行っている。

一方，Kishiらは，ハリコンドリンB，およびノルハリコンドリンBの合成に成功した[45]。さらに，エーザイは多くの種類のハリコンドリンB誘導体を合成し抗腫瘍活性を調べた。その結果，ハリコンドリンBのマクロリドのエステル部分がケトンに置き換わり，元の化合物よりも小さな化合物であるE7389が同等の抗腫瘍活性を示し，かつより安定であることが明らかとなった。現

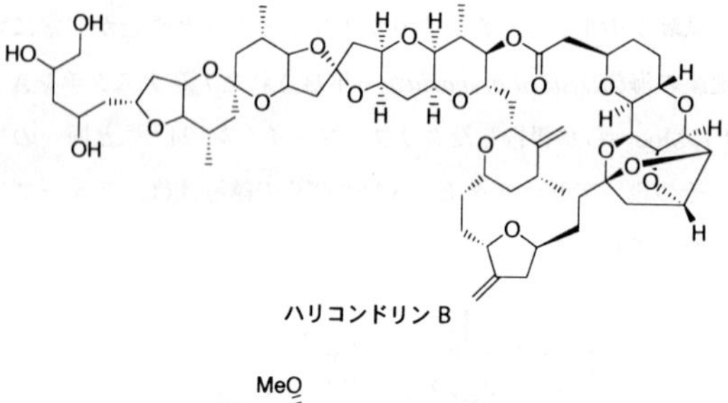

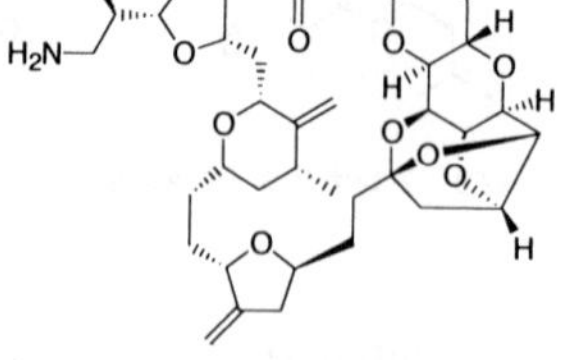

図10　ハリコンドリン類の構造

第2章 医薬素材および研究用試薬

在，E7389を用いてフェーズIの試験が行われている．

3.2.5 ディスコデルモリド

1990年，米国フロリダ州にあるハーバーブランチ研究所のグループにより，カリブ海の海綿 *Discodermia dissoluta* から単離されたディスコデルモリド（discodermolide）（図11）は[46,47]，免疫抑制作用と非常に強い細胞毒性を示した[48~50]．その後，強力に微小管を安定化することにより，がん細胞の増殖を抑制することが明らかとなり，その作用は，タキソールよりも強力であることが分かった[51]．また，その活性に非常に期待が持たれることから，有機化学者の注目を集め，全合成研究も活発に行われている[52~56]．一方，ハーバーブランチのグループは，海綿から5個の同族体を単離した[57]．いずれもnMのオーダーで細胞毒性を示したが，初めに得られたディスコデルモリドよりも活性の強いものはなかった．ディスコデルモリドは，現在，フェーズIの試験が行われているが，タキソールよりも強力な抗腫瘍活性を示し，しかも，タキソールに耐性を示す細胞に対しても有効であるので期待されている．

図11　ディスコデルモリドの構造

3.2.6　HTI-286（ヘミアスタリン誘導体）

1994年，Kashmanらは，南アフリカの海綿 *Hemiasterella minor* からヘミアスタリン（hemiasterlin）（図12）を単離した[58]．翌年，Andersenらは，パプア・ニューギニアの *Cymbastela* 属の海綿から，ヘミアスタリン，およびその同族体であるヘミアスタリンAとBを単離した．その際に，それらの化合物には，強い細胞毒性があり，さらに，担がんマウスに対して延命効果を示すということを報告している[59]．さらに，それらの化合物は，微小管に作用することにより，細胞周期を

ヘミアスタリン　　$R_1=R_2=CH_3$
ヘミアスタリンA　$R_1=H; R_2=CH_3$
ヘミアスタリンB　$R_1=R_2=H$

HTI-286

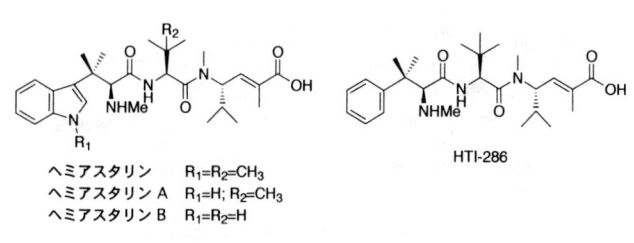

図12　ヘミアスタリン類の構造

G2/M期で停止させ，その結果として細胞毒性を示すことが明らかとなった[60,61]。これらの化合物は，異常アミノ酸から構成されるトリペプチドで，複雑な構造を有する他の化合物に比較して類縁体の合成が容易であることから，多くの誘導体が合成されたが[62]，その中でも，最も有望な化合物であるHTI-286を用いて，現在，フェーズIIの試験が行われている。

3.2.7 KRN-7000

1993年，琉球大学のHigaらとキリンビール㈱医薬探索研究所が，固形がん由来のB16マウスメラノーマ細胞を移植したマウスの延命作用を指標に海洋生物の抽出物をスクリーニングした。その結果，海綿*Agelas mauritiana*に抗腫瘍活性があることが分かったので，活性物質を精製し構造解析した結果，新規な糖脂質の混合物であることが明らかとなった。そして，アゲラスフィン(agelasphins)（図13）と命名された一群の糖脂質は，α-ガラクトシルセラミドのグループとβ-グルコシルセラミドのグループから構成されることが明らかとなった[63〜65]。両者の生物活性を比較すると，リンパ球増殖促進作用，ナチュラルキラー（NK）活性増強作用，抗腫瘍活性とも，α-ガラクトシルセラミドに分類される化合物の方が強力であった[66,67]。そこで，種々の誘導体が合成され構造活性相関が検討された結果，最適化合物としてKRN-7000が得られた[68]。そして，KRN-7000の生体内の標的について検討された結果，KRN-7000は，樹状細胞（DC）に作用し，DCの抗原提示作用を増強する作用があることが分かった[69]。さらに，KRN-7000は，NKT細胞に認識され，DCとNKT細胞とのコンタクトにより両者は活性化される。そして，DCおよびNKT細胞から分泌されるIL-2やIFN-γによりNK細胞，マクロファージ，T細胞が活性化され[70]，活性化されたNK細胞，NKT細胞，マクロファージが腫瘍細胞を非特異的に傷害すると考えられている[71]。一般的ながん化学療法薬の多くは，細胞分裂の阻害に基づいている。そのため，増殖速度の速い血液がんや小児がんに対しては効果があっても，増殖速度の遅い固形がんに対しては効果があまり期待されない場合が多い。一方，従来の免疫調節物質は副作用は比較的少ないものの，その抗腫瘍性もあまり強くないのが難点であった。KRN-7000は，現在，フェーズIの試験が行われている。

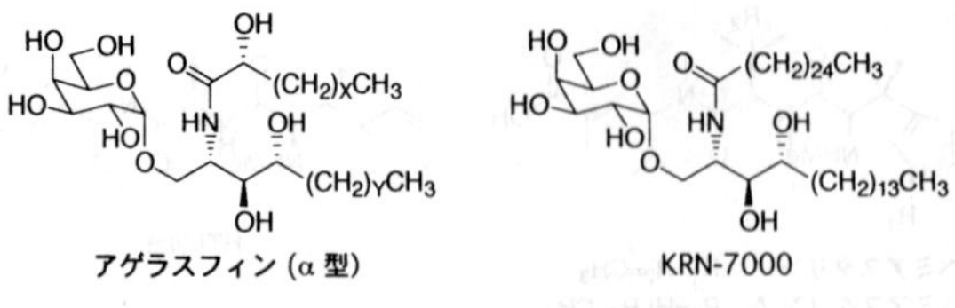

図13 アゲラスフィンおよびKRN-7000の構造

3.2.8 NVP-LAQ824

サマプリンA (psammaplin A)(図14)は,SchmitzおよびCrewsらにより,細胞毒性物質として海綿から単離され[72, 73],その後,ヒストンデアセチラーゼ(HDAC)を阻害するということが明らかとなった。NVP-LAQ824は,サマプリンAと同様に,HDAC阻害作用を示した微生物の代謝産物であるトラポキシンBとトリコスタチンAの構造も参考にして最適化された合成化合物である[74]。NVP-LAQ824は,多発性骨髄腫に有効であることが分かり[75],現在,フェーズⅠの試験が行われている。

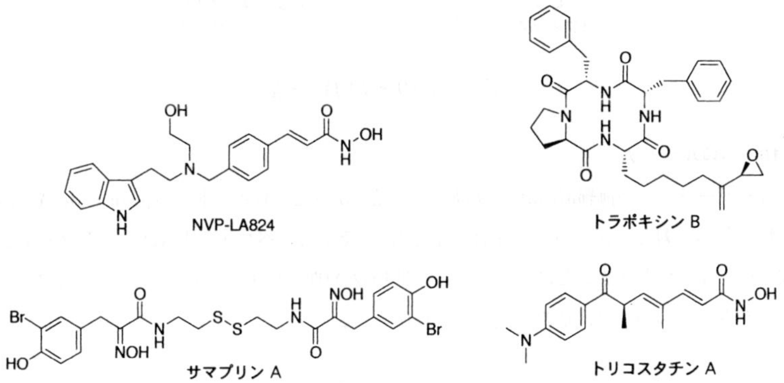

図14 NVP-LA824,サマプリンA,トラポキシンBおよびトリコスタチンAの構造

3.2.9 ロウリマリド

1988年にCrewsらは,採集したばかりの海綿*Cacospongia mycofijiensisi*から滴り落ちる液が水槽の海水に混じるにつれて,水槽の中の魚が10mの範囲で次々と死んでいくのを見た。そして,この海綿から細胞毒性物質として得られた化合物は,フィジアノリドAおよびB (fijianolide A, B)(図15)と命名された[76]。一方,Scheuerらも,同じ頃,*Hyattella*属海綿から同一の2個の化合物を単離し,ロウリマリドおよびイソロウリマリド (laulimalide, isolaurimalide)(図15)と命名した(現在では,ロウリマリド,イソロウリマリドの名称が一般的に用いられている)[77]。ロウリマリドは,KB細胞に対してIC$_{50}$ 15ng/mLという強い細胞毒性を示した。そして,海綿を採集した際に,両グループとも,ウミウシがそれらの海綿を食べているのを目撃しており,それらのウミウシからも,ロウリマリド(フィジアノリド)が得られたと報告している。その後,これらの化合物は,別の海綿からも単離されたが[78, 79],1996年にHigaらによりロウリマリドの絶対配置がX線構造解析により決定された[78]。そして,1999年に,ロウリマリドの生体内標的は,ディスコ

デルモリドと同様に微小管であることが報告され[80]，全合成もなされている[81]。現在，ロウリマリドは，前臨床試験の段階にある。

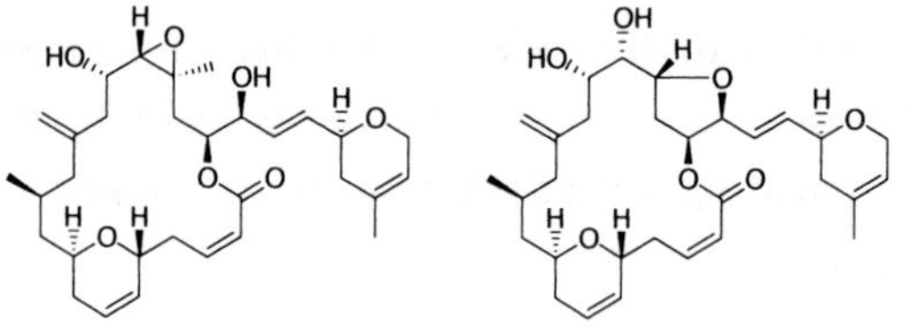

ロウリマリド
(フィジアノリド B)

イソロウリマリド
(フィジアノリド A)

図15　ロウリマリド類の構造

3.2.10　ペロルシド A

ニュージーランドの海綿 *Mycale hentscheli* から見つかったペロルシド A（peloruside A）（図16）は，P388細胞に対して10ng/mLで毒性を示した[82]。そして，ペロルシドAは，タキソールと同様に微小管を安定化させることにより，細胞周期をG2/M期で停止させることが分かった[83]。現在，ペロルシド Aについては，前臨床試験が行われている。

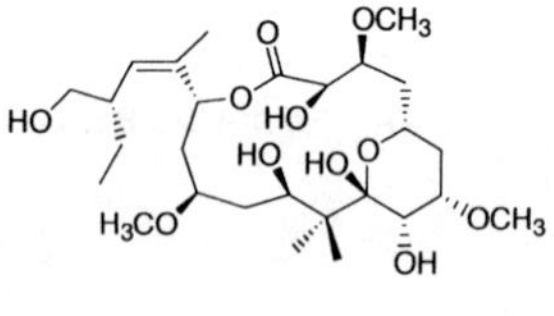

図16　ペロルシドAの構造

3.2.11　サリシリハリミド A

1997年に，Boydらは，*Haliclona*属海綿から細胞毒性としてサリシリハリミドA（salicylihalamide A）（図17）を単離した。この化合物は，試験を行なった60種類の細胞に対して約15nMという強い値で細胞毒性を示した[84]。サリシリハリミドAは，天然資源から得られた初めてのサリチル酸誘導体であったが，その後，微生物やホヤなどからも，次々と類縁体が得られた[85〜88]。液胞型ATPアーゼは，がん細胞の浸潤や転移，および，骨吸収に関与しているので，その阻害物質は，がんや骨粗しょう症の治療薬として注目されている。サリシリハリミドAは，哺乳類の液胞型ATPアーゼを特異的に阻害し，酵母や真菌類の液胞型ATPアーゼを阻害しないということが明らかとなり[89,90]，現在，がん治療薬としての前臨床試験が行われている。

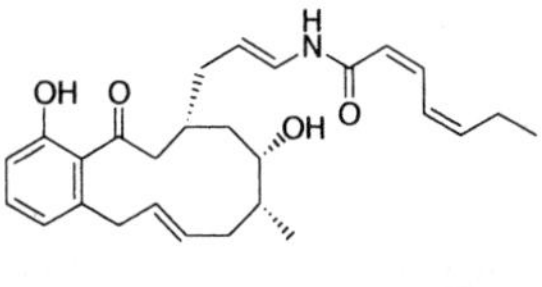

第 2 章　医薬素材および研究用試薬

図17　サリシリハリミドAの構造

3.2.12　バリオリン

1994年にBluntとMunroは，南極の海綿*Kirkpatrickia variolosa*から，多くのバリオリン（variolin）（図18）誘導体を単離した[91, 92]。それらの中で最も細胞毒性が強かったのは，バリオリンBで，P388細胞に対してIC$_{50}$ 210ng/mLという値を示した。さらに，単純ヘルペスウイルス（*Herpes simplex* type Ⅰ）に対しても強い成長阻害活性を示した。バリオリンBは，4つのヘテロ環から構成される特異な構造を有しており，最近，全合成が達成された[93]。また，バリオリンBは，強い細胞毒性を示すだけでなく，アポトーシスを誘導し，cyclin-dependent kinase（Cdk）阻害活性を示すことが明らかとなっている[94]。現在，バリオリンBを用いて，前臨床試験が行われている。

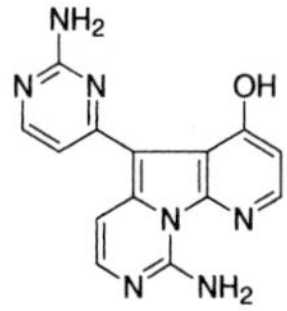

図18　バリオリンBの構造

3.2.13　ラトランクリンA

1980年にKashmanらにより，紅海で採集された海綿*Latrunculia magnifica*から，チアゾリジノン環を有するマクロリド化合物であるラトランクリンAとB（latrunculins A, B）（図19）が単離された[95]。さらに，1996年にHigaらにより，沖縄で採集された海綿*Fasciospongia rimosa*から単離したラトランクリンAを用いて，X線結晶構造解析により，その絶対配置が決定された[96]。その後，ラトランクリンAは，アクチンの重合を阻害するということが明らかにされ，研究用試薬として用いられている[97, 98]。アクチンは，生体内で最も量の多いタンパク質で，全体の10%を占める。アクチンは細胞骨格と細胞の動きを担う働きをしており，筋収縮だけでなく，細胞質分裂や原形質流動など，生命活動と密着に関係している。そして，その阻害物質は，抗がん剤の標的としても考えられている。

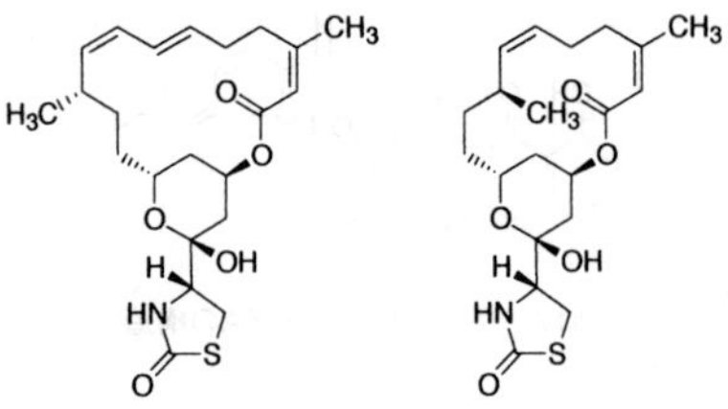

図19 ラトランクリン類の構造

3.2.14 スウインホリド・ミサキノリド（ビスセオネリド）

ラトランクリンAに加えて，スウインホリド（swinholide）（図20）[99~110]，ミサキノリド（misakinolide）［ビスセオネリド（bistheonolide）］（図20）[111~115]，などのマクロリド化合物も，アクチンの重合阻害活性を示すことが報告されている。

1985年，Kashmanらは，紅海産の海綿 *Theonella swinhoei* から抗カビ物質としてスウインホリドAを単離し，22員環ラクトン構造の平面構造を報告した[99]。その後，Kitagawaらは，沖縄で採集した *Theonella swinhoei* からスウインホリドAとその同族体であるスウインホリドB, C, およびイソスウインホリドAを単離した。そして，マススペクトルの解析からスウインホリドAの構造は，Kashmanらにより報告された単量体ラクトン構造ではなく，二量体ラクトン構造（図20）であると修正した[100]。スウインホリド AとBは，L1210およびKB細胞に対して，それぞれIC_{50} 0.03および0.04 μg/mLの強い細胞毒性を示したが，その後，スウインホリド Aの細胞内標的は

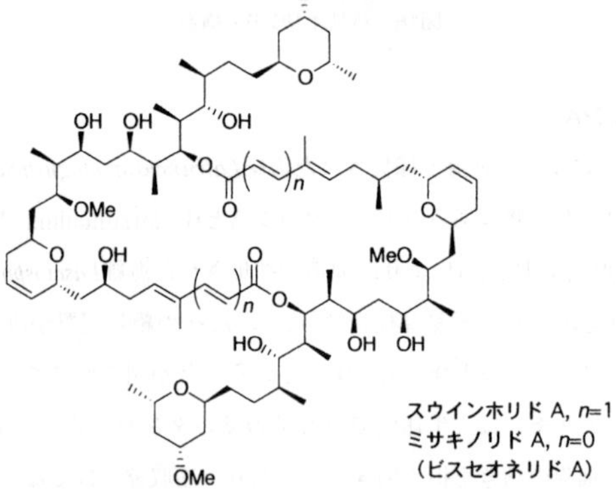

図20 アクチン重合阻害活性を示すマクロリド類の構造

アクチンであることが明らかにされた[109]。ところで，一般的に海綿から単離される化合物の真の生産者は海綿細胞自体ではなく，共生微生物ではないかと推定されている。そこでFaulknerらは，実際にスウインホリドAの真の生産者を明らかにするべく，海綿*Theonella swinhoei*の組織を分画して，海綿細胞や微生物の細胞に分けた。そして，それぞれの細胞の成分を調べた結果，単球状のバクテリアにスウインホリドAが局在しているということを明らかにした[110]。

一方，Higaらは，沖縄産の*Theonella*属海綿から抗腫瘍物質としてミサキノリドA（ビスセオネリドA）を単離し，20員環ラクトンの構造を報告したが[111]，その後，単量体ラクトン構造ではなく，二量体ラクトン構造（図20）であると修正した[112]。ミサキノリドA（ビスセオネリドA）も，P388細胞に対してIC$_{50}$ 0.01μg/mL，ヒト腫瘍細胞（HCT-8，A549，MDA-MB-231）に対してはIC$_{50}$ 0.01μg/mLという強い抗腫瘍活性を示したが，スウインホリドAと同様に細胞内標的がアクチンであることが明らかにされている[115]。

3.2.15 ミカロリド類

1989年，Fusetaniらにより，紀伊半島で採集した*Mycale*属海綿から，強い抗カビ活性と細胞毒性を有する化合物としてミカロリドA-C（mycalolide A-C）（図21）が得られた[116～120]。これらの化合物は，B-16メラノーマ細胞に対してIC$_{50}$ 0.5~1.0ng/mLという強い細胞毒性を示した。ミカロリドも，アクチンに作用することがKarakiらにより報告されている[121,122]。さらに，他の海綿や海綿を摂食するウミウシの卵塊からも，ミカロリドと同様に3つのオキサゾール環を含有するマクロリド化合物として，ウラプアリド（ulapualide）[123,124]，カビラミド（kabiramide）[125,126]，ハリコンドラミド（halichondramide）（図21）[126,127]が報告されている。そして，これらの類縁体もアクチンに作用することが明らかとなっている。また，最近，ウラプアリドAとG-アクチンの複合体を用いたX線結晶構造解析の結果が報告されている[124]。さらに，海綿以外の海洋生物からもアクチンに作用するマクロリド化合物として，アプリロニンAやサイトファイシンCが得られている。これらの化合物は，ミカロリドAやウラプアリドAに存在するようなオキサゾール環は含まないが，マクロリド環に結合している側鎖の末端は，*N*-メチルビニルフォルムアミド基であることを含めて非常に類似した構造を有している。

3.2.16 ディクチオデンドリン

真核生物の染色体末端にあるテロメアは，染色体の安定性に関与しているが，体細胞では，細胞分裂の度にテロメアは短縮する。このテロメアの短縮が細胞の分裂回数を決定しており，体細胞は50～70回分裂すると増殖能を失う。これに対し，がん細胞では無限の増殖を可能とするためにテロメアを伸長させるテロメラーゼと呼ばれる酵素が発現している。テロメラーゼは，正常細胞としては，生殖細胞，活性化リンパ球，造血前駆細胞，子宮粘膜などの限られた細胞でのみ発現しているが，その他の大部分の正常細胞では発現していない。一方で，実に90％にもおよぶ多

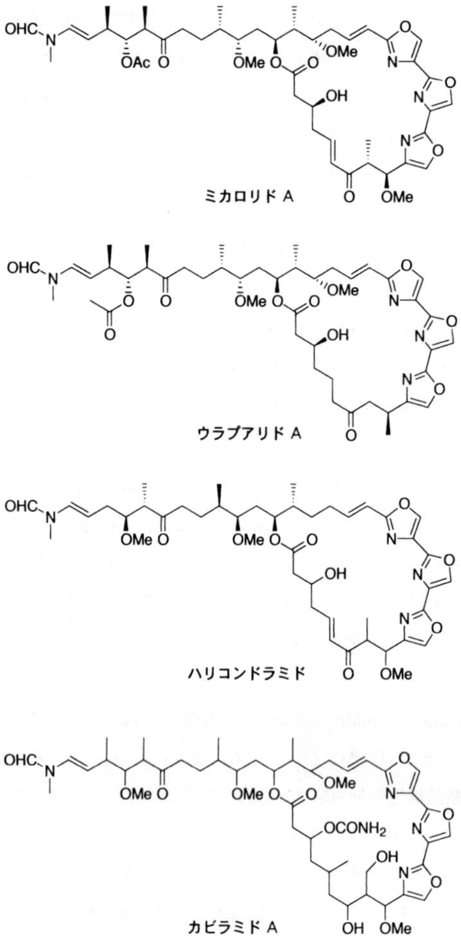

図21 ミカロリドおよび類縁化合物の構造

くのがん細胞でテロメラーゼ活性が検出されている。そこで、テロメラーゼ阻害物質はがん細胞に選択的に作用する抗腫瘍剤になるのではないかと期待されている[128]。

ディクチオデンドリン A-E (dictyodendrin) (図22) は、2003年に、Fusetaniらにより海綿 *Dictyodendrilla verongiformis*から、テロメラーゼ阻害物質として単離された新規アルカロイドであり、50μg/mLの濃度でテロメラーゼ活性を完全に阻害することが明らかとなった[129]。そして、興味深いことに、ディクチオデンドリンを酸処理することにより得られる脱硫酸エステル体は、

第 2 章　医薬素材および研究用試薬

50 μg/mL でテロメラーゼ阻害活性を全く示さなかったので，活性発現のためには硫酸エステルの存在が必要であると考えられる。

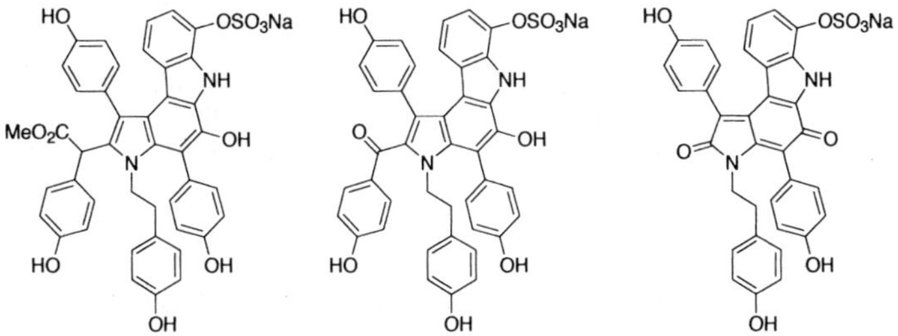

ディクチオデンドリン A　　　ディクチオデンドリン B　　　ディクチオデンドリン C

図22　ディクチオデンドリン類の構造

3.3　抗炎症物質および血管拡張作用を示す化合物
3.3.1　抗炎症物質

1980年に，Scheuerらにより，パラオの海綿 *Luffariella variabilis* から抗菌活性物質としてマノアリド（manoalide）およびセコマノアリド（secomanoalide）（図23）が単離された[130, 131]。その後，Jacobs[132~135] とDennis[136, 137] は，それぞれ独自の研究により，マノアリドがホスホリパーゼA_2（PLA_2）を阻害する作用があることを明らかとした。PLA_2は，免疫系の細胞や組織において高く発現しており，細胞の活性化にともない放出されることが知られている。また，炎症性の刺激により強く誘導されることから，PLA_2を阻害することにより抗炎症作用が期待されると考えられている。1987年，Faulknerらは，パラオ海域に棲息する海綿 *Luffariella variabilis* の個々の群体について，それらの成分を調査した結果，マノアリドやセコマノアリドを含まず，構造の類似した2つの化合物であるルファリエリンAとB（luffariellin A, B）（図23）を含む海綿があることを明らかとした[138]。そして，それらの化合物にもPLA_2を阻害する活性があることを示した。マノアリドは，乾癬治療薬としてフェーズⅡまで試験が進んだが，残念ながら皮膚への浸透性が充分でなかったため，試験は中止となってしまった。その後，合成化合物を用いて試験が行われている。

1992年にAndersenらにより，海綿 *Petrosia contignata* から単離されたコンチグナステロール（contignasterol）（図23）は，当初，C/Dシスの構造を有することからステロールとしては珍しいタイプの化合物であると注目された[139, 140]。その後，ラット肥満細胞やモルモットの肺組織からヒスタミンを遊離させる作用があることが報告された[141, 142]。そして，合成により最適化された化

合物としてIPL-576092を用いて[143, 144]，現在，喘息治療薬としての臨床試験が行われ，フェーズⅡが終了している。

図23 マノアリド類およびコンチグナステロールの構造

3.3.2 血管拡張作用を示す化合物

1982年，Nakamuraらは，海綿*Aaptos aaptos*から，ウサギの大動脈に存在するアドレナリン性α受容体を阻害する物質として，アアプタミン（aaptamine）（図24）を単離した[145]。興味深いことに，アアプタミンと類似の構造を有するデメチルオキシアアプタミンやデメチルアアプタミンには，このような活性は認められなかった[146, 147]。

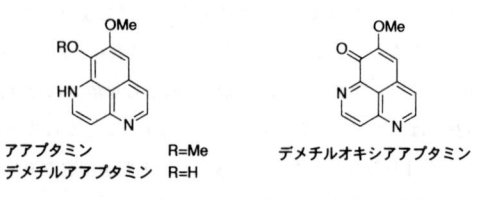

図24 アアプタミン類の構造

第2章 医薬素材および研究用試薬

　1989年，Kitagawaらは，沖縄産のXestospongia属海綿から血管拡張作用を有するアルカロイドとして9つのアラグスポンジン（araguspongin）（図25）類を単離した[148]。それらの中でも，アラグスポンジンC，D，E，Jは，ラットから摘出した腸間膜の動脈を用いた実験でパパベリンよりも強い血管拡張作用を示した。興味深いことに，アラグスポンジンDの構造の相対配置は，オーストラリア産の海綿Xestospongia exiguaからの単離が報告されていたゼストスポンジンAと同じであったが，比旋光度が異なっていた[149]。そこで，アラグスポンジンDを光学異性体分割用カラムで解析したところ，（+）-体と（-）-体の3：7の混合物であることが分かり，分割後の（+）-体の比旋光度はゼストスポンジンAの値と一致した。そして，アラグスポンジンEも同様に解析したところ，光学異性体の混合物であった[148]。ゼストスポンジンは，強心剤としてサントリーが開発を進めたが，成功しなかった。

アラグスポンジン C　　(-)-アラグスポンジン D　　(+)-アラグスポンジン E　　(-)-アラグスポンジン J

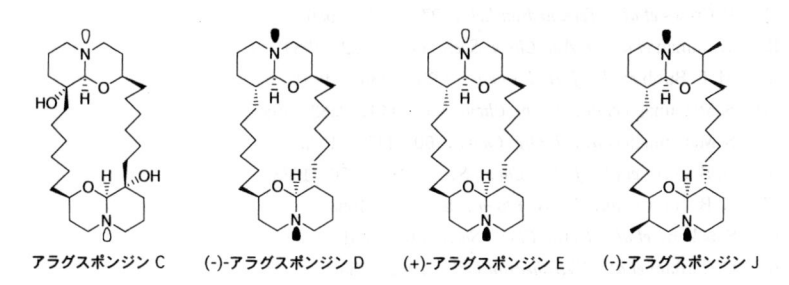

図25　アラグスポンジン類の構造

　1996年，Covalらは，Spongosorites属海綿から，アドレナリン性α1受容体を阻害する物質を単離した[150]。構造解析の結果，その化合物は以前，Topsentia genitrixから単離されたトプセンチン-B2（topsentin-B2）（図26）であると同定した[151]。心血管系のアドレナリン性α1受容体を阻害する物質は，血管を拡張する作用を示すので，血圧降下剤としての応用が期待される。

図26　トプセンチン-B2の構造

文　　献

1) S. Matsunaga *et al.*, *J. Am. Chem. Soc.*, **113**, 9690 (1991)
2) N. U. Sata *et al.*, *J. Nat. Prod.*, **62**, 969 (1999)
3) Y. Kashman *et al.*, *J. Am. Chem. Soc.*, **111**, 8925 (1989)
4) I. Ohtani *et al.*, *J. Am. Chem. Soc.*, **114**, 8472 (1992)
5) R. Sakai *et al.*, *J. Am. Chem. Soc.*, **108**, 6404 (1986)
6) R. Sakai *et al.*, *Tetrahedron Lett.*, **28**, 5493 (1987)
7) J. E. Baldwin *et al.*, *Tetrahedron Lett.*, **33**, 2059 (1992)
8) M. Nakagawa *et al.*, *Adv. Exp. Med. Biol.*, **527**, 609 (2003)
9) M. Yousaf *et al.*, *J. Med. Chem.*, **47**, 3512 (2004)
10) K. K. H. Ang *et al.*, *Antimicrob. Agents Chemother.*, **44**, 1645 (2000)
11) P. Crews *et al.*, *Tetrahedron Lett.*, **27**, 2797 (1986)
12) W. Inman *et al.*, *J. Am. Chem. Soc.*, **111**, 2822 (1989)
13) M. R. Bubb *et al.*, *J. Biol. Chem.*, **269**, 14869 (1994)
14) S. Matsunaga *et al.*, *J. Am. Chem. Soc.*, **111**, 2582 (1989)
15) S. Matsunaga *et al.*, *J. Org. Chem.*, **60**, 1177 (1995)
16) N. B. Perry *et al.*, *J. Am. Chem. Soc.*, **110**, 4850 (1988)
17) N. B. Perry *et al.*, *J. Org. Chem.*, **55**, 223 (1990)
18) S. Sakemi *et al.*, *J. Am. Chem. Soc.*, **110**, 4851 (1988)
19) C. Cardani *et al.*, *Tetrahedron Lett.*, **1965**, 2537
20) T. Matsumoto *et al.*, *Tetrahedron Lett.*, **1968**, 6297
21) A. Brega *et al.*, *J. Cell. Biol.*, **36**, 485 (1968)
22) A. Ahond *et al.*, *C. R. Acad. Sci. Paris*, **307** (II), 145 (1988)
23) G. Catimel *et al.*, *Cancer Chemother. Pharmacol.*, **35**, 246 (1995)
24) G. Colson *et al.*, *Biochem. Pharmacol.*, **43**, 1717 (1992)
25) B. Schiavi *et al.*, *Tetrahedron*, **58**, 4201 (2002)
26) S. Tsukamoto *et al.*, *Biol. Pharm. Bull.*, **27**, 699 (2004)
27) E. Quinoa *et al.*, *J. Org. Chem.*, **51**, 4494 (1986)
28) M. Adamczeski *et al.*, *J. Org. Chem.*, **55**, 240 (1990)
29) M. Adamczeski *et al.*, *J. Am. Chem. Soc.*, **111**, 647 (1989)
30) Z. Thale *et al.*, *J. Org. Chem.*, **66**, 1733 (2001)
31) M. Kobayashi *et al.*, *Tetrahedron Lett.*, **35**, 7969 (1994)
32) T. Golakoti *et al.*, *J. Am. Chem. Soc.*, **117**, 12030 (1995)
33) M. Kobayashi *et al.*, *Chem. Pharm. Bull.*, **42**, 2196 (1994)
34) K. Morita *et al.*, *Biol. Pharm. Bull.*, **20**, 171 (1997)
35) Y. Koiso *et al.*, *Chem.-Biol. Interact.*, **102**, 183 (1996)
36) Y. Hirata *et al. Pur. Appl. Chem.*, **58**, 701 (1986)

第 2 章 医薬素材および研究用試薬

37) D. Uemura et al., J. Am. Chem. Soc., **107**, 4796 (1985)
38) G. R. Petit et al., J. Med. Chem., **34**, 3339 (1991)
39) G. R. Petit et al., J. Org. Chem., **58**, 2538 (1993)
40) D. G. Gravelos et al., EP Patent Appl. 0572109 A1, 1993
41) R. Bai et al., J. Biol. Chem., **266**, 15882 (1991)
42) R. F. Luduena et al., Biochem. Pharmacol., **45**, 421 (1993)
43) E. Hamel, Pharmacol. Ther., **55**, 31 (1992)
44) O. Fodstad et al., J. Exp. Ther. Oncol., **1**, 119 (1996)
45) T. D. Aicher et al., J. Am. Chem. Soc., **114**, 3162 (1992)
46) S. P. Gunasekera et al., J. Org. Chem., **55**, 4912 (1990)
47) S. P. Gunasekera et al., J. Org. Chem., **56**, 1346 (1991)
48) R. E. Longley et al., Ann. N. Y. Acad., Sci. **696**, 94 (1993)
49) R. E. Longley et al., Transplantation, **52**, 650 (1991)
50) R. E. Longley et al., Transplantation, **52**, 656 (1991)
51) E. ter Haar et al., Biochemistry, **35**, 243 (1996)
52) J. B. Nerenberg et al., J. Am. Chem. Soc., **115**, 12621 (1993)
53) A. B. Smith, III et al., Org. Lett., **1**, 1823 (1999)
54) I. Paterson et al., Org. Lett., **5**, 35 (2003)
55) I. Paterson et al., Eur. J. Org. Chem., 2193 (2003)
56) C. Francavilla et al., Org. Lett., **5**, 1233 (2003)
57) S. P. Gunasekera et al., J. Nat. Prod., **65**, 1643 (2002)
58) R. Talpir et al., Tetrahedron Lett., **25**, 4453 (1994)
59) J. E. Coleman et al., Tetrahedron, **51**, 10653 (1995)
60) M. S. Poruchynsky et al., Biochemistry, **43**, 13944 (2004)
61) A. Mitra et al., Biochemistry, **43**, 13955 (2004)
62) J. A. Nieman et al., J. Nat. Prod., **66**, 183 (2003)
63) T. Natori et al., Tetrahedron Lett., **34**, 5591 (1993)
64) T. Natori et al., Tetrahedron Lett., **34**, 5593 (1993)
65) T. Natori et al., Tetrahedron, **50**, 2771 (1994)
66) K. Motoki et al., Bioorg. Med. Chem. Lett., **5**, 705 (1995)
67) E. Kobayashi et al., Biol. Pharm. Bull., **19**, 350 (1996)
68) M. Morita et al., J. Med. Chem., **38**, 2176 (1995)
69) Y. Yamaguchi et al., Oncol. Res., **8**, 399 (1996)
70) H. Kitamura et al., J. Exp. Med., **189**, 1121 (1999)
71) R. Nakagawa et al., Cancer Res., **58**, 1202 (1998)
72) L. Arabahahi et al., J. Org. Chem., **52**, 3584 (1987)
73) E. Quinoa et al., Tetrahedron Lett., **28**, 3229 (1987)
74) S. W. Reiszewski, Curr. Med. Chem., **10**, 2393 (2003)
75) L. Catley et al., Blood, **102**, 2615 (2003)

76) E. Quinoa *et al.*, *J. Org. Chem.*, **53**, 3642 (1988)
77) D. G. Corley *et al.*, *J. Org. Chem.*, **53**, 3644 (1988)
78) J. Tanaka *et al.*, *Chem. Lett.*, 255 (1996)
79) A. Cutignano *et al.*, *Eur. J. Org. Chem.*, 775 (2001)
80) S. L. Mooberry *et al.*, *Cancer Res.*, **59**, 653 (1999)
81) A. Ahmed *et al.*, *J. Org. Chem.*, **68**, 3026 (2003)
82) L. M. West *et al.*, *J. Org. Chem.*, **65**, 445 (2000)
83) K. A. Hood *et al.*, *Cancer Res.*, **62**, 3356 (2002)
84) K. L. Erickson *et al.*, *J. Org. Chem.*, **62**, 8188 (1997)
85) B. Kunze *et al.*, *J. Antibiotic.*, **51**, 1075 (1998)
86) T. C. McKee *et al.*, *J. Org. Chem.*, **53**, 7805 (1998)
87) K. A. Dekker *et al.*, *J. Antibiotic.*, **51**, 14 (1998)
88) J. W. Kim *et al.*, *J. Org. Chem.*, **64**, 153 (1999)
89) X.-S. Xie *et al.*, *J. Biol. Chem.*, **279**, 19755 (2004)
90) J. A. Beutler *et al.*, *Curr. Med., Chem.* **10**, 787 (2003)
91) N. B. Perry *et al.*, *Tetrahedron*, **50**, 3987 (1994)
92) G. Trimurtulu *et al.*, *Tetrahedron*, **50**, 3993 (1994)
93) A. Ahaidar *et al.*, *J. Org. Chem.*, **68**, 10020 (2003)
94) E. Erba *et al.*, *Clin. Canc. Res.*, **9** (Suppl), C78 (2003)
95) Y. Kashman *et al.*, *Tetrahedron Lett.*, **21**, 3629 (1980)
96) C. E. Jefford *et al.*, *Tetrahedron Lett.*, **37**, 159 (1996)
97) I. Spector *et al.*, *Science*, **219**, 493 (1983)
98) M. Coue *et al.*, *FEBS Lett.*, **213**, 316 (1987)
99) S. Carmely *et al.*, *Tetrahedron Lett.*, **26**, 511 (1985)
100) S. Carmely *et al.*, *Magn. Reson. Chem.*, **24**, 343 (1986)
101) M. Kobayashi *et al.*, *Tetrahedron Lett.*, **30**, 2963 (1989)
102) I. Kitagawa *et al.*, *J. Am. Chem. Soc.*, **112**, 3710 (1990)
103) M. Kobayashi *et al.*, *Chem. Pharm. Bull.*, **38**, 2409 (1990)
104) M. Kobayashi *et al.*, *Chem. Pharm. Bull.*, **38**, 2960 (1990)
105) M. Doi *et al.*, *J. Org. Chem.*, **56**, 3629 (1991)
106) S. Tsukamoto *et al.*, *J. Chem. Soc. Perkin Trans. 1*, 3185 (1991)
107) J. S. Todd *et al.*, *Tetrahedron Lett.*, **33**, 441 (1992)
108) M. Kobayashi *et al.*, *Chem. Pharm. Bull.*, **42**, 19 (1994)
109) M. R. Budd *et al.*, *J. Biol. Chem.*, **270**, 3463 (1995)
110) C. A. Bewley *et al.*, *Angew. Chem. Int. Ed.*, **37**, 2162 (1998)
111) R. Sakai *et al.*, *Chem. Lett.*, 1499 (1986)
112) Y. Kato *et al.*, *Tetrahedron Lett.*, **28**, 6225 (1987)
113) J. Tanaka *et al.*, *Chem. Pharm. Bull.*, **38**, 2967 (1990)
114) J. Kobayashi *et al.*, *J. Chem. Soc. Perkin Trans. 1*, 2379 (1991)

115) D. R. Terry et al., *J. Biol. Chem.*, **272**, 7841 (1997)
116) N. Fusetani et al., *Tetrahedron Lett.*, **30**, 2809 (1989)
117) S. Matsunaga et al., *J. Nat. Chem.*, **61**, 663 (1998)
118) S. Matsunaga et al., *J. Nat. Prod.*, **61**, 1164 (1998)
119) S. Matsunaga et al., *J. Am. Chem. Soc.*, **121**, 5605 (1999)
120) P. Phuwapraisirisan et al., *J. Nat. Prod.*, **65**, 942 (2002)
121) S. Saito et al., *FEBS Lett.*, **322**, 151 (1993)
122) S. Saito et al., *J. Biol. Chem.*, **269**, 29710 (1994)
123) J. A. Rosener et al., *J. Am. Chem. Soc.*, **108**, 846 (1986)
124) J. S. Allingham et al., *Org. Lett.*, **6**, 597 (2004)
125) S. Matsunaga et al., *J. Am. Chem. Soc.*, **108**, 847 (1986)
126) S. Matsunaga et al., *J. Org. Chem.*, **54**, 1360 (1989)
127) M. R. Kernan et al., *J. Org. Chem.*, **53**, 5014 (1988)
128) S. M. Gowan et al., *Mol. Pharmacol.*, **61**, 1154 (2002)
129) K. Warabi et al., *J. Org. Chem.*, **68**, 2765 (2003)
130) E. D. de Silva et al., *Tetrahedron Lett.*, **21**, 1611 (1980)
131) E. D. de Silva et al., *Tetrahedron Lett.*, **22**, 3147 (1981)
132) J. C. de Freitasa et al., *Experientia*, **40**, 864 (1984)
133) K. B. Glaser et al., *Biochem. Pharmcol.*, **35**, 449 (1986)
134) K. B. Glaser et al., *Biochem. Pharmcol.*, **36**, 2079 (1987)
135) R. S. Jacobs et al., *Tetrahedron*, **41**, 981 (1985)
136) D. Lombardo et al., *J. Biol. Chem.*, **260**, 7234 (1985)
137) R. A. Deems et al., *Biochim. Biophys. Acta*, **917**, 258 (1987)
138) M. R. Kernan et al., *J. Org. Chem.*, **52**, 3081 (1987)
139) D. L. Burgoyne et al., *J. Org. Chem.*, **57**, 525 (1992)
140) L. Yang et al., *J. Nat. Prod.*, **65**, 1924 (2002)
141) M. Takei et al., *J. Pharm. Sci.*, **83**, 1234 (1994)
142) A. M. Bramley et al., *Br. J. Pharmacol.*, **115**, 1433 (1995)
143) F. R. Coulson et al., *Inflamm. Res.*, **49**, 123 (2000)
144) Y. Shen et al., *J. Org. Chem.*, **51**, 5140 (1986)
145) H. Nakamura et al., *Tetrahedron Lett.*, **23**, 5555 (1982)
146) H. Nakamura et al., *J. Chem. Soc. Perkin Trans. 1*, 2379 (1991)
147) Y. Ohizumi et al., *J. Pharm. Pharmacol.*, **36**, 785 (1984)
148) M. Kobayashi et al., *Chem. Pharm. Bull.*, **37**, 1676 (1989)
149) M. Nakagawa et al., *Tetrahedron Lett.*, **25**, 3227 (1984)
150) D. W. Phife et al., *Bioorg. Med. Chem. Lett.*, **6**, 2103 (1996)
151) K. Bartik et al., *Can. J. Chem.*, **65**, 2118 (1987)

4 酵素阻害剤

中尾洋一[*]

4.1 はじめに

酵素は生体内の様々な機能に関わり,酵素活性の調節が乱れることが多くの病態の原因ともなりうるため,各病態に関わる酵素を標的とする阻害剤の探索は医薬品開発の主要な戦略のひとつになっている。海洋生物からの酵素阻害剤の探索研究例は現状ではまだ限られているが,特定の酵素を対象とした阻害活性スクリーニングによる研究例も近年増加傾向にある。本稿では海綿から得られた酵素阻害剤について,医薬品への応用がなされているものや応用が期待されるものについて紹介する。

4.2 ホスホリパーゼA_2阻害剤

ホスホリパーゼA_2(PLA_2)はリン脂質のβ-位のエステル結合の加水分解を行う酵素であり,プロスタグランジン,ロイコトリエンなど,炎症メディエーターの前駆体となるアラキドン酸を生成させる。プロスタグランジンの生合成においては,アラキドン酸の生成が律速段階であることから,抗炎症剤としてPLA_2阻害剤の探索研究が行われている。

マノアライド(manoalide)は抗菌活性を有する化合物として海綿 *Luffariella variabilis* から単離された[1]。その後PLA_2をIC_{50} 1.7 μMで阻害することが明らかとなったため[2,3],医薬開発を目指して100以上の類縁体が合成されて抗炎症作用が調べられたが,残念ながら薬にはならなかった。一方,勝村らは,セコマノアライドがマノアライドよりも強いPLA_2阻害作用を示すことを見出し,PLA_2の界面認識部位を構成するLys-56残基を非可逆的に修飾してカチオン性界面認識部位を変化させることで基質の認識を阻害し,酵素を不活性化していると結論づけ,阻害機構に基づいて新たなPLA_2阻害剤をデザイン合成している[4-7]。

manoalide   secomanoalide

4.3 タンパク質リン酸化酵素

タンパク質リン酸化酵素(PK)は細胞の増殖・分化に関わるシグナル伝達の中心的部分を担う非常に重要な酵素群である。PKはその多くががん遺伝子産物として同定されたことからも明

---

* Yoichi Nakao 東京大学 大学院農学生命科学研究科 講師

第2章 医薬素材および研究用試薬

らかなように，PK活性の調節異常はがんに深く関わっている。現在までに非常に多くの種類のPKが発見されており，抗がん剤のターゲットとして阻害剤の探索研究が行われている。

(+)-アエロプリシニン-1 (aeroplysinin-1) は1970年代に2つのグループによって海綿 *Verongia aerophoba* および *Ianthella ardis* から抗菌物質として報告された化合物であるが[8~10]，その後上皮増殖因子受容体（EGFR）のチロシンキナーゼ活性を0.5μMの濃度で完全に阻害することが明らかとなった[11]。非小胞性肺がんの治療薬であるイレッサはこのEGFRを標的分子として開発されたものであり，血管新生を阻害することが知られているが，(+)-アエロプリシニン-1もイレッサ同様，血管新生を阻害することが確認されている[12]。

(+)-aeroplysinin-1

ナキジキノン類（nakijiquinone）は沖縄産Spondiidae科の海綿から，細胞毒性，抗カビ活性，およびチロシンキナーゼ阻害活性を示す化合物として単離された[13]。その後，ErbB-2のチロシンキナーゼに対する阻害活性が明らかになったことから[14]，合成アナログライブラリーを用いてErbB-2，EGFR，インシュリン様増殖因子1受容体（IGF1R）および血管内皮増殖因子受容体（VEGFR）のチロシンキナーゼに対する阻害活性が調べられた。この結果，血管新生阻害剤の標的であるVEGFRに対する選択的な阻害を示すアナログ化合物が見出され，抗がん剤として期待されている[15, 16]。

nakijiquinone A

アバロン（avarone）は海綿 *Dysidea avara* から単離された化合物であり[17]，抗がん[18, 19]，抗HIV[20, 21]，抗炎症活性[22] など，これまでに様々な生物活性が明らかになっている。筆者らは，マトリックスメタロプロテアーゼ（MMP）の一種である膜型1MMP（MT1-MMP）に対する強い阻害活性を示した八丈島産の海綿 *Dysidea* sp.から，活性本体としてアバロンを見出した。各種生物活性試験

83

を行った結果,1型のVEGF受容体のチロシンキナーゼを選択的に阻害することが明らかとなったため[23],マウス角膜法により*in vivo*の血管新生阻害活性を調べたところ,10mg/kg/day(i.p.)の低投与量で血管新生を阻害することが明らかとなった。さらに,ヌードマウスxenograftによる抗腫瘍効果を調べたところ,全く毒性を示さずにがんの増殖阻害活性を示したことから,血管新生を標的とする抗がん剤として期待されている。

avarone

4.4 タンパク質脱リン酸化酵素阻害剤

可逆的なタンパク質のリン酸化・脱リン酸化は筋肉の収縮,神経伝達,細胞増殖,がん化,アポトーシスなど多彩な細胞機能を調整している。比較的研究が進んでいるタンパク質リン酸化酵素に比べ,タンパク質脱リン酸化酵素(PP)に関しては天然物阻害剤が発見されるまで研究の進展は待たなければならなかった。

日本産クロイソカイメン*Halichondria okadai*およびカリブ海産海綿*H. melanodocia*から細胞毒性物質として得られたポリエーテル化合物のオカダ酸は[24],下痢性貝毒としても知られる。その後,PP1およびPP2Aに対する強い選択的阻害剤であることが明らかになるとともに[25],ホルボールエステル(TPA)と同等の発がんプロモーターであることが明らかとなり[26],タンパク質リン酸化によって引き起こされる生物学的プロセスの研究用試薬として広く利用されている。なお,オカダ酸-酵素複合体のX線結晶回折も行われ,原子レベルでの阻害機構も明らかになっている[27]。

okadaic acid

カリキュリンA(calyculin A)は伊豆半島産チョコガタイシカイメン*Discodermia calyx*からヒトデ受精卵の卵割阻害活性を示す化合物として単離された化合物であり,強い細胞毒性と抗腫瘍活性を示すことも明らかになった[28]。その後,カリキュリンAの標的分子がオカダ酸と同様にPP1およびPP2Aであることが判明し,強い発がんプロモーション作用を有するオカダ酸クラス

化合物として，細胞増殖・シグナル伝達研究用に試薬として広く用いられている[29]。類縁体による構造-活性相関研究[30]および複合体の結晶構造解析により[31]，原子レベルでの阻害機構も明らかとなった。

calyculin A

4.5 プロテアーゼ

プロテアーゼはタンパク質のアミド結合を加水分解する酵素であり，触媒中心のタイプによって，セリンプロテアーゼ，システインプロテアーゼ，アスパラギン酸プロテアーゼ，およびメタロプロテアーゼの4つに分類することができる。プロテアーゼは生体内の様々な機能の制御に関与しているため，その阻害剤はその酵素が関わる病態の治療薬や細胞機能解明のためのツールとしての利用が期待できる。

トロンビンはセリンプロテアーゼの一種で血液凝固系の最終段階であるフィブリノーゲンからフィブリンへの変換を担う酵素である。血栓症や動脈硬化では血管内での血液凝固が問題となるため，血栓症や動脈硬化の薬としてトロンビン阻害剤の探索研究が行われている。

サイクロセオナミド類（cyclotheonamide）は八丈島産 *Theonella swinhoei* または沖縄産 *Ircinia* sp. から単離された環状ペプチドで，いずれもセリンプロテアーゼ（トロンビン，トリプシン，トリプターゼ）に対する阻害活性が報告されている[32~35]。また，多くの合成グループによりサイクロセオナミド類の全合成が行われ，合成サンプルを用いてトリプシンまたはトロンビンとの複合体の結晶構造解析に成功している[36~38]。

ナズマミドAはサイクロセオナミド類と同じ八丈島産 *Theonella swinhoei* から単離された直鎖状ペプチドで，トロンビンに対して選択的な阻害活性を示す[39,40]。全合成およびトロンビンとの複合体の結晶構造解析も行われ[41]，選択的トロンビン阻害剤として市販されている。

一方，Dysideidae科の新種海綿から得られたディシノシンA（dysinosin A）はトロンビンおよび血液凝固系で働くVIIa因子（セリンプロテアーゼ）を阻害する化合物であるが[42]，ラン藻 *Oscillatoria agardhii* から得られるセリンプロテアーゼ阻害剤のアエルギノシン類（aeruginosin）[43~45]と構造が類似しているため，共生微生物によって生合成されていると考えられる。

cyclotheonamide A

nazumamide A

dysinosin A

aeruginosin 298-A

　システインプロテアーゼの一種であるカテプシンBは炎症，筋ジストロフィー，がんなどの病態に関わることが知られているが，とくに高浸潤性のがん細胞に発現していることから，その阻害剤は抗転移薬として期待される。

　トカラミドA（tokaramide A）[46]およびミラジリジンA（miraziridine A）[47]は，ともにトカラ列島産のTheonella mirabilisから単離されたペプチド性化合物であり，カテプシンBに対してそれぞれIC_{50} 0.029および2.8μg/mLで阻害活性を示した。このうちミラジリジンAはシステイン（アジリジンジカルボン酸），アスパラギン酸（スタチン），セリン（ビニログ型アルギニン）の各プロテアーゼ阻害剤モチーフを持つ特異な構造を有する化合物であるが，実際，カテプシンLおよびB（システイン），ペプシン（アスパラギン酸），およびトリプシン（セリン）に対して阻害活性を示すクラス横断的なプロテアーゼ阻害剤であることが明らかとなっている[48]。

　がんの浸潤・転移や血管新生など細胞の遊走が鍵となる現象においては，細胞遊走の際にコラーゲン，ラミニン，フィブロネクチンなどの細胞外マトリックスを分解する必要が生じる。マトリックスメタロプロテアーゼ（MMP）はこれらの成分を基質とする消化酵素であることから，カテプシンB阻害剤とともに，がんの抗転移薬・血管新生阻害剤として期待されている。MMP

第2章 医薬素材および研究用試薬

tokaramide A

miraziridine A

阻害剤の多くはヒドロキサム酸，カルボン酸やスルホンアミド誘導体であり，この部分が酵素活性中心に存在する亜鉛イオンにキレートすることで阻害活性を示すことが知られている。アンコリノサイドA（ancorinoside A）は当初徳島産海綿*Ancorina* sp.からヒトデ受精卵の胞胚形成阻害物質として単離された化合物であるが[49]，その後MMP2およびMT1-MMP阻害剤として，3種の類縁体とともにトカラ列島産海綿*Penares sollasi*から単離された。構造-活性相関研究から，アンコリノサイド類はテトラミン酸骨格を有するはじめてのMMP阻害剤であることが明らかとなった[50]。なお，アンコリノサイド類は血管新生の一段階である血管内皮細胞の管腔形成を阻害する。

ancorinoside A

アジェラジンA（ageladine A）は，八丈島産海綿*Agelas nakamurai*から単離された蛍光性化合物である。同じ海綿の主要成分であるオロイジン（oroidine）と類似の生合成経路によって産生されていると考えられるが，環化様式が異なり，三環性の化合物となっている。本化合物はMMP2，MT1-MMPなど，複数のMMPに対して阻害活性を示すが，興味深いことに他の阻害剤とは異なり，亜鉛イオンにキレートしないで非競合的な阻害を示す，新しいタイプのMMP阻害剤として注目されている[51]。なお，本化合物は10μg/mLの濃度で血管新生阻害活性を示した。

ageladine A

4.6 ヒストン脱アセチル化酵素

クロマチンのヌクレオソームは，ヒストンタンパク質の八量体からなるヒストンコアにDNAが2回巻き付いた形を取っている。ヒストンのN末端領域は塩基性アミノ酸を多く含むことが知られ，これらの塩基性アミノ酸残基側鎖のアセチル化がDNAの転写を制御している。ヒストンのアセチル化を制御する酵素としては，ヒストンアセチル化酵素（HAT）およびヒストン脱アセチル化酵素（HDAC）があるが，HDAC阻害剤はp53非依存的にサイクリン依存性キナーゼ阻害剤であるp21を誘導し，細胞周期の停止，アポトーシス誘導，血管新生阻害活性等の作用を示すことが知られ，抗がん剤として近年注目を集めている。

パプアニューギニア産海綿*Pseudoceratina purpurea*から単離されたプサマプリン類(psammaplin)[52,53)]は，その後強力なHDAC阻害活性を有することが明らかとなった[54)]。プサマプリンAと微生物由来のHDAC阻害剤であるトリコスタチンAおよびトラポキシンBをもとにデザインされた合成HDAC阻害剤NVP-LAQ824[55,56)]は現在抗がん剤としてフェーズⅠの臨床試験が行われている[57)]。

psammaplin A

NVP-LAQ824

強いHDAC阻害活性を示した天草産海綿*Mycale izuensis*からは，新規アミノ酸を含む環状テトラペプチドのアズマミド類（azumamide）が活性本体として得られた[58)]。アズマミドAはIC$_{50}$ 23ng/mLと強いHDAC阻害活性を示し，血管新生も阻害する。

azumamide A

4.7 糖鎖生合成関連酵素

糖鎖は構成糖の組み合わせや結合様式によって，可能な構造の種類は莫大なものになる。特に細胞表面に存在する糖蛋白質や糖脂質に結合した糖鎖は，細胞の認識や接着，病原体の宿主細胞への感染などにおいて非常に重要な働きをしている。

第2章 医薬素材および研究用試薬

炎症に応じてリクルートされる白血球はローリングおよび血管内皮への接着を経て,炎症部位へと侵入するが,白血球のローリングおよび血管内皮への接着にはセレクチンとそのリガンド糖鎖間の相互作用が必要である。フコシルトランスフェラーゼⅦ（Fuc-TⅦ）は,シアリルルイスX（sLe^x）をはじめとする細胞接着分子セレクチンのリガンドの生合成に関わる酵素であるため[59~62],その阻害剤はリガンド糖鎖の生合成を阻害する抗炎症剤として期待できる。

オーストラリア産海綿*Sarcotragus* sp.から得られたオクタ-（octa-）およびノナプレニルハイドロキノンサルフェート（nonaprenylhydroquinone sulfate）は,Fuc-TⅦに対してIC$_{50}$ 3.9および2.4 μg/mLで阻害活性を示す一方で,Fuc-TⅥに対しては10 μg/mLで30％以下の弱い阻害しか示さないFuc-TⅦ選択的な阻害剤であることが明らかになった[63]。

octaprenylhydroquinone sulfate

nonaprenylhydroquinone sulfate

α-グルコシダーゼ阻害剤は糖質の消化吸収を抑えることで食後の急激な血糖上昇を抑制することから,インスリン非依存的糖尿病患者に効果が期待されている。一方,*N*-ブチルデオキシノジリマイシン（*N*-butyldeoxynojirimycin）に代表される低分子性阻害剤は,小胞体内の糖鎖生合成を阻害することでHIV[64]やB型肝炎ウイルス[65]のエンベロープタンパク質の糖鎖生合成を抑えることから,抗ウイルス剤としても期待されている。

海綿由来のα-グルコシダーゼ阻害剤としては,八丈島産海綿*Penares* sp.から単離されたペナロライドサルフェート（penarolide sulfate）類[66],ペナサルフェートA（penasulfate A)[67],および同じく八丈島産海綿*Penares schulzei*から単離されたシュルツェイン類（schulzein）[68]が報告されている。これらはいずれもアミノ酸部分またはペプチド由来と思われるキノリン部分に硫酸エステル化された長鎖脂肪酸が結合した特異な構造を有しており,酵母由来のα-グルコシダーゼに対してIC$_{50}$ 0.05~3.5 μg/mLで阻害活性を示した。また,シュルツェイン類については加水分解によって脱硫酸エステル化したものにもIC$_{50}$ 1~2 μg/mL程度の活性が認められたことから,単なる界面活性作用による酵素阻害ではないことが確認されている。

なお,シュルツェイン類は抗インフルエンザ薬のザナミビル（zanamivir）と同様,インフルエンザウイルス由来のノイラミニダーゼに対してもIC$_{50}$ 60 μg/mL程度の阻害活性を示す。

海洋生物成分の利用

penarolide sulfate A

penasulfate A

schulzeine A

4.8 レセプターおよびチャンネル作用物質

　海産毒の多くがレセプターやチャンネルに作用する化合物であることが知られ，中にはイオンチャンネルをブロックするイモ貝の毒コノトキシン類（conotoxin）のように，鎮痛剤として応用開発がなされた例もある（第2章7節参照）。海綿由来の化合物でこのような生物活性を示すことが知られている化合物はごく限られているが，レセプターやチャンネルに対する作用を指標とした活性化合物の探索研究が盛んになれば，いずれは化合物例も増えるものと思われる。

　日本産海綿 *Penares* aff. *incrustans* からは ω-コノトキシンGVIA（ω-CgTx GVIA）のN型カルシウムチャンネルへの結合阻害を指標としてペナラミド類（penaramide）が，脂肪酸部分が異なる分離不能な混合化合物として得られている。ペナラミド類は放射性ラベルした^{125}I-ω-CgTx GVIAのN型カルシウムチャンネルへの結合をIC_{50} 1.3 μMで阻害した。なお，天然由来のペナラミド混合物はIC_{50} 1.3 μMの阻害活性を示した[69]。

penaramides

第 2 章 医薬素材および研究用試薬

ディシハーベイン (dysiherbaine) は,カイニン酸 (kainic acid) およびドーモイ酸 (domoic acid) と同様, 腹腔内投与により特徴的なてんかん様作用をマウスに引き起こす化合物としてミクロネシア産の海綿 *Dysidea herbacea* から単離された水溶性化合物である[70]。その後,ディシハーベインはAMPAおよびカイニン酸のレセプターといった,非NMDA (*N*-methyl-D-aspartic acid) 型グルタミン酸レセプター (GluR) のアゴニストであることが明らかとなっている[71]。一方,同種の海綿からは同様の活性を示すマイナー成分として,ネオディシハーベイン (neodysiherbaine)[72] とディシベタイン誘導体[73,74] が化合物として得られている。ディシハーベインおよびネオディシハーベインはそれぞれ, ED_{50} 13および15pmol/mouseと極微量の投与量でマウスにてんかん様作用を引き起こした。また,これらはそれぞれIC_{50}33および66nMでトリチウムラベルしたカイニン酸のラットシナプス膜への結合を阻害し,230および227nMでラベルしたAMPAの結合を阻害したが,NMDA受容体のリガンドであるCGP39653の結合は阻害しなかった。一方,ディシベタイン類の受容体への結合ははるかに弱い。

また,ミクロネシア産の海綿 *Cribrochalina olemda* からは,新規化合物クリブロン酸(cribronic acid) と既知の(2*S*,4*S*)-4-sulfooxypiperidine-2-carboxylic acidの2つのピペコリン酸誘導体が得られている。これらはそれぞれED_{50} 29および20pmol/mouseで痙攣を引き起こした。興味深いことに,ディシハーベインとは逆にIC_{50} 69および83nMでトリチウムラベルしたCGP39653のラット脳膜への結合を阻害するものの,カイニン酸およびAMPAの結合は阻害しないことから,選択的なNMDA型のグルタミン酸レセプターリガンドであることが明らかになっている[75]。

dysiherbaine   neodysiherbaine   dysibetaine   dysibetaine PP

dysibetaine CPa   dysibetaine CPb   cribronic acid   (2*S*,4*S*)-4-sulfooxypiperidine-2-carboxylic acid

インターロイキン6 (IL-6) は,炎症,ウイルス感染,自己免疫疾患,およびがんに関与するマルチファンクショナルなサイトカインであることから,IL-6受容体のアンタゴニストはこのような疾患に対する薬剤の有望なリード化合物となりうる。八丈島産海綿 *Erylus placenta* から単離されたエリルサミンB (erylusmine B) はIL-6のレセプターへの結合をIC_{50} 6.6 μg/mLで阻害する[76]。

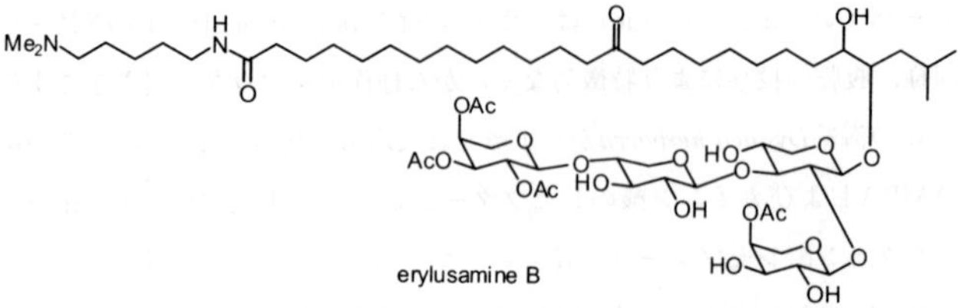

erylusamine B

xestospongin C

オーストラリア産海綿*Xestospongia exigua*から血管平滑筋収縮を抑制する化合物として単離されたゼストスポンジン類（xestospongin）は[77]，その後IP$_3$による小胞体からのCa^{2+}放出を抑制することが明らかとなり[78]，IP$_3$受容体阻害剤として利用されている．

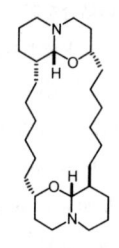

4.9　研究用試薬

すでにあげたPP阻害剤であるオカダ酸やカリキュリンAがよく知られているが，研究用試薬として用いられている特徴的な海綿由来の成分として，細胞骨格系に作用するマクロライド化合物群があげられる．紅海産の海綿*Latrunculia magnifica*から魚毒性分として得られたラトランキュリンA（latrunculin A）は[79]，その後アクチン分子の重合阻害によって培養細胞のマイクロフィラメント形成阻害を引き起こしていることが明らかとなった[80, 81]．一方，紀伊半島産の*Mycale*属の海綿から抗カビ物質として単離されたマイカロライド類（mycalolide）は[82]，サイトカラシンとは異なる機構によりアクチンの脱重合を引き起こすことが明らかになった[83]．また，八丈島産の海綿*Theonella* sp.からヒトデ受精卵に対する卵割阻害物質として得られたビスセオネライド類（bistheonellide）[84]もアクチン重合を抑制する作用が明らかとなった[85]．以上の3化合物はいずれもアクチン脱重合剤として利用されている．

抗真菌化合物として海綿*Stelletta* sp.から単離されたステレッタマイド類（stellettamide）は[86]，その後種々のカルモジュリン依存性酵素反応を抑制することが明らかとなり[87]，カルモジュリン阻害剤試薬として市販されている．

第 2 章　医薬素材および研究用試薬

latrunculin A

mycalolide B

bistheonellide A

stellettamide A

4.10　おわりに

　海綿からは膨大な数の化合物が発見されているが，それらの多くは作用メカニズムはおろか，生物活性すら十分に調べられていない。ここでは1980年代後半以降に報告された化合物を中心に，酵素，レセプター，およびチャンネルなど，標的分子が明らかになっている化合物を紹介した。すでに述べたように，各病態に関わる分子を標的とする阻害剤の探索は医薬品開発の主要な戦略のひとつになっている。ここで紹介した海洋生物由来の化合物には医薬品や研究用試薬への応用が可能なものも多くあることから，今後の研究展開に期待がもてる。

文　献

1) E.D.de Silva *et al.*, *Tetrahedron Lett.*, **22**, 3147 (1981)
2) J.C.de Freitas *et al.*, *Experientia*, **40**, 864 (1984)
3) D.Lombardo *et al.*, *J. Biol. Chem.*, **260**, 7234 (1985)
4) S.Katsumura *et al.*, *Bioorg. Med. Chem. Lett.*, **2**, 1263 (1992)
5) S.Katsumura *et al.*, *Bioorg. Med. Chem. Lett.*, **2**, 1267 (1992)
6) S.Fujii *et al.*, *Biochem. J.*, **308**, 297 (1995)
7) K.Tanaka *et al.*, *Tetrahedron*, **55**, 1657 (1999)
8) E.Fattorusso *et al.*, *Chem. Comm.*, 751 (1970)
9) E.Fattorusso *et al.*, *J. Chem. Soc. Perkin I*, 16 (1971)
10) W.Fulmor *et al.*, *Tetrahedron Lett.*, **52**, 4551 (1970)
11) M.Kreuter *et al.*, *Comp. Biochem. Physiol.*, **97B**, 151 (1990)
12) S.Rodoriguez-nieto *et al.*, *FASEB J.*, **16**, 261 (2002)
13) H.Shigemori *et al.*, *Tetrahedron*, **50**, 8347 (1994)
14) J.Kobayashi *et al.*, *Tetrahedron*, **51**, 10867 (1995)
15) P.Stahl *et al.*, *J. Am. Chem. Soc.*, **123**, 11586 (2001)
16) P.Stahl *et al.*, *Angew. Chem. Int. Ed.*, **41**, 1174 (2002)
17) L.Minale *et al.*, *Tetrahedron Lett.*, **38**, 3401 (1974)
18) W.E.G.Muller *et al.*, *Comp. Biochem. Physiol.*, **80C**, 47 (1985)
19) W.E.G.Muller *et al.*, *Cancer Res.*, **45**, 4822 (1985)
20) P.S.Sarin *et al.*, *J. Natl. Cancer Inst.*, **78**, 663 (1987)
21) S.Hirsch *et al.*, *J. Nat. Prod.*, **54**, 92 (1991)
22) R.Cozzolino *et al.*, *J. Nat. Prod.*, **53**, 699 (1990)
23) 上原至雅ほか, 癌と化学療法, **31**, No.4, 491 (1983)
24) K.Tachibana *et al.*, *J. Am. Chem. Soc.*, **103**, 2469 (1981)
25) A.Takai *et al.*, *Biochem. J.*, **284**, 539 (1992)
26) M.Suganuma *et al.*, *Proc. Natl. Acad. Sci. USA*, **85**, 1768 (1988)
27) J.T.Maynes *et al.*, *J. Biol. Chem.*, **276**, 44078 (2001)
28) Y.Kato *et al.*, *J. Am. Chem. Soc.*, **108**, 2780 (1986)
29) H.Ishihara *et al.*, *Biochem. Biophys. Res. Commun.*, **159**, 871 (1989)
30) T.Wakimoto *et al.*, *Chem. Biol.*, **9**, 309 (2002)
31) A.Kita *et al.*, *Structure*, **10**, 1 (2002)
32) N.Fusetani *et al.*, *J. Am. Chem. Soc.*, **112**, 7053 (1990)
33) Y.Nakao *et al.*, *Bioorg. Med. Chem.*, **3**, 1115 (1995)
34) Y.Nakao *et al.*, *J. Nat. Prod.*, **61**, 667 (1998)
35) Y.Murakami *et al.*, *J. Nat. Prod.*, **65**, 259 (2002)
36) A.Lee *et al.*, *J. Am. Chem. Soc.*, **115**, 12619 (1993)

37) B.E.Marianoff et al., *Proc. Natl. Acad. Sci. USA*, **90**, 8048 (1993)
38) V.Ganesh et al., *Protein Sci.*, **5**, 825 (1996)
39) N.Fusetani et al., *Tetrahedron Lett.*, **32**, 7073 (1991)
40) K.Hayashi et al., *Tetrahedron Lett.*, **33**, 5075 (1992)
41) V.L.Nienaber et al., *J. Am. Chem. Soc.*, **118**, 6807 (1996)
42) A.R.Carroll et al., *J. Am. Chem. Soc.* **124**, 13340 (2002)
43) M.Murakami et al. *Tetrahedron Lett.*, **35**, 3129 (1994)
44) M.Murakami et al. *Tetrahedron Lett.*, **36**, 2785 (1995)
45) H.J.Shin et al., *J. Org. Chem.*, **62**, 1810 (1997)
46) N.Fusetani et al., *Bioorg. Med. Chem. Lett.*, **9**, 3397 (1999)
47) Nakao et al., *J. Am. Chem. Soc.*, **122**, 10462 (2000)
48) N.Schaschke, *Bioorg. Med. Chem. Lett.*, **14**, 855 (2004)
49) S.Ohta et al., *J. Org. Chem.*, **62**, 6452 (1997)
50) M.Fujita et al., *Tetrahedron*, **57**, 1229, (2001)
51) M.Fujita et al., *J. Am. Chem. soc.*, **125**, 15700 (2003)
52) E.Quinoa et al., *Tetrahedron Lett.*, **28**, 3229 (1987)
53) L.Arabshahi et al., *J. org. Chem.*, **52**, 3584 (1987)
54) I.C.Pina et al., *J. Org. Chem.*, **68**, 3866 (2003)
55) S.Remiszewski et al., *J. Med. Chem.*, **46**, 4609 (2003)
56) S.W.Remiszewski et al., *Curr. Med. Chem.*, **10**, 2393 (2003)
57) L.Catley et al., *Blood*, **102**, 2615 (2003)
58) 中尾洋一ほか, 第6回天然有機化合物討論会要旨集, p.25 (2004)
59) K.Sasaki et al., *J. Biol. Chem.*, **269**, 14730 (1994)
60) S.Natsuka et al., *J. Biol. Chem.*, **269**, 16789, (1994)
61) P.Maly et al., *Cell*, **86**, 643 (1996)
62) P.L.Smith et al., *J. Biol. Chem.*, **271**, 8250 (1996)
63) T.Wakimoto et al., *Bioorg. Med. Chem. Lett.*, **9**, 727 (1999)
64) P.B.Fischer et al., *J. Virol.*, **69**, 5791 (1995)
65) T.M.Block et al., *Proc. Natl. Acad. Sci. USA*, **91**, 2235 (1995)
66) Y.Nakao et al., *Tetrahedron*, **56**, 8977 (2000)
67) Y.Nakao et al., *J. Nat. Prod.*, **67**, 1346 (2004)
68) K.Takada et al., *J. Am. Chem. Soc.*, **126**, 187 (2004)
69) N.U.Sata et al., *Tetrahedron Lett.*, **37**, 225 (1996)
70) R.Sakai et al., *J. Am. Chem. Soc.*, **119**, 4112 (1997)
71) R.Sakai et al., *J. Pharm. Exp. Ther.*, **296**, 655 (2001)
72) R.Sakai et al., *Org. Lett.*, **3**, 1479 (2001)
73) R.Sakai et al., *Tetrahedron Lett.*, **40**, 6941 (1999)
74) R.Sakai et al., *J. Org. Chem.*, **69**, 1180 (2004)

75) R.Sakai *et al.*, *J. Nat. Prod.*, **66**, 784 (2003)
76) N.Fusetani *et al.*, *Tetrahedron Lett.*, **34**, 4067 (1993)
77) M.Nakagawa *et al.*, *Tetrahedron Lett.*, **25**, 3227 (1984)
78) J.Gafni *et al.*, *Neuron*, **19**, 723 (1997)
79) Y.Kashman *et al.*, *Tetrahedron lett.*, **21**, 3629 (1980)
80) I.Spector *et al.*, *Science*, **219**, 493 (1983)
81) M.Coue *et al.*, *FEBS Lett.*, **213**, 316 (1987)
82) N.Fusetani *et al.*, *Tetrahedron Lett.*, **30**, 2809 (1989)
83) S.Saito *et al.*, *J. Biol. Chem.*, **269**, 29710 (1994)
84) Y.Kato *et al.*, *Tetrahedron Lett.*, **28**, 6225 (1987)
85) S.Saito *et al.*, *Jpn. J. Pharmacol.*, **67**, 205 (1995)
86) H.Hirota *et al.*, *Tetrahedron Lett.*, **31**, 4163 (1990)
87) Y.Abe *et al.*, *Br. J. Pharmacol.*, **121**, 1309 (1997)

5 刺胞動物

井口和男*

5.1 はじめに

　刺胞動物（以前は腔腸動物と称された）に属する生物にはサンゴ（石サンゴ，ソフトコーラル，ヤギ）やイソギンチャク，クラゲなど，私達がよく知っているものが多い。海洋生物の中で新規な天然物が最も多く発見されている生物は海綿動物で，2002年の報告[1]では全体の37%を占めているが，刺胞動物はこれに次いで21%であり，有用物質の発見という観点からきわめて魅力に富む生物群である。刺胞動物からこれまで発見されている化合物の種類としては，テルペノイドが圧倒的に多く，特に炭素20から成るジテルペノイドが主体を占めている。次いでステロイドが豊富で，アルカロイドは少ない。注目すべきはプロスタノイドで種々のサンゴから見出されている。活性の面から見ると，抗腫瘍（腫瘍細胞増殖抑制，細胞毒性も含めて），抗菌，抗ウィルス，抗HIV，摂食阻害，魚毒，抗炎症など多岐にわたっている。

5.2 抗腫瘍物質（腫瘍細胞増殖抑制物質，細胞毒性物質）

5.2.1 テルペノイド

　ソフトコーラルには炭素14員環を有するセンブラン（cembrane）型ジテルペノイドが豊富に含有されており，膨大な数の化合物が単離，構造決定されている。これらジテルペノイドの多くは，例えば sinugibberol (1) や化合物2のように腫瘍細胞に対する毒性あるいは増殖抑制作用，あるいは動物レベルでの抗腫瘍作用を示す。Sinugibberol (1) は台湾近海で採集されたソフトコーラル*Sinularia gibberosa*から単離されており，ヒト結腸癌細胞HT-29（ED_{50} 0.50μg/mL）およびマウス白血病細胞 P388（ED_{50} 11.7μg/mL）に対して細胞毒性を示した[2]。化合物2は沖縄近海産のソフトコーラル*Clavularia koellikeri*から見出されたセンブラン型ジテルペノイドで，ヒト大腸癌細胞 DLD-1 およびヒトリンパ球白血病細胞 MOLT-4に対してそれぞれ IC_{50} 4.2μg/mL および IC_{50} 0.9μg/mLの細胞毒性を示した[3]。

　Stolonidiol (3) と claenone (4) は沖縄近海産*Clavularia*属ソフトコーラルから得られたジテルペノイドで，5員環と11員環が融合したドラベラン（dolabellane）型の骨格を持っている。Stolonidiol (3) [4,5] は P388 に対して IC_{50} 0.015μg/mL の濃度で強い細胞毒性を示した。また3はヒメダカ*Oryzias latipes*への魚毒作用も示した。その後，3は神経細胞のコリンアセチルトランスフェラーゼ（ChAT）の作用を強く誘起することが報告され注目されている[6]。これらの活性のゆえに3は有機合成の見地からも興味を引き，最近，光学活性体の全合成が達成されている[7]。

---

　* Kazuo Iguchi　東京薬科大学　生命科学部　教授

Claenone (4) は3とは異なり，はじめは目立った活性を示していなかったが，最近ヒト前立腺癌細胞WMFとRBにそれぞれ2.42×10^{-7}Mおよび3.06×10^{-7}Mの濃度で強い増殖抑制作用を示すことがわかった。化合物4の光学活性体の全合成が最近報告されている[8]。

Exacavatolide C (5) のようなブリアラン (briarane) 型のジテルペノイドは近年サンゴの一種であるヤギ類を中心として多数見出されている。このタイプのジテルペノイドは6員環と10員環が融合した骨格を持ち，多数の酸素官能基が分子内に存在している。生物活性も抗炎症，細胞毒性など多彩である。Exacavatolide C (5) は台湾近海産のヤギ*Briareum exacavatum*から見出され，P388 (ED_{50} $0.3\mu g/mL$), ヒト鼻咽頭上皮癌細胞 KB (ED_{50} $1.9\mu g/mL$), ヒト肺癌細胞A-549 (ED_{50} $1.9\mu g/mL$), HT-29 (ED_{50} $1.9\mu g/mL$) に細胞毒性があった[9]。

ブリアラン骨格と同じように6員環と10員環が融合したユーニセラン (eunicellane) 骨格を持つジテルペノイドもヤギあるいはソフトコーラルから見出されている。これらの中で，西オーストラリア近海産*Eleutherobia*属ソフトコーラルから単離された eleutherobin (6) が大きな注目を集めている。この化合物はジヒドロフラン環が存在する母核に，イミダゾールを含む共役エステルが結合した特異な構造の配糖体である[10]。化合物6はヒト結腸癌細胞HCT116およびヒト卵巣癌細胞A2780に対してそれぞれ IC_{50} 554nMおよびIC_{50} 13.7nMの濃度で強い細胞毒性を示した[11]。さらに興味深いことに，6は抗癌剤として著名な taxol® (paclitaxel) と同じく細胞内の微小管の解重合を阻害するメカニズムで機能し，taxol®が結合するドメインに競争的に結合することが明らかにされた。Eleutherobin (6) とtaxol®はいずれもジテルペノイドではあるがそれらの構造は全く異なっており，それにもかかわらず同様の作用メカニズムを持つことは驚きである。海綿から見出された discodermolide および 粘菌由来の epothilone A も taxol®や6と似ても似つかぬ構造であるが，いずれも微小管の解重合を阻害するメカニズムを持っている。この点について，分子動力学による立体配座解析が行われ，6を含む3つの化合物の空間的な姿はtaxol®と似ていることが明らかにされている[12]。Eleutherobin (6) はその光学活性体がすでに全合成されている[13]。

Eleutherobin (6) の発見以前に，きわめて類似の構造を持つジテルペノイド sarcodictyin A (7) が地中海産ソフトコーラル*Sarcodictyon roseum*から見出されていた[14]。この化合物は当初生理活性についての報告がなかったが，後に強い抗腫瘍作用を持ち，taxol®やeleutherobin (6) と同様の微小管に対する作用メカニズムで機能することがわかった[15]。sarcodictyin A (7) も光学活性体の全合成がすでに達成されている[16]。

炭素15個から成るセスキテルペノイドはジテルペノイドに比して，刺胞動物からの単離例は少ないが，2例紹介したい。2,3-Dihydrolinderazulene (8) は沖縄近海産のヤギ (*Acalycigorgia*属) から見出されたアズレン系のセスキテルペノイドであり，P388に対して中程度の活性が報告されている[17]。沖縄近海産イソギンチャクである*Anthopleura pacifica*から見出された anthoplalone

第 2 章 医薬素材および研究用試薬

sinugibberol (1)

(2)

stolonidiol (3)

claenone (4)

exacavatolide C (5)

eleutherobin (6)

sarcodictyin A (7)

2.3-dihydrolinderazulene (8)

anthoplalone (9)

(9) は，シクロプロピルアルデヒド基が存在する珍しい構造を持っている[18]。化合物9は B-16 メラノーマ細胞に弱い細胞毒性を示した。この化合物は後に全合成が報告されている[19]。

5.2.2 ステロイド

　ステロイドもテルペノイドと同様に刺胞動物から多数見出されている。化合物10はスペイン近海産のヤギ*Leptogorgia sarmentosa*から単離されたコレスタン (cholestane) 骨格のステロイドである[20]。この化合物は P388 および A-549 に対していずれも ED_{50} 1μg/mL の細胞毒性を示した。スペイン近海産のヤギ*Eunicella verrucosa*から単離されたvercoside (11) はプレグナン (pregnane) 骨格を持つステロイド配糖体で，P388 (IC_{50} 5.9μg/mL)，A-549 (IC_{50} 7.2μg/mL)，HT-29 (IC_{50} 6.3μg/mL) に対して細胞毒性を示した[21]。化合物12は沖縄近海産ヤギ*Isis hippuris*から見出されたステロイドで，側鎖にシクロプロピル基が存在する海洋生物に特有なゴルゴスタン (gorgostane) 骨格を持っている[22]。このステロイドは複数の抗癌剤に対して耐性を獲得したいわゆる多剤耐性癌細胞の耐性機能の抑制に効果があることがわかった。すなわち多剤耐性癌細胞 KB C2 に対して1μg/mLの濃度では62％抑制し，3μg/mLの濃度では88％抑制した。

vercoside (11)

5.2.3 プロスタノイド

ソフトコーラルおよびヤギのいくつかの種にはプロスタノイドが含有されている。とりわけ沖縄近海産ソフトコーラル*Clavularia viridis*からは酸化段階の高いclavulone[23]（claviridenone）[24]やハロゲン原子が結合した chlorovulone[25] などのプロスタノイドが50種以上見出され注目されている。これらのプロスタノイドの多くは腫瘍細胞増殖抑制作用あるいは抗腫瘍作用を示している。*C. viridis*から見出されたプロスタノイドをいくつか紹介する。

10,11-Epoxychlorovulone Ⅰ (13) は含塩素プロスタノイドであるchlorovulone Ⅰがエポキシ化された構造を持ち, ヒト前骨髄性白血病細胞HL-60に対して0.04 μg/mLの濃度で強く増殖を抑制した[26]。化合物14はヨウ素原子が結合したiodovulone Ⅰ[27] に酢酸が付加した構造でMOLT-4 (IC_{50} 0.52 μg/mL) および DLD (IC_{50} 0.6 μg/mL) に細胞毒性を示した[28]。側鎖（α鎖）が5炭素分欠落したユニークな構造を持つ clavirin Ⅰ (15) はヒト子宮癌細胞 HeLa S3 に 1 μg/mL の濃

10,11-epoxychlorovuline Ⅰ (13)　　(14)　　clavirin Ⅰ (15)

clavubicyclone (16)　　tricycloclavulone (17)

度で増殖を抑制した[29]。最近になって，*C. viridis*から特異な構造を持つ2種のプロスタノイド関連化合物が見出された。Clavubicyclone（16）はビシクロ［3.2.1］オクタン骨格を持つ化合物で，側鎖の構造がclavuloneと類似しているため，その関連化合物と推定されるが生合成経路はわかっていない[30]。化合物16は乳癌細胞 MCF-7（IC_{50} 2.7μg/mL）および卵巣癌細胞OVCAR-3（IC_{50} 4.5μg/mL）に中程度の強さの増殖抑制作用を示した。Tricycloclavulone（17）は5員環-5員環-4員環が融合した特異な環構造を持っているが，2つの側鎖をみるとこれもclavuloneに由来する化合物であることがわかる。微量であったため生物活性は検定されていないが，光学活性体の全合成が達成されているので[31]，今後の活性の検討に期待がもたれる。

5.2.4 その他の化合物

長鎖アセチレンアルコール部分を持つエーテルカルボン酸18はオーストラリア近海産の石サンゴ*Montipora digitata*の卵から単離され，P388に対する細胞毒性（IC_{50} 5.0μg/mL）と，大腸菌*Escherichia coli*に対する抗菌作用が報告されている[32]。この化合物も全合成が達成されている[33]。四国近海産の*Sinularia*属ソフトコーラルから見出された sinulamide（19）は刺胞動物には比較的希なポリアミン構造を持っている[34]。この化合物はマウス白血病細胞 L1210（IC_{50} 3.1μg/mL）およびP388（IC_{50} 4.5μg/mL）に対して細胞毒性を示し，加えて H,K-ATPase の作用を IC_{50} 5.5μM/mL の濃度で阻害する活性を示した。ニューカレドニア近海産のウミエラ*Lituaria australasiae*から単離された lituarine A（20）は，大員環マクロリドを含む特異な構造を持っている[35]。この化合物は KB 細胞に対して強い細胞毒性を示した（IC_{50} 3.7〜5.0×10^{-3} μg/mL）。

5.3 抗菌物質，抗ウイルス物質，抗 HIV 物質

ヤギの一種*Pseudopterogorgia elisabethae*は特異な構造と顕著な生物活性を持つ化合物を含有することから注目されている。Erogorgiaene (21) は西インド諸島近海産の*P. elisabethae*から単離されたセルラタン (serrulatane) 骨格をもつジテルペノイドである[36]。21は結核菌*Mycobacterium tuberculosis*の増殖を12.5μg/mLの濃度で抑制する強い抗菌作用を示した。Pseudopteroxazole (22) も同種のヤギから見出されたジテルペノイドで、オキサゾール環が融合した3環性のアンフィレクタン (amphilectane) 骨格を持っている[37]。この化合物も21と同様に *M. tuberculosis* の増殖抑制を示した。Elisapterosin B (23) は4環性のエリザプテラン (elisapterane) 骨格を持つ複雑な構造のジテルペノイドであるが、これもカリブ海産のヤギ*P. elisabethae*から見出されている[38]。この化合物も*M. tuberculosis*に対して強い増殖抑制作用 (12.5μg/mL) を示した。

ジメチルアミノ基が付加したセンブラン型ジテルペノイド24は、フィリピン近海産*Lobophytum*属ソフトコーラルから見出された抗HIV化合物である[39]。その活性は EC_{50} 3.3μg/mLで中程度の強さであった。ステロイドにも抗ウイルス作用や抗菌作用を持つものが見出されている。Calicoferol D (25) は韓国近海産*Muricella*属ヤギから見出されたステロイドで、B 環が切断されている[40]。25はⅠとⅡ型のヘルペスウイルス (HSV) をEC_{50} 1.2μg/mLの濃度で抑制した。化合物26はカリブ海産ヤギ*Eunicea succinea*から単離された分枝状の不飽和脂肪酸である[41]。黄色ブドウ球菌*Staphylococcus aureus* (MIC 0.24μM/mL) などのグラム陽性菌に抗菌活性を示している。

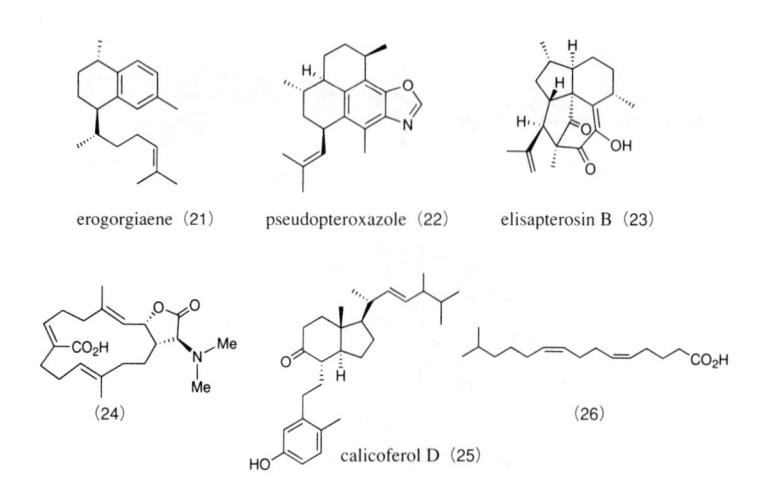

erogorgiaene (21)

pseudopteroxazole (22)

elisapterosin B (23)

(24)

calicoferol D (25)

(26)

第2章 医薬素材および研究用試薬

5.4 骨粗鬆症改善物質，摂食阻害物質，魚毒物質，抗炎症物質

　Norzoanthamine（27）は奄美大島近海産の*Zoanthus*属スナギンチャク（イソギンチャクの一種）から見出されたアルカロイドである[42, 43]。その複雑な7環性の構造が注目を集め，さらにその生物活性にも大きな関心が寄せられている。すなわち，27はマウスの骨密度や骨重量の低下を阻止する作用を示し，骨粗鬆症の治療に有力な化合物として期待されている。天然物質として得られる量が少ないので，合成法の開発が望まれていた。しかしその複雑な構造のゆえに合成がはばまれていたが，最近その全合成が達成された[44]。

　刺胞動物には魚などの捕食生物に対する物理的な防御手段を持っていないものもいる。それゆえこれらの生物は化学物質をその防御手段として（摂食阻害物質，魚毒物質）利用していると考えられている。このような化学物質の例をいくつか紹介する。Corydendramine A（28）はノースカロライナ近海のヒドロ虫*Corydendrium parasiticum*から単離された摂食阻害性アルカロイドである[45]。ヒドロ虫は通常イソギンチャクと同様に毒物質を発射する刺胞を持ち外敵からの攻撃を防いでいるが，*C. parasiticum*はこのような刺胞を持っていない。この化合物はpin fishの摂食を阻害した。Tridentatol A（29）も大西洋産のヒドロ虫*Tridentata marginata*から見出された摂食阻害性化合物である[46]。このヒドロ虫はホンダワラなどの褐藻が繁茂する海域に生息するが，この褐藻域に生息するヒドロ虫の中で唯一捕食されない種であった。この点に着目して単離された化合物が29である。Deoxyxeniolide B（30）は宮崎近海産ソフトコーラル*Xenia elongata*から

norzoanthamine（27）

corydendramine A（28）

tridentatol A（29）

deoxyxeniolide B（30）　　briareolide A（31）　　pseudopterosin A（32）

単離されたゼニカン（xenicane）骨格を持つジテルペノイドである[47]。30はヒメダカに対してLC$_{100}$ 15ppmの濃度で魚毒作用を示した。プエルトリコ近海産の*Briareum*属ヤギから見出されたブリアラン型ジテルペノイド briareolide A（31）は，マウスの耳に起こした炎症を50μg/earの濃度で71％回復させる抗炎症作用を示した[48]。また，前述したカリブ海産ヤギ*P. elisabethae*から多くのジテルペノイドpseudopterosin類が得られており，それらのうちpseudopterosin A-C（A：32）は白血球からのロイコトリエンB$_2$遊離を抑えて抗炎症作用を示す[49]。この誘導体が臨床試験に入っているばかりでなく，pseudopterosin A-C混合物がスキンケアクリームに応用されている。

文　献

1) J. W. Blunt et al., *Nat. Prod. Rep.*, **21**, 1 (2004)
2) C.-H. Duh et al., *J. Nat. Prod.*, **58**, 1126 (1995)
3) K. Iguchi et al., *J. Nat. Prod.*, **63**, 1647 (2000)
4) Y. Yamada et al., *Tetrahedron Lett.*, **28**, 5673 (1987)
5) Y. Yamada et al., *Chem. Pharm. Bull.*, **36**, 2840 (1988)
6) Y. Yamada et al., *J. Nat. Prod.*, **63**, 433 (2000)
7) Y. Yamada et al., *Tetrahedron Lett.*, **42**, 9233 (2001)
8) Y. Yamada et al., *Tetrahedron*, **59**, 61 (2003)
9) J.-H. Sheu et al., *J. Nat. Prod.*, **61**, 602 (1998)
10) W. Fenical et al., *J. Am. Chem. Soc.*, **119**, 8744 (1997)
11) B. H. Long et al., *Cancer Res.*, **58**, 1111 (1998)
12) I. Ojima et al., *Proc. Nat. Acad. Sci. USA*, **96**, 4256 (1999)
13) S. J. Danishefsky et al., *J. Am. Chem. Soc.*, **121**, 6563 (1999)
14) F. Pietra et al., *Helv. Chim. Acta*, **70**, 2019 (1987)
15) M. Ciomei et al., *Proc. Am. Ass. Cancer Res.*, **38**, 5 (1997)
16) K. C. Nicolaou et al., *J. Am. Chem. Soc.*, **120**, 8661 (1998)
17) T. Higa et al., *Experientia*, **43**, 624 (1987)
18) H. Kakisawa et al., *Tetrahedron Lett.*, **31**, 2617 (1990)
19) S. Hanessian et al., *J. Org. Chem.*, **64**, 4893 (1999)
20) J. Salva et al., *Steroids*, **65**, 85 (2000)
21) Y. Kashman et al., *J. Nat. Prod.*, **54**, 1651 (1991)
22) T. Higa et al., *Tetrahedron*, **58**, 6259 (2002)
23) Y. Yamada et al., *Tetrahedron Lett.*, **23**, 5171 (1982)

24) I. Kitagawa *et al.*, *Tetrahedron Lett.*, **23**, 5331 (1982)
25) K. Iguchi *et al.*, *Tetrahedron Lett.*, **26**, 5787 (1985)
26) K. Iguchi *et al.*, *Chem. Pharm. Bull.*, **35**, 4375 (1987)
27) K. Iguchi *et al.*, *Chem. Commun.*, 981 (1986)
28) K. Iguchi *et al.*, *J. Nat. Prod.*, **64**, 1421 (2001)
29) K. Iguchi *et al.*, *Tetrahedron Lett.*, **40**, 6455 (1999)
30) K. Iguchi *et al.*, *J. Org. Chem.*, **67**, 2977 (2002)
31) H. Ito *et al.*, *J. Am. Chem. Soc.*, **126**, 4520 (2004)
32) N. Fusetani *et al.*, *J. Nat. Prod.*, **59**, 796 (1996)
33) H. A. Stefani *et al.*, *Tetrahedron Lett.*, **40**, 9215 (1999)
34) N. Fusetani *et al.*, *Tetrahedron Lett.*, **40**, 719 (1999)
35) J.-P. Vidal *et al.*, *J. Org. Chem.*, **57**, 5857 (1992)
36) A. D. Rodriguez *et al.*, *J. Nat. Prod.*, **64**, 100 (2001)
37) A. D. Rodriguez *et al.*, *Org. Lett.*, **1**, 527 (1999)
38) A. D. Rodriguez *et al.*, *J. Org Chem.*, **65**, 1390 (2000)
39) M. R. Boyd *et al.*, *J. Nat. Prod.*, **63**, 531 (2000)
40) J. Sin *et al.*, *J. Nat. Prod.*, **58**, 1291 (1995)
41) N. M. Carballeira *et al.*, *J. Nat. Prod.*, **60**, 502 (1997)
42) D. Uemura *et al.*, *Heterocyclic. Commun.*, **1**, 207 (1995)
43) D. Uemura *et al.*, *Tetrahedron Lett.*, **38**, 5683 (1997)
44) M. Miyashita *et al.*, *Science*, **305**, 495 (2004)
45) N. Lindquist *et al.*, *J. Nat. Prod.*, **63**, 1290 (2000)
46) N. Lindquist *et al.*, *Tetrahedron Lett.*, **37**, 9131 (1996)
47) R. Higuchi *et al.*, *J. Nat. Prod.*, **58**, 924 (1995)
48) F. J. Schmitz *et al.*, *J. Org. Chem.*, **56**, 2344 (1991)
49) W. Fenical *et al.*, *J. Org. Chem.*, **51**, 5140 (1986)

6 ペプチド毒およびタンパク毒

永井宏史*

6.1 はじめに

「腔腸動物」は別名「刺胞動物」とも呼ばれる。この名前は，腔腸動物はすべてが「刺胞」という極めて特殊な器官を持つことに由来する。この「刺胞」は，ミニコラーゲンと糖タンパク質からなる頑丈な膜に毒液と長い毒針（刺糸）がコンパクトに包まれてできた球状や楕円球状の形態をした器官である（写真1，2）。各生物とも複数の種類の刺胞を持つのが普通である。刺胞の大きさは長さが数マイクロメートルから1ミリメートル程度で多岐にわたるが，数十マイクロメートルのものが多い。

刺胞の本来の役割は餌となる生物や外敵が接近したときに，相手に毒を注入して餌をとったり自分の身を守るために使用することである。刺胞動物は，サンゴ類やイソギンチャク類からなる花虫綱，ミズクラゲ *Aurelia aurita* やアカクラゲ *Chrysaora melanaster* など典型的なクラゲ類からなる鉢虫綱，ハブクラゲ *Chiropsalmus quadrigatus* など強い毒性をもつクラゲ類からなる立方クラゲ綱，ヒドラ類やカツオノエボシ *Physalia physalis* などからなるヒドロ虫綱の4つの綱によって構成される。これら幅広い生物群を合計すると約1万種にもなるが，この刺胞動物群のすべてがこの刺胞を有している。つまりすべての刺胞動物は毒素を有しているのである。しかし，このうち人間に対して有毒・有害と見なされている刺胞動物は，今のところ約数十種にすぎない。

この刺胞動物の中には刺傷によって人を殺すほど強い毒性を持っている種類もいくつかある。一番有名なものはオーストラリアのグレートバリアリーフ近辺に生息する立方クラゲのキロネックス *Chironex fleckeri* であろう。本種はいままでに60件以上の死亡事例を引き起こしており，現

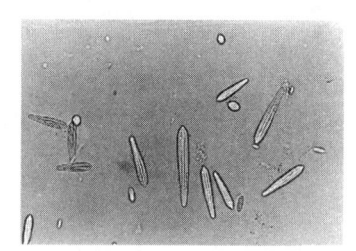

写真1　ハブクラゲの刺胞（発射前）
複数の種類の刺胞が認められる。
刺胞内に刺糸がコイル状に収まっている。

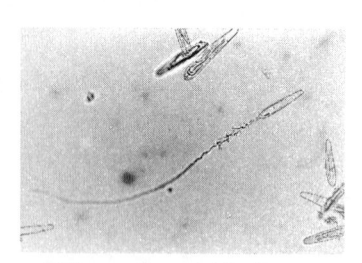

写真2　ハブクラゲの刺胞（発射後）
長い刺糸を発射し，刺胞内が空洞になっている。

---

*　Hiroshi Nagai　東京海洋大学　海洋科学部　助教授

第 2 章　医薬素材および研究試薬

地ではサメよりも危険といわれている[1]。また，同じく立方クラゲの一種である日本の沖縄沿岸に生息するハブクラゲも多数の刺傷被害を出し，今までに3件の死亡事例が公式に報告されている[2,3]。この他，ヒドロ虫綱に属するカツオノエボシによる死亡例も報告されている[1]。イソギンチャクに目を向けると沖縄やフィリピンに生息するウンバチイソギンチャク類の刺傷による腎障害を含む全身症状を引き起こした重体事例の報告がある[4]。

　ここでは，これら刺胞動物のペプチドおよびタンパク質毒素に関する最近の知見を紹介するとともに，それらの有効利用に関して考察する。なおここでは，ペプチドは分子量1万より小さい分子，タンパク質は1万以上の分子とする。

6.2 これまでのペプチド・タンパク質毒素研究の概略

　長年にわたる数多くの有害刺胞動物由来の毒素研究において，人に刺傷被害を引き起こす原因毒素はタンパク様物質であることが示されてきた[5]。しかし，これら刺胞動物のペプチド・タンパク性毒素のうちでその化学的性状が明らかにされたのはイソギンチャク類から得られた分子量約2万前後のタンパク質毒素群（アクチノポーリン・ファミリー）と分子量数千のさまざまなペプチド毒素群のみである[6~8]。ところが，これらのペプチド・タンパク質毒素は人間に対する刺傷被害の原因物質本体とは考えられない。というのは，これら明らかにされたペプチド・タンパク質毒素のほとんどが人間に対して無毒もしくは弱毒とされる刺胞動物から得られているためである。つまり，大半の有害とされる刺胞動物の主要毒素の化学的性状が不明であった。これは刺胞動物の主要な毒素である高分子タンパク質毒素が極めて不安定で，活性を保持したままの単離が難しいことに主に起因していた。そのような状況のもと筆者らは，立方クラゲ類の主要毒素の化学的性状の解明を目指して研究を行った。

6.3 有害立方クラゲ類のタンパク質毒素

　アンドンクラゲ *Carybdea rastoni* は，カツオノエボシとともに日本沿岸において刺傷被害をもたらす代表的なクラゲである。症状としては，患部の痛みや炎症などがあげられるが，今まで致死的な刺傷例はない。以前の研究例でも，アンドンクラゲ毒素の単離はその毒素の不安定さから化学的性状の特定まで至らなかった[9]。筆者らの研究においてもアンドンクラゲの毒素は非常に不安定であった。その毒素の単離には試行錯誤を繰り返しながら活性を保持したままの毒素単離法の開発に成功した。単離・精製法を様々な条件のもとで検討した結果，アンドンクラゲの有するタンパク質毒素は高塩濃度下で扱うと比較的安定なこと，凍結・溶融によって活性を失いやすいこと，膜やガラスに変性を伴う吸着をしやすいことなどを見出した。そして，新しい単離・精製法によってCrTX-AとCrTX-Bと名付けたそれぞれ分子量 43 kDa，45 kDaの2つのタンパク

海洋生物成分の利用

質毒素の単離に成功した。また，CrTX-Aのみが実際の刺傷被害を引き起こす器官である刺胞に局在していることを明らかにした。そこで，CrTX-Aをマウスの皮膚下に少量投与したところ，人間に対する刺傷被害と同様の病理学的症状を示した。これよりCrTX-Aがアンドンクラゲ刺傷被害の際に炎症を引き起こす原因毒であることが判明した。また，分子生物学的手法を用いてこれら毒素をコードする遺伝子の全塩基配列とそれに対応する全アミノ酸一次配列を解明した。これは，長年のあいだ謎であったクラゲ主要毒素の化学的性状を明らかにした最初の例である[10]。

さらにハワイなど熱帯，亜熱帯で刺傷被害の多いことで知られる *Carybdea alata*（アンドンクラゲの近縁種）と，日本では沖縄地域に生息し死亡例を引き起こすほどの猛毒で知られるハブクラゲの2種類の立方クラゲの毒素について研究を行った。これらの毒素は，アンドンクラゲ毒素を単離したときに開発した毒素精製法を用いることによって単離することができた。そして，ハブクラゲ毒素の単離の場合には，抽出対象を触手全体とするのではなく，触手から刺胞のみを単離して，この刺胞から粗毒素溶液を抽出することで相当量の不純物混入を防ぐことができ，後の精製をさらに容易なものとすることができた。アンドンクラゲに続いてこれら2種の立方クラゲの持つタンパク質毒素についてもその化学的性状を明らかにした[11, 12]。

図1に示すようにアンドンクラゲ[10]，*C. alata*[11]，ハブクラゲ[12]の3種類の立方クラゲの主要毒素のアミノ酸一次配列は相同性を有していた。しかし，これらは今までの既知のタンパク質とはまったく相同性を示さなかった。つまり，立方クラゲの毒素の研究で，我々は新奇な生理活性タンパク質ファミリーの一群を見出したことになる。これらの毒素の興味深い点は，表1に示すよう

```
CqTX-A    1 ------MANMLYFSL-LALLFMTGIAS-E-GTISSGLASLKAKIDAKRPSGKQLFDKVANMQKQIEEKFSNDDERAKVMGAI-GSLSTAV    80
CrTXs     1 MILKH-LPW-LFIVL--AITS-AKHG--KKDVNSLLTKVETALKE-A-SGSNEAAL-EALEGLKGEIQTKPD.VKGQATKILGSVGSAL     79
CaTX-A    1 MSRGYSLHLVLFLVLSTAFQSQARLSRYRRSAADAVSTDIDGIIGQLNDLGTDTKQLKEALQGVQEAVKKEPATTISKVSTIVGSVGGSL    90

CqTX-A   81 GKFQSGDPAKIASGCLDLVGISSVLKD-FA-KFSPIFSILSMVVGLFSGTKAEESVGSVVKKVVQEQSDQELQEALYGVKREYAVSKAF   168
CrTXs    80 GKLNSGDATKIISGCLDIVAGIATTFGGPVGMGIGAVASFVSSILSLFTGSSAKNSVAAVIDRALSKHRDEAIQRHAAGAKRDFAESSAF   169
CaTX-A   91 GKFKSGDPFDVASGCLDIIASVATTFGGPYGIAIGAVASLISSILSLFSGNSMGSAIKQVIDDAFKKVRDQELEDNVKGAKRTFNAVITF   180

CqTX-A  169 LDGVRNETSDLSPTEVSALGANVPVYQGVRFIAMVVQRIKNRKPRTESEI-KRVLSMLELVTDLCSLRDLILLDLYQLVATPGHSPNIAS   257
CrTXs   170 -IQVMKQQSNLTDSDLSIIAANVPVYKFSNFIGQLESRISQGAATTSLSDAKRAVDFILLYCQLVVMRETLLVDLAILYRK-GNA-EHVA   256
CaTX-A  181 VNSVSK-TENLTEVHLDSVRDAVRVDAPTNMLGVLESRINRGSVSTDNNEAMRTINPIFLYLQLSVMRETLLTQVILLYKRAGGAYDELA   269

CqTX-A  258 GIKKVSNLGREEYKKVFEDLLKTNDKETYLFLSYLYPRERNEQSQKIFKFFDLMKVKYDDRLKQDLTGYQVFSSLHWPNYFLCS-S-KDY   345
CrTXs   257 SAVENANRVNKELAADTLDFLHKLIPEQALIGAVYHPISASETSKAILNYTYKYFGVPDVPR-PIGNRRY-KFTNSYWNTYSICSEAYMGN   344
CaTX-A  270 LSLSLTSDQNKEATRETVTPLHQMETKYSLCGSYYYPIDHSKAAIGILKLTKFPGVPDPARYTFDGFYY-RMQNRAWNRYSICKESYAGN   358

CqTX-A  346 LALI-C-TKPYGSLRLDKLNDGFYSIKTTQSNPKVCHRYGE-YILFTHDRND-DLEKFNFVFVKLGERKIYLLSKSASPNKFAYVPKTAK   431
CrTXs   345 YMFRGCSNVRNPNIRVSKMSDGFYTMENSDRRKLYITKHDQGWGWGTLDEDPGDQGHMRFIPLRHG--K-YMVSSKRWPNWPMYMESSAS   431
CaTX-A  359 HMFRGCKDSSYHGIRIKKLENGYHTI-TLRSKAMYVTKHAQGWGWGTADEDPGEQGYFTFIPLTNG---YMVSTKKWPDYFVYMESSAH   444

CqTX-A  432 GDLFFVDGIPSQLGYGNQGYFTLATDENEQT                                                             462
CrTXs   432 G---YIRSWENN-F-GPQGHWSIT-                                                                    450
CaTX-A  445 G---YIRSWHYN-F-GPQGQWNKIL-------                                                             463
```

図1 立方クラゲ類の主要毒素のアミノ酸一次配列相同性比較
CqTX-A（ハブクラゲ），CrTXs（アンドンクラゲ），CaTX-A（*Carybdea alata*）。アミノ酸は一文字表記法で記されている。より良い相同性を見出すためにギャップが挿入されている。同一のアミノ酸が四角で囲まれている。

第2章 医薬素材および研究試薬

表1 立方クラゲから単離された主要毒素の生物活性

毒素（クラゲの種類）	ヒツジ赤血球に対する溶血活性（EC_{50}値）	アメリカザリガニに対する致死活性（LD_{50}値，腹腔内投与）
CqTX - A（ハブクラゲ）	160 ng/ml	80 µg/kg
CrTX - A（アンドンクラゲ）	2 ng/ml	5 µg/kg
CaTX - A（*C.alata*）	70 ng/ml	5～25 µg/kg

に，致死性であり最も強毒として恐れられているハブクラゲ毒素の毒性がアンドンクラゲや *C. alata* のそれと比較して弱いことであった[12]。この理由として考えられることは，ハブクラゲは他の2つに比べ非常に大きく，触手の本数が7～8倍ある上にそれぞれが太く，長いことである。つまり，1回の刺傷被害時に注入する毒量が他の2つと比較にならないほど大量であることが，ハブクラゲの刺傷被害が激烈になる原因ではないかと推測している。

6.4 有毒イソギンチャクのタンパク質毒素

ウンバチイソギンチャク *Phyllodiscus semoni* およびフサウンバチイソギンチャク *Actineria villosa* は，カザリイソギンチャク科（*Aliciidae*）に属す。沖縄地方では，両種はサンゴ礁域の浅瀬である礁池（イノー）で見られ，通常は死んだサンゴなどに付着して生息している。また，両種はともに極めて激しい刺傷被害をもたらすことで知られている。そこで，奄美群島の徳之島の漁師のあいだでは「海蜂」と書いて「ウンバチ」と呼ばれていたことにこれらの和名は由来している。両種による刺傷被害の症状は患部の激痛や炎症，さらにときとして腎障害を含む臓器疾患などの全身症状を伴う激しいものであることが知られている[4]。そして，沖縄ではほぼ毎年これらのイソギンチャクによる刺傷被害例が公式に報告されている[3]。

ウンバチイソギンチャクおよびフサウンバチイソギンチャク両種の粗毒抽出液についてスジエビ *Palaemon paucidens* に対する致死活性およびヒツジ赤血球に対する溶血活性を指標として陽イオン交換，ゲルろ過の各HPLCを用いて精製を行った。そして，ウンバチイソギンチャクからは分子量約20 kDaの毒素PsTX-20Aおよび2つの約60 kDaの毒素PsTX-60AおよびPsTX-60Bの計3つのタンパク質毒素を単離した[13,14]。フサウンバチイソギンチャクからはAvTX-20A（約20 kDa）およびAvTX-60A（約60 kDa）と名付けた2種類のタンパク質毒素を単離した[15]。

ウンバチイソギンチャクから単離したPsTX-20Aについて全長cDNA塩基配列，およびそれによってコードされる全アミノ酸一次配列を決定した[13]。アミノ酸一次配列について相同性検索を行ったところ，PsTX-20Aはいくつかのイソギンチャクから報告されている細胞溶解性ポリペプチド群であるアクチノポーリン・ファミリー[6]と相同性を示す新しいポリペプチド毒素であることが判明した（図2）[13]。フサウンバチイソギンチャクから得られたAvTX-20Aも，その精製

```
Echotoxin 2    AGGTIIATLSKIPLSTLASALNTALETGASVASAAAATSSDYSVTCVIEVENWTKHLMK      60
PsTX-20A       SAAVAGAVIAGGEL--ALKILTKILDEIGKIDRKIAIGVDNE-S-----G-LKWT-ALNT    50
Equinatoxin II SADVAGAVIDGASL--SFDILKTVLEALGNVKRKIAVGVDNE-S-----G-KTWT-ALNT    50
HMG III        SAALAGTIIEGASL--GFQILDKVLGELGKVSRKIAVGVDNE-S-----G-GSWT-ALNA    50
Sticholysin 1  S-ELAGTIIDGASL--TFEVLDKVLGELGKVSRKIAVGIDNE-S-----G-GTWT-ALNA    49

Echotoxin 2    YPVVQIANSGGLLTVAKNVLPAEIQSFAMRKAWGANGVYGTVSWVLGQTNRRVVIMWSAP    120
PsTX-20A       Y--YKSGASDVTLPYEVENSKALLYTARKSKGPVARGAVGVLAYKMS-SGNTLAVMFSVP   107
Equinatoxin II Y--FRSGTSDIVLPHKVPHGKALLYNGQKDRGPVATGAVGVLAYLMS-DGNTLAVLFSVP   107
HMG III        Y--FRSGTTDVILPEFVPNQKALLYSGRKDTGPVATGAVAAFAYYMS-NGHTLGVMFSVP   107
Sticholysin 1  Y--FRSGTTDVILPEVVPNTKALLYSGRKSSGPVATGAVAAFAYYMS-NGNTLGVMFSVP   106

Echotoxin 2    YNFDFYSNWLAVGMSRPGLAVPSSRSTWFDLMYYGNSNADISFCTRRILPTVSTQSISRT   180
PsTX-20A       FDYNLYTNWWNVKIY-DG-EKKADEKM-Y-NELYNNNPIK--PSIWEKRDLGQDGLKLR   161
Equinatoxin II YDYNWYSNWWNVRIY-KG-KRRADQRM-Y-EELYYNLSPFRGD-NGWHTRNLG-YGLKSR  161
HMG III        FDYNFYSNWWDVKVY-SG-KRRADQGM-Y-EDMYYG-NPYRGD-NGWHQKNLG-YGLRMK  160
Sticholysin 1  FDYNWYSNWWDVKIY-PG-KRRADQGM-Y-EDMYYG-NPYRGD-NGWYQKNLG-YGLRMK  159

Echotoxin 2    LSGKSEGSMNNIHKARVRATVKPIKTMDLASSILTKLEALAGANGK                226
PsTX-20A       GFMTSNGDAKLVIHIEKS----------------------------                179
Equinatoxin II GFMNSSGHAILEIHVSKA----------------------------                179
HMG III        GIMTSAGEAILQIRISR-----------------------------                177
Sticholysin 1  GIMTSAGEAKMQIKISR-----------------------------                176
```

図2 アクチノポーリン類のアミノ酸一次配列相同性比較
Echotoxin 2 (カコボラ)、PsTX-20A (ウンバチイソギンチャク)、Equinatoxin II (イソギンチャク *Actinia equina*)、HMG III (イソギンチャク *Heteractis magnifica*)、Sticholysin 1 (イソギンチャク *Stichodactyla helianthus*)。それ以外は図1と同様である。

時のカラム上での挙動や分子量，毒性などからアクチノポーリン・ファミリーの仲間であることが示唆された。

なお，最近新しいアクチノポーリン・ファミリーのタンパク質毒素echotoxin 2が，刺胞動物門ではなく，軟体動物巻貝類のカコボラ*Monoplex echo*の唾液腺から得られた（図2）。この毒素は餌の捕食に役立っていると考えられる。これは，アクチノポーリン類が刺胞動物以外に認められた初めての例である[16]。

また，今まで得られたアクチノポーリン・ファミリーはすべて塩基性のタンパク質であったが，最近中国近海産のイソギンチャク*Sagartia rosea*から初めて酸性タンパク質の新規アクチノポーリンが得られた[17]。

ウンバチイソギンチャクの刺胞から単離したPsTX-60Aとフサウンバチイソギンチャクから単離したAvTX-60Aについて全長cDNA塩基配列，およびそれによってコードされる全アミノ酸一次配列（図3）を決定した[14,15]。これらの配列についてタンパク質ドメイン検索を行ったところ，両タンパク質はともにMACPF (membrane-attack complex/perforin；補体複合体・パーフォリン) 様のドメインを持っていた（図3）。これは，今まで生体内免疫系において異物に対して攻撃を加える役割で知られていたMACPFドメインタンパク質が，生体外において毒素として働いていることを示した初めての例である。

第 2 章　医薬素材および研究試薬

```
PsTX-60A  DKETEHIEISAKPSGISRGALGQGFEIHREDLLSKQFEATGEKIFEDLPMDECTVTTTLGTIERDDSFYNSTESLYQSVASSTKISGSLK  90
          ******************************************************************************************
AvTX-60A  DKETEHIEISAKPSGISRGALGQGFEIHREDLLSKQFEATGEKIFEDLPMDECTVTTTLGTIERDDSFYNSTESLYQSVASSTKISGSLK  90

PsTX-60A  GAYTLGVSVAAVTNNIASSEEEVQGLSLNLKAYSMSSILKKNCVNTKPLSKDLVSDFEALDSEITKPWKLSSWKKYKVLLEKYGSRIVKE  180
          ***********************************************************************************.****
AvTX-60A  GAYTLGVSVAAVTNNIASSEEEVQGLSLNLKAYSMSSILKKNCVNTKPLSKDLVSDFEALDSEITKPWKLSSWKKYKVLLEKYGSHIVKE  180

PsTX-60A  SISGSSIYQYVFAKSSQKFNHRSFTVKACVSLAGPFTKVGKLSFSGCTGVSQQEIEQSSSQSMIKKLVVRGGKTETRASLIGELDPDQINK  270
          *********************..*.*****************.*..*.************************************
AvTX-60A  SISGSSIYQYVFAKSNQKFNHRSFTVKACVSLAGPKNASKVGFAGCTGVSQQEIEQSSSQSMIKKLVVRGGKTETRASLIGELDPDQINK  270

PsTX-60A  FLIEAETDPSPIQYKFEPIWTILKTRYVGTEHFPAKAVNLEQFYKGFLHGCSYLHTTSAENKVAEMQKFDFAKTSDPDAPTYVCKVGPEG  360
          *******************************************.****...*..*..*.****************************
AvTX-60A  FLIEAETDPSPIQYKFEPIWTILKNRYVGTEHFAVKAVNLEQFYKGFLHGCSFLHTSNADNADVEIQKFDFAKTSDPDAPTYVCKVGPEG  360

PsTX-60A  CQHHEDCHYRAAFWCECGGPYDLARTCFRHKFKKLKSGLTKKECYPNKESGFAWHGCRLHGLTCWCSAPNRSWEESWSGEDTNNALNDVH  450
          **************************.*.***.***.******************..***.********.*****************
AvTX-60A  CQHHEDCHYRAAFWCECGGPYDLARTCLRYKTEKLNSGSTKRECYPNKESGFAWHGCQLHGLSCWCSAPNKNWEETWSGEDTNNALNDVH  450

PsTX-60A  QVLMEKKRRDNAQQQY  466
          **********.*.
AvTX-60A  QVLMEKKRRDQAK     463
```

図3　PsTX-60AとAvTX-60Aのアミノ酸一次配列相同性比較
PsTX-60A（ウンバチイソギンチャク）、AvTX-60A（フサウンバチイソギンチャク）。アスタリスクは同一のアミノ酸を示している。ドットは似た性質のアミノ酸同士を示している。四角で囲まれている部分がMACPFドメイン領域である。

表2　ウンバチイソギンチャクから得られたタンパク質毒素の生物活性

毒素	ヒツジ赤血球に対する溶血活性（EC_{50}値）	スジエビに対する致死活性（LD_{50}値，腹腔内投与）
PsTX-20A	80 ng/ml	50 μg/kg
PsTX-60A	600 ng/ml	800~900 μg/kg
PsTX-60B	300 ng/ml	800 μg/kg

　ウンバチイソギンチャク刺胞から単離されたタンパク質毒素3種のヒツジ赤血球に対する溶血活性（EC_{50}値）およびスジエビに対する致死毒性（腹腔内投与，LD_{50}値）を調べたところ，溶血活性，致死活性ともにPsTX-20AのほうがPsTX-60AおよびPsTX-60Bよりも比活性が強かった（表2）。しかし，実際には刺胞抽出物中にPsTX-60AとPsTX-60BがPsTX-20Aと比べて圧倒的に大量に存在し，さらに刺胞抽出物の毒性の大半がPsTX-60AおよびPsTX-60Bによって説明できることが明らかとなった[13,14]。これは，フサウンバチイソギンチャク刺胞におけるAvTX-20AとAvTX-60Aの関係においてもまた同様であった[15]。今までPsTX-20Aと相同性を有するアクチノポーリン・ファミリー毒素が得られたイソギンチャク類はみな弱毒性のものであり，ウンバチイソギンチャクの刺傷被害にPsTX-20Aが大きな関与をしているとは考え難い。よって，ウンバチイソギンチャクの場合は，刺胞内に大量に存在するMACPFドメインタンパク質であるPsTX-60AとPsTX-60Bが，フサウンバチイソギンチャクの場合は，AvTX-60Aが激しい刺傷被害を引き起こす活性本体であることが推測された。
　また最近，マラリア原虫自身が生産するMACPFドメインタンパク質を利用して細胞などに孔をあけて入り込み，このタンパク質がマラリア感染に一役買っていることが明らかにされている[18]。

6.5 ヒドラのタンパク質毒素

最近,イスラエルの研究グループによって人体に対して有害ではないと考えられるヒドラの一種 *Chlorohydra viridissima* から,分子量 27 kDa の細胞溶解性および節足動物に対して麻痺性を示すタンパク質毒素ヒドラリシンが単離され,その全長 cDNA 塩基配列およびそれによってコードされる全アミノ酸一次配列が決定された。この毒素は,いくつかの菌類から得られている細胞膜上に孔をあける作用を有するタンパク質毒素群と相同性を有していた。この毒素が特徴的なのは刺胞外に大量に存在することであった。この毒素の存在意義は刺胞によって捕らえた餌をさらに体内で麻痺させ続けるために存在するためではないかと考えられている[19]。

6.6 イソギンチャクのペプチド毒素

近年のイソギンチャク由来のペプチド毒素に関する知見は,塩見らの総説など[7,8]にまとめられているので,ここではそれらに記載されていない最近の本領域の主な進展について記すにとどめる。

以前,カリブ海産イソギンチャク *Bunodosoma granulifera* から単離・構造決定されたナトリウムチャンネルに作用するペプチド毒素 BgⅡ と BgⅢ について,その作用についてさらに検討が加えられ,BgⅡ が昆虫のナトリウムチャンネルを特に強く不活性化することが明らかにされた[20]。

ハタゴイソギンチャク *Stichodactyla gigantea* から甲殻類に対して麻痺毒性を示すペプチド毒素群 gigantoxins Ⅰ-Ⅲ が見出された。この中で gigantoxin Ⅰ は上皮細胞成長因子(EGF)と相同性を有しており,哺乳動物以外から見出された初めての EGF 様生理活性物質であった。gigantoxin Ⅰ は実際に EGF 活性を有していた[21,22]。

フランスの研究グループは,ウメボシイソギンチャク科 *Anthopleura elegantissima* からペプチド毒 APETx1[23] と APETx2[24] を単離してその構造を決めている。APETx1 および APETx2 はイソギンチャクから得られた既知のイオンチャンネル阻害作用を持つ毒素と相同性を有していた。しかし,APETx1 は新しく報告された HERG 型のカリウムチャンネルを特異的に阻害することが示された[23]。また,APETx2 は,最近見出された酸感受性の陽イオンチャンネル ASIC3 の働きを阻害することが明らかとなった[24]。

6.7 ペプチド・タンパク毒の有効利用

猛毒を有する刺胞動物の刺傷は,場合によっては死亡被害をもたらすほど激烈である。また,通常激しい痛みや腫れなどを伴うが,刺傷部位がケロイド状の傷跡として半永久的に残ることもよくある。近年,マリンスポーツの普及などによって一般の人々もこれら危険海洋生物に遭遇する可能性が高くなってきており,これらによる刺傷は公衆衛生上大きな問題である。

第2章 医薬素材および研究試薬

　現在，日本では猛毒を有する刺胞動物の刺傷に対して抗生剤，抗炎症剤，局所麻酔剤などの投与といった対症療法的な治療しか行われていない。今後，刺傷被害に対して特異的かつ効果的な治療を行うためには，刺傷に関与する毒素の化学的性状およびその作用メカニズムを知る必要がある。

　最近，猛毒を有する刺胞動物のいくつかの主要タンパク質毒素が活性を保持したまま単離されそのアミノ酸一次配列が解明されたことは，これからの新治療法開発につながる第一歩となるであろう。つまり，単離されたタンパク質毒素を用いた抗血清の開発，さらに毒素標品を用いた薬理学試験によって毒の作用メカニズムが明らかにされた場合には，毒素の作用点にピンポイントで働く医薬品の開発などが今後の展開として考えられる。

　さらに，立方クラゲやイソギンチャクから得られたタンパク質毒素群などは新しい生理活性タンパク質であり，未知の生体現象を探るプローブとなる生化学試薬として医学，生理学などの領域で今後用いられる可能性もある。実際に，今までに明らかにされてきたイソギンチャク由来のペプチド毒素類でイオンチャンネルに作用するもののいくつかが生化学試薬として販売されている。

　先に記したヒドラのタンパク質毒素ヒドラリシンは，報告されている実験系においては昆虫由来の細胞には毒性を示すが哺乳動物由来の細胞には毒性を示さない[19]。また，昆虫のナトリウムチャンネルを特に強く不活性化するイソギンチャク由来のペプチド毒素のBgⅡについて先に記した[20]。これらの化合物をリード化合物として将来的に哺乳動物には無毒なペプチド・タンパク質性の殺虫剤開発の可能性もある。

　刺胞動物由来の多くのタンパク質毒素は細胞膜上に孔を形成することによって細胞を破壊することが実験で示されている。ところで，1990年代からバクテリアの生産する細胞膜を破壊するタンパク質毒素と患部に対する抗体を結合させてイムノトキシンを作製し，がん組織など患部にイムノトキシンを集中的に集めて，その部分を毒素によって破壊しようという「ミサイル療法」という試みが行われてきた[25]。なお，刺胞動物由来のタンパク質毒素を利用したイムノトキシンががん細胞に対してどのように効力を発揮するかといった基礎研究も行われている[26]。近い将来，この幅広い分野の研究がさらに推進され，猛毒海洋生物から得られた毒素が人類の役に立つ日が来ることが期待される。

文　献

1) P. Fenner, J.A. Williamson, *Med. J. Aust.*, **165**, 658 (1996)
2) 平成10年度海洋危険生物対策事業報告書, 沖縄県衛生環境研究所, p.16 (1999)
3) 岩永節子ほか, 平成14年度海洋危険生物対策事業報告書, 沖縄県衛生環境研究所, p.1 (2003)
4) 大城直雅ほか, 平成11-12年度海洋危険生物対策事業報告書, 沖縄県衛生環境研究所, p.19 (2001)
5) B.W. Halstead, "Poisonous and Venomous Marine Animals of the World", p.99, The Darwin Pressss, Princeton (1988)
6) G. Anderluh, P. Macek, *Toxicon*, **40**, 111 (2002)
7) 塩見一雄, 化学と生物, **35**, 759 (1997)
8) 塩見一雄, 長島裕二, 海洋動物の毒（三訂版）, 成山堂書店, p.178 (2001)
9) 佐藤昭彦, お茶の水医学雑誌, **33**, 131 (1985)
10) H. Nagai *et al.*, *Biochem. Biophys. Res. Commun.*, **275**, 582 (2000)
11) H. Nagai *et al.*, *Biochem. Biophys. Res. Commun.*, **275**, 589 (2000)
12) H. Nagai *et al.*, *Biosci. Biotechnol. Biochem.*, **66**, 97 (2002)
13) H. Nagai *et al.*, *Biosci. Biotechnol. Biochem.*, **66**, 2621 (2002)
14) H. Nagai *et al.*, *Biochem. Biophys. Res. Commun.*, **294**, 760 (2002)
15) N. Oshiro *et al.*, *Toxicon*, **43**, 225 (2004)
16) Y. Kawashima *et al.*, *Toxicon*, **42**, 491 (2003)
17) X. Jiang *et al.*, *Biochem. Biophys. Res. Commun.*, **312**, 562 (2003)
18) K. Kadota *et al.*, *Proc. Natl. Acad. Sci. USA*, **101**, 16310 (2004)
19) M. Zhang *et al.*, *Biochemistry*, **42**, 8939 (2003)
20) F. Bosmans *et al.*, *FEBS Lett.*, **532**, 131 (2002)
21) K. Shiomi *et al.*, *Toxicon*, **41**, 229 (2003)
22) T. Honma *et al.*, *Biochim. Biophys. Acta*, **1652**, 103 (2003)
23) S. Diochot *et al.*, *Mol. Pharmacol.*, **64**, 59 (2003)
24) S. Diochot *et al.*, *EMBO J.*, **23**, 1516 (2004)
25) 桜井純ほか, 細菌毒素ハンドブック, サイエンスフォーラム, 東京, p.17 (2002)
26) M. Tejuca *et al.*, *Int. Immunopharmacol.*, **4**, 731 (2004)

7 軟体動物

木越英夫[*1], 末永聖武[*2]

7.1 軟体動物の抗腫瘍性物質

現在日本人の死因第一位はがんであり、がん克服は現代の最重要課題の一つである。そのため優れた抗がん剤が求められており、そのリード化合物を天然有機化合物に求める研究が盛んに行われている。特に、生息環境や生態系が陸上生物とは大きく異なる海洋生物からは多くの特異な抗腫瘍性物質が単離されている。海洋生物由来の物質は化学構造が複雑で、生物からの収量が少ないために医薬品開発が遅れているが、最近になって臨床試験に入った物質が増えつつある。ここでは、軟体動物由来の抗腫瘍性物質を取り上げる。

7.1.1 海洋動物タツナミガイ Dolabella auricularia 由来の抗腫瘍性物質

タツナミガイ Dolabella auricularia は、軟体動物門、貝殻亜門、腹足網、後鰓亜網、無楯目、アメフラシ科に属し、わが国では相模湾以南の海域に生息する。タツナミガイは分類上、巻貝の仲間に属するにもかかわらず、体を保護する硬い貝殻を持たないことから、外敵から身を守るための特殊な化学防御機構が発達していると考えられており、特異な防御物質の存在が予想されている。このような観点からタツナミガイの生物活性物質の探索が活発に行われ、オリゴペプチド／デプシペプチドをはじめ多種多様な生物活性物質が発見されている[1,2]。このうちの数種の物質は優れた抗腫瘍性を示し、抗がん剤あるいはそのリード化合物として有望である。

(1) ドラスタチン10 (dolastatin 10)

ドラスタチン10 (1) はインド洋産のタツナミガイから米国のPettitらによって発見された化合物であり、異常アミノ酸を含む5つのアミノ酸からなる直鎖状のペプチドである[3]。異常アミノ酸を含むため、機器分析で立体構造を決めることは難しかったが、単離したPettitらによってドラスタチン10の合成が達成され、絶対立体構造が確定された[4]。その後、名古屋市立大学の塩入ら、東京大学の古賀らによる合成も報告されている[5]。ドラスタチン10は腫瘍細胞に対して非常に強い細胞毒性を持ち、さらに顕著な抗腫瘍性 (P388白血病マウスに対する延命率T/C 155%、投与量 6.5 μg/kg/day) を示すことから抗がん剤として注目された。作用機構は細胞の有糸分裂を司るタンパク質、チューブリンの重合阻害である。海洋生物由来の化合物は構造が複雑で含有量が微量であることが多く、医薬品開発においては試料の量的供給がしばしば障害となる。しかし、ドラスタチン10の場合、化学合成による量的な供給が可能であり、抗がん剤開発が進んでおり、現在臨床試験（第二相試験）が実施されている。今後治療薬となった場合、合成によって供給さ

[*1] Hideo Kigoshi 筑波大学 大学院数理物質科学研究科 教授
[*2] Kiyotake Suenaga 筑波大学 大学院数理物質科学研究科 講師

れるであろう。なお，ドラスタチン10は最近パラオで採集されたシアノバクテリア *Symploca* sp. から単離されたことから[6]，餌のシアノバクテリア由来であると推定されている。

ドラスタチン10の構造-活性相関は活発に研究されており，多くの人工誘導体が合成された。その中には有望な抗腫瘍性を示し，抗がん剤開発が進められているものもある。合成誘導体TZT-1027(2)[7]もその中の一つであり，現在臨床試験（第一相試験）が行われている。

(2) ドラスタチンHおよびイソドラスタチンH

ドラスタチンH(3) およびイソドラスタチンH(4) は日本産のタツナミガイから名古屋大学の山田らによって発見された[8]。化学構造はドラスタチン10に良く類似しているが，C末端側に3-フェニル-1,2-プロパンジオールがエステル結合しているのが特徴である。いずれもごく微量成分であったが，単離した山田らによって合成が達成され，絶対立体構造が確定された。ドラスタチンHおよびイソドラスタチンHはいずれも腫瘍細胞に対して強力な細胞毒性を示す。イソド

dolastatin 10 (1)

TZT-1027 (2)

dolastatin H (3)

isodolastatin H (4)

第2章 医薬素材および研究用試薬

ラスタチンHはドラスタチン10に比べると弱いものの抗腫瘍性（P388白血病マウスに対する延命率 T/C 141%，投与量 6 mg/kg/day）を示すが，ドラスタチンHは有意な抗腫瘍性を示さない。

(3) ドリキュライド（doliculide）

ドリキュライド（5）は日本産タツナミガイから名古屋大学の山田らによって単離された，ヨードチロシンやポリケチド鎖を含む環状デプシペプチドである。機器分析によって平面構造が決定され，立体構造は分解反応，キラルHPLC分析，有機合成化学的手法を組み合わせて決定された[9]。さらに，同グループによって化学合成が達成された[10]。ドリキュライド（5）はHeLa S_3腫瘍細胞に対して強い細胞毒性（50%増殖阻害濃度IC_{50} 0.005 μg/mL）を示し，さらにドリキュライドリン酸エステル（6）はヌードマウスを用いたxenograft系において抗腫瘍性を示した。また，種々の誘導体を合成して構造-活性相関を検討したところ，ヨード基やフェノール性水酸基が細胞毒性に重要であることが分かった[11]。その後，ドリキュライドの合成が2つのグループにより達成された[12]。またドリキュリライドの作用機構についても研究が行われ，アクチンの重合を促進することで細胞周期を停止させることが明らかにされた[13]。

doliculide (5) R = H,
(6) R = PO_3^{2-}・$2NH_4^+$

(4) オーリライド（aurilide）

オーリライド（7）は日本産タツナミガイから単離された環状デプシペプチドである[14]。その構造はドリキュライドと同様に機器分析と化学的手法を組み合わせることで決定された。オーリライドは天然からは極めて微量しか得られないが（動物100 kgあたり0.2 mg程度），合成がグラム単位で達成され，合成品を用いて様々な生物活性試験が可能となった[15]。その結果，オーリライドはHeLa S_3腫瘍細胞に対して強い細胞毒性（IC_{50} 0.011 μg/mL）を示し，予備的な動物実験であるhollow-fiber assayにおいて有望な抗腫瘍性を示すことが判明した。オーリライドはタキソールとは異なる機構で微小管を異常安定化することが分かっているが，詳細な作用機構はまだ分かっていない。なお，最近オーリライドと構造が非常に類似した細胞毒性物質，kulokekahahilide-2（8）が全く別の後鰓類から単離された[16]。

aurilide (**7**)　　　　　　　　　　　　kurokekahilide-2 (**8**)

7.1.2　カハラライドF（kahalalide F）

　カハラライドF（**9**）はハワイ大学のScheuerらによってゴクラクミドリガイ科のウミウシ *Elysia rufescens* およびその餌である緑藻 *Bryopsis* sp. から単離された。13個のアミノ酸と5-メチルヘキサン酸からなる環状デプシペプチドである[17]。カハラライドFはヒトがん細胞パネルによるスクリーニングにおいて，前立腺がん細胞および肺がん細胞に対して選択的に作用する[18]。現在，固形がんに対して臨床試験（第二相試験）が進められている。カハラライドFは細胞小器官の一つであるリソソームの膜機能を変化させる，という他の抗腫瘍性物質とは異なる作用機構を有する。カハラライドFの立体構造についてはScheuerら[19]とRinehartら[20]によって独立に研究が行われ，異なった立体構造が提出されたが，Giralt, Albericioらによってそれぞれの合成が達成された結果，その絶対立体構造はRinehartらが提出した式（**9**）であると決定された[21]。

kahalalide F (**9**)

7.1.3　細胞骨格系タンパク質アクチンに作用する抗腫瘍性物質

　現在用いられている代表的な制がん剤は，①アルキル化剤，②代謝拮抗剤，③アルカロイド，④抗生物質，および⑤ホルモン薬などに大別できる。これらはDNAを修飾したり，複製や転写を阻害したり，細胞が正常に分裂するために必須の細胞骨格タンパク質であるチューブリン（微小管）に作用したり，細胞周期調節酵素やそのほか細胞分裂に必要な酵素の働きを阻害するなど

の作用により制がん性を示していることが判明している[22]。

化学療法の見地から，新しい作用機構に基づく抗腫瘍性物質の発見は非常に重要であり，発がんや抗がん作用に関与する新たな生体分子の探索と機構の解明に関して研究が推進されている。最近になって「分子標的治療」という概念，すなわちがんに特徴的な生体高分子を標的とする治療，という概念が導入されてきたのに伴い，この種の研究はますます重要視されている。ここでは，これまでに知られている抗がん剤とは異なり，細胞骨格系タンパク質を標的とする新しい型の海洋産抗腫瘍性物質や関連する細胞毒性物質の化学について述べる。

(1) 細胞骨格タンパク質アクチン

アクチンは，ほとんどすべての真核細胞に存在し，主要な細胞骨格を形成している。いわゆるミクロフィラメントであり，多くの非筋細胞でも最も含量の多いタンパク質で，そのアミノ酸配列は多くの生物において保存されている。

アクチンは，濃度，塩，アクチン調節タンパク質などの影響によりモノマー状態のG-アクチンと繊維状重合体であるF-アクチン（アクチンフィラメント）の2つの形態をとる。これらの状態を使い分けることにより，アクチンは筋収縮，細胞分裂，細胞運動などの重要な役割を演じている。

アクチンに作用する生体高分子としては，アクチンとともに筋肉を構成するタンパク質として重要なミオシンや多くのアクチン調節タンパク質が知られている。ところが，アクチンに作用する低分子化合物としてはわずかにカビやキノコから単離されたサイトカラシン類やファロイジンなどが知られているのみであった。最近になって，強い細胞増殖抑制作用を持つ海洋天然物のいくつかがアクチンに作用することが発見された。

(2) アプリロニンA

海洋軟体動物アメフラシ Aplysia kurodai から名古屋大学の山田らにより単離されたアプリロニンA（aplyronine A）(10)は既存の抗がん剤を上回る強力な抗腫瘍性を持つ点で注目されている（表1）[23]。アプリロニンAはこの動物に極微量しか含まれておらず，100 kgの動物からわずか数mgしか得られない。アプリロニンAの平面構造は主に2次元NMRスペクトルを解析することにより17個の不斉中心を持つ24員環マクロリドと推定された。ところが，結晶性誘導体が得られないために，その立体構造の決定は有機合成化学的手法を活用して行われた。すなわち，アプリロニンAの分解反応で得られたフラグメントの可能な立体異性体をSharpless不斉エポキシ化反応を鍵反応として立体選択的に合成し，天然品と比較することにより全絶対立体構造が決定された[24]。パリトキシンの構造決定で代表されるように，現在では，有機合成化学は極微量の天然物の立体構造を決定するための強力な手段となっているといえる。

さらに，アプリロニンA(10)の立体構造の確認とともに，量的供給を目指してその合成が行

表1　アプリロニンAの抗腫瘍性

腫瘍 （マウス）	投与量 (mg/kg/day)	延命率 (T/C)
P388 白血病	0.08	545%
Lewis 肺癌	0.04	556%
Ehrlich 癌	0.04	398%
colon26 大腸癌	0.08	255%
B16 黒色腫	0.04	201%

投与法：ip

aplyronine A (**10**)

われた（図1, 2）。合成の基本計画は次のような収束的アプローチによるものであり、人工類縁物質の合成にも適用できることが考慮されている。①生合成的にポリプロピオナート型の置換様式である3個所の4連続不斉中心は、同じ原料から類似の手法を用いて構築する。ついで、それぞれのセグメントについて連結あるいは炭素鎖の伸長を行う。②二重結合の形成反応を利用してアプリロニンAに存在する二重結合の位置で各セグメントを連結し、必要な炭素骨格を備えたセコ酸を合成する。③セコ酸の24員環ラクトン化反応を行った後、末端エナミド部の構築と2種のアミノ酸の導入を行い、アプリロニンAを合成する。④なお、アプリロニンAでは8つの水酸基のうちの7つが6種の官能基で修飾されているので、これらを適切に識別する必要がある。

　この合成計画に従い、①立体選択性の確実なEvansアルドール反応とSharpless エポキシ化反応を立体化学構築の鍵反応に用い、②Juliaオレフィン化反応を利用して各セグメントを連結し、③山口法によりラクトン環を形成後、Keck法によりアミノ酸を導入し、④新しい保護基（3,4-dimethoxybenzyloxymethyl ether）を利用することにより、最長47段階、通算収率0.35%（各段階の平均収率89%）でアプリロニンAの合成が達成された[25]。この型の海洋産マクロリドの最初の合成例である本合成により、アプリロニンAの構造を確定し、生物活性を確認し、さらに量的供給への道を拓いた。また本合成経路を利用して、数多くの人工類縁物質を合成できるようになった。その結果、アプリロニンAの強力な細胞増殖抑制作用にはトリメチルセリン部、共役二重結合、2級水酸基が重要な役割を果たしていることが分かった[26]。

第 2 章 医薬素材および研究用試薬

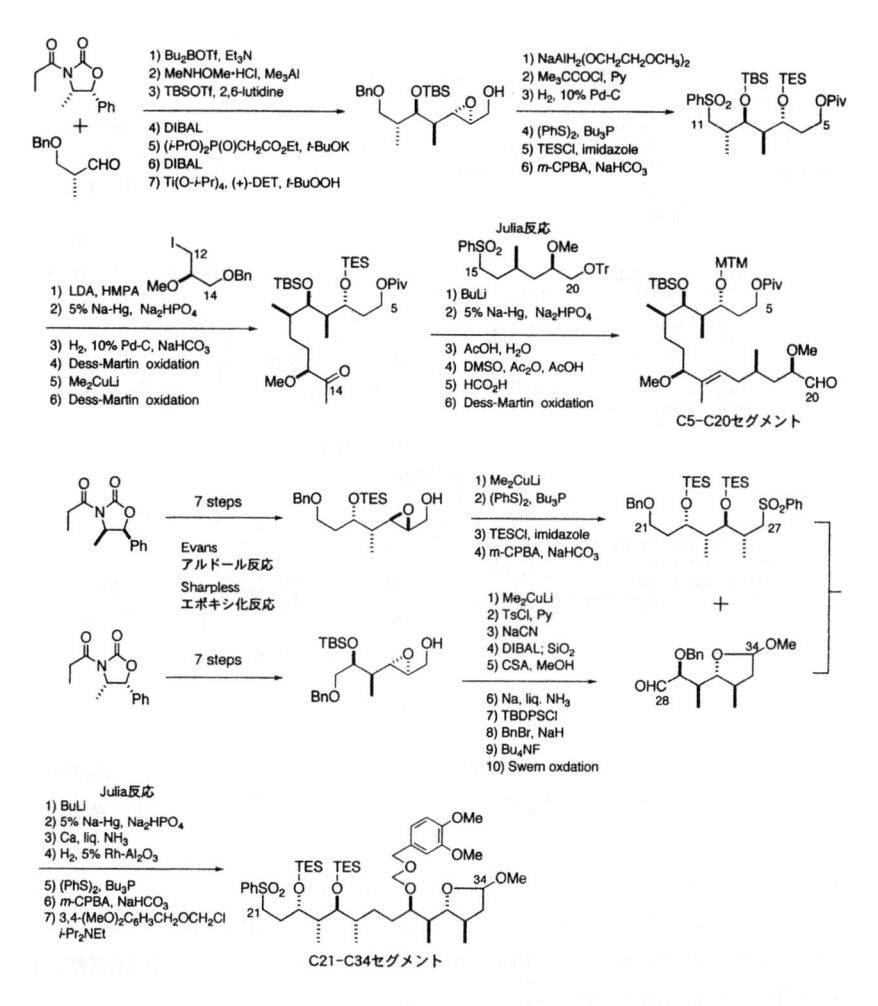

図1 アプリロニンAの合成（その1）

次いで，アプリロニンAの生体内標的分子が探索された結果，抗腫瘍性物質の一般的な標的であるDNA，微小管，細胞周期調節酵素群には影響を及ぼさずに，細胞骨格タンパク質のアクチンに作用することが明らかになった。アプリロニンAはG-アクチンの重合を阻害し，F-アクチンの脱重合を促進することにより，アクチンの平衡をG-アクチンの方へ傾ける作用を有する[27]。そこで合成研究で得られた人工類縁物質を用いて，今まで全く行われていなかった構造-アクチン脱重合活性相関研究が行われた。

海洋生物成分の利用

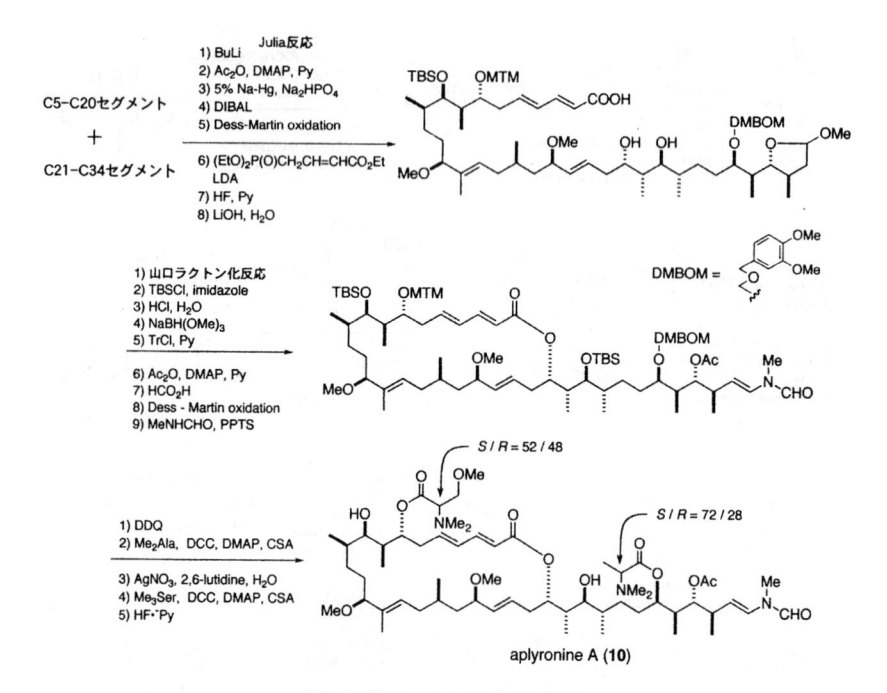

図2 アプリロニンAの合成 (その2)

人工類縁物質のアクチン脱重合活性が流動複屈折法により測定された結果 (図3), 細胞増殖抑制作用とは異なり, アクチン脱重合活性はアミノ酸エステル基, 共役二重結合, 2級水酸基, 末端エナミド基など個々の官能基にはあまり影響されないことが分かった。また, 大環状ラクトン構造も重要ではないことも分かった。注目すべき結果は, アプリロニンAのラクトン部のみからなる誘導体11が全く活性を示さなかったが, 側鎖部のみからなる誘導体 12 はアプリロニンAの約1/10の活性を示したことである。以上の結果から, アプリロニンAのアクチン脱重合活性にはその側鎖部が必須であることが分かった[26]。

(3) アクチン-マクロリド複合体の結晶構造

アクチンは単独では非結晶性のタンパク質である。アクチン溶液は濃縮すると重合したり変性しやすくなり, アクチンの結晶を得ることは難しい。しかし, 最近になって, 強力なアクチン脱重合活性を有し, Gアクチンと安定な複合体を形成するマクロライドの発見により, アクチン-マクロリド複合体の結晶が得られるようになった。ミカドウミウシ*Hexabrancus* sp.の卵塊から東京大学の伏谷らによって単離されたカビラミドC (15)[28]は強い細胞増殖抑制作用を持つマクロリドであるが, 2003年にウィスコンシン大学のRaymentらと琉球大学の田中らにより, アクチ

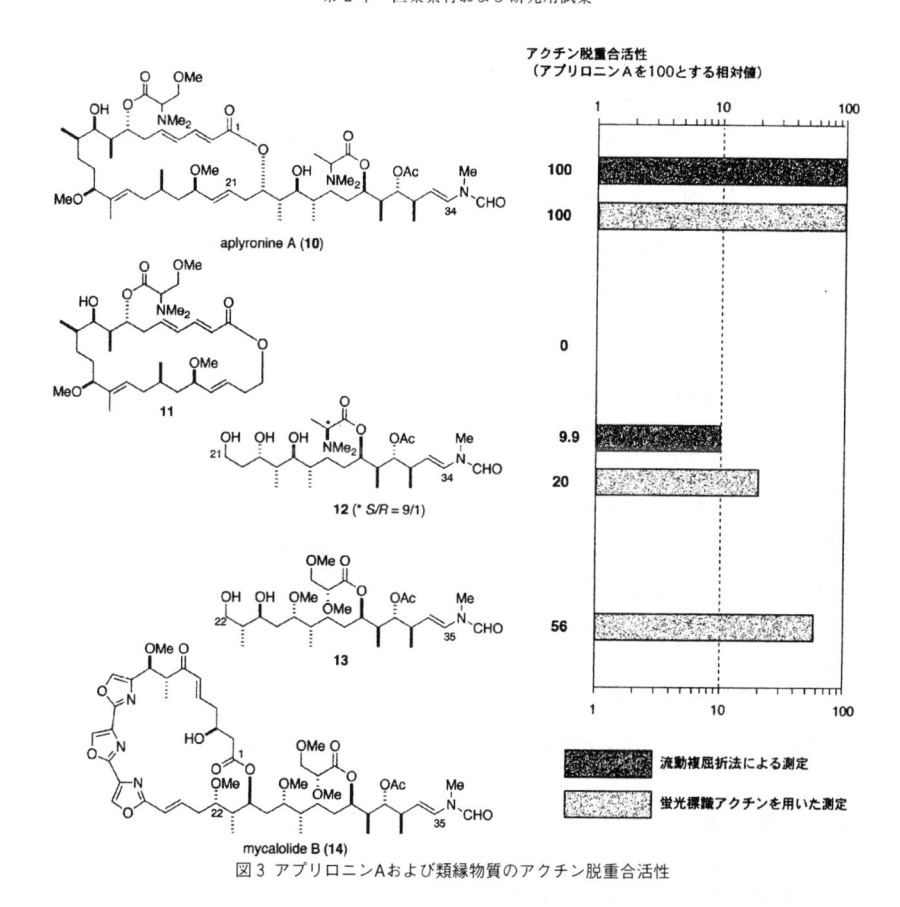

図3 アプリロニンAおよび類縁物質のアクチン脱重合活性

ンとの複合体の結晶構造が解明された[29]。これによって不明であったカビラミドCの立体化学が明らかになるとともに、結合部位が解明された。複合体においてはマクロリドの側鎖がアクチンのサブドメイン1と3の間に入り込んだ構造をとっており、山田らがアプリロニンAの構造-活性相関から導きだしたアクチン脱重合活性には側鎖部が重要であるとの結論が支持された。また、ウミウシの卵より単離された類似の化学構造を有する ulapualide A (16)[30] についてもアクチンとの複合体の結晶構造が明らかにされ、不明であった絶対立体構造が解明された[31]。

(4) ミカロライドB

ミカロライドB (mycalolide B) (14) はカビラミドCと類似の化学構造を有する海綿動物由来のマクロリドであり、東京大学の伏谷らにより単離された[31]。この化合物は、腫瘍細胞に対する細胞毒性、抗カビ性など多彩な生物活性を示し、アプリロニンAと同様の機構でアクチンを脱重

海洋生物成分の利用

	R_1	R_2	R_3
kabiramide C (**15**)	$CONH_2$	Me	β-OH
ulapualide A (**16**)	H	H	O

合する[32]。最近, スペクトル解析, 分解反応, 有機合成化学的手法を組み合わせることにより絶対立体構造が決定され[33], さらに類縁体のミカロライドAの全合成が報告された[34]。ミカロライドBはアプリロニンAと類似の化学構造の側鎖部を有することから, アクチンに対する活性には側鎖部が重要であるものと考えられる。筑波大学の木越らは, ミカロライドBの側鎖部に相当する類縁物質13をアプリロニンA側鎖部と類似の手法を用いて合成し, 蛍光標識アクチンを用いて脱重合活性を測定した。その結果は, 類縁物質13の活性はアプリロニンA側鎖部類縁物質12よりも強く, アプリロニンAに匹敵するものであることが明らかになった (図3)[35]。

7.2 軟体動物の毒

日本では海洋動物を重要な食料資源として用いているため, 食品衛生上問題となる毒に関する研究は食中毒の予防や治療といった観点から重要である。一方, これらの毒はその作用の強さから, 重要なタンパク質の単離や機能解明につながる例も多く, 医薬品や生命科学分野において注目されてきた。例えば, イモガイの毒は後述のように鎮痛薬として実用化されつつある。また, 麻痺性貝毒サキシトキシン (17) はフグ毒テトロドトキシンと同様, ナトリウムチャネルに特異的に結合するため, イオンチャネルの機能解明に重要な研究用試薬である。下痢性貝毒の一成分

第 2 章　医薬素材および研究用試薬

であるオカダ酸はタンパク質脱リン酸化酵素を特異的に阻害するため，細胞生理学分野では不可欠な試薬である。ここでは，医薬品や研究用試薬として有用な軟体動物由来の毒について述べる。

7.2.1　イモガイの毒

　イモガイは熱帯から亜熱帯のサンゴ礁海域に生息する肉食性の巻貝で，毒矢を用いて魚や貝などを捕食する。最強の毒を持つアンボイナ *Conus geographus* ではヒトの死亡例も多数報告されている。イモガイの毒に関する化学的研究は1980年代から米国ユタ大学のOliveraらと三菱化成生命研の平田，小林（現北海道大学）らによって精力的に行われ[36]，コノトキシン（conotoxin）と総称されるペプチド毒が単離された。薬理学的な研究も行われ，コノトキシン類はイオンチャネルに作用することが明らかにされた（図4）。イオンチャネルは細胞内外のイオンの濃度差を調節しており，生体内の情報伝達に重要な膜タンパク質である。イオンチャネルは透過するイオンの選択性により，ナトリウムチャネルやカルシウムチャネルなどに分類され，チャネルの開閉機構により電位依存性チャネルやリガンド作動性チャネルに分類される。α-コノトキシンはリガンド作動性チャネルのアセチルコリン受容体をブロックし，μ-コノトキシンは筋肉のナトリウムチャネルを阻害することが明らかにされた。これらのペプチド毒はいずれも筋肉の収縮阻害を引き起こすため，イモガイの餌となる魚などは麻痺してしまうと考えられる。その後，Oliveraらは，イモガイ毒の分離画分を直接マウスの脳室内に投与するという新しいアッセイ法を用いて，従来のアッセイ法では見つけることが出来なかった中枢神経に作用する多くのペプチドを単離することに成功した[37]。このアッセイ法で発見されたマウスに震えを起こさせるペプチドは，神経伝達物質の放出に関わるN型カルシウムチャネルを阻害することが明らかとなり，ω-コノトキシンと呼ばれている。コノトキシン類の頭につけられるギリシア文字は作用部位を表しており，上記以外ではナトリウムチャネルを不活性化するδ-コノトキシン，カリウムチャネルを阻害するκ-コノトキシンなどが知られている（図4）。

　他のペプチド毒が通常40～80個のアミノ酸からなるのに対し，コノトキシン類は12～30個のアミノ酸からなる比較的分子量の小さいペプチドである。また，コノトキシンのアミノ酸配列の特徴は側鎖官能基をもったアミノ酸の割合が高いことである。さらに，システインを豊富に含むことから，分子内に複数のS-S結合を有しており，安定化された立体構造上の特定の位置に官能基が配置されている。その結果，イオンチャネルに対して高い選択性を示す。例えばフグ毒テトロドトキシンが神経と筋肉の両方のナトリウムチャネルを阻害するのに対し，μ-コノトキシンは筋肉のチャネルに選択的に作用する。したがって，μ-コノトキシンは筋肉と神経のチャネルを区別することができる初めての物質として注目された。作用の特異性が高いために，コノトキシン類は現在，薬理学，生理学，生化学などの分野で研究用試薬として繁用されている。イオンチャネルは巨大なタンパク質であり，立体構造や機能はまだ十分に解明されていないが，コノトキ

シンをツールとして用いる研究により今後明らかにされるものと期待される。

また，イオンチャネルの機能を選択的に制御することが可能である点から，コノトキシン類は医薬品としても注目されている。ω-コノトキシンMVIIA（Ziconotide）(18)はカルシウムチャネルに対する作用が可逆的であり，この点に着目して鎮痛薬として開発が進められた。MVIIAは25のアミノ酸からなり，Cys1-Cys16，Cys8-Cys20，Cys15-Cys25の3つのジスルフィド結合によって架橋されている。MVIIAの作用はN型カルシウムチャネルに特異的であり，L型には作用しない。MVIIAの鎮痛薬としての開発はベンチャー企業 Neurex によって行われた。臨床試験でも好成績を収め，鎮痛作用はモルヒネの100倍から1,000倍強力である。MVIIAは神経障害による痛みに有効であり，耐性や習慣性を生じず，また呼吸や心臓血管にも影響を及ぼさない。これは，MVIIAが痛覚伝達のみを遮断し，運動など他の経路に影響を及ぼさないためと考えられている。MVIIAは最近，prialtという商品名で鎮痛薬として認可されており，近くElan社より市場に出る予定である。また，リガンド作動性イオンチャネルのN-メチル-D-アスパラギン酸受容体に対して拮抗作用を示すコナントキン（conantokin)-Gは，てんかんの治療薬として現在臨床試験（第一相試験）が進められている。これら以外にも，数種のコノトキシン類について臨床試験が行われている。

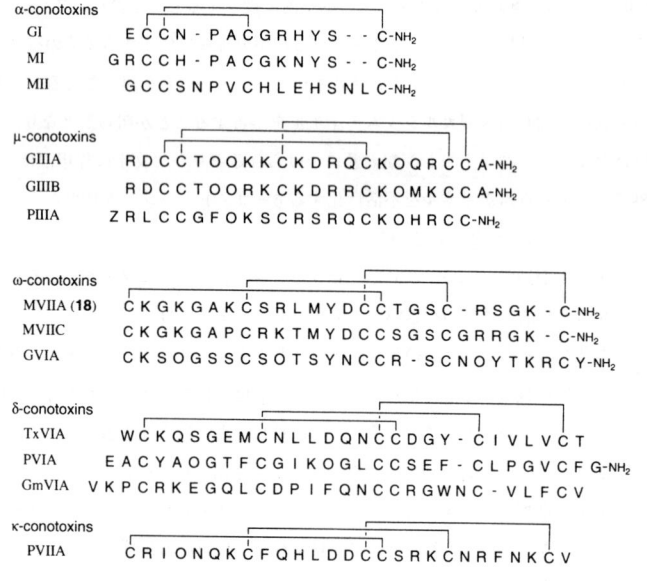

```
α-conotoxins
  GI      E C C N - P A C G R H Y S - - C-NH₂
  MI      G R C C H - P A C G K N Y S - - C-NH₂
  MII     G C C S N P V C H L E H S N L C-NH₂

μ-conotoxins
  GIIIA   R D C C T O O K K C K D R Q C K O Q R C C A-NH₂
  GIIIB   R D C C T O O R K C K D R R C K O M K C C A-NH₂
  PIIIA   Z R L C C G F O K S C R S R Q C K O H R C C-NH₂

ω-conotoxins
  MVIIA (18)  C K G K G A K C S R L M Y D C C T G S C - R S G K - C-NH₂
  MVIIC       C K G K G A P C R K T M Y D C C S G S C G R R G K - C-NH₂
  GVIA        C K S O G S S C S O T S Y N C C R - S C N O Y T K R C Y-NH₂

δ-conotoxins
  TxVIA   W C K Q S G E M C N L L D Q N C C D G Y - C I V L V C T
  PVIA    E A C Y A O G T F C G I K O G L C C S E F - C L P G V C F G-NH₂
  GmVIA   V K P C R K E G Q L C D P I F Q N C C R G W N C - V L F C V

κ-conotoxins
  PVIIA   C R I O N Q K C F Q H L D D C C S R K C N R F N K C V
```

図4 代表的なコノトキシンのアミノ酸配列とS-S架橋様式Oはヒドロキシプロリン，Zはピログルタミン酸残基を表す。

第 2 章 医薬素材および研究用試薬

7.2.2 ピンナトキシン類

　タイラギ Atrina (Pinna) pectinata は熱帯，亜熱帯の浅海領域に生息する双殻類軟体動物であり，特に太平洋，インド洋に多く分布している。タイラ貝とも呼ばれるこの貝の貝柱は大型で，日本や中国の東南部で賞味されているが，しばしば原因不明の食中毒が発生している（表2）[38]。中毒症状は下痢，嘔吐，紅潮感，視力低下，意識混濁，舌のしびれ，手足の麻痺と様々である。この食中毒はビブリオなどの細菌感染によるものと報告されていたが，意識混濁，舌のしびれ，手足の麻痺といった症状から神経毒の可能性が示唆された。一方，タイラギの仲間，ハボウキガイ Pinna attenuata に有毒物質が存在し，その粗抽出物には Ca^{2+} チャネル活性化作用があることが中国の研究者によって報告された[39]。静岡大学の上村（現名古屋大学）らは，食中毒原因物質の解明を目指し，沖縄産のタイラギの仲間，イワカワハゴロモガイ Pinna muricata を採集・抽出した。マウス急性毒性を指標として分離を行ったところ，ピンナトキシンAと命名した毒性物質の単離に成功した。構造解析の結果，ピンナトキシンA (19) は従来にはない新規な炭素骨格を有する，両性イオン性環状ポリエーテルであることが判明した[40]。

　上村らは，ピンナトキシンAの生合成についても考察し，分子内Diels-Alder 反応とシッフ塩基形成反応による推定生合成経路を提案した（図5）。さらに，ピンナトキシンAより毒性の強い微量成分，ピンナトキシンB (20) およびC (21) がイワカワハゴロモガイから単離され，その構造が決定された[41]。ピンナトキシンB，Cのマウスに対する毒性は非常に強く（致死量LD_{99} 22

表2　タイラギ中毒事件例

発生時期	発生場所	中毒患者数（死者数）
1975年9月4日～8日	福岡，大分，佐賀，山口	1,714
1980年10月中旬	福岡，北九州，山口	950
1983年9月12日	徳山市	40
1985年10月16日	千葉県	48
1991年9月5日	田川市	6(1)
1991年9月6日	甘木市	8

pinnatoxin A (19)

pinnatoxin B (20): R = $CH\genfrac{}{}{0pt}{}{34}{}\genfrac{}{}{0pt}{}{COO^-}{NH_3^+}$　34S isomer

pinnatoxin C (21): R = $CH\genfrac{}{}{0pt}{}{34}{}\genfrac{}{}{0pt}{}{COO^-}{NH_3^+}$　34R isomer

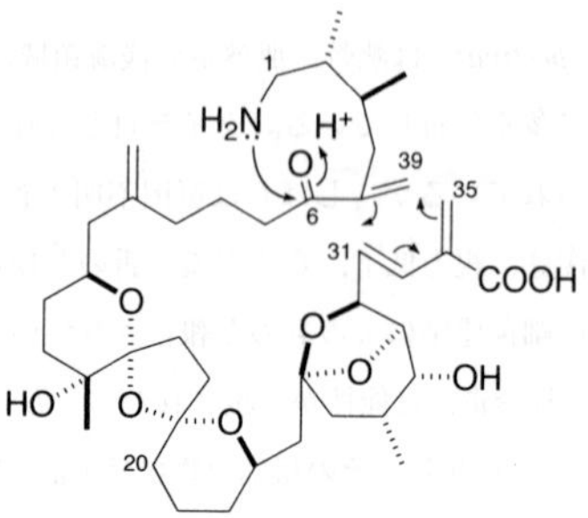

図5 ピンナトキシンAの推定生合成経路

μg/kg),フグ毒テトロドトキシン(tetrodotoxin)に匹敵するものである。ピンナトキシン類の生物活性と化学構造の新規性は有機合成化学者に注目され,国内外でその合成研究が活発に行われているが,ハーバード大学の岸らによってピンナトキシンAの全合成が初めて達成され[42],ピンナトキシン類の絶対立体構造が明らかになった。また,ピンナトキシン類と類似の骨格を有する極微量有毒物質,プテリアトキシンA,BおよびCが別の二枚貝から単離され,ナノモル量で構造が決定された[43]。系統的に全く異なる二種の二枚貝から類似の骨格を持つ毒性物質が単離されたことから,これらの毒性物質は二枚貝に共生もしくは寄生する有毒プランクトン由来であることが強く示唆される。

7.2.3 ピンナミン

イワカワハゴロモガイには前項のピンナトキシン類のほかに,マウスに対して走り回る,前後の脚を収縮させるといった特徴的な症状を引き起こす毒性物質が存在することが上村らによって発見された。そこで,この毒性画分についてマウスに対する毒性を指標として精製を進めたところ,ピンナミン (22) が単離された。CDスペクトルを含む機器分析データの解析によって,その化学構造は式22のように決定された[44]。さらにピンナミンの化学合成が達成され,その絶対立体構造が確定された[45]。ピンナミンはナス科植物由来のアトロピン系アルカロイドと類似の化学構造を有している。これらのアルカロイドは副交感神経抑制薬(抗コリン作動薬)であり,大量に投与すると大脳,特に運動領の興奮を引き起こすことが知られているので,ピンナミンの特徴的な致死症状はアトロピン系アルカロイドと同様な作用に基づくものと考えられる。

第 2 章　医薬素材および研究用試薬

22

7.2.4　その他の毒

　以上の貝毒の他にも，いくつかの貝毒が発見されているが，そのほとんどは微細藻類由来であり，食物連鎖により貝に蓄積されたものと考えられる。ここでは，貝食中毒を簡単に紹介するにとどめ，詳細については第2章を参照していただきたい。

　下痢性貝毒は日本で発見された比較的新しい貝毒である。現在では世界中で検出されており，たびたび大規模な食中毒を引き起こしている。毒化するのはムラサキイガイ，ホタテガイなどの二枚貝であるが，毒は中腸腺にのみ存在し，筋肉部は通常無毒である。中毒原因物質の解明は東北大学の安元らによって行われ，ムラサキイガイからジノフィシストキシン類およびオカダ酸が単離された[46]。また，ホタテガイからはペクテノトキシン類[47]やイェッソトキシン[48]が単離構造決定されている。これらは下痢を起こす作用は弱いものの，ペクテノトキシン類は肝臓に対する毒性が強く，イェッソトキシンは下痢性貝毒のなかで最もマウスに対する毒性が強い。ペクテノトキシン類についてはアクチン脱重合作用が報告されている[49]。

　1992年12月から1993年3月にかけてニュージーランドにおいて発生した大規模な二枚貝食中毒は下痢性貝毒，麻痺性貝毒とは異なり，神経症状が特徴的であった。中毒原因物質の解明は東北大学の安元らと静岡県立大学の石田，辻らによってよって行われ，新規ブレベトキシン類が単離構造決定された[50]。これらの毒性は赤潮の原因毒として知られているブレベトキシンBよりも低く，貝のなかで解毒的な代謝が行われていると考えられている。また，ニュージーランドでは上述とは別のヌノメオオハナガイ *Austrovenus stutchburyi* による貝食中毒も発生しているが，中毒原因物質は4-メトキシカルボニルブチルトリメチルアンモニウム塩化物であることが明らかにされている[51]。

　1987年にカナダ大西洋岸で発生したムラサキイガイによる食中毒は記憶障害を伴う特徴的なものであったが，中毒原因物質はドウモイ酸であることが明らかにされた[52]。ドウモイ酸はL-グルタミン酸受容体に対する非常に高い親和性を持っているため，学習・記憶に関与する脳の海馬などの神経を破壊し，記憶障害を起こしたものと考えられる。

　1995年11月，オランダにおいて発生したアイルランド産のムラサキイガイによる食中毒の症状は下痢性貝毒に類似していたが，オカダ酸やジノフィシストキシン類は検出されず，新規毒性物質の関与が考えられた。有毒物質の解明は東北大学の安元らによって行われ，アザスピロ酸およびその関連物質が単離・構造決定された[53]。

文　献

1) G. R. Pettit, *Prog. Chem. Org. Nat. Prod.*, **70**, 1 (1997)
2) K. Yamada, H. Kigoshi, *Bull. Soc. Chem. Jpn.*, **70**, 1479 (1997)
3) G.R. Pettit *et al.*, *J. Am. Chem. Soc.*, **109**, 6883 (1987)
4) G. R. Pettit *et al.*, *J. Am. Chem. Soc.*, **111**, 5463 (1989)
5) H. Yasumasa *et al.*, *Tetrahedron Lett.*, **32**, 931 (1991) ; K. Tomioka *et al.*, *Tetrahedron Lett.*, **32**, 2395 (1991)
6) H. Luesch *et al.*, *J. Nat. Prod.*, **64**, 907 (2001)
7) T. Natsume *et al.*, *Jpn. J. Can. Res.*, **88**, 316 (1997)
8) H. Sone *et al.*, *J. Am. Chem. Soc.*, **118**, 1874 (1996)
9) H. Ishiwata *et al.*, *J. Org. Chem.*, **59**, 4710 (1994)
10) H. Ishiwata *et al.*, *J. Org. Chem.*, **59**, 4712 (1994)
11) H. Ishiwata *et al.*, *Tetrahedron*, **50**, 12853 (1995)
12) A. K. Ghosh, C. F. Liu, *Org. Lett.* **3**, 635 (2001) ; S. Hanessian *et al.*, *Proc. Natl. Acad. Sci. USA*, **101**, 11996 (2004)
13) R. L. Bai *et al.*, *J. Biol. Chem.*, **277**, 32165 (2002)
14) K. Suenaga *et al.*, *Tetrahedron Lett.*, **37**, 6771 (1996)
15) T. Mutou *et al.*, *Synlett*, 199 (1997) ; K. Suenaga *et al.*, *Tetrahedron*, **60**, 8509 (2004)
16) Y. Nakao *et al.*, *J. Nat. Prod.*, **67**, 1332 (2004)
17) M. T. Hamann, P. J. Scheuer, *J. Am. Chem. Soc.*, **115**, 5825 (1993)
18) Y. Suarez *et al.*, *Mol. Cancer Therp.*, **2**, 863 (2003)
19) G. Goetz *et al.*, *Tetrahedron*, **55**, 7739; 11957 (1999)
20) I. Bonnard *et al.*, *J. Nat. Prod.*, **66**, 1466 (2003)
21) A. Lopez-Macia *et al.*, *J. Am. Chem. Soc.*, **123**, 11398 (2001)
22) 市川英子, 加藤國基, 健康増進研究, **1**, 30 (2002)
23) K. Yamada *et al.*, *J. Am. Chem. Soc.*, **115**, 11020 (1993)
24) M. Ojika *et al.*, *Tetrahedron Lett.*, **34**, 8501 (1993) ; M. Ojika *et al.*, *Tetrahedron Lett.*, **34**, 8505 (1993) ; M. Ojika *et al.*, *J. Am. Chem. Soc.*, 116, 7441 (1994)
25) H. Kigoshi *et al.*, *J. Am. Chem. Soc.*, **116**, 7443 (1994)
26) H. Kigoshi *et al.*, *J. Org. Chem.*, **61**, 5326 (1996) ; K. Suenaga *et al.*, *Bioorg. Med. Chem. Lett.*, **7**, 269 (1997) ; H. Kigoshi *et al.*, *Tetrahedron*, **58**, 1075 (2002)
27) S. Saito *et al.*, *J. Biochem.*, **120**, 552 (1996)
28) S. Matsunaga *et al.*, *J. Am. Chem. Soc.*, **108**, 847 (1986)
29) V. A. Klenchin *et al.*, *Nat. Struct. Biol.*, **10**, 1058 (2003)
30) J. S. Allingham *et al.*, *Org. Lett.*, **6**, 597 (2004)
31) N. Fusetani *et al.*, *Tetrahedron Lett.*, **30**, 2809 (1989)
32) S. Saito *et al.*, *J. Biol. Chem.*, **269**, 29710 (1994)

33) S. Matsunaga et al., *J. Am. Chem. Soc.*, **121**, 5605 (1999)
34) P. Liu, J. S. Panek, *J. Am. Chem. Soc.*, **122**, 1235 (2000) ; J. S. Panek, P. Liu, *J. Am. Chem. Soc.*, **122**, 11090 (2000)
35) K. Suenaga et al., *Tetrahedron Lett.*, **45**, 5383 (2004)
36) (a) B. M. Olivera, "Drugs from the Sea", p. 74, Karger, Basel (2000) ; 小林淳一, 海洋生物資源の探索と利用, シーエムシー, p.177 (1986) ; 佐藤一紀, 比較生理生化学, **17**, 189 (2000) ; 佐藤一紀, 生化学, **71**, 183 (1999)
37) H. Terlau, B. M. Olivera, *Physiol. Rev.*, **84**, 41 (2004)
38) 乙藤武志, 食品衛生研究, **31**, 76 (1981) ; 福岡県衛生部公衆衛生課, 食品衛生研究, **26**, 11 (1976)
39) S. Zheng et al., *Chin. J. Mar. Drugs*, **33**, 33 (1990)
40) D. Uemura et al., *J. Am. Chem. Soc.*, **117**, 1155 (1995) ; T. Chou et al., *Tetrahedron Lett.*, **37**, 4023 (1996)
41) N. Takada et al., *Tetrahedron Lett.*, **42**, 3491 (2001)
42) J. A. McCauley et al., *J. Am. Chem. Soc.* **120**, 7647 (1998)
43) N. Takada et al., *Tetrahedron Lett.*, **42**, 3495 (2001)
44) N. Takada et al., *Tetrahedron Lett.*, **41**, 6425 (2000)
45) H. Kigoshi et al., *Tetrahedron Lett.*, **42**, 7469 (2001)
46) T. Yasumoto et al., *Tetrahedron*, **41**, 1019 (1985)
47) T. Yasumoto, M. Murata, *Chem. Rev.*, **93**, 1897 (1993)
48) H. Takahashi et al., *Tetrahedron Lett.*, **37**, 7087 (1996)
49) 堀 正敏, 薬理学誌, **114** (Suppl 1), 225 (1999) ; F. Leira et al., *Biochem. Pharmacol.*, **63**, 1979 (2002)
50) H. Ishida et al., *Tetrahedron Lett.*, **36**, 725 (1995) ; H. Ishida et al., *Tetrahedron Lett.*, **45**, 29 (2004) ; A. Morohashi et al., *Tetrahedron Lett.*, **36**, 8995 (1995) ; K. Murata et al., *Tetrahedron*, **54**, 735 (1998)
51) H. Ishida et al., *Toxicon*, **32**, 1672 (1994)
52) J. L. C. Wright et al., *Can. J. Chem.*, **67**, 481 (1989)
53) M. Satake et al., *J. Am. Chem. Soc.*, **120**, 9967 (1998) ; K. Ofuji et al., *Nat. Toxins*, **7**, 99 (1999) ; K. Ofuji et al., *Biosci. Biotechnol. Biochem.*, **65**, 740 (2001)

8　紐形，扁形，環形，外肛，および半索動物

福沢世傑*

　紐形，扁形，環形，外肛および半索動物の化学成分についてはあまり研究が行き届いていないが，医薬として有望な化合物も報告されている．特に，外肛動物はコケムシ類に有用成分の報告が多い[1〜3]．

8.1 抗菌および抗腫瘍物質
8.1.1　ネライストキシン（nereistoxin）

　ネライストキシン（1）は環形動物多毛類のイソメの一種，*Lumbriconereis heteropoda*の毒として単離された[1]．イソメは釣餌として広く利用されており，そこへ蝟集したハエがマヒしてしまうことからその殺虫作用が注目を浴びた．各種誘導体合成とその活性相関を通してカルタップ（cartap：2）やベンサルタップ（bensultap：3）といった殺虫剤が開発された．これらは昆虫の体内代謝により，1に代わり殺虫活性を発揮する．特に2は商品名「パダン」として現在でも広く使用されている．稲のコブノメイガ，ニカメイチュウ，イネツトムシ，茶のチャノホソガなどのような作物の茎葉を食害する害虫に特にすぐれた効果を示す．パダンは有機リン剤やカーバメート剤などとは殺虫作用が全く異なっており，他剤では効きにくくなってきた害虫にも高い効果を発揮する．作用機序としてはニコチン性アセチルコリン受容体を阻害することが知られている[4]．

8.1.2　テレピン（thelepin）

　多毛類ニッポンフサゴカイ，*Thelepus setosus*は潮間帯の岩石の下などに膜質の表面に砂粒や貝殻の破片を付けた棲管に棲む．その虫体抽出物から放線菌*Penicillium griseofulvum*由来の抗カビ剤グリセオフルビン（griseofulvin：4）に似たテレピン（5）が得られた．これ以外にもテレフェノール（thelephenol：6）やビス（3,5-ジブロモ-4-ヒドロキシフェニル）メタン〔bis(3,5-dibromo-4-hydroxyphenyl)methane：7〕が含まれていることが明らかとなった[5]．また箒虫類

---

*　Seketsu Fukuzawa　東京大学　大学院理学系研究科　助手

第 2 章　医薬素材および研究用試薬

*Phoronopsis viridis*からは抗菌および抗カビそして回虫や貝類に毒性を示す2種のフェノール，2,6-ジブロモフェノール（2,6-dibromophenol：8）と2,4,6-トリブロモフェノール（2,4,6-tribromophenol：9）が報告された[6]。

8.1.3　ボネリン（bonellin）

環形動物ユムシ類ボネリムシの一種*Bonellia viridis*の幼生は着生した後の吻部には，そこだけ脱色した白い部分が残ることから，緑色色素が幼生の雄性化に関与していることが疑われていた。この色素はボネリン（10）と命名され，ボネリムシ幼生の誘引，雄性化以外にも他の海洋生物の幼生に対しても有毒で，かつ抗菌活性を有する[7]。その毒性や溶血活性は光の照射下で発揮され，暗所では無毒である。すなわち光増感剤として作用する[8]。

8.1.4 ハラクロム (hallachrome)

ハラクロム (11) はナポリ湾に生息し，釣り餌として用いられている遊在類のアカムシ*Halla parthenopeia*由来の赤色色素で魚毒性や抗菌性を有する[9]。

8.1.5 (2-ヒドロキシエチル)ジメチルスルフォキソニウムイオン〔(2-hydroxyethyl) dimethylsulfoxonium ion〕

ドッガーバンクイッチ（Dogger Bank itch）は北海沿岸の漁師が，網にかかってくるコケムシ*Alcyonidium gelatinosum*に触れることによってかかる湿疹様アレルギー性接触皮膚炎である。その原因物質は（2-ヒドロキシエチル）ジメチルスルフォキソニウムイオン（12）と同定された。12は化学合成され，このハプテンによるアレルギー反応がIV型に分類されることがわかった[10]。

8.1.6 フィドロピン (phidolopin)

フィドロピン (13) はコケムシ*Phidolopora pacifica*から単離されたキサンチン骨格を有する抗菌性アルカロイドで，天然物には珍しいニトロ基を持つ。13はバクテリアとカビの成長を弱く阻害する（MIC70 μg/mL）[11]。

8.1.7 タムジャミン類 (tambjamine)

タムジャミンA-Dは，3種のウミウシ類*Roboastra tigris*, *Tambje eliora*，および*Tambje abdere*から単離された抗菌性を有するビピロールアルカロイドである。*R. tigris*は*T. eliora*や*T. abdere*を捕食してこれらのアルカロイドを蓄積するが，もとはコケムシ*Sessibugula translucens*に由来する。

第2章　医薬素材および研究用試薬

さらにホヤ*Atapozoa* sp.からはタムジャミンE（14），F，アオフサコケムシ*Bugula dentata*からはタムジャミンG-Jが報告されている[12]。また，*B. dentata*からは抗菌活性を有する青色色素のテトラピロール（15）が単離されている。この色素は細菌*Serratia marcescens*の代謝産物としても知られている[13]。陸上の放線菌の赤色色素として単離されたプロディギオシン（prodigiosin：16）がこれらピロールアルカロイドのルーツとしてあげられ，生合成的にはビピロールアルデヒド17がこれら一群のアルカロイドの出発物質と考えられる[14]。14はCu(II)イオン存在下で2：2の複合体を形成し，DNA切断活性を有するという。この反応は還元剤非存在下で，複合体形成後Cu(II)が還元されてCu(I)となり，これが酸素分子と反応してO_2^{-}を発生したあとに過酸化水素を生成し，これとCu(I)が結合した活性種がDNAを切断すると考えられている[15]。また最近，放線菌培養液のメタノール抽出液から抗菌性黄緑色素BE-18591（18）が報告された。18はH^+-ATPasesをIC_{50} 1～2 nMの値で阻害し，胃炎抑制や免疫抑制を示す[16]。

8.1.8　ブリオスタチン類（bryostatin）

ブリオスタチン1（19）は米国カルフォルニア州モントレー湾で採集されたフサコケムシ*Bugula neritina*から発見されたマクロライドである。1982年の発見以来，ブリオスタチン2～18および20と合計19種類の同族体がメキシコ湾，カリフォルニア湾や相模湾産のフサコケムシから単離されてきた[17]。19はP388マウス白血病細胞に対してED_{50} 0.89 μg/mLと比較的弱い細胞毒性しか示さないが，*in vivo*では10～70 μg/kgの投与で152～196％の延命効果を示した。P388以外にも卵巣腫瘍，B16メラノーマ，M5076胃がんに対しても良好な成績を収めた。また19はヒト膵臓がん異種移植モデルにおいてチューブリン重合阻害剤であるドラスタチン10もしくはその改変体で

あるオーリスタチンPEの抗腫瘍活性を増強することが報告された[18]。抗がん剤として臨床試験のフェーズIIまで進んだが,単剤では治癒効果に乏しかったので,他の抗がん剤との併用で卵巣腫瘍や再発軽度非ホジキンリンパ腫に対しフェーズIIの試験が行われている。完全に治癒した患者も見られたが,フェーズIIの臨床試験を乗り越える段階には至っていない。主要な副作用としては筋肉痛を伴う[19]。

19の抗腫瘍性の主たる作用機序は細胞内においてさまざまなプロテインキナーゼC (PKC)に特異的に結合して,酵素活性を高める。PKCは細胞内のシグナル伝達を介在するタンパク質のセリン,スレオニン残基のリン酸化を行う酵素で,細胞分裂において重要な役割を司る。19はPKCアイソザイムの2つのシステインリッチな保存領域 (PKC CRDs 1 and 2) のジアシルグリセロール (1,2-diacyl-*sn*-glycerol:20)-ホルボールエステル (phorbol 12-myristate 13-acetate:21) 結合部位に競合的に結合する。19がリン酸化されたPKCに結合するということは発がんプロモーターである21と同様にリン酸化されたPKCとの複合体の疎水性を増大させることを意味する。しかしながら19と21は作用が相反するため,複合体形成時におけるPKCのコンフォメーション変化はそれぞれ異なるものと考えられている。

第2章 医薬素材および研究用試薬

さらに、19はPKC-αおよびδをダウンモジュレーションすることによってユビキチン-プロテアソーム経路を進行させることが明らかにされた。すなわちリン酸化されたPKC-αまたはδが19と複合体を形成すると分子内自動リン酸化が起き、原形質から膜へと移行する。そして膜結合型アルカリフォスファターゼによって脱リン酸化される。脱リン酸化によってPKCは酵素活性を喪失し、ユビキチン活性化（E1）、結合（E2）、ライゲーション（E3）酵素によってユビキチン化を受ける。その後、原形質および核内の26Sプロテアソームによってユビキチン化されたPKC-αおよびδは分解され、それらのダウンレギュレーションへとつながる。また19には強力な免疫系賦活作用があることが報告されており、がん患者によってはこの作用が抗腫瘍効果の主要な作用機序であるといわれている（図1）。このように19は抗がん剤に向けた研究がもっぱらであるが、マウスを用いた実験でそのPKC活性化作用がアルツハイマー病の治療に効果があるとの報告が2004年になされた。19は低濃度でα-セクレターゼ産物である可溶性フラグメントsAPPαの分泌を劇的に促進し、脳内におけるAβ40とAβ42を減少させる。19は抗がん剤としての臨床試験が進んでおり、副作用の知見もかなり蓄積されているので、今後このような脳神経系の治療薬に向けた研究はますます発展すると期待される[20]。

19は発見当初からその活性と構造的特徴から合成化学者の注目を集め、多くのグループによって化学合成研究が精力的に行われた[17]。もちろん天然からの供給量が需要に比べてあまりにも少ないことも動機の一つである。しかしながらこのような複雑な骨格を有する化合物の化学合成は多段階工程を要し、費やすコストおよび収量は実際の需要を賄うには不向きである。そこで19の産生生物を養殖によって増やし、そこから抽出して供給する試みがなされた。アメリカのグループは米国カルフォルニア州でフサコケムシの養殖を行い、年間100〜200gの19を供給する

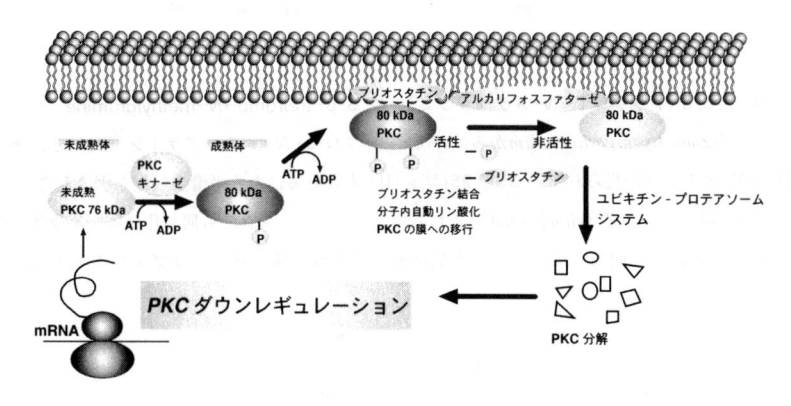

図1　ブリオスタチンの作用メカニズム

ことに成功した。20枚の0.5m²の塩化ビニール製の穴あきパネルを組み合わせて7mに及ぶ海中敷設可能な構造体を作り，海岸沿いの孵化場で15枚のパネルにコケムシの幼生数万匹を付着させて3〜6週間成長させた後，海中に沈設した。4ヶ月後，そのうち6枚から1m²あたり湿重量で2.88kgのフサコケムシを収穫した。重要なことは養殖したコケムシが産生した19は野生種から得られたものと全く同一であったということである。計算すると72枚のパネルを組み付けた構造体約200基で年間100〜200gの19を供給することが可能となった。これだけの量の19の供給は化学合成に要する費用のほんの一部で可能である[21]。一方，有機合成化学者らのアプローチでは活性を維持しつつ，かつできるだけ簡略な構造で化学合成の労力を減らす試みが特筆される。19の活性発現には分子下側の骨格が重要で，上部については簡略化できることが判明し，このコンセプトでより簡略化された分子22が合成された[22]。19と22のPKCに対する阻害活性はそれぞれK_i=1.35および3.4nMである[23]。

8.1.9 チャーテリン類（chartellin）

コケムシ*Chartella papyracea*からはβ-ラクタム環を有するインドールアルカロイド，チャーテリンA（23）とチャーテラミドA（24）が報告された。24については化学合成まで行われているが，生物活性については23が弱い細胞毒性が報告されているのみである[24]。

8.1.10 2, 5, 6-トリブロモ-*N*-メチルグラミン（2, 5, 6-tribromo-*N*-methylgramine）

コケムシ*Zoobotryon verticillatum*からは2,5,6-トリブロモ-*N*-メチルグラミン（25）と，その側鎖の*N*-オキシドが得られている[25]。25はCa(II)流入阻害による平滑筋収縮を引き起こす[26]。さらに日本産コケムシ*Z. pellucidum*から，付着阻害スクリーニングでも同じ化合物が単離報告され，近年海洋汚染で問題となっている船底塗料に含まれる防染剤，トリブチルチンオキシド

第2章　医薬素材および研究用試薬

(TBTO) の約10倍の付着阻害活性を示す[27]。25の付着阻害活性はセロトニン作動性ニューロンを阻害することで発現されるものと考えられている[28]。

8.1.11 アマタマイド類 (amathamide)

タスマニア島沿岸に生息するコケムシ*Amathia wilsoni*からはアマタマイドA (26)-Fとが，*Hincksinoflustra denticulata*からはヒンクデンタインA (hinckdentine A：27) が報告された[29]。これらについての生物活性の報告はまだない。

8.1.12 セファロスタチン類 (cephalostatin)

インド洋産半索動物*Cephalodiscus gilchristi*から単離されたセファロスタチン1 (28) はステロイド2分子がピラジン環を介して二量化した細長い分子である。マウス白血病細胞P388に対する細胞毒性はED$_{50}$1〜100fg/mLと非常に強力な値を示す[30]。一方，伊豆半島産群体ホヤ*Ritterella tokioka*より類似のステロイド二量体が報告された[31]。主要成分でかつ最強の毒性をもつ，リテラジンB (ritterazineB：29) はマウス白血病細胞P388に対してIC$_{50}$0.15ng/mLの細胞毒性を示す。セファロスタチンやリテラジン類は非常に多くの類縁体が存在し，それぞれ19および26種類が報告されている。28および29については*in vivo*での試験が行われたが，毒性があまりにも強力で良好な結果は得られなかった。

抗がん剤の候補にはならなかったがその強力な活性と特異な構造は多くの興味が持たれた。28は細胞周期においてCDK4 (cyclin-dependent kinase 4) に対してIC$_{50}$20μg/mLの値で阻害することがわかった。CDK4はサイクリンDと結合し，プロテインキナーゼとして活性化されRbタンパク質をリン酸化することにより，E2Fなどの転写因子を活性化し，細胞をS期へと誘導する。28がCDK4の働きを抑えるということは細胞周期をG1で止めるということである[32]。また別の研究グループは28がミトコンドリアシグナル伝達分子であるSmac/DIABLO (second mitochondria-derived activator of caspase/direct inhibitor of apotosis-binding protein with a low isoelectric point) を経由したレセプター非依存性アポトーシスを誘導することを明らかにした[33]。また29については細胞周期をG1よりもむしろG2/Mで止め，未解明の抗有糸分裂性メカニズムを介したアポトーシスを誘導することが示された[34]。しかしながらこれらの強力な細胞毒性の本質

海洋生物成分の利用

28

29

を裏付けるまでには至っておらず，今後の研究展開が期待される．

8.2 その他
8.2.1 アナバセインおよびネメルテリン

大西洋産紐形動物ヒモムシ目（異紐虫類）に属する*Amphiporus lactifloreus*にはアンフィポリン（amphiporine）と命名された毒液成分を含むことがベルギーの薬理学者によって初めて報告された．1930年代に，この水溶性粗抽出物には脊椎動物の骨格筋や自律神経中枢系に対して典型的なニコチン様作用を示すことが明らかにされた．それから約30年後，太平洋産異紐虫類*Paranemertes peregrina*からアナバセイン（anabaseine：30）が単離報告され，*A. lactifloreus*にも痕跡量含まれていることが確認された．最近のガスクロマトグラフィーによる分析の結果，この種のピリジン類縁体が数種類含まれ，アンフィポリンの活性は複数のピリジン類縁体の混ざったものとして発現されることが判明した[35]．もっとも多く分布している種は*Amphiporus angulatus*で，北西大西洋や北太平洋に広く生息している．この紐形動物には2種類のアルカロイドが主要成分として含まれていて，30の含有量は低かった．一種は神経毒の主要成分である2,3'-ビピリジル（2,3'-bipyridyl：31）で，血管に直接注入することでザリガニをマヒさせる．31は活性が30より4倍強力であるがマウスには無毒である．もう一種はネメルテリン（nemertelline：32）で，もっとも含有量が多いアルカロイドであるが甲殻類およびマウスに対して無毒であった．一方，30は無脊椎動物，脊椎動物双方に対し神経毒性を示す．このようにこれらの化合物の構造と活性の関係は非常に複雑である．

第 2 章　医薬素材および研究用試薬

30　　**31**　　**32**　　**34**

33

　発見当初から30はニコチン様作用を示すことがわかっていたので，脳神経疾患の克服に向けた研究が展開された。脳神経疾患の中でもアルツハイマー病は初老期（45〜64歳）に発病する進行性の変性疾患で，高度の痴呆をきたして人格が崩壊し，やがて死に至る恐ろしい病気である。その原因として最も注目されている原因の一つとして，ニコチン性アセチルコリン受容体レベルの大幅な減少がある。これに比べてムスカリン性受容体や他の受容体レベルはニコチン性受容体ほどの減少は起きていない。30はニコチン（nicotine：33）のアゴニストで，これに結合する主要なニコチン性受容体のサブタイプはα7サブユニットからなるホモオリゴマーである[36]。30は33に比べて受容体の結合部位に対する親和性はかなり低く，複数のアロステリック部位に結合する可能性が示されている。30をリード化合物として多くの誘導体が合成され，その活性をスクリーニングした結果，DMXBA〔3-（2,4-dimethoxybenzylidene）anabaseine；34，コードネームGST-21〕が開発され，現在フェーズIの臨床試験に入っている[37]。34はラットにおいてα7ニコチン性受容体に対して選択的なアゴニストとして働く一方で，α4-β2受容体の中程度のアンタゴニストとしても作用する。さらにβ-アミロイドに露出もしくはNGFを除去した培養神経細胞に対し，神経保護作用も示すことが確認された。33にもこのような神経保護作用があるが，耽溺性などの問題がある。しかしながら34は33よりもはるかに毒性が低く，投与にあたって自律神経系や骨格筋に影響を及ぼさずに認識行動を促進させる。フェーズIの臨床試験では経口による大量投与が副作用を伴わず，その安全性が認められた。健康な成年男子における心理試験において，34は幾分かの記憶能力向上に寄与することが指摘されている。また34はそのα7ニコチン性受容体アゴニスト作用で動物モデルにおける聴覚ゲーティングを促進する作用も認められ，精神分裂病患者の認知，知覚障害の治療薬としての候補となっている[38]。

8.2.2　フラストラミン類（flastramine）

　フラストラミンA（35）およびB（36）はコケムシ*Flustra foliacea*から単離された特異なピロロ（2,3-b）インドール骨格を有するアルカロイドで筋弛緩作用がある。35および36はラット横隔膜収縮に対し，それぞれED_{50}59および63ng/mLの値を示す[39]。ピロロ（2,3-b）インドール骨格はアフリカ西部のカラバル地方に野生しているマメ科植物（Leguminosae）のフィゾスチグマ

(*Physostigma verenosum*) の実（カラバル豆）の有毒成分であるフィゾスチグミン（37：physostigmine）によって1925年に初めて世にその構造が知られた[40]。37はアセチルおよびブチルコリンエステラーゼに対して可逆的阻害活性を有し，副交感神経の興奮作用と骨格筋の収縮を起こすことが知られ，緑内障の治療に用いられてきた。ここ20年間，37はアルツハイマー病の予防治療に向けた臨床試験が検討された。37をもとにフェンセリン（phenserine：38）とシムセリン（cymserine：39）の2種類が開発され，38は脳内においてアセチルコリンエステラーゼとβ-アミロイド斑沈着を抑制し，現在フェーズⅢの臨床試験に突入した[41]。アセチルコリンエステラーゼとブチルコリンエステラーゼは65%以上のホモロジーがあり，共に体内では普遍的に存在する酵素である。38はアセチルコリンエステラーゼ，39はブチルコリンエステラーゼをそれぞれ選択的に阻害する。ブチルコリンエステラーゼはアルツハイマー病患者の脳内での発現量が増大していることがわかり，これがさらに症状を進行させることも指摘されている。現在，39は前臨床試験段階に入っている。

文　献

1) 橋本芳郎，魚貝類の毒，学会出版センター，東京，p.305（1977）
2) 安元健，海洋生物資源の有効利用，シーエムシー，東京，p.216（1986）
3) 比嘉辰雄，海洋資源と医薬品I，廣川書店，p.91（1991）
4) S. J. Lee *et al.*, *J. Agric. Food Chem.*, **51**, 2646（2003）
5) T. Higa *et al.*, *Tetrahedron*, **31**, 2379（1975）

6) Y. M. Sheikh et al., *Experientia*, **31**, 265 (1975)
7) L. Aguis et al., *Pure Appl. Chem.*, **51**, 1847 (1979) ; A. Pelter et al., *J. Chem. Soc. Chem.Commun.*, 999 (1976) ; A. Pelter et al., *Tetrahedron Lett.*, **1**, 1881 (1978) ; J. A. Ballantine et al., *J. Chem. Soc. Perkin Trans. I*, 1080 (1980) ; M. De Nicola Giudici et al., *Mar. Biol.*, **78**, 271 (1984)
8) L. Agius et al., *Comp. Biochem. Physiol.*, **63B**, 109 (1984) ; L. Cariello et al., *Gamete Res.*, **5**, 161 (1982)
9) G. Prota et al., *J. Chem. Soc. Perkin Trans. I*, 1614 (1972)
10) J. S. Carle et al., *J. Am. Chem. Soc.*, **102**, 5107 (1980) ; J. S. Carle et al., *Contact Dermatitis*, **8**, 43 (1982)
11) S. W. Ayer et al., *J. Org. Chem.*, **49**, 3869 (1984) ; M. Tischler et al., *Comp. Biochem. Physiol.*, **84B**, 43 (1986)
12) B. Carte et al., *J. Org. Chem.*, **48**, 2314 (1983) ; N. Lindquist et al., *Experientia*, **47**, 504 (1991) ; A. J. Blackman et al., *Aust. J. Chem.*, **47**, 1625 (1994)
13) H. H. Wasserman et al., *Tetrahedron Lett.*, **9**, 641 (1986) ; S. Matsunaga et al., *Experientia*, **42**, 84 (1986)
14) M. S. Melvin et al., *J. Org. Chem.*, **64**, 6861 (1999)
15) S. Borah et al., *J. Am. Chem. Soc.*, **120**, 4557 (1998) ; M. S. Melvin et al., *J. Inorg. Biochem.*, **87**, 129 (2001)
16) K. Tanigaki et al., *FEBS Lett.*, **527**, 37 (2002)
17) G. R. Pettit et al., *J. Am. Chem. Soc.*, **104**, 6846 (1982) ; G. R. Pettit, *J. Nat. Prod.*, **59**, 812 (1996) ; 釜野徳明, 海洋資源と医薬品I, 廣川書店, p.111 (1991) ; K. J. Hale et al., *Nat. Prod. Rep.*, **19**, 413 (2002)
18) R. M. Mohammad et al., *Anti-Cancer Drugs*, **12**, 735 (2001)
19) J. D. Winegarden et al., *Lung Cancer*, **39**, 191 (2003) ; F. Nezhat et al., *Gynecol. Oncol.*, **93**, 144 (2004)
20) R. Etcheberrigaray et al., *Proc. Natl. Acad. Sci. USA*, **101**, 11141 (2004)
21) D. Mendola, *Biomol. Eng.*, **20**, 441 (2003)
22) P. A. Wender et al., *J. Am. Chem. Soc.*, **120**, 4534 (1998)
23) P. A. Wender et al., *Proc. Natl. Acad. Sci. USA*, **95**, 6624 (1998)
24) L. Chevolot et al., *J. Am. Chem. Soc.*, **107**, 4542 (1985) ; U. Anthoni et al., *J. Org. Chem.*, **52**, 4709 (1987) ; U. Anthoni et al., *J. Org. Chem.*, **52**, 5638 (1987) ; J. L. Pinder et al., *Tetrahedron Lett.*, **44**, 4141 (2003)
25) A. Sato et al., *Tetrahedron Lett.*, **24**, 481 (1983)
26) S. Iwata et al., *Eur. J. Pharmacol.*, **432**, 63 (2001)
27) K. Kon-ya et al., *Fish. Sci.*, **60**, 773 (1994)
28) H. Yamamoto et al., *J. Exp. Zool.*, **275**, 339 (1996)
29) A. J. Blackman et al., *Aust. J. Chem.*, **40**, 1655 (1987) ; A. J. Blackman et al., *Tetrahedron Lett.*, **28**, 5581 (1987)

30) G. R. Pettit *et al.*, *J. Am. Chem. Soc.*, **110**, 2006 (1988) ; G. R. Pettit *et al.*, *J. Nat. Prod.*, **61**, 955 (1998)
31) S. Fukuzawa *et al.*, *J. Org. Chem.*, **60**, 608 (1995) ; S. Fukuzawa *et al.*, *J. Org. Chem.*, **62**, 4484 (1997)
32) A. Kubo *et al.*, *Clin. Cancer Res.*, **5**, 4279 (1999)
33) V. M. Dirsch *et al.*, *Cancer Res.*, **63**, 8869 (2003)
34) T. Komiya *et al.*, *Cancer Chemother. Pharmacol.*, **51**, 202 (2003)
35) W. R. Kem *et al.*, *Hydrobiologia*, **456**, 221 (2001) ; W. R. Kem, *Hydrobiologia*, **156**, 145 (1988)
36) W. R. Kem *et al.*, *J. Pharamcol. Exp. Ther.*, **283**, 979 (1997)
37) W. R. Kem, *Behav. Brain Res.*, **113**, 169 (2000)
38) L. F. Martin *et al.*, *Psychopharmacol.*, **174**, 54 (2004) ; C. Stokes *et al.*, *Mol. Pharmacol.*, **66**, 14 (2004)
39) J. S. Carle *et al.*, *J. Org. Chem.*, **45**, 1586 (1980)
40) 船山信次, アルカロイド-毒と薬の宝庫, 共立出版, p.80 (1998)
41) J. Evans, *Chem. Br.*, 47 (2001)

9 棘皮動物

宮本智文*

9.1 はじめに

棘皮動物（きょくひどうぶつ）は純海産の底生生物でウミユリ綱，ヒトデ綱，クモヒトデ綱，ウニ綱，ナマコ綱に分類される。海洋無脊椎動物の中でも目立つ存在であり，人類と棘皮動物の関わりは古く，中薬大辞典にもヒトデは海燕（カイエン：本草綱目），ウニは海胆（カイタン：本草原始），ナマコは海参（カイジン：本草綱目：本草従新）として記載されている[1]。棘皮動物の中でも一部のウニ，ナマコは貴重な食用資源として珍重されているが，オニヒトデやキンコ科のナマコであるグミは周期的に大発生し漁業に多大な被害を与え，深刻な社会・環境問題に発展している。これら大発生した棘皮動物をバイオマスと考え，肥料としての用途や医薬素材としての有効利用を模索する研究が盛んに行われている。特に，マナマコ *Stichopus japonicus* のサポニンであるホロトキシンは，抗白癬菌作用を有し水虫治療薬として実用化された数少ない海洋天然物である（図1）[2]。

棘皮動物に特徴的な化学成分としてはサポニンやスフィンゴ糖脂質が知られており，しかもこれらの化学成分は棘皮動物体内に豊富に含有される。近年，生物活性を有するサポニン類が魚類ミナミウシノシタ[3]や*Erylus*属の海綿[4]，ヤギ類[5]からも次々に発見され，また，海綿から発見されたスフィンゴ糖脂質のagelasphinが顕著な抗腫瘍活性を有するなど[6]，棘皮動物化学成分の代名詞であったサポニン，スフィンゴ糖脂質は海洋無脊椎動物の有用資源として認識されるようになった。しかし，現在も棘皮動物からは数多くのサポニンやスフィンゴ糖脂質が発見されており，抗菌活性や細胞毒性をはじめとする生物活性も併せて報告されるようになった。本節では棘皮動物の有効利用の観点から，抗菌，抗カビ，抗腫瘍活性など生物活性物質としての棘皮動物の化学成分に関し最近の知見を中心に紹介する。なお，これまでの棘皮動物の化学成分研究については北川[7]，古森[8]，Minale[9]，Stonik[10]らの総説を参照されたい。

9.2 抗菌，抗カビ，抗ウイルス活性物質

9.2.1 ヒトデとクモヒトデ

ヒトデのサポニンとポリヒドロキシステロールの生物活性はMinale，Zolloらのナポリ大学の研究グループによって精力的な研究成果が報告されている。以下にその代表的化合物を紹介する。

Minaleらは，地中海および太平洋のヒトデから単離した24種のヒトデサポニンについて，グラム陽性菌 *Staphylococcus aureus*，グラム陰性菌 *Escherichia coli* Bに対する抗菌活性をペーパーディ

---

* Tomofumi Miyamoto 九州大学 大学院薬学研究院 助教授

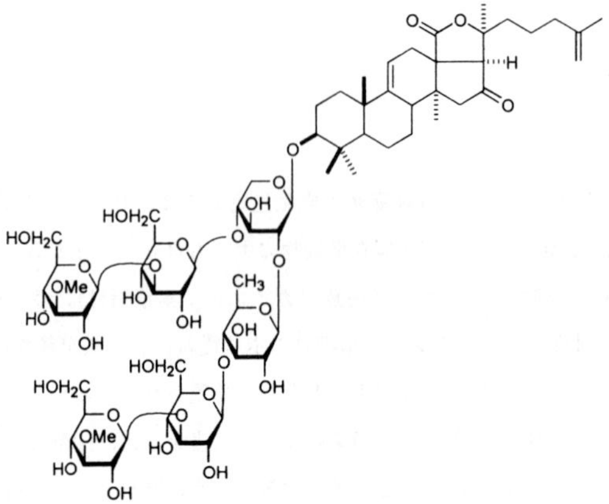

図1 ホトロキシンA

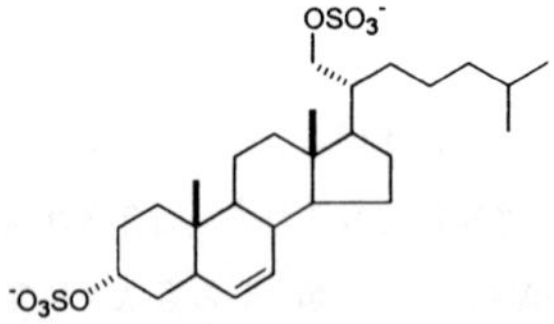

図2 クモヒトデ由来の抗菌性ステロールジサルフェート

スクによる拡散法で評価した。その結果，クモヒトデ *Ophioderma longicaudum* のステロールジサルフェート（図2）が *S. aureus* に対し20μg／discで増殖阻害を示すことを報告している[11]。

また，地中海産のヒトデ *Andontaster conspicus* から単離した13種のステロイドサポニンと6種のポリヒドロキシステロールについてウニ *Odontaster validus* や海綿 *Leucetta leptorhapsis* の表層から分離した海洋性バクテリアに対する増殖阻害活性を検討し，acodontasteroside D，E，I（図3）など半数以上が抗バクテリア活性を有することから，これらの化合物が微生物の付着を防ぐ生態学的な役割を担っているのではないかと推測している[12]。

更に，*Dermasterias imbricata* のポリヒドロキシステロール（図4）が植物病原菌である *Cladosporium cucumerium* に対し1μg以下で強力な増殖阻害活性を示すことを報告している[13]。また，Maierら[14]も，アルゼンチンのパタゴニア海岸で採取したヒトデ *Anasterias minuta* から同植物病原菌に対し抗菌活性を示すステロイドサポニンanasteroside Aおよびversicoside A を報告している。しかし，これらのソルボリシスによって得られる3位の脱硫酸体は不活性であるなど，次項で述べるナマコのトリテルペノイドサポニンとは相反する知見であり興味深い。

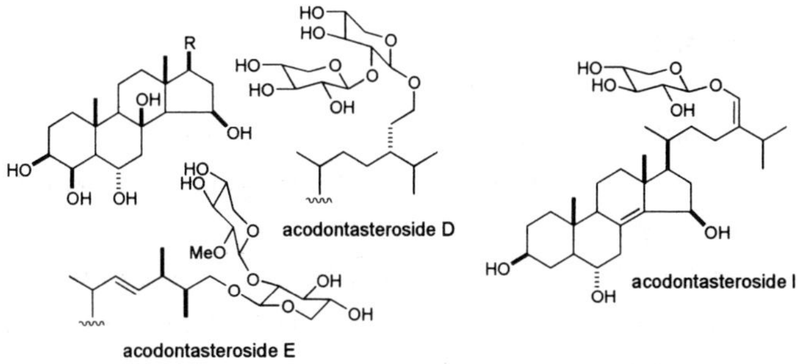

第 2 章　医薬素材および研究用試薬

図3　ヒトデ由来の抗バクテリア性サポニン

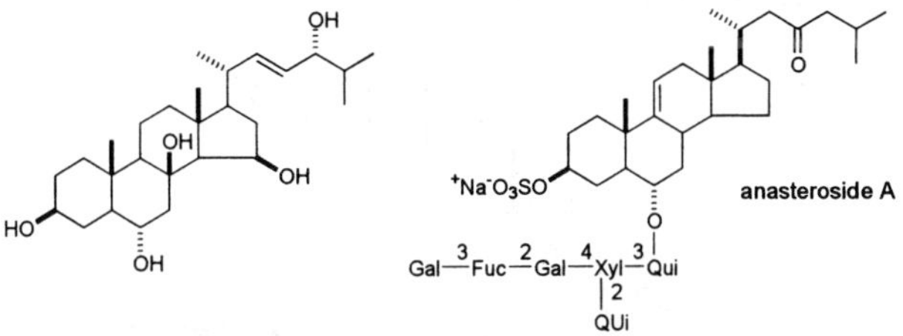

図4　植物病原菌の生育を阻害するポリヒドロキシステロールとステロイドサポニン

　また，Jungらは，韓国で採取したヒトデ*Certonardoa semiregularis*から10種の新規サポニンcertonardosidesを単離，構造決定し，これらのうちcertonardoside IとJは細胞毒性を示さない濃度でヒト単純ヘルペスウィルス（HSV）1および2に対し弱いながらも抗ウィルス活性を示すことを報告している[15]。また，Boydらは，海綿，ヒトデおよびクモヒトデから得られる22種の硫酸化ステロールのヒト免疫不全ウィルス（HIV）-1および-2に対する抗ウィルス活性を検討し，HIV-1の増殖をヒトデ*Tremaster novaecaledonia*から得たポリヒドロキシステロールがEC_{50} 30〜41.8 μMで，クモヒトデ由来のステロールトリサルフェートが86〜241 μMで抑制することを報告している（図5）[16]。

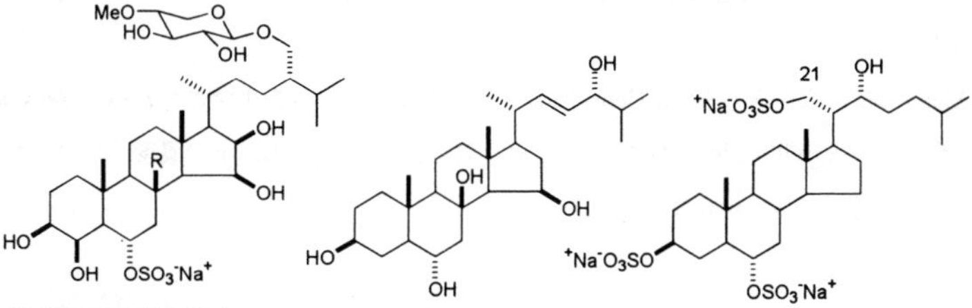

図5　ヒトデ，クモヒトデの抗ウィルス性物質

9.2.2 ナマコの抗菌, 抗ウイルス活性物質

ナマコの抗菌活性は, はじめに述べたホロトキシンに代表されるように顕著な活性を示すものが多い。筆者らが1987年有明海で異常発生し, タイラギ漁に多大の被害を与えたキンコ科のグミ *Cucumaria echinata* から単離した6種のトリテルペノイドサポニンcucumechinoside A-Fおよび3種の脱硫酸体の抗菌活性を検討したところ, 脱硫酸体DS-cucumechinoside AとCに強い活性が確認された (図6および表1)。しかし, 3番目の構成糖がグルコースからキシロースに変わったDS-cucumechinoside Bには全く抗菌活性が認められず, 糖鎖の三次元構造が抗菌活性発現に強く寄与することが示唆される。また, DS-cucumechinosidesはL1210とKB細胞に対してもそれぞれIC_{50} 0.2〜0.3 (L1210) および0.7〜1.2 μg/mLで細胞毒性を示すことから, 抗菌活性と細胞毒性が異なるメカニズムで発現しているものと推定される[17]。

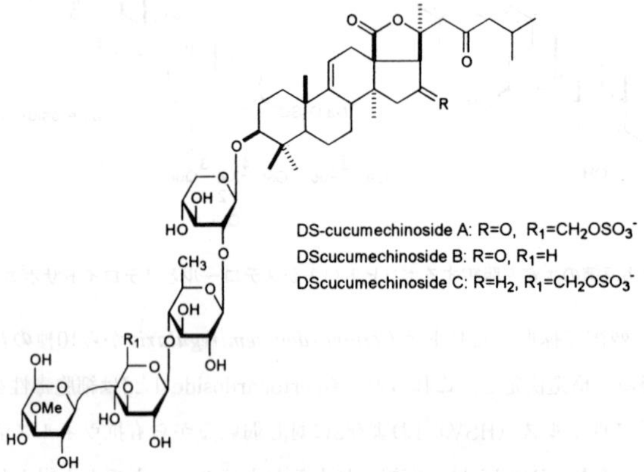

図6 ナマコ類グミの抗菌活性トリテルペノイドサポニン

一方, Maierらがアルゼンチンのマナマコ科のナマコ *Psolus patagonicus* から単離, 構造決定したpatagonicoside Aや *Hemoiedema spectabilis* から単離したhemoiedemoside AとBは植物病原菌 *C. cucumerium* に対し顕著な増殖阻害活性を示すが, 脱硫酸体は阻止円のゾーンが約半分に減弱する (図7)[18]。

更にMaierらは, 大西洋のSouth Georgias島で採取したキンコ科のナマコ *Staurocucumis liouvillei* の2種のサポニンliouvilloside AおよびBにHSV-1に対し10 μg/mL以下の濃度で抗ウィルス活性を示すことを報告している (図8)[19]。

第 2 章　医薬素材および研究用試薬

表1　DS-cucumechinosidesの抗菌活性MIC（μg/mL）と細胞毒性IC$_{50}$（μg/mL）

	DS-Cucu A	DS-Cucu B	DS-Cucu C	Holotoxin A
Trichomonas foetus	2.5	> 20	2.5	1.0
Candida albicans	5.0	> 20	5.0	1.0
Trichophyton mentagrophytes	2.5	> 20	2.5	1.0
Aspergillus niger（FA9959）	1.0	> 20	0.5	0.5
Aspergillus niger（FA24199）	1.0	> 20	0.5	0.5
Penicillium chrsogenum	5.0	> 20	2.5	2.5
L1210	0.34	0.32	0.26	NT
KB	1.2	0.7	1.1	NT

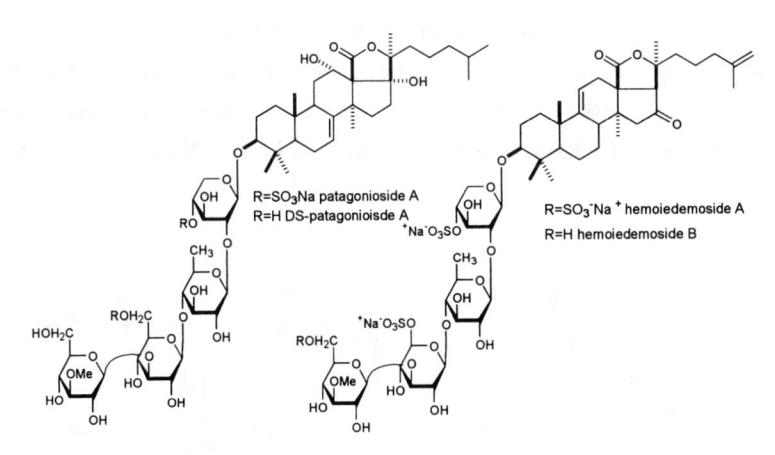

図7　植物病原菌の生育を阻害するナマコのサポニン

9.3　細胞毒性，受精卵卵割阻害物質

　サポニンには，その水溶液を撹拌すると石鹸様の持続性の泡を生じる起泡性の他，溶血性や魚毒性が知られている。これらの諸性質は，両親媒性基を有するサポニンの界面活性作用に基づくものと考えられており，同様に培養細胞に対しても毒性を示すものも少なくない。しかし，ポリヒドロキシステロールの中にはDNAの合成を阻害し細胞周期に作用したり，がん細胞の増殖に関与するチロシンリン酸化活性を阻害するものも報告されている。

9.3.1　細胞毒性，ウニ受精卵卵割阻害物質

　筆者らの研究室では，イトマキヒトデ*Asterina pectinifera*より単離した6種の配糖体pectinio-sides類および5種のポリヒドロキシステロールについてマウス白血病細胞株（L1210）およびヒ

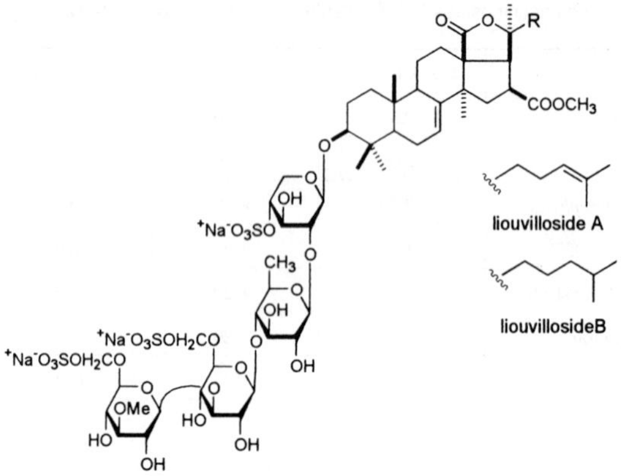

図8 抗ウィルス活性を有するナマコのサポニン

ト鼻咽腔上皮癌株(KB)に対する細胞毒性を検討し、3種の配糖体pectinioside A、CおよびEにIC$_{50}$ 10μg/mLの活性を確認している[20]。さらに、ヒラモミジガイ *Asteropecten latespinosus* より単離した4種のステロイド配糖体latespinoside A−DについてもL1210に対し弱い細胞毒性を確認している(図9)[21]。

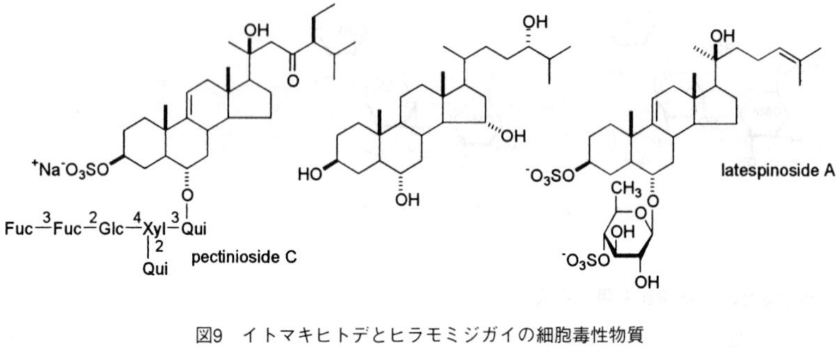

図9 イトマキヒトデとヒラモミジガイの細胞毒性物質

また、Iorizziらは地中海産のEchinasteridae科のヒトデより7種のサポニン、13種のポリヒドロキシステロール配糖体、14種のポリヒドロキシステロールを単離し、非小細胞肺癌株(NSCLC-N6)に対する細胞毒性を検討している。これらのうちantarctioside C, brasilenoside, 24S-methylbrasiliensosideおよび24S-methylpectiniosideはIC$_{50}$ <3.3μg/mLで細胞毒性を示す。また、3種のポリヒドロキシステロールについては、フローサイトメトリーによる解析でG$_1$期をブロックするサイトスタティックな作用を報告している(図10)[22]。なお、これらのポリヒドロ

第 2 章　医薬素材および研究用試薬

キシステロールについてはSodanoらが医薬シーズとしてジオスゲニンから化学合成に成功している[23]。

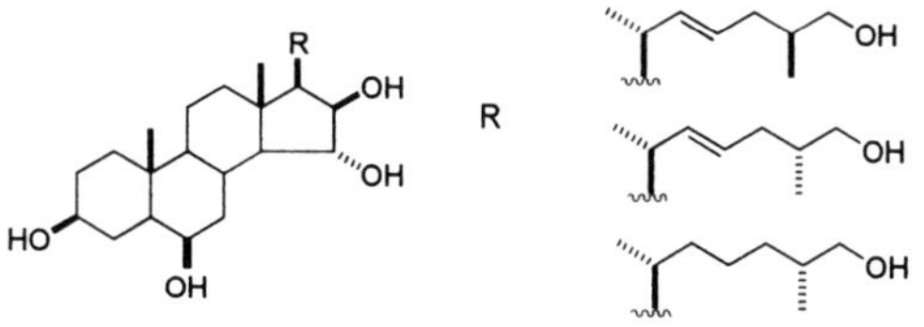

図10　G$_1$期をブロックするヒトデのポリヒドロキシステロール

Kichaらは，フィリピンで採取した深海性のヒトデ *Mediaster murrayi* からウニ受精卵卵割阻害活性を有するmediasteroside類を報告している．Mediasteroside M1とM2はそれぞれ25および100 μM で *S. intermedius* の受精卵卵割を100%阻害し，さらにこれらのサポニン類には溶血活性も認められている（図11）[24]。

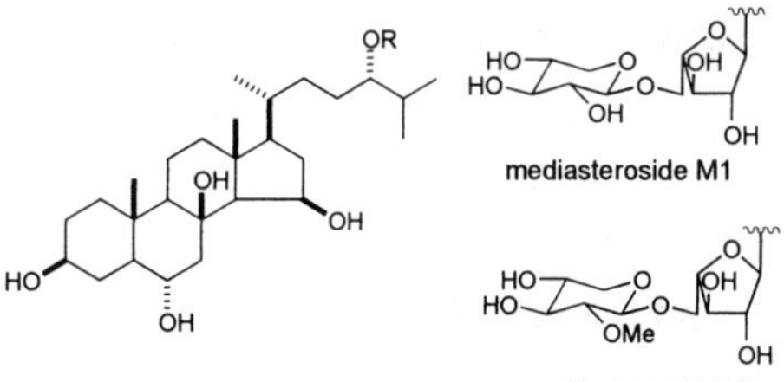

図11　ウニ受精卵卵割阻害作用を示すステロイドサポニン

また，Schmitzらは，細胞増殖制御の重要なシグナル伝達に関与するチロシンリン酸化酵素（PTK）阻害活性を指標にパラオ産のクモヒトデ *Ophiarachna incrassata* から5種のステロールサルフェートを報告し，2種のトリサルフェート体に強いPTK阻害活性（IC$_{50}$ 11, 12 μM）があることを報告している（図12）[25]。

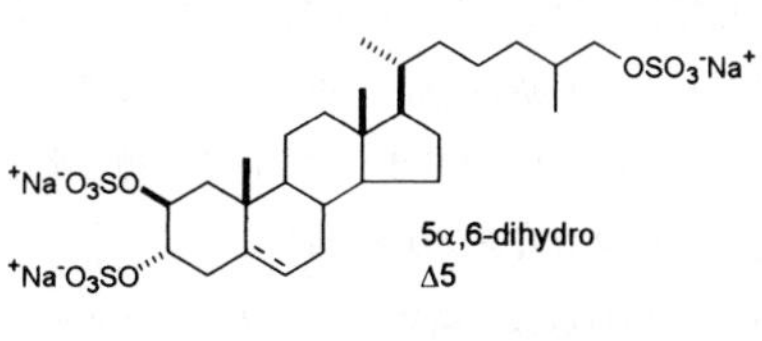

図12　PTK阻害活性を有するステロールトリサルフェート

また，Rinehartらは，L1210に対し$2\mu g/mL$で細胞毒性を示す5種のスフィンゴ糖脂質ophidi-acerebroside類をスペイン産の大型ヒトデ*Ophidiaster ophidiamus*から単離，構造決定している（図13）[26]。

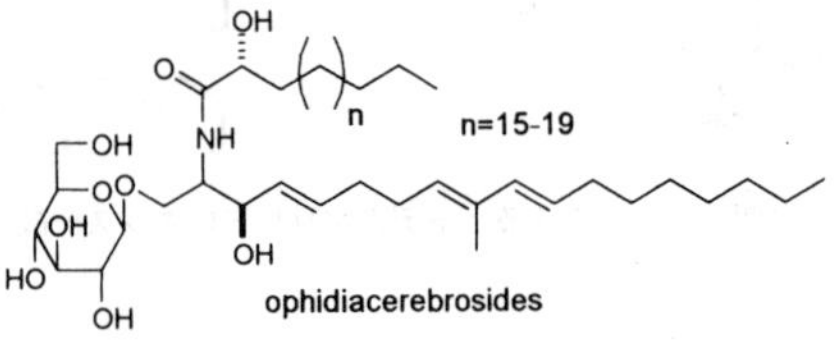

図13 細胞毒性を有するヒトデのセレブロシド

9.4 神経突起伸展作用物質

筆者らの研究室では，数年来棘皮動物のスフィンゴ糖脂質に関する化学構造研究を行うとともに，永井らが報告したほ乳類ガングリオシドGQ_{1b}の神経機能活性化作用に着目し[27]，棘皮動物ガングリオシドの神経突起伸展作用について研究を行っている。本項ではスフィンゴ糖脂質の中でも特にN-アセイルノイラミン酸（NeuAc）やN-グリコリルノイラミン酸（NeuGc）などのシアル酸を含有するガングリオシドの生物活性について紹介する。なお，棘皮動物スフィンゴ糖脂質の分離精製法，構造研究及び生物活性に関しては樋口の総説を参照されたい[28]。

9.4.1 神経突起伸展作用を示すヒトデガングリオシド

ムラサキヒトデ*Asterias amurensis*由来のGAA-7はマウス神経芽腫瘍細胞Neuro2aに対し0.01μMで約半数の細胞に神経突起伸展作用を示し[29]，アオヒトデ*Linckia laevigata*由来のLLG-3[30]は神経成長因子（NGF）存在下，ラット副腎髄質由来褐色細胞腫PC-12に対し哺乳類ガングリオシドGM_1に匹敵する神経突起進展作用を示す。また，オニヒトデ*Acanthaster planci*由来のAG-2[31]やヒラモミジガイ*A. latespinosus*由来のLG-2[32]も同様な活性を示すが，オリゴ糖鎖末端にシアル酸を有するガングリオシドにより強い活性が認められる[33]。また，イトマキヒトデ*A. pectinifera*由来のガングリオシドGP-2はラット胎児大脳皮質培養細胞に対して$1\mu g/mL$の濃度でGM_1を上回る強い細胞生存維持作用を示し，作用発現メカニズムに興味が持たれる[34]。また，沖縄で採取したウデフリクモヒトデ*Ophiocoma scolopendrina*からもOSG-1，2などのガングリオシドを得ており，これらにもヒトデガングリオシドと同様の神経突起伸展作用が期待される[35]。

9.4.2 神経突起伸展作用を示すナマコガングリオシド

ナマコ由来のガングリオシドの特徴は，糖鎖末端にフコピラノースを有するものの他，グミ*C. echinata*から得られたCG-1[36]やトラフナマコ*Holothuria pervicax*由来のHPG-3，-7および-8[37]，ニセクロナマコ*Holothuria leucopilota*由来のHLG-1および2[38]の様に糖鎖末端にN-グリコリル

第2章 医薬素材および研究用試薬

ノイラミン酸を有するガングリオシドも発見され，これらガングリオシドにもPC-12細胞に対し神経突起伸展作用が確認されている[33]。

9.4.3 神経突起伸展作用を有するウミユリのシアル酸含有スフィンゴリン糖脂質

ニッポンウミシダ *Comanthus japonica* からはヒトデやナマコと異なり高極性糖脂質成分としてCJP-2，-3などのイノシトールリン脂質が発見された。CJP-2および-3もNGF存在下PC-12細胞に対し10μg/mLの濃度で顕著な神経突起伸展作用を示す（図14）[38]。

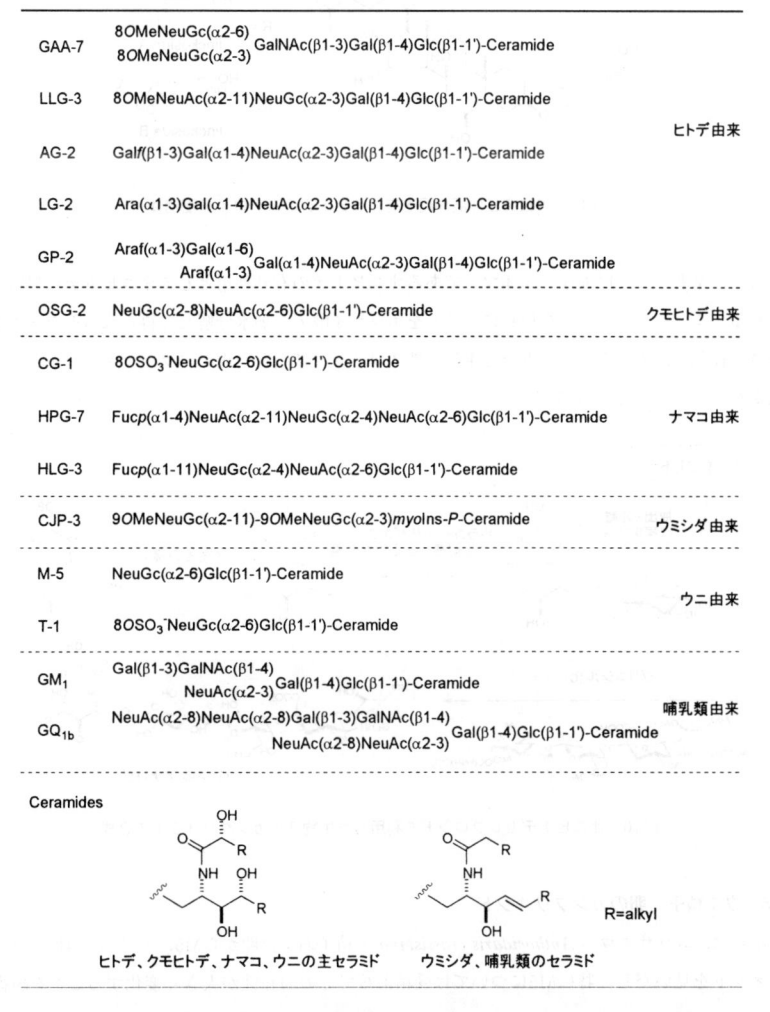

GAA-7	8OMeNeuGc(α2-6) 8OMeNeuGc(α2-3) GalNAc(β1-3)Gal(β1-4)Glc(β1-1')-Ceramide	
LLG-3	8OMeNeuAc(α2-11)NeuGc(α2-3)Gal(β1-4)Glc(β1-1')-Ceramide	
AG-2	Gal*f*(β1-3)Gal(α1-4)NeuAc(α2-3)Gal(β1-4)Glc(β1-1')-Ceramide	ヒトデ由来
LG-2	Ara(α1-3)Gal(α1-4)NeuAc(α2-3)Gal(β1-4)Glc(β1-1')-Ceramide	
GP-2	Ara*f*(α1-3)Gal(α1-6) Ara*f*(α1-3) Gal(α1-4)NeuAc(α2-3)Gal(β1-4)Glc(β1-1')-Ceramide	
OSG-2	NeuGc(α2-8)NeuAc(α2-6)Glc(β1-1')-Ceramide	クモヒトデ由来
CG-1	8*O*SO$_3^-$NeuGc(α2-6)Glc(β1-1')-Ceramide	
HPG-7	Fuc*p*(α1-4)NeuAc(α2-11)NeuGc(α2-4)NeuAc(α2-6)Glc(β1-1')-Ceramide	ナマコ由来
HLG-3	Fuc*p*(α1-11)NeuGc(α2-4)NeuAc(α2-6)Glc(β1-1')-Ceramide	
CJP-3	9OMeNeuGc(α2-11)-9OMeNeuGc(α2-3)*myo*Ins-*P*-Ceramide	ウミシダ由来
M-5	NeuGc(α2-6)Glc(β1-1')-Ceramide	ウニ由来
T-1	8*O*SO$_3^-$NeuGc(α2-6)Glc(β1-1')-Ceramide	
GM$_1$	Gal(β1-3)GalNAc(β1-4) NeuAc(α2-3) Gal(β1-4)Glc(β1-1')-Ceramide	哺乳類由来
GQ$_{1b}$	NeuAc(α2-8)NeuAc(α2-8)Gal(β1-3)GalNAc(β1-4) NeuAc(α2-8)NeuAc(α2-3) Gal(β1-4)Glc(β1-1')-Ceramide	

Ceramides

ヒトデ、クモヒトデ、ナマコ、ウニの主セラミド　　ウミシダ、哺乳類のセラミド　　R=alkyl

図14　神経突起伸展作用を有する棘皮動物のガングリオシド

9.4.4 その他

小鹿らは，PC-12細胞を用いたNGF様作用物質の探索研究において，沖縄産のアオヒトデより2種のステロイド配糖体linckoside AとBを発見している．特に，linckoside B は40μMではNGFの作用を増強するばかりでなく，単独でもNGFに匹敵する神経突起伸展作用を示す(図15)[40]．

図15 神経突起伸展作用を有するヒトデのステロイド配糖体

また，筆者らは，巨大なバイオマスであるオニヒトデの有効利用としてオニヒトデに豊富に含まれるグルコセレブロシドを原料に，これをホラガイ酵素で加水分解して得られるセラミドを化学誘導体化し，ガングリオシドなど生物活性スフィンゴ糖脂質合成のアクセプター分子としての活用を報告している（図16)[41]．

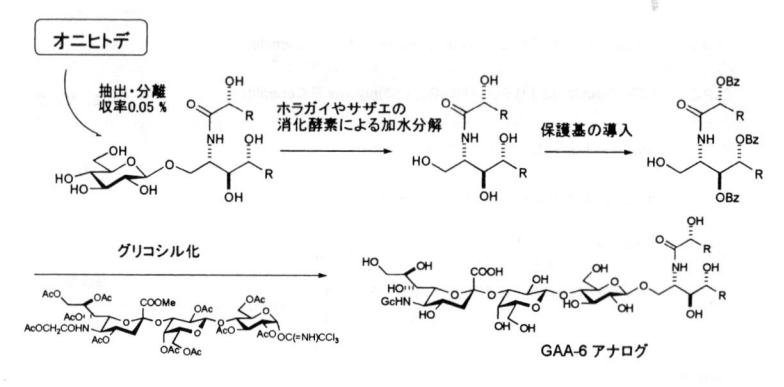

図16 オニヒトデセレブロシドを利用した生物活性ガングリオシドの合成

9.5 ウニ精子，卵のガングリオシド

星らは，ムラサキウニ *Anthocidaris crassispina* の精子および卵からM5，T1[42]など4種のガングリオシドを見いだし，特にM5については受精前後でその局在性が大きく変化することを組織免

第 2 章 医薬素材および研究用試薬

疫染色法により解析している[43]。

9.6 先体反応に関与する生理活性サポニン

星らは，キヒトデ卵ゼリー層より先体反応誘起物質（ARIS）として3種のステロイド配糖体 Co-ARIS Ⅰ, ⅡおよびⅢを発見している。Co-ARISは硫酸化糖タンパク質であるARISを共存させた海水中で精子の先体反応を誘起する。また，Co-ARIS ⅠとⅢはastrerosaponin 1および4と同一物質であり，これらには放卵や卵成熟抑制活性も報告されている。Co-ARIS先体反応に関する詳細は星の総説を参照されたい（図17）[44]。

図17　先体反応に関するステロイドサポニン

9.7 忌避，付着阻害物質

高橋らは，エゾバフンウニ Strongylocentrotus nudus に忌避行動を起こすポリヒドロキシステロールを北海道産のヒトデ Plazaster borealis から同定している[45]。また，Zolloらは，メキシコ湾の深海性ヒトデ Goniopecten demonstrans から3種のステロイドサポニンgoniopectenoside A-Cを単離，構造決定し，これらに顕著な褐藻類の付着阻害活性があることを報告している（図18）[46]。

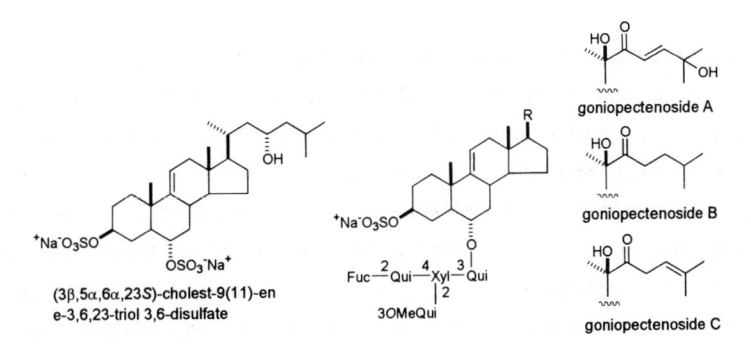

図18　忌避，付着阻害作用を有するヒトデのステロイド

9.8 その他

　Andersenらは，イソギンチャクに遊泳行動を誘引するイソキノリンアルカロイドimbricatineをヒトデ *Dermasterias imbricata* から単離，構造決定している。さらに，imbricatineはL1210に対し顕著な細胞毒性を示し，P388担がんマウスに対し延命率139%の抗腫瘍活性を示す[47]。また，上村らは，深海性のウニ *Echinocardium cordatum* からマウスに急性毒性を示すhedathiosulfonic acid AおよびBを報告している[48]。また，Hegdeらは，ケモカイン受容体5の特異的阻害剤として2種のナマコサポニンをインド産のナマコ *Telenata ananas* から発見している（図19）[49]。

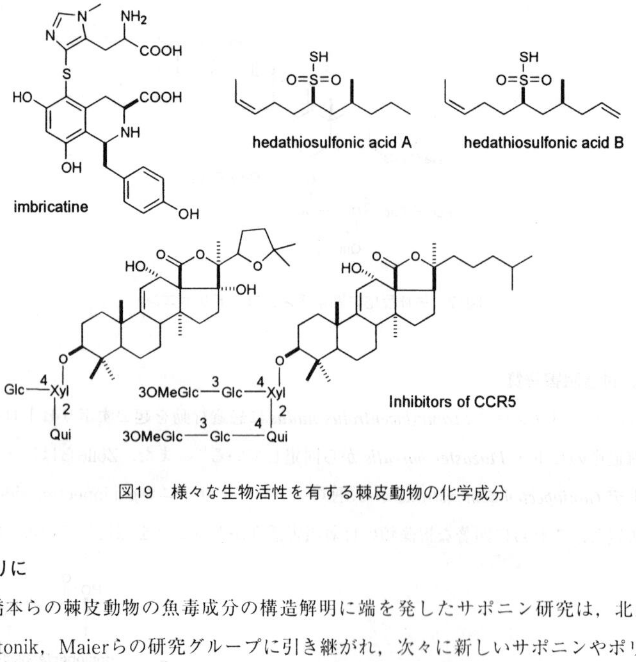

図19　様々な生物活性を有する棘皮動物の化学成分

9.9 おわりに

　山内，橋本らの棘皮動物の魚毒成分の構造解明に端を発したサポニン研究は，北川，古森，Minale, Stonik, Maierらの研究グループに引き継がれ，次々に新しいサポニンやポリヒドロキシステロールおよびその配糖体の構造が明らかにされた。また，杉田，Kochetkovらのヒトデガングリオシド研究は，樋口らによりナマコ，ウミユリおよびクモヒトデのガングリオシド研究に発展し，ほ乳類にはないユニークな糖鎖構造を有するガングリオシドの構造が明らかにされた。これら棘皮動物のサポニンやスフィンゴ糖脂質に関する研究は，新しい生物活性の発見による医薬シーズとしての有効利用のみならず，ヒトデやナマコ，ウニ体内での生理機能を明らかにすることで，今後，生命活動の根元である受精，生殖，発生，再生などの生命現象解明のためのツールとなることが期待される。

第 2 章　医薬素材および研究用試薬

文　　献

1) 上海科学技術出版者小学館編, 中薬大辞典, 小学館, 第1巻, p. 194, 214, 219 (1985)
2) I. Kitagawa *et al.*, *Chem. Pharm. Bull.*, **26**, 3722 (1978) ; I. Kitagawa *et al.*, *Chem. Pharm. Bull.*, **29**, 1951 (1981) ; I. Kitagawa *et al.*, *Chem. Pharm. Bull.*, **29**, 1942 (1981)
3) K. Tachibana *et al.*, *Toxicon*, **26**, 839 (1988)
4) Y. Kashman *et al.*, *J. Nat. Prod.*, **52**, 167 (1989) ; L. Minale *et al.*, *Tetrahedron*, **48**, 491 (1992) ; P. Crews *et al.*, *Tetrahedron Lett.*, **35**, 7501 (1994) ; P. Stead *et al.*, *Bioorg. Med. Chem. Lett.*, **10**, 661 (2000) ; J. Shin *et al.*, *J. Nat. Prod.*, **64**, 767 (2001) ; N. Fusetani *et al.*, *J. Nat. Prod.*, **65**, 411 (2002)
5) N. Fusetani *et al.*, *Tetrahedron Lett.*, **28**, 1187 (1987)
6) T. Natori *et al.*, *Tetrahedron*, **50**, 2771 (1994)
7) 北川勲, 化学総説・海洋天然物化学, 後藤俊夫ら編, 日本化学会 p. 201 (1979)
8) 古森徹哉, 化学増刊・海洋天然物化学, 北川勲編, 111化学同人, p. 165 (1987) ; 古森徹哉, 薬学雑誌, **113**, 198 (1993) ; 古森徹哉, 続医薬品の開発, 塩入孝之, 大泉康編, 廣川書店, 第10巻, p. 65 (1991)
9) L. Minale *et al.*, *Studies in Natural Products Chemistry*, **15**, 43 (1995)
10) V. A. Stonik *et al.*, In Bioorganic Marine Chemisty, P. J. Scheuer Ed., Springer, Berlin, Vol. 2, p. 43 (1988) ; V. I. Kalinin, *et al.*, Echinoderm Studies, M. Jangoux, J, M. Lawrence Eds., A. A. Balkema, Rotterdam, Vol. 5, p. 139 (1996)
11) L. Minale *et al.*, *Toxicon*, **27**, 179 (1989)
12) F. Zollo, *et al.*, *J. Nat. Prod.*, **60**, 959 (1997)
13) L. Minale *et al.*, *J. Nat. Prod.*, **53**, 366 (1990)
14) S. Maier *et al.*, *J. Nat. Prod.*, **65**, 153 (2002)
15) J-H. Jung *et al.*, *J. Nat. Prod.*, **65**, 1649 (2002)
16) M. R. Boyd *et al.*, *J. Med. Chem.*, **37**, 793 (1994)
17) T. Miyamoto *et al.*, *Liebigs Ann. Chem.*, 453 (1990)
18) S. Maier *et al.*, *Tetrahedron*, **57**, 9563 (2001) ; S. Maier *et al.*, *J. Nat. Prod.*, **65**, 860 (2002)
19) S. Maier *et al.*, *J. Nat. Prod.*, **64**, 732 (2001)
20) R. Higuchi *et al.*, *Liebigs Ann. Chem.*, 1185 (1988) ; M.-A. Dubois *et al.*, *Liebigs Ann. Chem.*, 845 (1988)
21) R. Higuchi *et al.*, *Liebigs Ann. Chem.*, 837 (1996)
22) M. Iorizzi *et al.*, *Tetrahedron*, **52**, 10997 (1996)
23) G. Sodano *et al.*, *J. Org. Chem.*, **63**, 4438 (1998)
24) A. A. Kicha *et al.*, *J. Nat. Prod.*, **62**, 279 (1999)
25) X. Fu and F. J. Schmitz, *J. Nat. Prod.*, **57**, 1591 (1994)
26) K. L. Rinehart *et al.*, *J. Org. Chem.*, **59** 144 (1994)
27) 永井克孝, 細胞工学, **5**, 564 (1986)
28) 樋口隆一, 化学で探る海洋生物の謎, 安元健編, 化学同人, p.170 (1992) ; 樋口隆一,

天然有機化合物の構造解析，伏谷伸宏，廣田洋監著，シュプリンガー・フェアラーク東京，p. 81 (1994)；樋口隆一，ファルマシア，**38**，851 (2002)
29) R. Higuchi et al., *Liebigs Ann. Chem.*, 359 (1993)
30) M. Inagaki et al., *Eur. J. Org. Chem.*, 771 (1999)
31) T. Miyamoto et al., *Liebigs Ann. Chem.*, 931 (1997)
32) R. Higuchi et al., *Tetrahedron*, **51**, 8961 (1995)
33) K. Yamada, *Yakugaku Zasshi*, **122**, 1133 (2002)
34) R. Higuchi et al., *Liebigs Ann. Chem.*, 1 (1991)
35) M. Inagaki et al., *Chem. Pharm. Bull.*, **49**, 1521 (2001)
36) K. Ymamada et al., *Eur. J. Org. Chem.*, 371 (1998)
37) K. Ymamada et al., *Eur. J. Org. Chem.*, 2519 (1998)；K. Yamada et al., *Chem. Pharm. Bull.*, **48**, 157 (2000)
38) K. Ymamada et al., *Chem. Pharm. Bull.*, **49**, 447 (2001)
39) K. Arao et al., *Chem. Pharm. Bull.*, **49**, 695 (2001)
40) J. Qi et al., *Bioorg. Med. Chem.*, **10**, 1961 (2002)
41) T. Sugata et al., *J. Carbohydr. Chem.*, **16**, 917 (1997)
42) H. Kubo et al., *J. Biochem.*, **108**, 185 (1990)
43) H. Kubo, *J. Biochem.*, **108**, 193 (1990)
44) 星元紀，化学で探る海洋生物の謎，安元健編，化学同人，p. 170 (1992)
45) N. Takahashi et al., *Fish. Sci.*, **66**, 412 (2000)
46) S. D. Mariano et al., *Eur. J. Org. Chem.*, 4093 (2000)
47) C. Pathirana, *J. Am. Chem Soc.*, **108**, 8288 (1986)
48) N. Takada et al., *Tetrahedron Lett.*, **42**, 6557 (2001)；M. Kita et al., *Tetrahedron*, **58**, 6405 (2002)
49) V. R. Hegde et al., *Bioorg. Med. Chem.Lett.*, **12**, 3203 (2002)

10 原索動物および魚類

石橋正己*

10.1 はじめに

本節では,原索動物(ホヤ類)および魚類由来の有用生物活性成分について紹介する。ホヤ類は,見かけとは異なって比較的高等な動物であり,分類学上は脊椎動物に非常に近い原索動物に属する。東北・北海道で養殖されているマボヤ Halocynthia roretzi を除いてはなじみが薄いが,その種類は豊富で世界中で約2千種を数える。その多くは岩礁などに付着し,海水中のプランクトンや有機物を濾しとっている。ホヤ類は単独で生活する単体ボヤ(マボヤなど)と,小さな個体が多数集合した群体ボヤに大別される。これまでに多くの生物活性天然物が見出されているのは主に群体ボヤからであるが,最初に取り上げる抗菌ペプチドのように単体ボヤから分離されているものもある。魚類についても代表的な2,3の生物活性天然物について紹介する。

10.2 抗菌および抗ウイルス物質

10.2.1 ホヤの抗菌ペプチド

1990年,陸奥湾で採取された単体ボヤ Halocynthia roretzi(マボヤ科マボヤ)の血球から,2種のテトラペプチドhalocyamine A(1)およびB(2)が分離された。これらは,ホヤの生体防御機構を調べる研究の過程で発見されたもので,グラム陽性細菌や酵母,海洋細菌,魚のウイルスなどに対する抗菌・抗ウイルス作用を示した。また,このホヤのモルーラ細胞にのみ存在するこれらのペプチドは,翻訳後修飾を受けたアミノ酸残基(6-ブロモ-8,9-ジデヒドロトリプタミン,DOPA)を含むことが特徴である[1]。

米国サンジエゴ産の単体ボヤ Styela clava(シロボヤ科エボヤ)の血球から,数種類の抗菌ペプチドが分離された。その中の一つであるStyelin D(3)は32アミノ酸残基から構成されるが,その中の多くは翻訳後修飾を受けた変則アミノ酸であった(W*, 6-ブロモトリプトファン;R**,

---

* Masami Ishibashi 千葉大学 大学院薬学研究院 活性構造化学研究室 教授

ジヒドロキシアルギニン；Y*, 3,4-ジヒドロキシフェニルアラニン；K*, 5-ヒドロキシリジン；K**, ジヒドロキシリジン)[2]。Styelin D (3) はMRSAを含むグラム陽性および陰性菌に対して抗菌活性を示したが，その効果はNaCl濃度200mM中でも維持されていた。高塩濃度，低pHにも耐えられるようにアミノ酸が修飾されているのかもしれない。Styelin D (3) はこの他，溶血性や真核細胞に対する細胞毒性ももっていた。

GW*LR**K**AAK**SVGK**FY*Y*K**HK*Y*Y*IK*AAWQIGKHAL-NH$_2$

3

同属の単体ボヤ *Styela plicata* (シロボヤ科シロボヤ) の血球からは，MRSAを含むグラム陽性菌ならびにグラム陰性菌に抗菌活性をもつオクタペプチドplicatamide (4) が分離された[3]。本ペプチドは細菌の細胞膜中にカチオン選択的なチャンネルを形成する。その結果，数秒内にカリウムイオンの流失が起こり，酸素消費停止を経て細菌は死に至る。C末端のデカルボキシデヒドロDOPA誘導体残基 (dcΔDOPA) をチロシンアミドに代えた誘導体も同様な抗菌活性を示した。Plicatamide (4) は迅速な効果を示す低分子であり，MRSAに対しても効果を示すことから抗菌ペプチドのリード化合物として期待される。

4

マボヤ科の *Halocynthia aurantium* (アカボヤ，韓国産) の血球からも，抗菌活性を示すペプチドdicynthaurin (5) が分離された[4]。Dicynthaurin (5) は30残基からなるモノマーペプチドcynthaurinのシステイン残基間で一つのジスルフィド結合によって繋がったホモ二量体である。Dicynthaurin (5) はグラム陽性ならびに陰性菌に対して幅広い抗菌スペクトルを示したが，カビに対しては効果がなかった。Dicynthaurin (5) は海産動物由来ではあるものの，その抗菌活性は100mM以下の低いNaCl濃度においてのみ有効であった。従ってdicynthaurin (5) の抗菌作用はホヤの体外においてではなく，ホヤの細胞内に侵入したバクテリアに対して作用するものと推察される。同ホヤからはヘテロ二量体型のペプチドhalocidin (6) も分離されており，同様に抗菌活性を示すことが報告されている[5]。

第2章 医薬素材および研究用試薬

```
ILQKAVLDCLKAAGSSLSKAAITAIYNKIT         WLNALLHHGLNCAKGVLA
            |                                  |
ILQKAVLDCLKAAGSSLSKAAITAIYNKIT         ALLHHGLNCAKGVLA

             5                                  6
```

10.2.2 魚類の抗菌ペプチド

多くの脊椎動物・無脊椎動物の骨髄細胞や粘液組織中に抗菌性ペプチドが存在することが知られており，それらのペプチドが病原性の細菌，カビ，寄生虫，ウイルスなどから生体を防御する最前線での重要な手段となっている。ウインター・フラウンダーというカレイ *Pleuronectes americanus* の皮膚から分泌される粘液から，新規鎖状ペプチドpleurocidin (7) が分離された。本ペプチドはアミノ酸25残基から構成されることが，MALDI-TOF-MSおよびアミノ酸分析より明らかになり，また，計算化学によりα-ヘリックス型立体構造をもつことが予測された。その立体構造およびアミノ酸配列はハエやカエルから分離されている抗菌ペプチドとも類似性が認められた。Pleurocidin (7) は11種のグラム陽性および陰性菌に対して抗菌活性を示した[6]。

```
         GWGSFFKKAAHVGKHVGKAALTHYL
                     7
```

一方，カレイ類のゲノム配列情報から抗菌ペプチドをコードする遺伝子をPCRによって増幅させてペプチドシークエンスを予測し，化学的に調製されたペプチドに対して抗菌活性試験を行うという方法により，有効な抗菌ペプチドを創製するという研究も行われている[7,8]。この方法によって有用な抗菌ペプチドが開発される可能性も期待される。

10.2.3 ホヤの抗ウイルス性βカルボリンアルカロイド

カリブ海産の群体ボヤ *Eudistoma olivaceum* から分離された一連のβカルボリンアルカロイドユージストミン類は強力な抗ウイルス作用および抗菌作用を示す。このβカルボリン化合物には単純なβカルボリン環型［eudistomin D (8) 等］，ピロール環結合型［eudistomin A (9) 等］，ピロリン環結合型［eudistomin G (10) 等］，オキサチアゼピン環結合型［eudistomin C (11)］などの種類があるが，最も抗ウイルス活性ならびに抗菌活性が強力なのはオキサチアゼピン環結合型（11など）であった[9]。一方，これらのβカルボリン化合物は，筋小胞体からの強力なカルシウム遊離促進作用をもつことが明らかとなり，構造活性相関の検討から，カフェインの1,000倍の強い活性をもつMBED (12) が調製された[10]。また，ピロール環結合型のeudistomin M (13) は，骨格筋の筋収縮システムのカルシウム感受性を上げることにより，ミオシンBのATPase活性を増大させ，収縮力を増強させる作用をもつことが明らかとなった[11]。

10.2.4 ホヤのHIVインテグラーゼ阻害物質

ラメラリン類と総称される一連の六環性アルカロイド類は,当初,海産巻貝類(前鰓類)より分離されたが,その後数種のホヤ類からも数多く分離されている。その中で,インドのアラビア海沿岸で採取された未同定のホヤから分離されたlamellarin α 20-sulfate(14)はHIV-1インテグラーゼを選択的に阻害し,HIV-1ウイルスの成長を阻害した(IC$_{50}$値 8μM)[12]。

10.3 抗腫瘍物質

10.3.1 ディデムニンとアプリジン

1978年西カリブ海で採取された群体ボヤの一種のメタノール/トルエン(3:1)の抽出物が強い抗ウイルス活性と細胞毒性を示すことが発見された。このホヤは*Didemnidae*科の*Trididemnum solidum*と同定され,その抽出物のクロマトグラフィー分画により活性成分didemnin B(15)が単離された[13]。その化学構造は,各種の合成化学的な証明に基づき,イソスタチン(Ist)やヒドロキシバレリルイソプロパン酸(Hip)残基等の数種の異常アミノ酸を含む環状デプシペプチドと決定された。当初より細胞毒性とともに抗ウイルス活性や免疫抑制活性を有する興味深いペプチドとして注目された[14]。

didemnin B(15)は,1980年代より米国NCIで抗癌剤としての臨床研究が行われ,前臨床試

第 2 章 医薬素材および研究用試薬

験,臨床第一相試験を通過し,第二相試験まで進んだ。その結果,軽度非ホジキンリンパ腫に対する有効な成績も認められたものの[15],最終的には毒性が強いという結論が出され,1990年代半ば,抗癌剤への開発は断念された[16]。残念ながら,第三相試験までは進まなかったものの,didemnin B (15) は海洋天然物そのものとして直接臨床試験が行われた最初の化合物であった。このdidemnin B (15) の事例から,天然物由来の医薬品を開発するためにいくつかの教訓が得られた。天然物を十分量供給するために,170kgのホヤからの大規模抽出・分離精製法が研究され,また,主成分であったdidemnin A (16) からの半合成による供給方法も開発された[17, 18]。また,多くのdidemnin関連ペプチド誘導体に対して,細胞毒性試験,抗ウイルス活性試験,酵素阻害作用,免疫抑制活性などの試験が行われた結果,これらの活性の発現には天然型の環状デプシペプチドコア構造が必須であることがわかった。また,側鎖の構造を微調整すると活性の増強を示すものがあることもわかった。その代表が後述するaplidine (17) である。

15 R₁=OH, R₂=H
17 R₁=R₂=O

16

作用発現機構についても分子レベルでの研究が行われ,didemnin B (15) はGTP依存性に翻訳延長因子EF1αに結合して,タンパク質合成を阻害することが明らかとなった[19]。Didemnin B (15) が結合するタンパク質として,その他にパルミトイルプロテインチオエステラーゼ (palmitoyl protein thiesterase, PPT) も同定された[20]。このタンパク質はH-RasなどGTP結合

タンパクからパルミチン酸残基を除去する働きをもつ酵素で，乳児性神経性セロイドリポフスチン症の発症に関わることが知られているものである。

Aplidine (17) は，Polyclinidae科の地中海産ホヤ*Aplidium albicans*から分離されたもので，didemnin B (15) より水素原子2個分小さい分子式をもち，当初dehydrodidemin Bとも呼ばれた。構造解析の結果，aplidine (17) はdidemnin B (15) の側鎖の乳酸基がピルビン酸基となっていることが判明し，主成分のdidemnin A (16) からの化学誘導によっても得られた。他のdidemnin類が主にDidemnidae科から分離されたのに対し，17は*Polyclinidae*科のホヤから得られたことが特徴である。構造-活性相関の解析の結果[21]，4種の腫瘍細胞（マウス白血病細胞P388，ヒト乳癌細胞A549，ヒト大腸癌細胞HT-29，およびヒトメラノーマ細胞MEL-28）のいずれに対してもaplidine (17) はdidemnin B (15) の10倍の細胞毒性を示した。*In vivo*実験においても，P388白血病，B16メラノーマ，M5076卵巣肉腫，Lewis肺癌等に対して有効性を示し，毒性もdidemnin B (15) より低いことがわかった[15]。1999年以降4カ国での臨床第一相試験を通過し，現在ヨーロッパにおいて腎臓・大腸癌に対する第二相試験が行われている[16]。Aplidine (17) の作用メカニズムの詳細は不明であるが，血管新生に関わる血管内皮増殖因子VEGFの分泌を抑えること，JNK, src, p38-MAPKなどのキナーゼの作用を阻害することなどが明らかとなっている。

いずれにしても，側鎖プロリンに結合した乳酸基のヒドロキシ基が酸化されピルビン酸基と変わったことによって劇的に作用が改善されたことは興味深い。750 MHz NMRデータによってaplidine (17) には，アミド結合の回転に関わる2つの相互変換可能な立体配座が存在することが明らかになっており，didemnin B (15) の生物活性の違いとの関連が示唆されている[15]。

10.3.2 エクテナシジン

1970年代の米国NCIの調査により，カリブ海産のホヤ*Ecteinascidia turbinata*の抽出物が顕著な抗腫瘍活性を示すことが知られていた[15]。1990年になり，2つのグループ（Rinehartら[22]およびWrightら[23]）によって，このホヤの抗腫瘍活性成分の単離および化学構造の決定に関する報告が発表された。Ecteinascidinと名づけられた活性成分は，抗生物質saframycinと類似した一連のテトラヒドロイソキノリンアルカロイドであり多くの類縁体を含む。その中の主要成分がecteinascidin 743 (=ET743, Yondelis, 18) である。

ET743 (18) は，*in vitro* 細胞毒性試験において，マウス白血病細胞P388，ヒト乳癌細胞A549，ヒト大腸癌細胞HT-29，およびヒトメラノーマ細胞MEL-28の各細胞に対するIC_{50}値が0.00026〜0.00050 μMであった。ヌードマウス移植ヒト腫瘍 (xenograft) モデルを用いた*in vivo*実験においても，乳癌，白血病，メラノーマ，卵巣癌，肺癌等に対して腫瘍の顕著な縮小・衰弱が認められた[24]。

第 2 章　医薬素材および研究用試薬

　ET743（18）の作用メカニズムとしては，当初よりDNAを標的として作用する薬剤と見なされ，ET743（18）の2つのテトラヒドロイソキノリン環がDNAのマイナーグルーブに結合してグアニン塩基と付加物を形成することが示唆された[25]。これにより，転写因子NF-Yの活性化が阻害され[26]，HSP70やp21などのプロモータ特異的な転写抑制や，薬剤排出ポンプP糖蛋白をコードする遺伝子MDR1の転写阻害[27]，あるいは，転写共役型ヌクレオチド除去修復機構の破壊などが誘導されることが明らかとなっている[28]。

　この化合物ET743（18）を大量に供給することは重要な課題であるが，一つのアプローチとして全合成研究もさかんに行われており，複数のグループによって達成された[29, 30]。一方，大規模なホヤの採取および養殖がスペインのPharmaMar社を中心に行われており，また，海洋細菌 *Pseudomonas fluorescens* の代謝産物であるcyanosafracin B（19）からの半合成による供給ルートも報告された[31]。その半合成ルートは21工程全収率1.4%と効率的には問題が残されているものの，cyanosafracin B（19）は発酵法によりキログラムスケールで供給可能であるため今後の進展に期待が寄せられる。

　このような結果に基づき，ET743（18）については，これまでに1,600例を越える臨床試験が行われており好成績を収めている。そのため，2001年には欧州医薬品審査庁（European Agency for the Evaluation of Medicinal Products）より希少疾病用医薬品（Orphan Medicinal Product）に指定された。引き続き現在も，欧米10カ国において軟組織肉腫の治療を中心に臨床第二，第三相試験が行われている。海洋天然物そのものとしては初の抗癌剤として上市が目前であり，大いに期待されている。ただ，2003年，欧州での認可申請が却下されてしまった。今は米国での認可に期待が寄せられている。

10.3.3　スクアラミン

　大西洋では最も数多く生息するツノザメの仲間アブラツノザメ *Squalus acanthias* から，水溶性のカチオン性アミノステロール硫酸エステルsqualamine（20）が単離された[32]。本ステロールは広範なグラム陽性および陰性菌に対する抗菌活性，抗カビ活性，および原生動物に対する溶血誘引活性を示した。本ステロールは宿主防御機構に関与しているものと考えられるが，血管新生抑

制作用を有し,固形腫瘍の成長を抑えることが判明したため,抗腫瘍物質としても注目されるようになった[33]。squalamine (20) は,血管内皮増殖因子VEGFに誘導されるMAPキナーゼの活性化を阻害し,シスプラチンとの併用によりH460肺癌の成長を抑えるという結果が報告されているが,一方,本物質の内皮細胞増殖抑制作用は,カルモデュリンが排除され,Na^+/H^+の逆輸送が阻害されることにより,細胞内pH制御機構が破綻することに基づくものという報告もある。現在,squalamine (20) を用いて,卵巣癌や非小細胞肺癌に対する臨床第二相試験が行われており,米国食品医薬品局 (FDA) は本アミノステロールを希少疾病用医薬品 (Opharn Drug) に指定している[25]。

20

10.3.4 AE-941

本物質AE-941 (neovastat) は単一な化合物ではなく,サメ軟骨より得られた分子量500kDa以下のペプチド混合物である[16,33]。ただし,分類学上特定のサメ軟骨の水溶性抽出物から一定の分離精製法で不活性成分が除かれたものであり,米国食品医薬品局等によって一定の品質が保証されたものを指す。AE-941は強力な胚の血管新生抑制作用および抗腫瘍作用を示した。AE-941はゼラチナーゼ,コラゲナーゼ,エラスターゼ他,種々のマトリックスメタロプロテイナーゼ (MMP) を阻害し,また血管内皮増殖因子VEGFの内皮細胞への結合を阻害する。AE-941は競合的にVEGFレセプターに結合し,VEGF依存性のVEGFレセプターのチロシンリン酸化を抑制することにより,血管浸透性の拡大や血管内皮細胞の増殖を抑制するという。In vivo実験でもDA3マウス乳癌移植組織,Lewis肺癌モデル等での抗腫瘍作用,抗転移浸潤作用を示すことが明らかとなっている。AE-941の臨床第一相および第二相試験の結果は良好で生体利用率も高く安全と見なされている。現在,米国,カナダ,ヨーロッパで腎細胞癌等の臨床第三相試験が行われている[34]。

一方,血管新生抑制作用を示すペプチドとして,メジロザメ科ヨシキリザメ*Prionace glauca*の軟骨から分離されたU-995 (分子量10および14kDaの2本のペプチド) も報告されている。本ペプチドは,マウスに移植したSarcoma-180固形腫瘍の増殖抑制効果や,B16-F10マウスメラノーマ細胞の転移抑制作用を示すという報告がある[35]。

10.3.5 その他の抗腫瘍薬候補物質

海洋天然物の中に、ピリドアクリジンアルカロイド類と呼ばれる一連の多環性含窒素芳香族化合物のグループがある。その代表の一つが沖縄産ホヤ*Didemnum* sp.より単離されたascididemin (21) である[36]。これらの化合物は、特徴的な平面構造をもちDNAにインターカレートしてDNA鎖切断作用をもつことから、広範囲の腫瘍細胞に対して強い細胞毒性作用を示す。また、ascididemin (21) はヒト前骨髄性白血病HL-60細胞やマウス白血病P388細胞に対して強力なアポトーシス誘因作用をもつと報告されている[37]。一方、類似構造をもつamphimedine (22)[38]とその位置異性体neoamphimedine (23) については、*in vitro*および*in vivo*実験の結果、後者の方がより強くトポイソメラーゼⅡを阻害し、エトポシドに相当する作用を示したという報告がある[39]。

21 22 23

Ritterazine類は群体ホヤ*Ritterella tokioka*から得られた一連の含窒素ステロイド二量体であり、顕著な細胞毒性を示す。中でもritterazine B (24) が最も細胞毒性が強く、マウス白血病細胞P388に対するIC$_{50}$値は0.15ng/mLであった[40]。興味あることに、構造が類似したcephalostatin 1 (25) 等が半索動物から得られており[41]、これらの化合物の生産者には興味がもたれる。ritterazine B (24) は、非小細胞肺癌細胞PC14やヒト前骨髄性白血病HL-60細胞に対して細胞周期をG2/M期で停止させ、細胞の多核化を引き起こすという作用をもつ。また、20nMという低濃度でアポトーシスを誘導するが、カスパーゼの分解やbcl-2のリン酸化等は引き起こさないことがわかった[42]。

24

25

抗腫瘍天然物の中でも,チューブリンに作用するものとして,植物由来のビンカアルカロイド,タキソールなどがよく知られているが,ホヤ由来の天然物にも次のような化合物が報告されている。フィジー産の2種のホヤ*Didemnum cucculiferum*と*Polysyncranton lithostrontum*から,13個のアミノ酸から構成される二環性ペプチドvitilevuamide (26) が分離された[43]。本ペプチドは分子中に硫黄原子を介したユニークな架橋構造を含む化合物であるが,25種のヒト腫瘍細胞パネルに対して強力な細胞毒性を示した。マウス白血病P388に対する*in vivo*試験でも30μg/kgの投与で70%の寿命延長が認められた。Vitilevuamide (26) はチューブリン重合を阻害するが,チューブリンへの結合様式はビンカアルカロイド,コルヒチン,ドラスタチン10等とは異なると報告されている[44]。

26

フィリピン産の群体ホヤ*Diazona angulata*から分離された環状ポリペプチドdiazonamide A (27) は,ハロゲン化された複素環,アトロプ異性等のユニークな構造上の特徴を含む化合物である[45]。当初提出された構造には誤りがあることが判明したが,最近,全合成に基づき正しい構

第2章 医薬素材および研究用試薬

造が確定された[46]。訂正後の構造が27である。Diazonamide A（27）はヒト大腸癌HCT116細胞やマウスメラノーマB16細胞に対して強力な細胞毒性（IC_{50}<15ng/mL）を示したが，米国国立癌研究所（NCI）での60種の腫瘍細胞パネルを用いた既存抗癌剤との比較プログラムによる解析の結果，diazonamide A（27）はチューブリンに作用する薬物と類似パターンを示した。またこの化合物は細胞周期をG2/M期で停止させ，微小管重合阻害作用を示すことも分かった。ただし微小管への結合位置はビンカアルカロイド，ドラスタチン10，GTPとは異なると報告されている[47]。

27

10.4 その他の生物活性天然物

10.4.1 ホヤ

最近報告されたホヤ由来の生物活性天然物の主なものについて以下に紹介する。

カリケミシン，ネオカルチノスタチンなどのエンジイン型抗生物質は，ユニークな作用機構をもつ抗腫瘍性物質である。フィジー産のオレンジ色の薄膜状のホヤ*Polysyncraton lithostrotum*からエンジイン型化合物namenamicin（28）が分離された[48]。一方，天草諸島産群体ホヤ*Didemnum proliferum*からも，ラット3Y1繊維芽細胞の形態変化を指標として，βカルボリン環が結合したエンジイン化合物shishijimicin A（29）が発見された[49]。これらは，ラット3Y1繊維芽細胞，ヒト子宮頸癌HeLa細胞，マウス白血病P388細胞に対して極めて強力な細胞毒性（29：IC_{50}, 0.47〜2.0pg/mL）を示した。これらはDNA切断作用を示すが，認識する塩基配列の特異性はカリケミシンなどとは多少異なると報告されている。

フィリピン産の群体ホヤ*Perophora namei*からは多環性ハロゲン含有アルカロイドperophoramidine (30) が単離された。本化合物はヒト大腸癌HCT116細胞に対する細胞毒性（IC$_{50}$値，60μM）や，PARP（ポリ（ADP-リボース）ポリメラーゼ）の分解を介するアポトーシスを誘導する作用を示した[50]。Perophoramidine (30) のユニークな含窒素多環性骨格と類似構造をもつ化合物としては，緑藻ボウアオノリから分離されたカビ*Penicillium* sp.よりcommunesin B (31) という化合物が以前報告されていた[51]。生合成的には2分子のトリプタミンに由来していると推定されている。

                30   31

スペイン産のホヤ*Aplidium haouarianum*よりユニークな含窒素炭素骨格をもつhaouamine A (32) およびその類縁体が分離され，X線結晶解析に基づきその構造が決定された[52]。本化合物は3-アザ-[7]-パラシクロファン構造を含み溶液中では分離不能かつ相互変換する2つの異性体混合物として存在していた。Haouamine A (32) はヒト肺癌細胞A-549，ヒト大腸癌細胞HT-29およびHCT-116，マウス内皮細胞MS-1，およびヒト前立腺癌細胞PC-3に対する細胞毒性を調べた結果，HT-29細胞にのみ選択的に高い細胞毒性（IC$_{50}$値，0.1μg/mL）を示した。

                        32

マダガスカル産の未同定のホヤよりピラジン環を含む対称二量体型アルカロイドbarrenazine A (33) が単離された[53]。本化合物は大腸癌細胞 LOVO-DOXに対する細胞毒性をもっていた。ホヤ由来のピラジン環型化合物としては，この他に，スペイン産の赤色のホヤ*Botryllus leachi*より単離されたbotryllazine A (34) などが知られている[54]。Botryllazine A (34) は3分子のチロシンから生合成されると考えられている。Botryllazine A (34) はマウス白血病細胞P388，ヒト乳癌細胞A549，ヒト大腸癌細胞HT-29，およびヒトメラノーマ細胞MEL-28に対してほとんど細胞毒性を示さなかった。

第2章 医薬素材および研究用試薬

33   34

*Didemnum*属のホヤからは種々の鎖状および環状ペプチド類が分離されている。マダガスカル産の*Didemnum molle*から環状ヘキサペプチドcomoramide A（35）および環状ヘプタペプチドmayotamide A（36）が分離された[55]。これらの環状ペプチドはヒト肺癌細胞A-549，ヒト大腸癌細胞HT-29およびヒトメラノーマ細胞MEL-28等に対して細胞毒性を有していた（IC_{50}値，5～10μg/mL）。

35   36

一方，ニューカレドニア産の*Didemnum rodriguesi*から分離されたcaledonin（37）はフェニルアラニン，新規βアミノ酸，シクログアニジン基から構成される鎖状アミノ酸であり，亜鉛や銅と強固なコンプレックスを形成するという特徴を有していた[56]。またこの同じホヤからはグアニジン基，スルファミン基，β-N-カルボキシメチルアミノ酸残基を含む新規鎖状ペプチドminalemine F（38）が分離された[57]。Minalemine F（38）の脱スルファミン体minalemine A（39）は全合成が達成され，絶対立体配置が3R, 2S配置と決定された[58]。これらは，抗カビ活性や細胞毒性を示さなかった。

ブラジル産の*Didemnidae*科のホヤより前述のdideminin B（15）に関連した環状デプシペプチドtamandarin A（40）が単離された[59]。構造上の相違点は，dideminin B（15）のヒドロキシイソバレリルプロピオン酸残基（Hip）がtamandarin A（40）ではヒドロキシイソバレル酸残基（Hiv）に置き換わっていることのみである。膵臓癌細胞BX-PC3，前立腺癌細胞DU145，および頭頸癌細胞UMSCC10bに対する細胞毒性試験の結果，tamandarin A（40）はdideminin B

171

海洋生物成分の利用

37

38 R = SO₃H
39 R = H

40

 (15) とほぼ同等あるいは若干上回る強さの活性を示した（各細胞に対するIC$_{50}$値, 40：1.79, 1.36および0.99 ng/mL；15が2.00, 1.53および1.76 ng/mL）。作用メカニズムについてもtamandarin A (40) はdideminin B (15) と同様であると推定されている。実際, tamandarin A (40) はdideminin B (15) よりも強いタンパク質合成阻害作用を示すことが明らかとなっている。

 沖縄産の群体ホヤ*Eudistoma cf. rigida*から分離されたiejimalide B (41) は, 2つのメトキシ基, 4つのジエン基を含み, 末端にN-ホルミル-L-セリン残基をもつ24員環マクロリドであり, 顕著な細胞毒性をもつ[60]。この化合物は, 最近, 沖縄産の別種のホヤ*Cystodytes* spからも分離され, 5つの不斉炭素の立体化学が4R, 9S, 17S, 22S, 23S配置であることが明らかにされた[61]。また, 同じ*Eudistoma* cf. *rigida*から以前分離されたピロロピリミジンアルカロイドrigidin (42)[62] も上記のホヤ*Cystodytes* sp.にも含まれていることが分かった。*Cystodytes* sp.には42の類縁体3種も同時に単離された[63]。また同ホヤ*Cystodytes* sp.には三員環を含むクレロダン型ジテルペンdytesinin A (43) も含まれていた[64]。

第 2 章　医薬素材および研究用試薬

41

42　　43

　ホヤ類からは鎖状アミノアルコール型の脂肪族アルカロイド類も数多く単離されている。スペイン産の群体ホヤ*Pseudodistoma obscurum*からは一連の鎖状アミノアルコールobscuraminol類が分離された[65]。その中の一つobscuraminol A（44）はマウス白血病細胞P388，ヒト肺癌細胞A-549，およびヒト大腸癌細胞HT-29に対して中程度の細胞毒性を示した（IC$_{50}$値，>1μg/mL）。これによく類似したアミノアルコール型化合物は他のホヤ類（*Didemnum* sp.や*Pseudodistoma crucigaster*など）や*Xestospongia*属や*Leucetta*属の海綿などからも分離されていた。一方，奄美諸島請島産の*Polyclinidae*科の未同定のホヤより二環性のアミノアルコールamaminol A（45）が分離された[66]。本化合物は上記の鎖状アミノアルコール類と生合成上の関連性が示唆されており，例えばトリエンの分子内Diels-Alder型環化付加によって生成するものと説明される。Amaminol A（45）はマウス白血病細胞P388に対して細胞毒性を有していた（IC$_{50}$値，2.1μg/mL）。

44　　45

　南スペインの地中海産のホヤ*Stolonica socialis*からは環状過酸化物構造を含む脂肪酸stolonoxide A（46）が単離された[67]。またインド洋産の同属のホヤ（オレンジ色）からも炭素数が2個長い

同族体stolonic acid A (47) が分離された[68]。構造が類似した環状過酸化物を含む脂肪酸は*Plakoritis*属，*Xestospongia*属等の海綿からも以前に数多く分離されていた。stolonic acid A (47) はメラノーマ細胞LOXおよび卵巣癌細胞OVCAR-3に対して強い細胞毒性を示した（各IC$_{50}$値0.1 μg/mLおよび0.05〜0.09μg/mL）。

46 n = 5
47 n = 7

地中海（ナポリ湾）産のホヤ*Sidnyum turbinatum*からは数種の脂肪族アルコール硫酸エステル（48，49など）が単離された[69]。これらはマウス線維肉腫細胞WEHI164に対する増殖抑制作用を示した。一方，紀伊半島産の*Polyclinidae*科のホヤからも上記の化合物48と49に類似した脂肪族硫酸エステル（50）が分離された[70]。この50はマトリックスメタロプロテアーゼ2阻害作用を示した（IC$_{50}$値 9.0μg/mL）。

48

49

50

10.4.2 魚

カレイ目ウシノシタ類の魚は外的刺激により鰭の根元から魚毒性粘液を分泌し，その毒によってサメをも撃退すると言われている。日本南岸でも，ミナミウシノシタ（*Pardachirus pavoninus*）という仲間が強い魚毒性をもつ分泌液を出すことが以前より知られていた。石垣島沿岸産のP. *pavoninus*の分泌液より，魚毒物質の精製が行われ，ステロイドモノグリコシドおよび両親媒性ペプチドの2種類が単離された。分泌液のアセトン沈殿操作で得られた上澄部（脂溶性画分）から分離されたmosesin-1（51）はガラクトース1分子が結合したコレスタン型ステロイドの単配糖体であった[71]。この化合物はヒメダカに対して5〜10 ppmで魚毒性をもっており，またサメの

第2章 医薬素材および研究用試薬

口腔内投与試験で有効な忌避活性を示した。一方，分泌液のアセトン沈殿画分には極めて不安定な魚毒性物質としてアミノ酸残基33個からなるペプチドpardaxin P-1（**52**）が含まれていた[72]。

GFFALIPKIISSPLFKTLLSAVGSALSSSGEQE

51　　　　　　　　　　　　　　52

ヌノサラシ科の魚類も皮膚から魚毒性の粘液を放出することが古くから知られていた。この科の一種であるキハッソク（*Diploprion bifasciatum*）の粘液より魚毒性を有する脂溶性低分子としてlipogrammistin A（**53**）が分離された[73]。本化合物はメダカに対して10 ppmで魚毒性（致死時間50分）を示し，マウス毒性は腹腔内投与で100 mg/kg（致死時間14分）であった。またウサギ血清に対する溶血活性も有していた。

53

なお，魚由来の海洋天然物として最も有名なものはフグ毒tetrodotoxinであるが，これについては，紙面の都合もあり，本稿ではとりあげなかった。多くの成書，総説等が出版されているのでそちらに譲りたい[74]。

文　　献

1） K. Azumi *et al.*, *Biochemistry*, **29**, 159（1990）
2） S. W. Taylor *et al.*, *J. Biol. Chem.*, **275**, 38417（2000）

3) J. A. Tincu et al., *J. Biol. Chem.*, **278**, 13546 (2003)
4) I. H. Lee et al., *Biochim. Biophys. Acta*, **1527**, 141 (2001)
5) W. S. Jang et al., *FEBS Lett.*, **521**, 81 (2002)
6) A. M. Cole et al., *J. Biol. Chem.*, **272**, 12008 (1997)
7) A. Patrzykat et al., *Antimicrob. Agents Chemother.*, **47**, 2464 (2003)
8) S. E. Douglas et al., *Eur. J. Biochem.*, **270**, 3720 (2003)
9) K. L. Rinehart et al., *J. Am. Chem. Soc.*, **109**, 3378 (1987)
10) A. Seino et al., *J. Pharmacol. Exp. Ther.*, **256**, 861 (1991)
11) Y. Ohizumi et al., *J. Pharmacol. Exp. Ther.*, **285**, 695 (1998)
12) M. V. R. Reddy et al., *J. Med. Chem.*, **42**, 1901 (1999)
13) K. L. Rinehart, Jr. et al., *J. Am. Chem. Soc.*, **103**, 1857 (1981)
14) K. L. Rinehart, Jr. et al., *Science*, **212**, 933 (1981)
15) K. L. Rinehart, *Med. Res. Rev.*, **20**, 1 (2000)
16) D. J. Newman et al., *J. Nat. Prod.*, **67**, 1216 (2004)
17) K. L. Rinehart, Jr. et al., *J. Am. Chem. Soc.*, **103**, 6846 (1987)
18) R. Sakai et al., *J. Am. Chem. Soc.*, **117**, 3734 (1995)
19) C. M. Crews et al., *J. Biol. Chem.*, **269**, 15411 (1994)
20) C. M. Crews et al., *Proc. Natl. Acad. Sci. USA*, **93**, 4316 (1996)
21) R. Sakai et al., *J. Med. Chem.*, **39**, 2819 (1996)
22) K. L. Rinehart et al., *J. Org. Chem.*, **55**, 4512 (1990)
23) A. E. Wright et al., *J. Org. Chem.*, **55**, 4508 (1990)
24) R. Sakai et al., *Proc. Natl. Acad. Sci. USA*, **89**, 11456 (1992)
25) B. Haefner, *Drug Discovery Today*, **8**, 536 (2003)
26) M. Minuzzo et al., *Proc. Natl. Acad. Sci. USA*, **97**, 6780 (2000)
27) S. Jin et al., *Proc. Natl. Acad. Sci. USA*, **97**, 6775 (2000)
28) Y. Takebayashi et al., *Nat. Med.*, **7**, 961 (2001)
29) E. J. Corey et al., *J. Am. Chem. Soc.*, **118**, 9202 (1996)
30) A. Endo et al., *J. Am. Chem. Soc.*, **124**, 6552 (2002)
31) C. Cuevas et al., *Org. Lett.*, **2**, 2545 (2000)
32) K. S. Moore et al., *Proc. Natl. Acad. Sci. USA*, **90**, 1354 (1993)
33) J. J. Cho et al., *Mar. Biotechnol.*, **4**, 521 (2002)
34) D. Gingras et al., *Anti-Cancer Drugs*, **14**, 91 (2003)
35) J. R. Sheu et al., *Anticancer Res.*, **18**, 4435 (2002)
36) J. Kobayashi et al., *Tetrahedron Lett.*, **29**, 1177 (1988)
37) L. Dassonneville et al., *Biochem. Pharmacol.*, **60**, 527 (2000)
38) F. J. Schmitz et al., *J. Am. Chem. Soc.*, **105**, 4835 (1983)
39) K. M. Marshall et al., *Biochem. Pharmacol.*, **66**, 447 (2003)
40) S. Fukuzawa et al., *J. Org. Chem.*, **60**, 608 (1995)
41) G. R. Pettit et al., *J. Am. Chem. Soc.*, **110**, 2006 (1988)

第 2 章　医薬素材および研究用試薬

42) T. Komiya et al., *Cancer Chemother. Pharmacol.*, **51**, 202 (2003)
43) A. M. Fernandes et al., *Pure Appl. Chem.*, **70**, 2130 (1998)
44) M. C. Edler et al., *Biochem. Pharmacol.*, **63**, 707 (2002)
45) N. Lindquist et al., *J. Am. Chem. Soc.*, **113**, 2303 (1991)
46) K. C. Nicolaou et al., *J. Am. Chem. Soc.*, **126**, 10162 (2004)
47) Z. Cruz-Monserrate et al., *Mol. Pharmacol.*, **63**, 1273 (2003)
48) L. A. McDonald et al., *J. Am. Chem. Soc.*, **118**, 10898 (1996)
49) N. Oku et al., *J. Am. Chem. Soc.*, **125**, 2044 (2003)
50) S. M. Verbitski et al., *J. Org. Chem.*, **67**, 7124 (2002)
51) A. Numata et al., *Tetrahedron Lett.*, **34**, 2355 (1993)
52) L. Garrido et al., *J. Org. Chem.*, **68**, 293 (2003)
53) L. Chill et al., *Org. Lett.*, **5**, 2433 (2003)
54) R. Durán et al., *Tetrahedron*, **55**, 13225 (1999)
55) A. Rudi et al., *Tetrahedron*, **54**, 13203 (1998)
56) M. J. Vázquez et al., *Tetrahedron Lett.*, **36**, 8853 (1995)
57) M. A. Expósito et al., *Tetrahedron*, **54**, 7539 (1998)
58) A. Expósito et al., *J. Org. Chem.*, **66**, 4206 (2001)
59) H. Vervoort et al., *J. Org. Chem.*, **65**, 782 (2000)
60) J. Kobayashi et al., *J. Org. Chem.*, **53**, 6147 (1988)
61) M. Tsuda et al., *Tetrahedron Lett.*, **44**, 1395 (2003)
62) J. Kobayashi et al., *Tetrahedron Lett.*, **31**, 4617 (1990)
63) M. Tsuda et al., *J. Nat. Prod.*, **66**, 292 (2003)
64) K. Shimbo et al., *Tetrahedron*, **56**, 7923 (2000)
65) L. Garrido et al., *Tetrahedron*, **57**, 4579 (2001)
66) N. U. Sata et al., *Tetrahedron Lett.*, **41**, 489 (2000)
67) A. Fontana et al., *Tetrahedron Lett.*, **41**, 429 (2000)
68) M. T. Davies-Coleman et al., *J. Nat. Prod.*, **63**, 1411 (2000)
69) A. Aiello et al., *J. Nat. Prod.*, **64**, 219 (2001)
70) M. Fujita et al., *J. Nat. Prod.*, **65**, 1936 (2002)
71) K. Tachibana et al., *Toxicon*, **26**, 839 (1988)
72) S. A. Thompson et al., *Science*, **233**, 341 (1986)
73) H. Onuki et al., *J. Org. Chem.*, **63**, 3925 (1998)
74) 塩見一雄，長島裕二，海洋動物の毒-フグからイソギンチャクまで，成山堂書店(2001)

第3章　化粧品

日根野照彦[*]

1　はじめに

　我が国には漢方を中心としてさまざまな伝承療法・民間療法が存在するが[1]，その多くは陸上の植物成分を利用するものであって海洋由来成分の利用は極端に少ないように思われる。周囲を海で囲まれていることを勘案するとその感はさらに強くなる。伝承療法で用いられる素材を多く取り入れている化粧品原料においても同様のことが言える。一方，ヨーロッパにおいては，海藻，海水，海泥などの海洋由来成分を利用した伝統的海洋療法があり，タラソテラピーと称している[2,3]。最近ではタラソテラピーが我が国にも紹介され，女性を中心として海洋成分への関心が高まりつつある。さらに，BSE問題を契機として哺乳類由来の原料を避ける傾向があり，その代替としての海洋成分への関心も高まっている。ここでは，最近開発されたものも含めて現在化粧品に用いられている海洋由来成分を概観し，化粧品原料としての海洋由来成分の可能性を考えたい。

2　化粧品原料

　本題に入る前に化粧品原料としてどのような素材が望ましいか，その満たすべき条件について述べる。薬事法の定義によると化粧品とは「人の身体を清潔にし，美化し，魅力を増し，容貌を変え，又は皮膚若しくは毛髪をすこやかに保つために，身体に塗布，散布その他これらに類似する方法で使用されることが目的とされる物で，人体に対する作用が緩和なものをいう」となっている。つまり化粧品は，緩和な作用で長期に連用することで皮膚や毛髪の状態を改善することが目的であり，医薬品のような強い効果があってはならないことになる。このようなおだやかな効果が認められることに加えて素材として化粧品にふさわしいストーリーがあること，イメージが良いことなどが化粧品原料として魅力的な要素であり，重要なポイントになる。さらに，化粧品は直接皮膚に塗布されるものであるから，皮膚に対する安全性が高いこと，安定性が良いことが必須条件となる。

　海藻を中心とする海洋成分は，化粧品的効果とストーリー性の点で上記の条件を満たすものは

---

　　*　Teruhiko Hineno　㈱資生堂　素材・薬剤開発センター

第3章　化粧品

多く，化粧品用素材として優れたものであると考えられる。

　過去にどのような素材が化粧品原料として使用されていたかは，薬事承認前例のある素材を集めた公定書類，たとえば「化粧品原料基準」[4]，「化粧品種別配合成分規格」[5〜7]などが参考となる。現在，化粧品は規制緩和されているため，必ずしも上記公定書類に収載されている必要はないが，そこに収載されている規格は品質を判断するひとつの目安として有用である。これら公定書類から，海洋由来成分を抜き出してまとめたものを表1に示す。この表はあくまで薬事前例のある成分の一覧であるから，鯨油，タートル油など，現在では使用されていない成分も含まれるが，スクワラン，スクワレンなどの油分，保湿剤，増粘剤として用いられるアルギン酸ナトリウム，パール剤として用いられる魚鱗箔など化粧品の基本となる成分として海洋由来成分が用いられてきたことがわかる。

表1　薬事承認前例のある海洋由来化粧品原料

名　称	原　料	公定書
アルギン酸カリウム	褐藻類	粧配規
アルギン酸ナトリウム	褐藻類	粧原基
アルギン酸カルシウム	褐藻類	粧配規
アルギン酸プロピレングリコール	褐藻類	粧原基
アルギン酸硫酸ナトリウム	褐藻類	粧配規
イカスミ末	イカ（*Sepia subaculeate*）	粧配規
イガイグリコーゲン	ムラサキガイ	粧配規
エラブウミヘビ脂	エラブウミヘビ	粧配規
オレンジラフィー油	ヒウチダイ	粧配規
海水乾燥物	海水	粧配規
海水乾燥物（2）[*1]	海水	粧配規
海藻エキス（1）[*1]	褐藻類	粧配規
海藻エキス（2）[*1]	褐藻類	粧配規
海藻エキス（3）[*1]	褐藻類、紅藻類	粧配規
海藻エキス（4）[*1]	褐藻類、紅藻類、緑藻類	粧配規
海藻エキス（5）[*1]	紅藻類	粧配規
海藻末（1）[*1]	褐藻類	粧配規
海藻末（2）[*1]	紅藻類	粧配規
加水分解イカスミエキス	コウイカ・ツツイカ目のイカ	粧配規
カキエキス	カキ	粧配規
加水分解コンキオリン液	アコヤガイ	粧配規
カラギーナン	紅藻類	粧原基
カルボキシメチルキチン液	カニ類	粧配規
乾燥クロレラ	クロレラ（含む淡水性）	粧配規
カンテン	テングサ（マクサ）	粧配規
カンテン末	テングサ（マクサ）	粧配規
カンテン	テングサ（マクサ）	日局

表1 薬事承認前例のある海洋由来化粧品原料（続き）

名　称	原　料	公定書
含硫ケイ酸アルミニウム	海泥	粧配規
キチン	ズワイおよびベニズワイガニ	粧配規
キトサン	甲殻類	粧配規
キトサンdl-ピロリドンカルボン酸	甲殻類	粧配規
魚鱗箔 (1)[*1]	タチウオ	粧配規
魚鱗箔 (2)[*1]	タチウオ	粧配規
魚鱗箔 (3)[*1]	タチウオ	粧配規
クロレラエキス	クロレラ	粧配規
クロレラエキス (2)[*1]	クロレラ	粧配規
鯨ロウ	マッコウクジラ	粧配規
コンキオリンパウダー	アコヤガイ	粧配規
サクシニルキトサン	甲殻類	粧配規
サクシニルキトサン液	甲殻類	粧配規
スクワレン	サメ類	粧配規
スクワラン	アイザメ・深海サメ類	粧原基
サメ肝油	アイザメとその近縁種	粧配規
水溶性コラーゲン液 (3)[*1*2]	ウシノシタ科の魚類	粧配規
タートル油	アオウミガメ	粧配規
タートル油脂肪酸エチルエステル	アオウミガメ	粧配規
パール末	アカヤガイなど	粧配規
ヒドロキシエチルキトサン液	甲殻類	粧配規
ヒドロキシプロピルキトサン液	甲殻類	粧配規
加水分解キチン	ズワイ・ベニズワイガニ	粧配規
部分水添スクワレン	サメ類	粧配規
マフノリ	マフノリ	粧配規
ボレイ末	カキ	粧配規

粧配規：化粧品種別配合成分規格，粧原基：化粧品原料基準，日局：日本薬局方

[*1]：表中の数字は公定書類に付される数字で，同一の物質で起源，製法などが異なったものであるため別の規格として扱われることを示す。
　　同一起源の原料でも，抽出方法などの工程が異なると別の規格として扱われる。
[*2]：水溶性コラーゲン液 (1), (2) は牛を起源とするものである。

3　化粧料特許にみる海洋成分の動向

　過去10年間に亘って，海藻，海水乾燥物など「海」という言葉を有する化粧品成分が請求項に含まれる特許数を調べた結果を図1に示す。このグラフから，2000年に入ると，「海」関連で公開される化粧料特許が増加していることがわかる。出願されるのは公開の1～2年前であるから，90年代の後半あたりから海洋成分の化粧品への活用検討が増加していることになる。このころから

第3章　化粧品

哺乳類・鳥類を由来とする原料を避ける傾向が波及し始め，新しい素材源としての海洋成分が注目され始めたことが一因と考えられる。また，図2に示すように，海洋生物としては海藻が圧倒的に多いが，海水乾燥物（海塩）などの特許も目立つ。

表2に特許に記載されている応用製品と効果のうち主なものを示す。海藻関連では，スキンケア製品に配合した際の保湿性，使用感，抗肌荒れ効果を訴求しているものが多い。海藻に含まれる多糖類は，べたつかず，使用感触の良好なものが多いことからスキンケア製品には好適な素材と言える。一方，海水乾燥物（海塩）では入浴剤，海泥では洗浄剤，パック剤関連の出願が目立つ。また，ヘアケア化粧品に関する出願もあり，これらの成分がさまざまな領域で注目されていることが伺える。

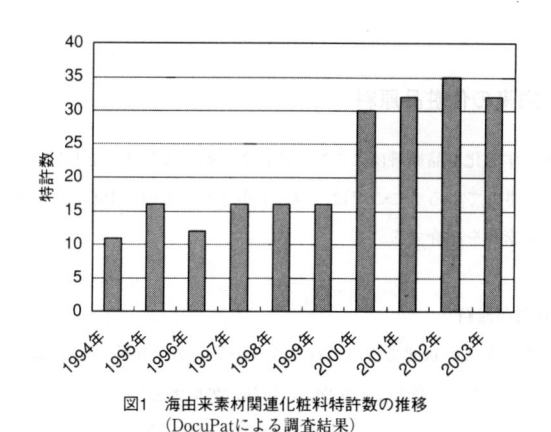

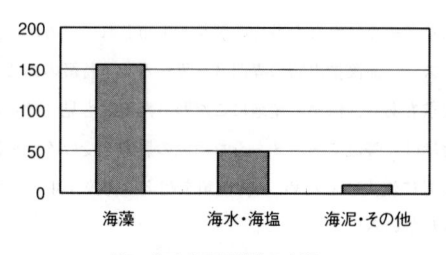

図1　海由来素材関連化粧料特許数の推移
（DocuPatによる調査結果）

図2　海由来素材特許の内訳

表2　公開特許にみる海洋成分の効果

海　　藻	○スキンケア化粧品（保湿，肌荒れ改善，良好な使用感触，ヒアルロン酸産生促進，コラーゲン産生促進，線維芽細胞促進効果，エラスターゼ阻害，抗酸化など） ○サンケア化粧品（紫外線防止，抗酸化など） ○パック剤（良好な使用感触，皮膚との親和性，保湿など） ○ヘアケア化粧品（櫛通りの良さ，髪への保湿など）
海水乾燥物	○入浴剤（しっとり感，肌荒れ改善など） ○スキンケア化粧品（美肌効果，しっとり感，肌荒れ改善など）
海　　泥	○洗浄剤（スクラブ効果など） ○パック剤（保湿効果，皮膚老廃物除去効果など） ○スキンケア化粧料（保湿効果，美白効果など） ○ヘアケア化粧料（なめらかな使用感，保湿性）

4　海洋成分由来の化粧品原料

　海洋成分を起源とする化粧品原料はここ数年注目され始めており，それに伴ってさまざまな切り口での素材が上市されている。ここでは，最近上市されたものを中心に，化粧品原料市場で流通している海洋由来素材を紹介する。

4.1　海藻由来の化粧品原料

　海藻から抽出したエキスの状態で使用されることが多いが，海藻から得られる多糖類として，アルギン酸塩，カラギーナン，寒天などが保湿，増粘，ゲル化などの目的で広く使用されている。また，最近話題となっているフコイダンも今後の展開が期待できる素材である。

4.1.1　海藻抽出物

　日本国内の化粧品原料メーカーからも多くの製品が上市されているが，海藻を用いたタラソテラピーが盛んなフランスでは海藻抽出物の専門メーカーがあり特徴のある素材が製品化されている。最近では市場の要求もあり，海藻の産地にこだわった製品も見受けられる。特にフランスのブルターニュ地方の海岸は，暖流であるメキシコ湾流の影響を受けるため，プランクトン，ミネラルなどの栄養分が多量に流入するため，800種類を超える海藻が生育しており，それらを用いた化粧品原料が研究されている[3]。

　タラソテラピーを基盤とし，さまざまな海藻由来製品を開発している代表的メーカーとしてはフランスのCODIF社（国内代理店：日光ケミカルズ）とSECMA社（国内代理店：GSIクレオス）が挙げられる。表3に両社の代表的製品を示す。

第3章 化粧品

表3 市販されている代表的海藻エキス

商 品 名	海藻の種類	成　　分	製造元
Ph. Undaria HG	褐藻類：ワカメ	Iodotyrosine，多糖類など	CODIF[8]
Ph Fucus HG	褐藻類：ヒバマタ	アミノ酸，Fucans（多糖類）	
Ph Laminaria	褐藻類：マコンブ	ラミナラン，ヨウ素	
Ph Asco HG	褐藻類：アスコフィラム	アミノ酸，フコイダン	
Dermoch	緑藻類：クロレラ	アミノ酸，ペプチド	
Oligophycocorail	紅藻類：珊瑚藻類 *Corallina officinalis*	各種ミネラル	SECMA
Laminaine	褐藻類： *Laminaria ochroleuca*	各種ミネラル，アミノ酸，ペプチド	
Phlorogine	褐藻類：カラフトコンブ	ポリウロン酸	
Codiavelane	緑藻類：イモセミル	グルクロン酸，硫酸多糖類	
Phyconnexine	褐藻類： *Laminaria cloustoni*	タンパク質，アミノ酸	
AOSAINE[9]	緑藻類：オオバアオサ	ポリペプチド	

　上記以外にもさまざまな切り口から特徴のある製品が開発されているが，ここでは最近開発された両社の製品から特徴的なものを2品紹介したい。

(1) Pheohydrane(CODIF社製造)

　コンブの仲間の*Laminaria digitata*から得られたアルギン酸ナトリウムを主成分とする抽出液であるが，この抽出液に海塩由来のミネラル成分とクロレラ由来のアミノ酸を混合することにより図3に示す構造をとっているものである。アミノ酸とミネラルの構成成分比は，ヒト皮膚上に存在する天然保湿因子（NMF）と類似の構成になっている（表4）。NMF類似成分による水分調節機能とアルギン酸ナトリウムの皮膜による皮膚保護効果が期待できる構成となっている。

　CODIF社により，「Pheohydrane」を1％配合したクリームとプラセボクリームで保湿効果が検討された結果を図4と図5に示す。図4にはクリーム1回塗布後の水分量の変化が示されている。また，図5には1日2回，14日間連用後，塗布を中止した際の挙動が示されている。

AA：クロレラ由来のアミノ酸
Min：海塩由来のミネラル

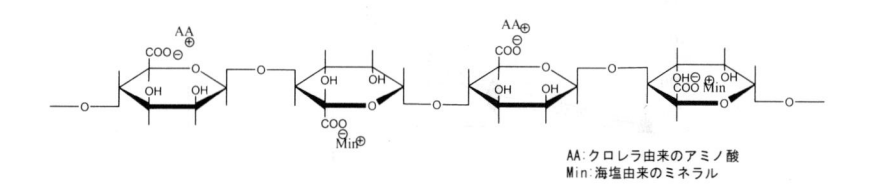

図3　Pheohydraneの構造式

海洋生物成分の利用

表4 Pheohydraneの構成成分

多糖類	マンヌロン酸，グルロン酸
ミネラル	Mg^{2+}，Na^+，K^+，Ca^{2+} Fe^{2+}，Zn^{2+}，Mn^{2+}，Cu^{2+}，Cl^-，リン酸
アミノ酸	リシン，アルギニン，アスパラギン酸，スレオニン，セリン，グルタミン酸，プロリン，アラニン，システイン，バリン，メチオニン，イソロイシン，ロイシン
その他	有機物（タンパク質，糖類など）

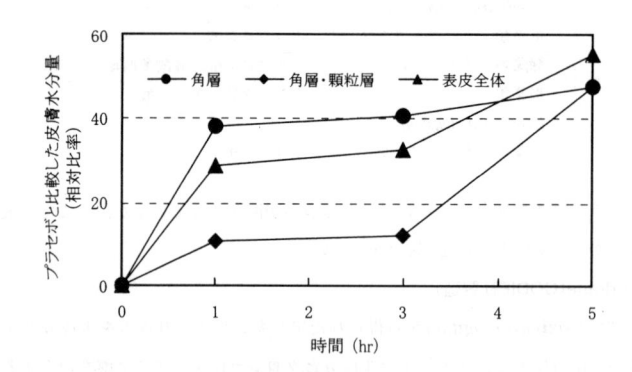

図4 Pheohydraneの保湿効果
（CODIF社データ，提供：日光ケミカルズ）

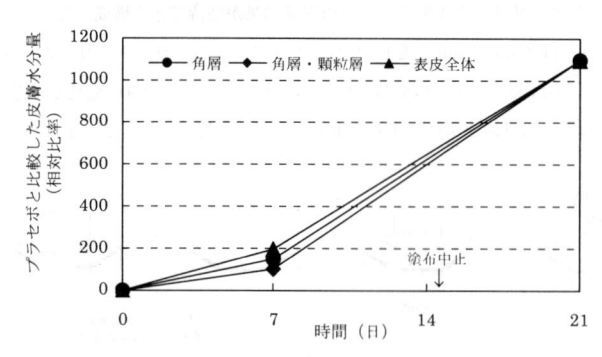

図5 Pheohydraneによる保湿効果の持続性
（CODIF社データ，提供：日光ケミカルズ）

(2) Biostructure(SECMA社製造)

紅藻イバラノリ近縁の*Hypnea musciformis*は熱帯から亜熱帯の浅瀬に生育するが，干潮時には岩場に巻き毛が絡みついたような形状を示すことから，一般に少女の髪（virgin hair）と呼ばれる。セネガルでは砂浜に沿って水面下に広がり，あたかも浅瀬の牧草地のような景観を呈する。

この海藻は温度，紫外線，塩分濃度などの浅瀬特有の環境変化に耐性を有している。これは，この海藻が大量に産出する硫酸ガラクタン（主にκ-カラギーナン）が保護作用を果しているものと考えられている。このような素材はヘアケア製品としてのストーリー性に優れることから，SECMA社ではセネガル産の*H. musciformis*の抽出液を「Biostructure」という商品名で髪の毛の保護剤として開発している。

硫酸ガラクタンが損傷してキューティクルの剥がれた髪の上で保護膜を形成し髪の毛を保護するものと考えられ，パーマや紫外線でダメージを受けた髪の保護・改善効果が期待できる。

4.1.2 アルギン酸塩[3, 10]

アルギン酸はコンブなど褐藻類の細胞壁を構成する多糖類で，構造的には D-マンヌロン酸と L-グルロン酸から成るブロックポリマーである。図6に示すように直鎖のマンヌロン酸ブロック（Mブロック）と捻じれたポケット構造を有するグルロン酸ブロック（Gブロック）とからなり，MブロックとGブロックの比率により特性が左右される。Gブロックのポケット構造に多価イオンがトラップされると，そこを架橋点としてゲルが形成される。Gブロックの比率が高い程，架橋点が多くなるため，より硬度の高いゲルになることがわかっている。アルギン酸塩は古くから化粧品に使用されている素材であるが，M/G比率に着目した新規な特性を持つ素材が開発されている。

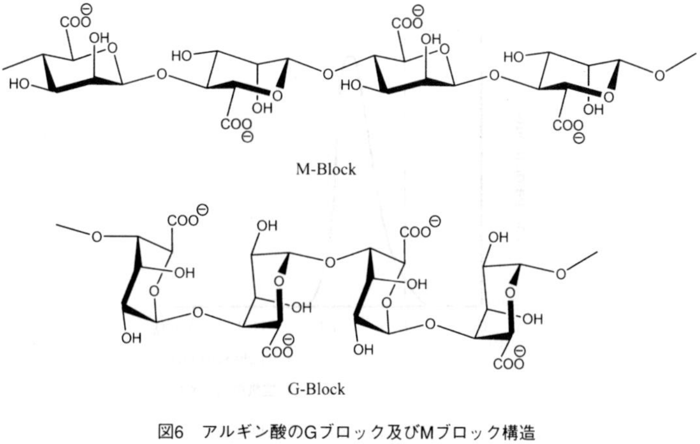

図6 アルギン酸のGブロック及びMブロック構造

世界中の褐藻類から最もグルロン酸含量の多いものを探索して製品化されたアルギン酸カルシウムで，日清紡より「フラビカファイン」という商品名で製品化されている。褐藻類として選択されたのは，チリ産のレッソニア科レッソニア属の*Lessonia flavicans*である。化粧品に応用した際の大きな利点としては，高吸水にもかかわらず膨潤しない点にある（図7と図8）。従来の高吸水性粉末の多くには吸水することにより膨潤・軟化し，肌上でのべたつきなどの好ましくない使用感が生じる問題があった。Gブロックの比率を多くすることで，吸水しても膨潤せず，より硬いゲルが形成されるため，よりさらさらとした感触をもつ粉末が得られたものと考えられる。この粉末はパウダースプレーや夏用ファンデーションに応用されている。

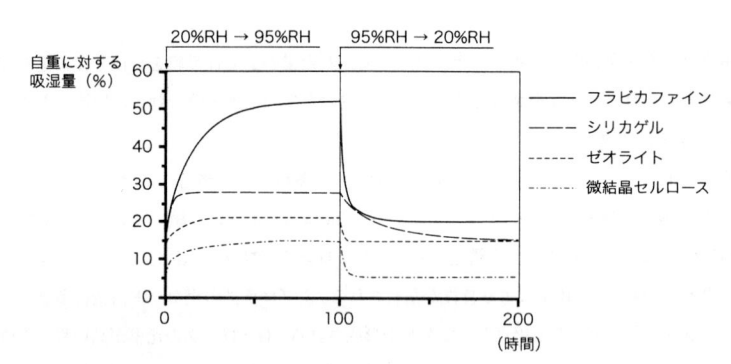

図7　フラビカファインの吸湿特性
（データ提供：日清紡）

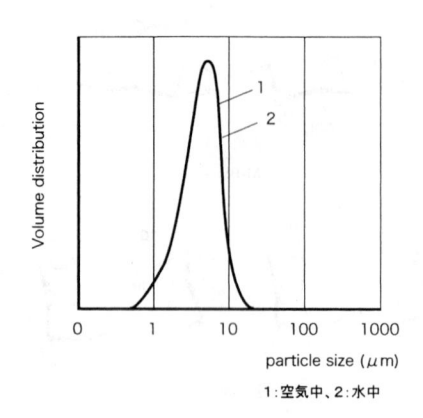

図8　フラビカファインの粒度分布
（データ提供：日清紡）

第 3 章 化粧品

4.1.3 フコイダン[11~14]

フコイダンは褐藻類に含まれる硫酸化多糖類で、フコースのみで構成されるF-フコイダン、フコースとマンノースおよびグルクロン酸の3種類からなるU-フコイダン、フコースとガラクトースからなるG-フコイダンなどが知られている。

原料となる褐藻類としては、コンブ、モズク、ヒジキ、ワカメなどで、由来によって構造が異なることがわかっている。化粧品原料への応用例としてはタカラバイオが開発したガゴメコンブから得られたF-フコイダンが挙げられる。また、F-フコイダンを外用することで、強い保湿効果、紫外線による皮膚老化の防止効果などが期待できるという報告もあり、今後の展開が期待できる素材である。

4.2 海水・海泥由来の化粧品原料[2, 3, 15]

ヨーロッパの伝承療法であるタラソテラピーでは海藻の他、海水や海泥を用いたエステティックが中心となる。タラソテラピーが我が国に紹介されて本格的な施設ができ始めると、「家庭でも可能なタラソテラピー」をイメージした商品が発売されるようになった。これらに用いられる海水や海泥は主に乾燥した状態で供給され、入浴剤やパック剤として使用される。

4.2.1 海水乾燥物（海塩）

海水にはナトリウム、カリウム、カルシウム、マグネシウムなどのミネラル成分が含まれ、その組成はヒトの体液組成に類似することが知られている[2]。タラソテラピーでは、これらミネラル成分を体内に取り込むことで各種治療効果が得られると考えられている。化粧品用として流通している海水乾燥物は主にブルターニュ産のものと死海産のものがあり、先述のSECMA社の「Atomized Sea Water」、フィトメール社（フランス）の「オリゴメール」、日本では一丸ファルコス社の「マリンミネラル」などの製品が流通している。

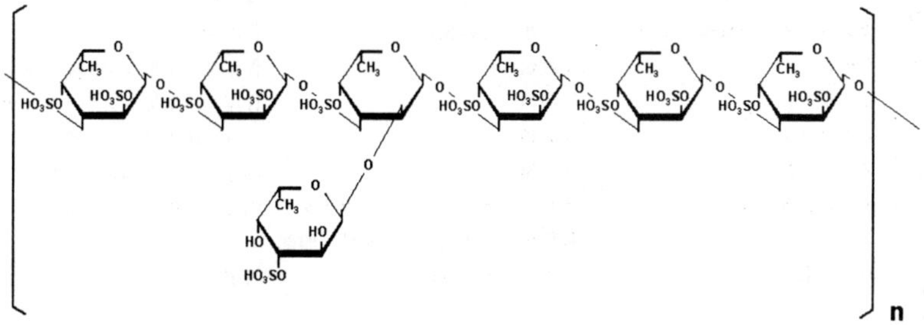

図9　F-フコイダンの主要構造

4.2.2 海泥

海水中の各種成分、海藻等の有機物が海底に堆積して形成されたものが海泥である。海泥には、各種ミネラル成分を含むことから、海泥を乾燥したものが洗浄剤やパック剤として用いられる。日本においては、福島県の棚倉破砕帯で採取されるものや、沖縄産のものが知られている。

4.3 海洋動物由来の化粧品原料

BSE問題の発生以来、魚介類由来のタンパク質（コラーゲン、エラスチンなど）が注目されている。従来これらは牛などの哺乳類由来のものが主流であったが、最近では魚を起源とするものが次々と製品化されている。また、サメ由来のスクワランやコンドロイチン硫酸、真珠由来のタンパク質であるコンキオリンなどが化粧品原料として使用される。化粧品原料として汎用される海洋動物由来原料を表5に示す。

新規な素材開発が少ない領域であるが、最近話題となっているものとしてイカ包卵腺由来のムチン、腔腸動物由来のジテルペン配糖体であるシュードプテロシン（pseudopterosin）および甲殻類に含まれるカロテノイドであるアスタキサンチンを挙げる。

・**イカの包卵腺由来のムチン**[16]（商品名：マリンムチン、製造：㈱高研）

　ムチンはイカの包卵腺に大量に含まれる糖タンパク質で、卵を保護する作用を有していると考えられている。従来化粧品原料としてあまり使用されてこなかったが、肌に塗布した使用感

表5　汎用される海洋動物由来の化粧品原料

	名称	主な原料	用途・期待される効果
タンパク質	加水分解コラーゲン	タラ、タイ、サケ、サメ、ヒラメなどの表皮、鱗など	保湿剤、使用性改善剤
	加水分解エラスチン	タラ、マグロなどの皮、弾性体	保湿剤、使用性改善剤
	加水分解コンキオリン	アコヤガイ	賦活剤、毛髪処理剤
糖質・糖タンパク質	イガイグリコーゲン	ムラサキイガイ	保湿剤
	コンドロイチン硫酸ナトリウム	サメ類などの軟骨	保湿剤
	キチン	甲殻類	保湿剤、毛髪コンディショナー
	キトサン	甲殻類	保湿剤、毛髪コンディショナー
脂質	スクワラン	サメ類	油分・エモリエント剤※
	スクワレン	サメ類	油分・エモリエント剤※
	オレンジラッフィー油	オレンジラッフィー（ヒウチダイ科魚類）の体皮、皮下脂肪、頭部	油分・エモリエント剤※
無機物	パール末	アコヤガイの真珠層	粉末

※）皮膚上に油分などの皮膜を形成させることで水分蒸散を抑え、皮膚のうるおいや柔軟性を保つことをエモリエント効果と称する。

触が良好なため今後の展開が期待されている。
・シュードプテロシン (pseudopterosin)[17, 18]

シュードプテロシン (pseudopterosin) はカリブ海に生息するヤギ目に属する腔腸動物 *Pseudopterogorgia elisabethae* から抽出されたジテルペン配糖体である。抗酸化効果，抗炎症効果が認められることから米国ではスキンケア製品に応用されている。

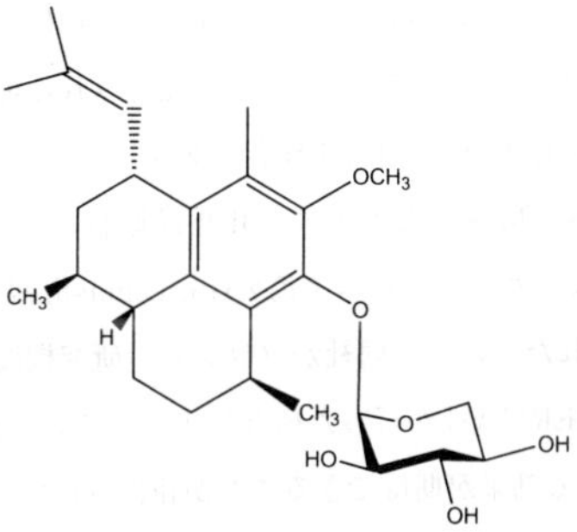

図10　Pseudopterosin Cの構造式

・アスタキサンチン[19]

アスタキサンチンはカニ，エビやサケなどの甲殻類に含まれるカロテノイドであり，強い抗酸化効果を有することからスキンケア製品に応用されている。皮膚に有害なヒドロキシラジカルを消去する作用を有するという報告があり，抗老化素材として注目されている。

4.4　海洋微生物由来の化粧品原料

微生物を用いて産生され物質を化粧品に応用する例は多いが，海洋由来の微生物を起源とするものは少なく，今後開発の可能性を秘めた領域であるといえる。最近では，深海動物体表から発見された微生物や海中の熱水噴出口に生息する好熱菌由来の化粧品原料も開発されており，非常に興味深い領域である。

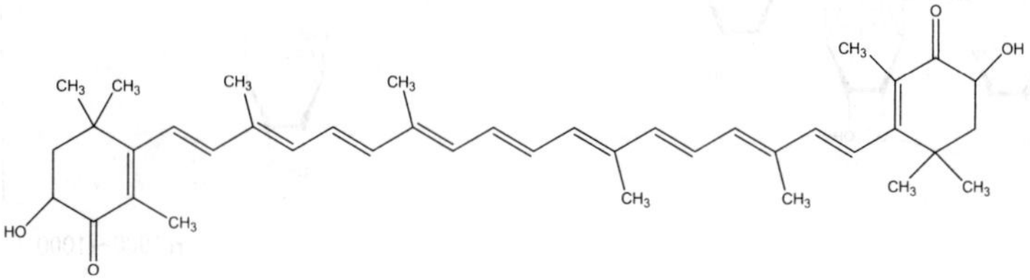

図11　アスタキサンチンの構造式

4.4.1 好熱性菌発酵物[20, 21]

好熱性菌とは生育の至適温度が50～105℃で、30℃以下ではほとんど増殖しない菌を指す。このような菌は、海底2,000～4,000mの海底火山の熱水噴出口にも存在することがわかっている。このような場所は、水温70℃以上、圧力200バールという高温・高圧に加え、硫黄や重金属が局所的に高濃度となっており、有機物は少なく、酸素レベルも低いという生命にとっては極めて厳しい環境となっている。このような極限状況で生育する微生物は、それに対する防御機構を持っていると考えられるため、人類にとって有用な物質が発見される可能性がある。フランスの化粧品原料メーカーであるSEDERMA社（国内代理店：クローダ・ジャパンKK）から、好熱性菌である*Thermus thermophilus*を培養したエキスが化粧品原料として開発されている（商品名：VENUCEANE）。この菌は、カリフォルニア湾のGuayamas海盆の海底にある海底火山の山腹（海底2,000m）から採取されたもので、同社がフランスの研究機関（CNRS）から独占使用権を得ているものである。SEDERMA社が行った研究により、この発酵エキスには抗酸化効果や紫外線照射からDNAを保護する効果が期待できることが報告されている。

4.4.2 深海動物由来多糖類（Deepsane）[22, 23]

フランスの海洋探索機関であるIFREMERは、1987年に行った深海探索プロジェクトで、メキシコ沖深海の熱水噴出口に生息する*Calyptogena, Bathymodiolus, Alvinella pompejana*といった超深海動物の体表に存在する微生物*Alteromonas macleodii* subsp.が、特殊な構造をもつ多糖類を産生することを発見した。これらの微生物の一つから今回挙げるDeepsaneが抽出された。

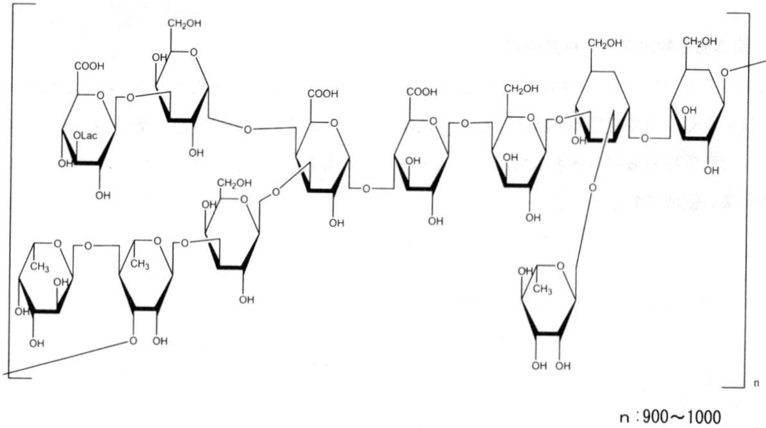

図12　Deepsaneの推定構造式

n：900～1000

第3章　化粧品

Deepsaneは熱水泉から深海動物の外皮を守る機能を有していると考えられたことから，ヒトの皮膚も保護する効果があるのではないかと期待された。この点に着目した化粧品原料がフランスのLANATECH社（現ATRIUM社）により開発されている（商品名：Abyssine657，国内代理店：アリスタライフサイエンス）。LANATECH社の研究によると，Deepsaneに過敏肌の改善や皮膚損傷の予防・改善効果が期待できることが報告されている。

4.4.3　アルテミア抽出エキス[24〜28]

アルテミア*Artemia salina*は通称「ブラインシュリンプ」と呼ばれる好塩性甲殻類である。乾燥した状態でも耐久卵の形態で生き続け，水中で速やかに孵化・成長する。孵化直前の耐久卵からはGP4G（ジグアノシンテトラフォスフェート）と呼ばれるリン酸ヌクレオチドが抽出される（図13）。アルテミアの耐久卵中に含まれる核酸の約80%がGP4Gであるのに対し，孵化・成長の過程でGP4Gが減少しATPが増加することから，GP4Gはアルテミアの孵化・成長に関与していると考えられている。このように，GP4Gには賦活，成長をイメージさせるストーリー性があることから，化粧品原料として研究開発されてきた。現在ではフランスのVINCIENCE（国内代理店：アリスタライフサイエンス）により「GP4G」という商品名で販売されており，VINCIENCE社の行った実験では皮膚の賦活効果，紫外線からDNAの損傷を保護する効果が報告されている。

4.5　紫外線吸収剤

海洋生物由来の化合物から紫外線吸収剤を開発しようとする研究は，長年にわたって試みられてきた[17〜29]。例えば，サンゴなどに含まれる紫外線吸収物質であるmycosporine‐glycine（図14）のモデル化合物として，図15に示す化合物（図15）[30]が合成されている。この化合物は，現段階では実用化には至っていないが，今後注目すべき素材である。

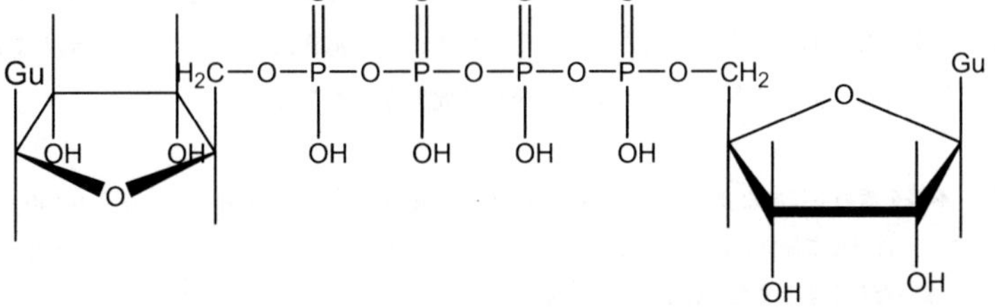

図13　GP4Gの構造式（Gu=グアニジン）

4.6 その他

単細胞性緑藻*Dunaliella salina*が産出する無色のカロテノイド（フィトエン，フィトフルエン）[31]，北米オレゴン州にあるクレーターレーク（クラマス湖）由来のシアノバクテリアを原料とする青色のエキス[32]などが新規な化粧品原料として研究開発されている。

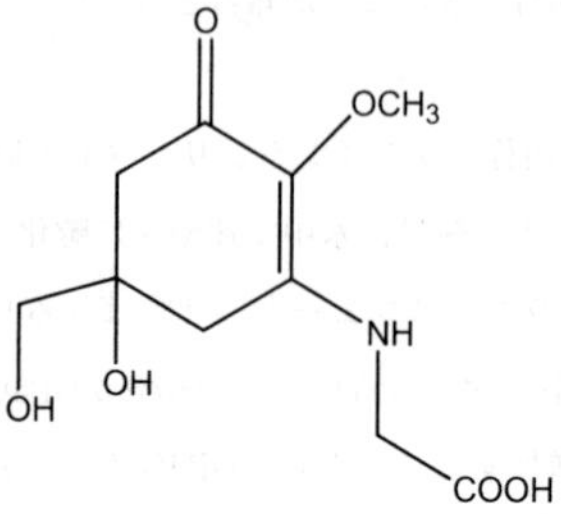

図14 mycosporine-glycineの構造式

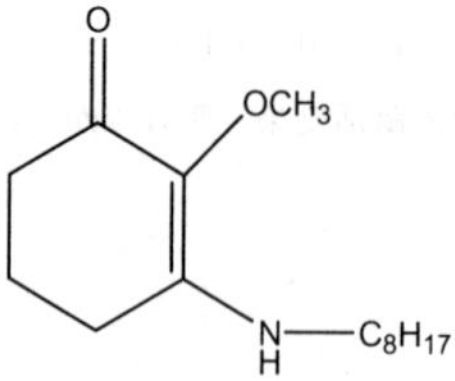

図15 mycosporine-glycineのモデル化合物

5 おわりに

化粧品原料としての観点から海洋成分を概観したが，海洋生物の多様性を考えると未知の可能性を秘めた領域であると考えられる。海藻を例にとっても，活用されているのはほんの一部であり，さまざまな陸上植物がハーブをコンセプトとする化粧品として広く活用されているのと対照的である。一方で，海洋由来成分への関心は高まっており，今後研究が進むことによって新しい化粧品原料が開発されることが期待される。そのためには，海洋成分であることの魅力を最大限に生かせるような，新規な切り口での情報開発が必要となるだろう。

［謝辞］本稿を纏めるにあたりまして，文中記載の化粧品原料メーカー，原料ディーラーのご担当から貴重なデーター・資料をご提供いただき，また原稿確認等で多大なご協力をいただきました。この場をお借りしまして感謝いたします。また，資生堂素材開発研究所・中根副主幹研究員には最終原稿を確認いただき，有益なご意見をいただきましたことを感謝いたします。

第3章 化粧品

文　　献

1) 東丈夫他, 民間薬の実際知識, 東洋経済社 (1979)
2) J. B. ルノーディ, タラソテラピー－海から生まれた自然療法, 白水社 (1997)
3) 中根俊彦, *Fragrance J.*, 58 (1999)
4) 化粧品原料基準新訂版, 薬事日報社 (2000)
5) 化粧品種別配合成分規格, 薬事日報社 (1997)
6) 化粧品種別配合成分規格追補 I, 薬事日報社 (1998)
7) 化粧品種別配合成分規格追補 II, 薬事日報社 (1999)
8) P. Y. Morvan *et al.*, *Fragrance J.*, 69 (1999)
9) 藤本眞一, *Fragrance J.*, 95 (1996)
10) 佐藤貴哉他, 繊維と工業, **58**, 20 (1996)
11) 酒井武・加藤郁之進, *Food Style 21*, **3**, 59 (1999)
12) 酒井武他, ジャパンフードサイエンス, **39**, 43 (2000)
13) 務　華康他, *Fragrance J.*, 56 (2001)
14) 務　華康他, *Fragrance J.*, 106 (2002)
15) 関　邦博・山崎昌廣, *Fragrance J.*, 106 (1999)
16) 阿蘇雄ほか, *Fragrance J.*, 104 (2003)
17) W. Fenical, *Cosmet. Toilet.*, **116**, 33 (2001)
18) 中尾洋一・伏谷伸宏, *Fragrance J.*, 17 (1999)
19) 荒金久美, 香粧品科学会誌, **27**, 298 (2003)
20) 大寺章夫, *Fragrance J.*, 55 (2003)
21) K. Lintner *et.al.*, *IFSCC Mag.*, **5**, 195 (2002)
22) アリスタ・ライフサイエンス, *Fragrance J.*, 120 (2003)
23) M.-A. Cambon-Bonavita *et. al.*, *J. Appl. Microbiol.*, **93**, 310 (2002)
24) A. H. Warner and J. S. Clegg, *Eur. J. Biochem.*, **268**, 1568 (2001)
25) J. A. Crack *et. al.*, *Eur. J. Biochem.*, **269**, 933 (2002)
26) K. Chou and Y. Cheng, *J. Biol. Chem.*, **278**, 18289 (2003)
27) アリスタ・ライフサイエンス, *Fragrance J.*, 99 (2002)
28) N. Domloge *et. al.*, *Cosmet. Toilet.*, **117**, 69 (2002)
29) 西澤一俊, *Fragrance J.*, 100 (1985)
30) W. C. Dunlap *et. al.*, *Int. J. Cosmet. Sci.*, **20**, 41 (1998)
31) セティーカンパニー, *Fragrance J.*, 107 (2004)
32) C. Romary *et. al.*, *Inflamm. Res.*, **147**, 36 (1998)

第4章 機能性食品素材（サプリメント）

1 水産機能性物質（マリンビタミン）

矢澤一良[*]

1.1 水産機能性物質（マリンビタミン）の機能

　数千年の人類の歴史を振り返り，さらに紀元前にさかのぼること数千年前には，今日でも新鮮に我々の目に映る芸術と技術が存在していた。その代表が世界四大文明といえる。ナイル河のほとりのエジプト文明，チグリス・ユーフラテス河畔のメソポタミア文明，インダス河のインド文明に，黄河のほとりの中国文明である（図1）。文明の発展には，海洋や大河とそれを利用する市場が非常に発達していたと同時に，遺跡の中にはその優れた食生活を彷彿とさせるものが数多く発掘されており，すなわち彼らの食生活の共通点は水産物質の多量の摂取が特徴であるといわれている。言い換えれば水産食品が体の健康や脳の健康（＝知能），更には心の健康（＝社会性）を発達させ，それが文明の発展につながったとも言える。現代初期より多くの疫学研究から水産機能性物質の予防医学的な研究の発端があり，今日までの膨大な薬理作用とそのメカニズム研究に進展した。その中でも特にEPAの循環器系における薬理学的機能やDHAの中枢神経系，炎症性疾患，がんなどへの予防医科学的な研究はめざましい（第2節参照）。これら水産脂質の研究は世界に先駆けてわが国において非常に発展した分野である。この海に囲まれた地形から魚介類の摂取量は非常に多く，平均寿命や健康寿命が世界一の健康国となった理由の一つである。また，

図1　世界四大文明発生地

---

[*] Kazunaga Yazawa　東京海洋大学　大学院海洋科学技術研究科　ヘルスフード科学寄附講座　客員教授

第4章　機能性食品素材（サプリメント）

　四大文明に匹敵するほどの文明を発展させた知能国であることとも無縁ではなく，我々は身をもって海洋の恩恵に浴していると言える。EPAやDHAの有効利用は近年急激に進展したが，水圏，特に海洋にはまだ多くの未利用資源が存在し，このほかにも多くの有用物質が海中に眠っていると考えられる。

　筆者は生物学的な面で病気を予防していくという概念を提唱し，栄養学的・食品学的視点から，疾病の発症時期を大幅に遅らせようとする予防医学が重要と考えている。

　予防医学的な海産性の機能性食品素材が海洋にはまだ多くの存在すると考えており，これらを水産機能性物質（マリンビタミン；Marine Vitamin）と呼んでいる。図2に示す，これに該当する成分については，①科学的な有効性が証明されていること，②安全であること，③作用メカニズムが解明または推定されていること，の3点が十分に確保されており，「ヘルスフードの要件」をほぼ満たしているものである。

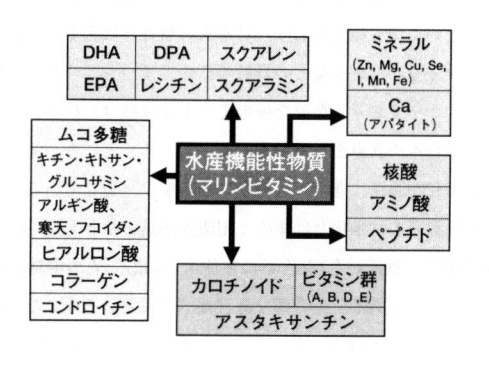

図2

　水産分野においては，未利用の水産資源を見つけて育成し，人類に役立てようとする研究や，遺伝子資源（マリンゲノム）を高度に利用するテクノロジーを駆使することが，今後の「ヘルスフード科学」研究のひとつの使命であると考える。すなわち，魚を例にあげるならば，まず食糧資源としての重要性と位置付けは当然のことではあるが，食用以外の部分からも多くの機能性物質がまだ存在しており，一部は医薬品やマリンビタミンとしての利用価値が考えられる。また魚自体の有する酵素（大体は低温域に活性を有する）や遺伝子が次にあげられる。さらにその腸内には共生する微生物が必ず存在し，その有用性から微生物代謝産物や微生物の遺伝子を有効利用することも考えられる。新規微生物は遺伝子資源としての利用価値も考えられ，これら全てを考慮すると幅広いマリンバイオテクノロジー資源であると考えられる（図3）。

海洋生物成分の利用

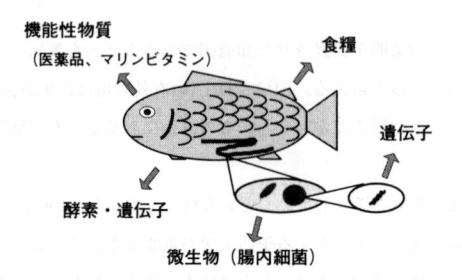

図3 マリンバイオテクノロジー資源

1.2 魚食と健康

　世界の海には2万種を超える魚類が生息しているといわれている。そのうち私たち日本人が食べているのは千数百種であり，これほど多くの魚を食べている民族は少ない。四方を海に囲まれ，世界でも有数の好魚場をいくつも抱えており，日本人の魚好きは先史時代からのものである。縄文時代の貝塚からは，カキやハマグリなどの貝殻のほか，イワシ，サバ，カレイ，フグといった魚の骨が80種以上も見つかっており，豊饒な海の恵みを受け続けた様子がうかがえる。以来，数千年にわたって海産物は日本の食卓を様々な形で彩ってきた。ところが第二次世界大戦後，若い世代を中心に食事の欧米化が急速に進み，海産物の摂取量が後退している。しかも，この事実と生活習慣病の増加や疾病形態の欧米化とは極めて相関性が高いことも知られている。

　予防がん学研究所の故平山雄氏が全国6府県に在住する約27万人の中高年者を対象に，17年にわたって追跡調査したデータがある。魚介類を毎日食べる人と，そうでない人を比べると，死亡年齢に5年ほど開きがみられる。つまり，魚介類を毎日食べた人の方が5年近く寿命が長い。また，魚介類を食べる頻度の多い人ほど，あらゆる病気の死亡率が低く押さえられていることがわかる（表1）。それ以後にも多くの疫学調査や介入試験などにより，魚食がほとんどの生活習慣病予防

表1　魚介類摂取頻度別の死亡率

死因	魚介類摂取頻度				死因	魚介類摂取頻度			
	毎日	時々	まれ	食べない		毎日	時々	まれ	食べない
脳血管疾患	1.00	1.08	1.10	1.10	胃がん	1.00	1.04	1.04	1.44
心臓病	1.00	1.09	1.13	1.24	肝臓がん	1.00	1.03	1.16	2.62
高血圧症	1.00	1.55	1.89	1.79	子宮頸がん	1.00	1.28	1.71	2.37
肝硬変	1.00	1.21	1.30	1.74	総死亡	1.00	1.07	1.12	1.32

（平山雄，中外医薬，45, 3, 1992）

第4章　機能性食品素材（サプリメント）

に有効であることが明らかにされている。

1.3　マリンビタミンと予防医学

「マリンビタミン」はあくまでも造語であり，栄養学でいうビタミンには相当しない。しかしその概念を一言で表すと「栄養学でのビタミンのように，少量で人体の生理機能の調節に働き，健康維持はもとより，時には病気の回復を促す薬理作用も発揮する海産性の栄養素」といえる。

　20世紀の西洋医療は実に見事な快進撃を繰り広げたと言える。特に長い歴史のなかで，常に人類の存亡をおびやかし続けた多くの感染症を沈静化した功績は，特筆に価する。ところがここにきてその快進撃にかげりが見えてきた。日進月歩で新しい治療薬および治療法が開発される一方で，皮肉なことに「治らない病気」が増えている。がん，高血圧，糖尿病，心臓病，リウマチ，アレルギー疾患，痴呆症といったいわゆる生活習慣病と呼ばれるものがそれに当たる。これらの病気は，日頃の生活習慣が引き金となり，身体の機能に狂いが生じて発生するタイプの病気であり，感染症のように細菌やウィルスといった外部から侵入してくる敵には強い化学薬品も，こうした自家中毒のような病気に対しては必ずしも有効とはいえない。しかも，化学薬品の投与は常に副作用の問題がつきまとう。例えば抗がん剤は，がん細胞を殺す力が強いものほど副作用が強く，時には抗がん剤の副作用ががん細胞より早く患者の生命を奪うことも少なくない。そうしたことから近年，治療一辺倒の姿勢を改めて，病気にならないための医療，疾病の発症を遅らせる医療，すなわち「予防医学」の重要性を指摘する研究者や医師らが増えている。

　生物化学予防におけるヘルスフードの第一の役割は，日常の食事の栄養バランスを補うことにある。栄養学者の中には「1日3度の食事をしっかりとっていれば健康食品など必要ない」と断言する人もいる。しかし日常の食事をしっかりとるというのは，実際には非常に困難なことである。例えば，今の栄養学では1日30品目の食品をバランスよく食べることを推奨しているが，これを毎日実行するには栄養士並みの知識や，料理人のような業，そしてよほどの情熱が必要となる。かつてのように，専業主婦が当たり前の時代ならともかく，女性も活躍している現代の社会では，不可能に近い。たとえ頑張って1日30品目を達成できたとしても，それで健康管理は充分かというと，ここにも疑問が残る。なぜなら現代社会には健康を損ねる要因があふれているからである。一歩外に出れば，オゾン層の破壊で威力を増した紫外線が降り注いでくるし，雨の日は酸性の雨が皮膚を襲う。また呼吸の度に吸い込む排気ガスは肺を直撃し，生きるために口にする食物には常に農薬やダイオキシンの心配が伴う。さらに現代人が避けられない心身のストレスは，体内に蓄えられた栄養（主にミネラル）を大量に消費するほか，活性酸素を発生してそれ自身が病気の引き金にもなる。こうした状況を考えると，日常の食事から得られる栄養素だけでは，生活習慣病を本当に予防することは困難である。もちろん，健康管理の基本が日常の食生活にあるのは確

かだが，取りにくい栄養素や不足している栄養素についてはヘルスフードで補うことが理想であるといえる。

　第二に，ヘルスフードには病気の回復を助ける効果も期待できる。食品には，健康や体力の維持に必要なエネルギー源としての一次機能，そして味覚や香りなどの感覚を満足させる二次機能，さらに生体を調節する三次機能がある。このうち三次機能を有することが科学的に証明されているのがヘルスフードである。三次機能（生体調節機能）は，人体に備わっている病気と闘う力（免疫力や抗酸化力）を高めたり，ホルモンのバランスを整えるなどして，病気を予防・改善する仕組みを言う。ヘルスフードが時として現代社会では，治療が困難な難病に対して効果を発揮するのはこの三次機能を持つためである。

　「マリンビタミン」の大半は，すでに一般消費者に使われているほか，全国の医療現場でも使われはじめている。例えば，EPAは血栓症をはじめとした循環器系の疾患の治療や予防に，DHAは痴呆症やアレルギー性疾患の予防や改善に使用されている。多くはサプリメントの形態として市販されているので，現在，入手は比較的容易である。

1.4　水産系資源のリサイクル（ゼロエミッション）

　海の中には，いまだ未知の部分がたくさんあり，大きな可能性が残されている。例えば魚の脂肪酸であるEPAやDHAは，30年前は殆ど未開拓の分野であった。今ではEPAは医薬品や特定保健用食品（トクホ）となり，DHAは「痴呆症を改善する栄養素」として知られるほどとなった。おそらく海の中には第二，第三のEPA，DHAともいうべき有用な未利用資源が今も眠っているはずである。

　すでにヘルスフードとして評価され，また市場に上っているものの例を図2に示した。

　脂質関連物質では，前述のEPA・DHAのほかDPA（ドコサペンタエン酸），スクアレン，レシチン（ホスファチジルコリン）や，微量成分のスクアラミンなどがある。多糖類やタンパク質では，ムコ多糖，キチン・キトサンとその構成単位であるグルコサミン，海藻に多いアルギン酸，寒天，フコイダン，コラーゲンやヒアルロン酸，コンドロイチン硫酸などが知られる。核酸やある種の生理活性ペプチド（ACE阻害）とアミノ酸類などのほか，ビタミン群（VA，VB，VD，VE）やカロチノイド，特に抗酸化活性の強力なアスタキサンチン，そして各微量ミネラル類などが挙げられる。

　特に海産物の一部でありながら，食卓にはのぼらずに捨てられている海産性産業廃棄物の中から宝物を探し出し，それを健康素材として有効活用する，これが「マリンビタミン」構想の重要な柱である。

　私たち人類の健康や繁栄と引き換えとはいえ，海の資源をむやみに消費したり，海洋資源を枯

第 4 章　機能性食品素材（サプリメント）

渇させるようなことは，避けたいと考えている。一方，産業廃棄物を健康素材として利用できれば，私たちの健康増進や予防医学に役立つばかりか，海洋資源の保護，ゼロエミッション，ひいては地球全体の環境改善にもつながると考える。

［参考資料］矢澤一良編著,「ヘルスフード科学概論」，成山堂書店（2003）

2 海産性不飽和脂肪酸と健康

矢澤一良[*]

2.1 はじめに

近年高齢化が進むわが国において食生活の欧米化に伴い，虚血性心疾患，脳梗塞血栓症，動脈硬化，痴呆症，アレルギー，がんなどの生活習慣病が増加している。ある種の食品や栄養素を用いてこれらの予防，治療，食餌療法が試みられているが，なかでも魚油中に多く含まれる海産性不飽和脂肪酸であるエイコサペンタエン酸（EPA）とドコサヘキサエン酸（DHA）が注目を浴びている。　EPAとDHAはn-3系の高度不飽和脂肪酸の一種であり，魚油に豊富に含まれている。ヒト体内ではEPAとDHAの生合成はほとんどできず，またn-3系とn-6系の相互変換もできないとされており，ヒトの生体内に含まれるEPA・DHA量は，それらを含む食品，すなわち魚油（魚肉）の摂取量を反映していると考えられる。このようにn-3系の高度不飽和脂肪酸の摂取量が，脳・心臓血栓性疾患，がん，アルツハイマー病などの罹患率に大きな影響を持つことが，近年，疫学的および栄養学的研究の成果により漸次明らかとなり，これらの疾患の予防・治療の観点からEPA，DHAなどの海産性高度不飽和脂肪酸が注目を浴びるようになった。

すなわち，1970年代デンマークのDyerberg，Bangら[1]が，デンマーク領であるグリーンランドに居住するエスキモーは虚血性心疾患の罹患率が非常に低いことに注目し調査した結果，エスキモーは，総カロリーの35～40%を脂肪から摂るにもかかわらず，血栓症の罹患率が低いのは，彼らが摂取する脂肪が欧米人と質的に相違することによるのではないかと報告した。1992年に，平山[2]により「魚食」に関する膨大な疫学調査の結果が報告された。すなわち，約26万5千人の大集団の日本人について予め食生活を調査した上で，それらの人々の健康状態を17年間という長年月調査するという大規模疫学調査研究が行われた。そして魚介類摂取頻度と総死亡率および各死因別死亡率との関係についてまとめた結果，魚を毎日食べている人と比べ，毎日食べない人は男性で35%，女性では25%増という高い死亡率となっている。またその他，脳血管疾患，心臓病，高血圧症，肝硬変，胃がん，肝臓がん，子宮頸がん，胆石症，アルツハイマー病やパーキンソン病など，殆どの成人病やその死亡率に関し，「魚食」により予防または低下させることができることが示唆されている。

このような「魚食」や「魚油摂取」に関する疫学調査は，1970年代初期以来，枚挙の暇がない程であるが，その成分であるEPAとDHAの研究にはその後30年が費やされてきた。以下，EPAおよびDHAの薬理作用について概説する。

---

[*] Kazunaga Yazawa　東京海洋大学　大学院海洋科学技術研究科　ヘルスフード科学寄附講座　客員教授

2.2 EPAの薬理作用と医薬品開発

図1にEPAの化学構造を示す。

疫学研究より推測されたEPAの抗血栓，抗動脈硬化作用のメカニズムを明らかにするために，1970年後期より，高純度EPAエチルエステルの健常人，および種々の血栓症を起こしやすいと考えられている疾患（虚血性心疾患，動脈硬化症，糖尿病，高脂血症）患者に投与し，血小板および赤血球機能や血清脂質に与える影響が検討された。その結果，①EPA投与によりヒト血小板膜リン脂質脂肪酸組成，血小板エイコサノイド代謝および血管壁プロスタグランジンⅠ産生を変動させ，血小板凝集抑制作用が見られ，②EPAは赤血球膜リン脂質に取り込まれ，その化学構造に由来する物理化学的性状から赤血球膜の流動性が増し，すなわち赤血球変形能が増加することにより血栓症の予防に役立っていることが推測され，さらに，③血清トリアシルグリセロール値の低下とコレステロール値の若干の低下が見られた。

つまり，高純度EPAエチルエステルは高脂血症患者の血清脂質の改善，各種血栓性疾患での昂進した血小板凝集の是正，血栓性動脈硬化性疾患の臨床症状の改善が推定され，例えばバージャー病などの慢性動脈閉塞性疾患をターゲットとする医薬品として開発された（1990年）。その後，1994年には中性脂肪の低下作用が認められ，高脂血剤としての適応症の拡大の認可を受けている。その他EPAの抗炎症作用や免疫との関わりなど研究の進展は著しく，またそれらのメカニズムについても逐次明らかにされてきている。さらに，2004年には厚生労働省認可の「特定保健用食品（トクホ）」として，EPA600mg，DHA260mgを含有する飲料が登場した。また，最近は主としてEPAとの相違を認識したDHAに関する生理機能研究が極めて活発に行われるようになってきた。

EPA ; Eicosapentaenoic Acid
$C_{20:5}$, n-3

図1　エイコサペンタエン酸の化学構造式

2.3 DHAの薬理活性

DHAは図2に示すように，n-3系の炭素数22の6つの二重結合を有する高度不飽和脂肪酸の一種であり，EPA同様化学的な合成による量産は不可能である。DHAはEPAと同様に，海産魚の魚油中に含有されていること（通常EPA10～16%，DHA5～10%）が知られていた。しかし，イワシ油をはじめ，複雑な脂肪酸組成を有する一般の魚油からDHAのみを選択的に抽出すること

は，多段階の精製工程を経る必要があり，これまで極めて困難であった。1990年になりマグロ・カツオの眼窩脂肪にDHAが高濃度に蓄積されていることが発見され，以後工業化の道が開けた。DHAは，ヒトにおいても脳灰白質部，網膜，神経，心臓，精子，母乳中に多く含まれ局在していることが知られており，何らかの重要な働きをしていることが予想され，以下に示すように現象面では多くの報告があり，現在までに薬理活性の作用機作（メカニズム）に関しても研究進展が著しい。

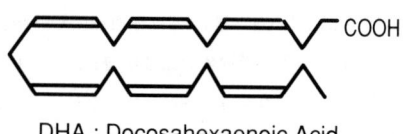

図2 ドコサヘキサエン酸の化学構造式

2.3.1 DHAの中枢神経系作用

奥山ら[3]が行ったラットの明度弁別試験法を用いた記憶学習能力の実験では，投与した油脂はカツオ油，シソ油，サンフラワー油の順で記憶学習能力が優れている結果が得られている。また，藤本ら[4]のウィスター系ラットを用いた明暗弁別による学習能試験においても，投与した油脂でDHAはα-リノレン酸よりも優れ，サンフラワー油が最も劣る結果となった。筆者らは，マウス胎児のニューロン及びアストログリア細胞を高度不飽和脂肪酸添加培地にて培養したところ，DHAはよく細胞膜リン脂質中に取り込まれることを見いだしている。

記憶学習能に関する報告として，Soderberg[5]らはアルツハイマー病で死亡した人（平均年齢80歳）と他の疾患で死亡した人（平均年齢79歳）の脳のリン脂質中のDHAを比較した結果，脳の各部位，特に記憶に関与していると言われている海馬においては，アルツハイマー病の人ではDHAが1/2以下に減少していることを報告している。さらに，Lucas[6]らは，300名の未熟児の7～8歳時の知能指数（IQ）を調べた結果，DHAを含む母乳を与えられたグループに比較して，DHAを含まぬ人工乳を与えられたグループではIQがおよそ10程低いことを報告している。母乳中にはDHAが含まれており，日本人では欧米人よりもDHA含有量が2～3倍高く，そのため魚食習慣のある日本人の子供のIQが高いというクロフォードの推論を支持する論文と言える。福岡大学薬学部の藤原ら[7]は，脳血管性痴呆や多発梗塞性痴呆のモデルラットを用いてDHAの投与による一過性の脳虚血により誘発される空間認知障害の回復を明らかにした。また海馬の低酸素による細胞障害（遅発性神経細胞壊死）や脳機能障害の予防を示唆しており，具体的な疾患に対

第4章　機能性食品素材（サプリメント）

するDHAの治療効果をある程度予測させるものと考える。その他，栄養学的にDHA食を与えた動物では記憶・学習能力が高いという実験成績は多くの研究機関より報告されている。

　一方，ヒトへの臨床試験として，群馬大学医学部の宮永（神経精神医学教室）らと筆者の共同研究[8]により，老人性痴呆症の改善効果が得られた。カプセルタイプのものを，1日当たりDHAとして700〜1,400mgを6か月間投与した結果，脳血管性痴呆13例中10例に，またアルツハイマー型痴呆5例中全例にやや改善以上の効果があらわれ，その精神神経症状における，意思の伝達，意欲・発動性の向上，せん妄，徘徊，うつ状態，歩行障害の改善が認められている。

　さらに翌年，千葉大学医学部の寺野（第二内科）らは脳血管性痴呆症患者へのDHAカプセル投与による改善効果に関し，統計処理上明らかな有効性を示した。そのメカニズムについても推論し，DHA投与群における赤血球変形能および全血粘度において，統計的に有意な改善がみられ，脳の微小血管における血行改善が示唆された。

　以上のことから，ヒトもDHAを摂取して，記憶学習能力の向上が図れる可能性が高いと考えられる。なお，n-3系脂肪酸のなかで血液脳関門を通過できるのはDHAのみであり，またその作用機作の一つとして，細胞膜リン脂質にDHAが取り込まれた細胞の膜流動性（可塑性）が高まり，そのため神経細胞の活性化や神経伝達物質の伝達性が向上すると推定されている。

　DHAはヒトの妊娠中の26〜40週間に，中央神経系統の神経細胞に蓄積されるがその半量は出産直前に脳に貯蓄され，あとの半量は出産後に蓄積されるといわれている。母乳中にDHAの存在が認められ，日本人の母乳のDHA含有量は，欧米人の母乳に比較して高いことが知られており[9]，これらのことなどからヒトの発育・成長期にDHAは必須な成分であると考えられるようになってきた。さらに老齢ラットにDHAを投与した結果，脳内のDHA含有量が高められた実験も報告されている。n-3系脂肪酸の中でも神経系に対する薬理作用はDHAに特徴的であり，それは血液脳関門あるいは血液網膜関門を通過出来ることに由来すると考えられている。東北大学医学部の赤池ら[10]のグループは，ラットの大脳皮質錐体細胞を用いて神経伝達物質の一つであるグルタミン酸を受け取るレセプターの中で記憶形成に重要とされるNMDA（N-methyl-D-asparagic acid；記憶形成に関与すると考えられている，神経伝達物資の一つグルタミン酸の受容体）レセプター反応がDHAの存在により上昇することを見いだした。また大分医科大学の吉田ら[11]は，n-3系脂肪酸食を与えたラットの海馬の形態学的構造と脳ミクロソーム膜構造を学習前後における違いを調べた。その結果，海馬領域のシナプス小胞の代謝回転が影響を受け，またそれはミクロソーム膜のPLA$_2$に対する感受性の違いと考えられ，その結果としてラットの学習行動に差が現れた可能性が示唆された。これらの様に，記憶・学習能力に関する作用に関しては細胞レベル，分子機構レベルでの解明が少しずつなされている。

　網膜細胞に存在するDHAは脂肪酸中の50％以上にものぼり，脳神経細胞中を遙かに凌ぐこと

は良く知られている事実であるが，その機能と作用メカニズムには不明な点が多い。R. D. Uauy ら[12]は，ERG（electroretinogram；網膜の活動電位を描写したもの）波形の α 波および β 波に関して81名の未熟児を調査し，その網膜機能を調べた結果，母乳あるいは魚油添加人工乳を与えた場合に比較して植物油添加人工乳を与えた場合では，正常な網膜機能が低下していることを示唆した。n－3系脂肪酸欠乏ラットではERG波形の α 波および β 波に異常が見られること，また異常が見られた赤毛猿ではn－3系脂肪酸欠乏食を解除しても元に戻らないなどの事実から，Uauyらは，未熟児におけるn－3系脂肪酸の必要性を示唆している。

Carlson[13, 14]は，未熟児の視力発達および認識力におけるn－3系脂肪酸の重要性を検討した。DHA0.1％，EPA0.03％を含む調整粉乳を与えた場合では，視力と認識力が向上したが，EPAを0.15％と過剰に投与した場合では，やや生育が抑制されたことを報告した。これはEPAがアラキドン酸と拮抗するためと考えられ，従って未熟児用の調整粉乳の場合には，DHA/EPA比のなるべく大きい油脂を添加・強化することが有用であると考えられる。一方，Koletzkoら[15]は，母乳または市販粉乳で生育した未熟児の血中リン脂質中の脂肪酸を分析したところ，同様に2週間および8週間後のDHAとアラキドン酸含有量は母乳児で有意に高値を示すことを報告した。このことは少なくとも生後2ヶ月の内にDHAとアラキドン酸が必要であり，未熟児の期間だけではなく正常に成長を示す乳幼児にも両者が必要であることを示唆するものである。

これらを総合的に考えると，神経系や視力の適正な発達にとってDHAとアラキドン酸が必須であり，未熟児だけでなく正常に成長している乳幼児にも有効であることが強く示唆されている。

最近アメリカやヨーロッパにおいても，DHAへの注目度が高まっている。その理由は，主に小学生児童におけるADDあるいはADHD症候群において，栄養学的にDHAが欠乏しているためではないかと言われていることによる。ADDとはAttension Deficit Disorder（集中力欠損症），ADHDとはAttension Deficit　Hyperactivity Disoderで集中力が欠除して落ち着きがないという症候群（多動性障害）であり，これらの症状の子供達は学校の授業において，落ち着きがなかったり，長時間集中できなかったりする。現在，アメリカでは児童の内の2割近くがADDまたはADHDと診断されるといわれており，このような児童の中には，少年～青年期において凶悪な犯罪を起こす可能性を持つ者が多いとも言われている。このため，児童期スナック類にDHAを添加したものがすでに市販されている。DHAを補うことによってこの症状が改善される可能性については，富山医科薬科大学和漢薬研究所の浜崎らにより，興味ある臨床試験の結果が得られた。DHAカプセルを摂取した学生と，偽薬（大豆油カプセル）を摂取した学生では，ストレス状況下において，ストレスに対する反応に違いが生じた。すなわち，偽薬を摂取した学生には非常にストレスがかかり，外部に対する攻撃性が現れたが，一方DHAカプセルを摂取した学生はストレスに強く，攻撃性が抑えられた。「キレやすくなる」状態を抑えることができたことにな

る。この結果から，DHAの栄養補助食品や食品に添加したDHA強化食品を摂取すれば精神状態が安定する可能性が示唆される。我が国においても多動性児童が問題になりつつあるが，精神安定作用，あるいは集中力を強化するという目的では，今後DHAはさらなる注目を集めることと予想される。さらに適応障害やうつ病の対策，あるいはPTSDなどにも有効である可能性も示唆されている。

以上のように，DHAは脳や神経の発達する時期の栄養補給にとどまらず，広く幼児期から高年齢層の脳や網膜の機能向上にも役立つとの期待が持たれている。

2.3.2 DHAの発がん予防作用

がんはプロスタグランジンを主体とするエイコサノイドのバランスが崩れたために生じる場合がある。このため，このエイコサノイドバランスを正常化することにより，がん細胞を制御できるという考え方から，DHAの摂取が重要であると言われている。

国立がんセンター生化学部・江角らのグループ[16, 17]は，大腸発がんに対するDHAの抑制作用について検討した。20mg/kgの発がん物質ジメチルヒドラジンの皮下投与ラットに，6週齢より4週間，週6回0.7ml（約0.63ｇ）のDHAエチルエステル（純度97％）を胃内強制投与を行った。コントロールラットには精製水を与えた。実験期間終了後解剖して，消化管における病巣を調べた。病巣は，前がん状態である異常腺窩を示し，通常，がんは前がん状態より移行するものであり，がんに至ったものについては強い治癒効果は期待できるものではないが，前がん状態で抑制することにより，より効果的に発がんを抑制することが期待できる。ラット1匹あたりの病巣の数，ラット1匹あたりの消化管部位別異常腺窩の数および1病巣あたりの平均異常腺窩数においては，DHAエチルエステルの経口投与によりいずれも有意に低下していた。また本実験の追試を，実験期間を8週間および12週間にして行った結果，いずれもほぼ同様の結果が得られた。

以上の結果から，DHAは前がん状態である異常腺窩を抑制し，発がんを抑制することが示唆された。成沢ら[18]は，化学発がん物質であるメチルニトロソ尿素を投与して発がん処置をしたラットの実験において，DHAエチルエステル（74％）の経口投与によりリノール酸およびEPAエチルエステルとは有意の差で大腸腫瘍発生が少なかった。また，胃がん，膀胱がん，前立腺がん，卵巣がんなどに効果・効能のある白金錯体のシスプラチンは，抗腫瘍薬耐性のためにその使用量に制限があるが，DHAを添加することにより，この耐性を3倍低下できるといわれており，将来DHAを抗がん剤との併用による副作用軽減や相乗効果を期待できることが示唆された。

2.3.3 DHAの抗アレルギー・抗炎症作用

筆者の研究室では，白血球系ヒト培養細胞による血小板活性化因子（PAF）産生の検討を行っており，DHAがPAF産生を抑制しており，DHAによるアレルギー作用の抑制の作用機序の一端を証明した[19]。そのメカニズムとして，DHAは細胞膜のリン脂質のアラキドン酸を追い出し，

従ってPAFやロイコトリエン産生量が減少し、またリン脂質に結合したDHAはホスホリパーゼA_2（PLA_2）の基質となりにくいことも明らかにした。また、本作用機作における抗炎症、抗アレルギー作用はEPAよりも強力であることも推定された。さらに特に炎症やアレルギーに関与する細胞性PLA_2によりアラキドン酸やEPAとは全く異なり、DHAホスファチジルエタノールアミンはDHAを遊離しないこと、また本化合物はより積極的に細胞性PLA_2を阻害することを見いだした[20]。アラキドン酸代謝産物であるロイコトリエンB_4（LTB_4）の過剰生産はアレルギー疾患の引き金となるばかりでなく循環器系疾患にも関与すると言われている。富山医科薬科大学第1内科グループ[21]は、トリDHAグリセロール乳剤のウサギへの静注によりLTB_4の過剰生産を抑制することを証明し、急激なLTB_4の上昇によって発生する各種疾患への有効性を示唆している。

2.3.4 DHAの抗動脈硬化作用

九州大学農学部の池田ら[22, 23]は、食餌脂肪は飽和脂肪酸、単価不飽和脂肪酸、高度不飽和脂肪酸がそれぞれ1：1：1になるように調製し、その多価不飽和脂肪酸の内訳として、10%はn-3系、23.3%はn-6系としてラットを飼育した。n-3系高度不飽和脂肪酸としてDHA、EPA、α-リノレン酸の3種での比較を行った。その結果、ラットの摂食量および体重増加には3群間で差はなかったが、肝臓ミクロソーム中の脂質がDHA群では他の2群に比較して、リン脂質当たりのコレステロール（CHOL/PL）値が低下した。一般に、CHOL/PL値はミクロソーム膜の流動性を示す指標となり、DHA投与によりCHOL/PL値が低下したことは、DHAが肝細胞膜の流動性が増加したことを示すものである。さらに血漿中および肝臓中の脂質を測定した結果、DHA投与により、血漿コレステロールとリン脂質および肝臓コレステロール、リン脂質と中性脂肪はEPAやALAと比較して低値を示した。一方EPA投与により、血漿中性脂肪はDHAやALAと比較して低値を示した。これらのことは、n-3系脂肪酸の中でもDHAはEPAやALAとは異なる特徴的な脂質代謝改善機能を有することを示唆する。Subbaiahら[24]は、n-3系脂肪酸の抗動脈硬化作用のメカニズムの解明を目的として、ヒト皮膚細胞を用いた細胞膜流動性を検討した。その結果、細胞内に取り込まれたDHAはEPAよりも有意に細胞膜流動性を増加させ、5'-nucleotidaseやadenylate cyclase 等の酵素活性や LDL receptor活性を上昇させることを示した。特にLDL receptor活性は25%も上昇したことから、DHAの抗動脈硬化作用のメカニズムをある程度推測できるかもしれない。Leaf[25]は循環器系、特にCaチャネルとの係わり合いにおいて、DHAの薬理作用を例示し、EPAよりもDHAの方がより強く影響することを示唆した。Billmanら[26]は、イヌを用いたin vivo実験で、魚油投与により不整脈を完全に予防することを報告している。

多くの疫学調査の結果により魚油の抗動脈硬化作用が知られているが、そのメカニズムについては総て解明されているわけではない。上述の池田らの研究結果や他の多くの論文からEPAは血漿中性脂肪を、DHAは血漿コレステロールを低下させることが示され、これらの事実からも

ある程度のメカニズムが推定される。

高純度EPA（95%）を与えたラットでは中性脂肪低下作用を示すが，DHA（92%）では有意な低下が見られず，さらにEPAは中性脂肪合成とVLDL生成を抑制することを示した。このように，DHAとEPAとは同じn-3系脂肪酸であり化学構造的に極めて類似しているが，これまでにも知られていたBBB（血液脳関門）やBRB（血液網膜関門）の通過の差異のほか，両者の生理活性の明らかな相違を示す研究発表も多く，魚油あるいはn-3系脂肪酸としてDHAとEPAを一括して論ずることはできないことが強く示唆される。

2.4 ヘルスフードとしてのEPAとDHA

上述のようなEPAやDHAなどの海産性不飽和脂肪酸は，すでにサプリメントの形態や一般食品への添加，強化の形態，そして前述のトクホ飲料などとして発展してきた。その背景としては，体感できる，あるいは数値上の改善が見られる有効性が一般利用者に認められるという点が大きい。「健康食品」という名称で，信頼できないのではないかという拒否反応により利用しない人たちがまだ存在していると思われるが，手に届くところに存在する「健康」をみすみす見逃してしまっているように思う。後述の「マリンビタミン」共々多くの人たちに利用して戴き，食による予防医学を実践してほしいと願うものである。

文　　献

1) J. Dyerberg, H. O. Bang, *Lancet*, **314**, 433 (1979)
2) 平山雄, 中外医薬, **45**, 157 (1992)
3) 奥山治美, 現代医療, **26** (増I), 789 (1994)
4) 藤本健四郎, 水産油脂-その特性と生理活性（藤本健四郎編）恒星社厚生閣 p.111 (1993)
5) M. Soderberg *et al.*, *Lipids*, **26**, 421 (1991)
6) A. Lucas *et al.*, *Lancet*, **339**, 261 (1992)
7) M.Okada *et al.*, *Neuroscience*, **71**, 17 (1996)
8) 宮永和夫ほか, 臨床医薬, **11**, 881 (1995)
9) 井戸田正ほか, 小児栄養消化器病, **5**, 159 (1991)
10) M. Nishikawa *et al.*, *J. Physiol.*, **475**, 83 (1994)
11) S.Yoshida *et al.*, "Advances in Polyunsaturated Fatty Acid Research" (T.Yasugi *et al.*, eds.), p. 265, Elsevier Science Publ., Amsterdam (1993)
12) R. Uauy *et al.*, *J. Pediatr.*, **120**, S168 (1992)

13) S. E. Carlson *et al.*, "Essential Fatty Acids and Eicosanoids" (A. Sinclair, R. Gibson, eds.), p. 192, American Oil Chemists' Press, Champaign (1992)
14) S. E. Carlson *et al.*, *Proc. Natl. Acad. Sci.USA*, **90**, 1072 (1993)
15) B. Koletzko, "Essential Fatty Acids and Eicosanoids" (A. Sinclair, R. Gibson, eds.), p. 203, American Oil Chemists' Press, Champaign (1992)
16) M. Takahashi *et al.*, *Cancer Res.*, **53**, 2786 (1993)
17) 高橋真美ほか, 消化器癌の発生と進展, **4**, 73 (1992)
18) 成沢富雄, 医学のあゆみ, **145**, 911 (1988)
19) M. Shikano *et al.*, *J. Immunol.*, **150**, 3525 (1993)
20) M. Shikano *et al.*, *Biochim. Biophys. Acta*, **1212**, 211 (1994)
21) N.Nakamura *et al.*, *J. Clin. Invest.*, **92**, 1253 (1993)
22) I. Ikeda *et al.*, *Nutrition*, **124**, 1898 (1994)
23) I. Ikeda *et al.*, "Advances in Polyunsaturated Fatty Acid Research" (T.Yasugi *et al.*, eds.), p. 223, Elsevier Science Publ., Amsterdam, (1993)
24) E. R. Brown, P. V. Subbaiah, "Abstract Book of 1st Congress of the International Society for the Study of Fatty Acids and Lipids", p. 78 (1993)
25) A. Leaf, "Abstract Book of 1st Congress of the International Society for the Study of Fatty Acids and Lipids", p. 75 (1993)
26) G. E. Billman *et al.*, *Proc. Natl. Acad. Sci. USA*, **91**, 4427 (1994)

3 カロテノイド

幹 渉*

3.1 はじめに

　天然界において最も有機化合物の生産性が高い生物群の一つとして，海洋に棲息する植物プランクトンが挙げられる。その生産量は1年間に約400億トンともいわれているが，そのうち約0.1％がカロテノイドである。カロテノイドは赤～黄色，あるいはタンパクと複合体を形成して青～紫色を呈する色素群で，マダイやブリ，アユなど魚類の体表の赤～黄色，甲殻類の赤～紫色，ウニ，サケ，スケトウダラなどの卵，サケの筋肉の赤色など海洋生物に幅広く分布する。一方，緑黄色野菜や果物においても高い含量で生産され，さらに鶏卵の黄身，フラミンゴやカナリアなど鳥類の鮮やかな羽毛もカロテノイドに起因するものである。カロテノイドの生理機能に関しては，まず植物分野で研究が先行し，カロテノイドが植物においては必須化合物であることが解ってきた。カロテノイド生合成阻害剤は産業的に除草剤として応用されている。一方，動物分野における生理機能研究はまだまだ少ない。近年，カロテノイドのヒトに対する生理作用に関する研究が進められるようになったが，例えばがんに対する作用にみられるように，カロテノイドがある種のがん細胞の増殖を抑えるとの報告があるのに対し，一方では肺がんの進行を促進するとの報告もあるように，まだまだ不明点が多いのが実情である。

　カロテノイド[1～3]は主として炭素数40個からなるテルペノイドの一種であり，カロテン類とキサントフィル類の2グループに大別される。カロテン類は炭化水素で，代表的なものとしてβ-カロテンを挙げることができる。これらの多くは，ヒトの体内で酵素的にレチノイド（ビタミンA群）に代謝・蓄積され，栄養学上，プロビタミンAとして重要である。一方，キサントフィル類はカロテン類に水酸基（-OH），カルボニル基（-C=O）など酸素を含む官能基が置換したものの総称で，天然界ではむしろ普遍的に存在する。代表的なものとして，高等植物・藻類の光合成色素として重要なルテインやフコキサンチン，魚介類の体表などに広く主成分として分布するアスタキサンチン，ツナキサンチン，ゼアキサンチンなどを挙げることができる。カロテノイドは，植物・微生物によってのみ生合成される。動物はこれらの生合成能を欠き，餌料からあるいは他の方法で体内に取り込んで代謝，移行，蓄積する。

　1800年代からカロテノイドの化学構造研究が行われ，現在では約700種のカロテノイドが明らかにされているが，長い間単なる色素として見なされてきたことから機能研究は進まず，栄養学的な研究がなされてきたに過ぎなかった。ようやく1970年代以降，高等植物や光合成細菌の光合成系におけるカロテノイドの生理機能が徐々に明らかにされ，カロテノイドがクロロフィルやタ

---

*　Wataru Miki　サントリー（株）　先進技術応用研究所　部長

ンパク質と複合体を形成し,アンテナ色素としての集光作用を有すること,遊離型で光による膜破壊に対する保護作用を有することなどが解ってきた[1〜5]。これらの成果は,主として分光機器の画期的な進歩に負うところが大きい。また,1980年代以降になってカロテノイドの生理機能・生物活性が着目されるようになり,続々と新たな知見が得られるようになってきた。これらの研究は主として3つの領域に大別できる。①光合成の場におけるカロテノイドのエネルギー科学[6〜8],②腫瘍細胞の増殖に対する作用[9〜18],③活性酸素とカロテノイドとの係わり(「抗酸化」活性)。

ここでは,海洋生物に含まれるカロテノイドについて,その生理機能,特に活性酸素との係わり(「抗酸化」活性)を中心とし,生活習慣病に対する活性について述べたい。

3.2 「抗酸化」活性

脂質やタンパクなどが「酸化」に対する「抗酸化」物質の作用の概要は以下の式に示すことができる。

$$\text{基質}+\text{酸素} \rightarrow \text{基質酸化物} \tag{1}$$
$$\text{基質}+\text{酸素}+\text{「抗酸化」物質} \rightarrow \text{基質}+\text{「抗酸化」物質の酸化物} \tag{2}$$

これらから,「抗酸化」物質の作用は反応(1)そのものの抑制ではなく,酸素に対する基質と「抗酸化」物質との競争反応である。すなわち反応性の高い酸素(主として活性酸素)の奪い合いである。酸素の活性化は模式的に図1に示すことができる。

本経路で生じた活性酸素は,脂質やタンパクの過酸化を引き起こす。すなわち,分子状酸素(O_2)は一電子還元および不均化反応によってスーパーオキシドアニオンラジカル($\cdot O_2^-$),過酸化水素(H_2O_2)を経てヒドロキシルラジカル($\cdot OH$)を生じる。この反応は通常,ある種の酸化酵素やポリフェノール,スーパーオキシドディスムターゼ(SOD),金属などによって触媒される。生じた活性酸素種は,生体内ではSODやカタラーゼなどの酵素,ある種のポリフェノ

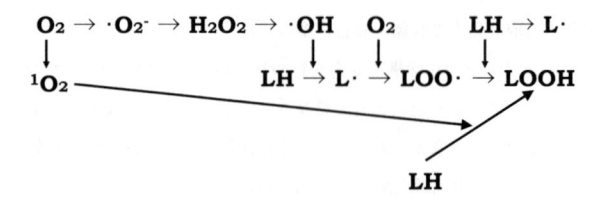

$$O_2 \rightarrow \cdot O_2^- \rightarrow H_2O_2 \rightarrow \cdot OH \quad O_2 \quad LH \rightarrow L\cdot$$
$$\downarrow \qquad\qquad\qquad\qquad\qquad\qquad LH \rightarrow L\cdot \rightarrow LOO\cdot \rightarrow LOOH$$
$$^1O_2 \qquad\qquad\qquad\qquad\qquad\qquad\qquad\qquad\qquad\qquad LH$$

図1 活性酸素の生成と脂質の過酸化

第4章　機能性食品素材（サプリメント）

ールやアスコルビン酸などによって消去されるが，ヒトの健康状態や環境，例えば老化，ストレスなどによってバランスが崩れ，過剰の・OHが生じる。・OHは極めて寿命が短いが，強い酸化力を有し，例えば脂質（LH）を攻撃する。LHは速やかにラジカル化して有機フリーラジカル（L・）となり，容易に酸化されてペルオキシラジカル（LOO・）となる。周囲には大過剰のLHが存在するので，LOO・はLHより水素を奪って過酸化脂質（LOOH）を生じる。その際，1分子のLOO・より再び1分子のL・を生じるので，理論上，1分子の・OHが発生すると酸素存在下では大量のLOOHを生じる（ラジカル連鎖反応）。一方，O_2はメチレンブルーやクロロフィルなどの光増感剤に触媒され，一部の電子スピンの変化によってエネルギーレベルの高い$^1O_2$を生じる。$^1O_2$も・OHと同様に，極めて寿命が短くかつ反応性が高い活性酸素種であり，LHを攻撃して直接LOOHを生じる。このように活性酸素種はそれぞれ物性が異なり，複雑な相互作用を及ぼしあいながら活性を示す。そこで，海洋生物に普遍的に存在するカロテノイド（図2）を取り上げ，それぞれの活性酸素種に対する活性を，代表的な「抗酸化」物質であるα-トコフェロールを対照として調べた。なお，これらカロテノイドのうち，アスタキサンチンは甲殻類，マダイの体表，サケの筋肉や卵巣，スケトウダラや甲殻類，二枚貝類の卵巣などに広くカロテノイド主成分として存在する赤色色素である。ゼアキサンチンはアユやブリの側線部，あるいは藍藻類の主要な黄色色素であり，ルテインも同様に広く海洋生物に分布する。ツナキサンチンはスズキ目の魚類体

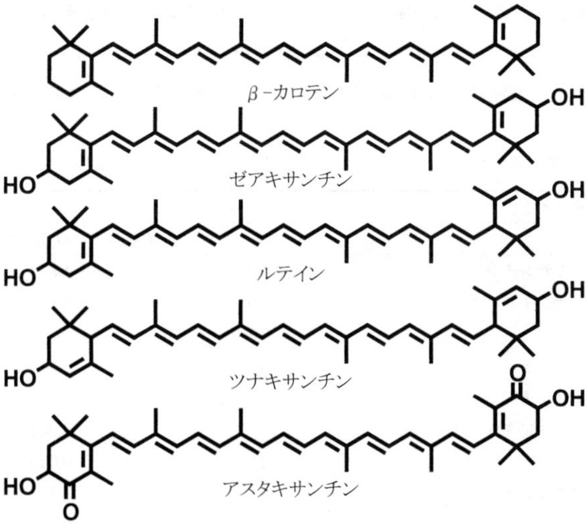

図2　代表的な海洋性カロテノイド

表に普遍的に蓄積され,ケミカルインジケーターとされる。一方,フコキサンチンは褐藻類や珪藻類が生産する光合成色素であり,最も生産量の多いカロテノイドの一種である。またハロシンシアキサンチンはホヤ類の主要色素であり,β-カロテンは少量ではあるが,最も広く海洋生物に分布する。カンタキサンチンは,アルテミアなど下等な節足動物のカロテノイド主成分である。このように,ここで取り上げたカロテノイドは海洋生物に広く分布する代表的なものである。

3.2.1 一重項酸素 ($^1O_2$)

筆者らは,$^1O_2$由来の化学発光を直接測定する方法によるカロテノイドの$^1O_2$消去活性の定量法を開発し[19~22],本法を用いて各種カロテノイドの$^1O_2$消去活性を算出した(表1)。その結果,非極性溶媒中(CDCl$_3$中)ではアスタキサンチン(-C=O×2, -OH×2),ゼアキサンチン(-OH×2)およびβ-カロテンの間で活性は大差なく,これらはその極性には無関係に,α-トコフェロールの数百倍にも及ぶ強い消去活性を示した。一方,カロテノイド間での消去活性強度はゼアキサンチン(-OH×2, 共役2重結合数11)>ルテイン(-OH×2, 同10)>ツナキサンチン(-OH×2, 同9)であり,-OHや-C=Oの寄与は少なく,活性は共役二重結合数に比例すると考えられる。カロテノイドの$^1O_2$消去活性は,$^1O_2$との物理的接触によって励起されたカロテノイドが,物理エネルギーを中央ポリエン部分の振動や回転運動によって熱エネルギーに変換することによると考えられており,非極性溶媒中ではカロテノイドと$^1O_2$との物理的接触の頻度はカロテノイド種によって大差なく,むしろエネルギーの転換効率の方が重要であると推定できる。一方,極性溶媒中(CDCl$_3$/CH$_3$OH中)ではアスタキサンチンの活性がきわだって強く,β-カロテンの約40倍であり,α-トコフェロールは活性を示さなかった。また,カンタキサンチン(-C=O×2)の活性も顕著であり,水酸基よりもむしろカルボニル基の重要性が明らかになっ

表1 各種カロテノイドのCDCl$_3$およびCDCl$_3$/CD$_3$OH(2:1)中での一重項酸素消去活性(κq)

カロテノイド	$10^9 \kappa q$ (M^{-1}s^{-1})	
	CDCl$_3$	CDCl$_3$/CD$_3$OH(2:1)
アスタキサンチン	2.2	1.8
ゼアキサンチン	1.9	0.12
ルテイン	0.80	-
ツナキサンチン	0.15	-
フコキサンチン	-	0.005
ハロシンシアキサンチン	-	0.002
β-カロテン	2.2	0.049
カンタキサンチン	-	1.2
α-トコフェロール	0.004	0

-;測定せず

た．また，西野[16]によって強い抗がん活性が認められたフコキサンチンやハロシンシアキサンチンの$^1O_2$消去活性は弱く，抗がん活性と$^1O_2$消去活性はそれぞれ独立していることが示唆された．すなわち，カロテノイドの抗がん活性はカロテノイドの抗プロモーション活性に基づくものであると考えられるが，活性酸素の消去活性はむしろ抗イニシエーション活性あるいは腫瘍免疫活性[10~12]と密接な関係にあると推定できる．

3.2.2 スーパーオキシドアニオンラジカル（・O_2^-）

・O_2^-発生の定法であるキサンチン-キサンチンオキシダーゼ系は，水系での酵素反応を利用するためカロテノイドの活性測定には使用できず，尾形らの方法[23]によった．その結果，アスタキサンチンに弱い活性を認めたが，ゼアキサンチンやβ-カロテンはまったく活性を示さず，カルボニル基の重要性が示唆された．しかし，カロテノイドの活性はポリフェノール類などが水系で示す活性と比較してはるかに弱く，実用的ではない．

3.2.3 ヒドロキシルラジカル（・OH）

非水系での・OHの発生には光反応系しか使用できないが，光によるカロテノイド自身の変性が避けられず，かつ現在のところ，・OHの反応速度に対応可能なスピンラベル剤がないため定量不能である．

3.2.4 ペルオキシラジカル（LOO・）

筆者ら[24]は非水系中におけるLOO・発生法を開発し，ESRを用いてカロテノイドのラジカル捕捉活性を調べた．その結果，CHP+TPP・Fe（Ⅲ）系では，アスタキサンチンに強い活性を認めた．また，AIBNの熱分解系では，β-カロテン，アスタキサンチンなどに活性を認めたが，いずれの場合も対照のα-トコフェロールの活性が最も安定しており，本活性に基づくカロテノイドの活用法を見出すには至っていない．

3.2.5 過酸化脂質（LOOH）

活性酸素によって最終的に脂質が攻撃を受けて生成する．筆者ら[25~26]は，プロトポルフィリン-鉄系を用いてL・～LOO・を発生し，リノール酸の過酸化誘導系を構築することによってカロテノイドの脂質過酸化抑制活性を調べたところ，アスタキサンチンに強い活性を認め，その活性はα-トコフェロールの活性と比較して100倍以上であった．また，ほかのカロテノイドの活性についても比較検討し，カルボニル基や水酸基の活性に対する寄与も併せて明らかにすることができた．

以上，カロテノイドは選択的に$^1O_2$消去活性および脂質過酸化抑制活性を示した．一方，他の分子種に対する活性は弱く，・O_2^-に対してはSODやある種のポリフェノールが，・OHに対してはアスコルビン酸が，またLOO・に対してはα-トコフェロールがそれぞれ最も効果的な消去物質であると考えられる．すなわち，食品など産業上の活用にはこれらの性状を充分に把握し，

複合的に使用することが望ましい。

3.3 ヒト・動物へのカロテノイドの活用の可能性

前項で述べた*in vitro*での研究結果を踏まえ，筆者らは種々の*in vitro*試験を実施してカロテノイドの生理機能について検討を加えてきた。本項では前項で強い活性を認めたアスタキサンチンについて言及する。

まず内海らとの共同研究[25, 27]により，哺乳類において，アスタキサンチンは*in vitro*のみならず，*in vivo*でも脂質過酸化を効果的に抑制することを認めた。ラットの肝臓ミトコンドリアを用いた実験では，アスタキサンチンの脂質過酸化抑制活性はα-トコフェロールの数百倍にも及んだ（図3）。また，同時に抗炎症作用を示すことも*in vivo*で明らかにできた[27]。ラットを用い，カラギーナンを炎症誘導物質として行った実験では，α-トコフェロールはまったく活性を示さなかったが，アスタキサンチンは効果的に脚部の腫れを抑制した（図4）。これらの結果は，カロテノイドの抗炎症作用が脂質過酸化抑制活性に基づくことを示唆するとともに，アスタキサンチンの*in vitro*における活性が，*in vivo*でも発現することを示すものである。

次いで，西垣ら[28]とアスタキサンチンの*in vivo*における脂質過酸化抑制活性を検討した。すなわち，予めアスタキサンチンあるいはα-トコフェロールを餌料に添加して投与したラットに，^{60}Co照射によって脂質過酸化を引き起こしてアスタキサンチン添加の効果を調べた。なお，実験条件を表2に示す。照射1日後，血清および各臓器の過酸化脂質量を測定したところ，アスタキサ

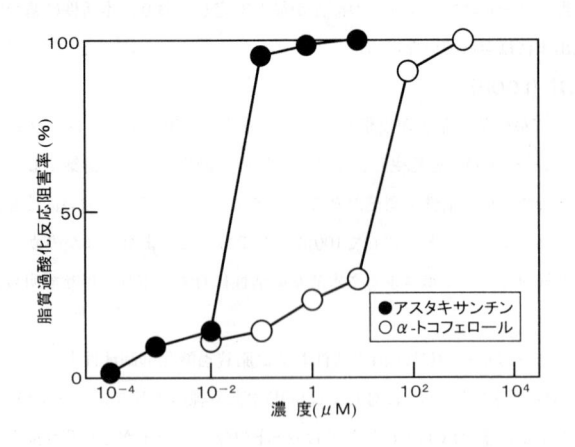

図3　ラット肝臓ミトコンドリアを用いた生物試験

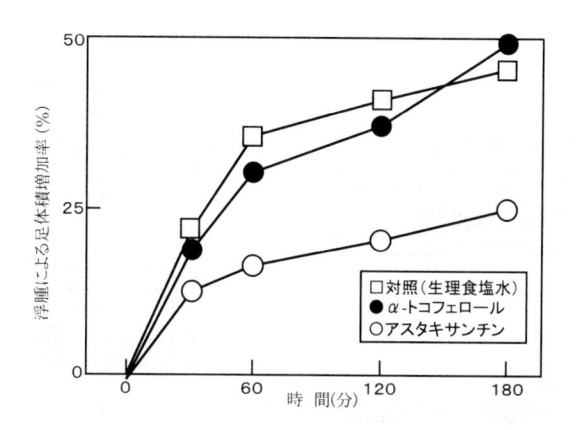

図4 ラットを用いた抗炎症試験

表2 血清および各器官の脂質過酸化レベルに与えるアスタキサンチンの影響

試験区	I	II	III	IV	V
^{60}Co-照射	-	+	+	+	+
添加試料 (μmol/kg/体重/日)	-	-	アスタキサンチン 5　20		α-トコフェロール 200

ンチンが微量で^{60}Co照射による各臓器の脂質過酸化を効果的に抑制すること，特に血液脳関門を通過して脳でも活性を示すことが明らかにできた（図5）。

　これらの動物試験の結果を踏まえ，近藤ら[29]とアスタキサンチンの虚血性心疾患の原因となるヒトの血中LDL被酸化能について検討した。すなわち，アスタキサンチンを健常人24名に14日間経口投与し，採血後，LDL画分を分離した。本画分にV-70［2,2'-azobis(4-methoxy-2,4-dimethylvaleronitrile)］を添加してLDL酸化を促し，酸化開始に至る誘導時間を測定して活性を算出した。その結果，アスタキサンチンは最小有効投与量3.6mg/日の投与量で有意に誘導時間を延長した。すなわち，アスタキサンチンは虚血性脳・心疾患予防食品として活用できることが示唆される（図6）。

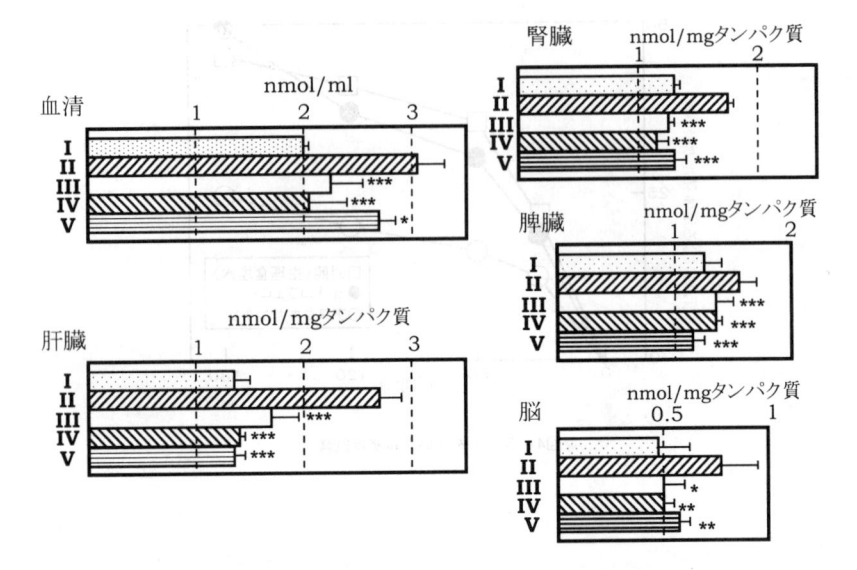

図5 血清および各器官の脂質過酸化レベルに与えるアスタキサンチンの影響

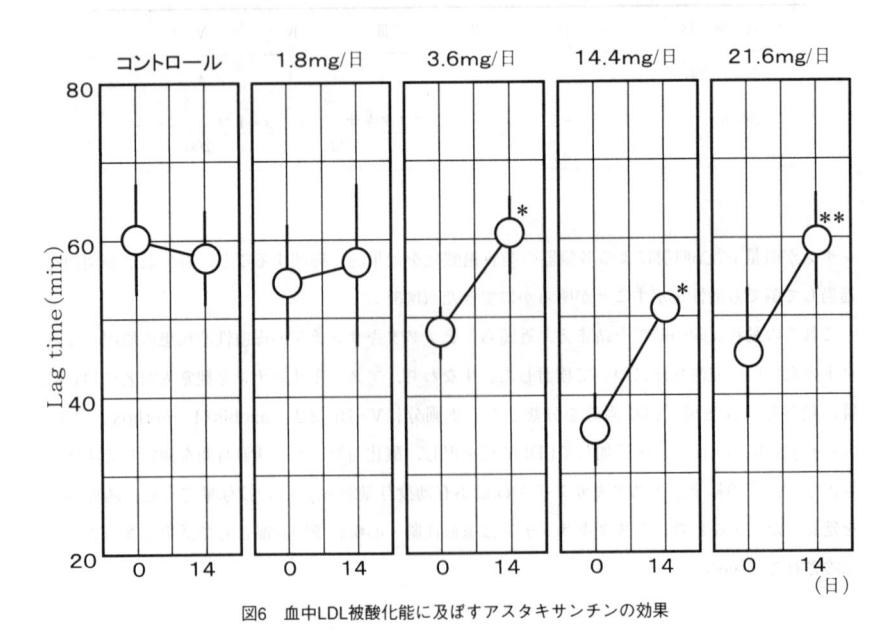

図6 血中LDL被酸化能に及ぼすアスタキサンチンの効果

第 4 章　機能性食品素材（サプリメント）

3.4　産業への活用

　以上，カロテノイド，とくにアスタキサンチンの生理機能について述べてきたが，これらの活性はすべて「抗酸化」活性と一般的に称されるが，むしろ「抗過酸化」活性と称するのが適当であるのかもしれない。かかる状況下，近年ではいくつかのカロテノイドが健康食品およびその素材として世に流通するようになってきた。アスタキサンチンはすでに数社によって健康食品として上市されている。β-カロテンは主として合成品が流通しているが，緑藻 *Donaeriella* 由来のシス型のものが健康食品として流通している。ルテインに関しては，現在のところマリーゴールド由来のものが主流で，海洋生物由来のものは上市されていない。ゼアキサンチンに関しては，藍藻 *Spirurina* 由来のものが市販されている。これらのカロテノイドが主であるが，さらに褐藻類よりフコキサンチンを食品素材として応用しようとされており，また新しい海洋性カロテノイドの探索も実施されている。さらに，遺伝子組み替え技術によるカロテノイドの生産法に関する研究も盛んである。今後の進捗に期待する。

文　　　献

1) 松野隆男，幹　渉，化学と生物，**28**，219（1990）
2) 幹　渉，フードケミカル，No. 9，66（1992）
3) 幹　渉，FOOD Style 21，**1**，74（1997）
4) W. Rau, *Pure Appl. Chem.*, **57**, 777 (1985)
5) E. L. Schrott, *Pure Appl. Chem.*, **57**, 729 (1985)
6) M. Mimuro, T. Katoh, *Pure Appl. Chem.*, **63**, 123 (1991)
7) T. A. Moore et al., *Pure Appl. Chem.*, **66**, 1033 (1994)
8) B. J. Cogdell et al., *Pure Appl. Chem.*, **66**, 1041 (1994)
9) M. M. Mathews-Roth, *Pure Appl. Chem.*, **57**, 717 (1984)
10) H. Jyonouchi et al., *Nutr. Cancer*, **16**, 93 (1991)
11) H. Jyonouchi et al., *Nutr. Cancer*, **19**, 269 (1993)
12) H. Jyonouchi et al., *Nutr. Cancer*, **21**, 47 (1994)
13) J. Okuzumi et al., *Cancer Lett.*, **55**, 75 (1990)
14) J. Okuzumi et al., *Cancer Lett.*, **68**, 159 (1993)
15) 西野輔翼，農化誌，**67**，39（1993）
16) 西野輔翼，海洋生物のカロテノイド，恒星社厚生閣，p. 105（1994）
17) 高須賀信夫ほか，第11回カロテノイド研究談話会講演要旨集，p. 3（1997）

18) 大嶋俊二ほか, 第11回カロテノイド研究談話会講演要旨集, p. 4 (1997)
19) P. Di Mascio et al., *Arch. Biochem. Biophys.*, **274**, 532 (1989)
20) P. Di Mascio et al., *Methods Enzymol.*, **213**, 429 (1992)
21) N. Shimidzu et al., *Fisheries Sci.*, **62**, 134 (1996)
22) 清水延寿, 幹 渉, 海洋生物のカロテノイド, 恒星社厚生閣, p. 97 (1994)
23) W. Liu et al., *J. Pharm. Soc. Jpn.*, **121**, 265 (2001)
24) K. Namikawa et al., 未発表データ
25) W. Miki, *Pure Appl. Chem.*, **63**, 141 (1991)
26) W. Miki et al., *J. Mar. Biotechnol.*, **2**, 35 (1994)
27) 倉繁 迪ほか, *Cyto-protect. Biol.*, **7**, 383 (1989)
28) I. Nishigaki et al., *J. Clin. Biochem. Nutr.*, **16**, 161 (1994)
29) T. Iwamoto et al., *J. Atherosclerosis Thromb.*, **7**, 216 (2001)

4 フコイダンその他の海藻多糖類

酒井　武[*1]，加藤郁之進[*2]

4.1 はじめに

　海藻には緑藻類，紅藻類，および褐藻類があり，それぞれに固有の多糖類が含まれている。海藻の多糖は，細胞壁骨格多糖，細胞間粘質多糖，貯蔵多糖に分けることができ，それぞれが1種から数種の分子種を含む。そのため，海藻由来多糖の種類はかなりの数にのぼる。これらの海藻多糖類を調製し，それらの生物活性を調べると，種々の活性が確認できる。なかでも，褐藻類多糖の一種「フコイダン」は，多様な生物活性を持つ硫酸化多糖として知られており，ガゴメコンブから調製された「フコイダン」を利用した健康食品「アポイダン-U」が1996年に発売されたのを皮切りに，オキナワモズクやワカメ由来のフコイダンを利用した健康食品が次々と発売されており，その市場規模は50億円を超える勢いである。「フコイダン」は，「構成糖にL-フコースを含む硫酸化多糖」の総称であるが，それらの中にはL-フコースのみを構成糖とするもの，L-フコース以外にD-ガラクトース，D-マンノース，D-キシロースなどの中性糖や，D-グルクロン酸というウロン酸を構成糖に含むものなどがある。すなわち，同じ「フコイダン」という名称でも，コンブ由来のものとモズク由来のものでは，構成糖も硫酸基の含有量も大きく異なるため，それぞれを別物質として捉えた上で，個々の生物活性を論じる必要がある。

　ここでは，「フコイダン」を中心として，海藻多糖類の構造や食品としての機能性などについて記載する。

4.2 海藻とそれらの多糖類

　海藻は，緑藻類，紅藻類，褐藻類に分類でき，それぞれに固有の多糖類が含まれている[1]。海藻の多糖は細胞壁骨格多糖，細胞間粘質多糖，貯蔵多糖に分けることができる[1]。これらの多糖のうち代表的なものを表1に示す。また，詳細な化学構造が報告されているものについては以下に記す。

4.2.1 緑藻の多糖類

　緑藻の細胞間粘質多糖の硫酸化ラムナン（ramnan）はヒトエグサ由来のもので，その平均構造は，α-1,3結合の2-硫酸化-L-ラムナンである[2]。表1に示すその他の緑藻の多糖類の構造については詳細な報告が見当たらない。

[*1]　Takeshi Sakai　タカラバイオ（株）　バイオ研究所　主幹研究員
[*2]　Ikunoshin Kato　タカラバイオ（株）　代表取締役社長

表1 海藻の代表的な多糖類

海藻	細胞壁骨格多糖	細胞間粘質多糖	貯蔵多糖
緑藻	セルロース	硫酸化グルクロノキシロラムナン 硫酸化キシロアラビノガラクタン 硫酸化グルクロノキシロラムノガラクタン 硫酸化ラムナン	アミロース
紅藻	セルロース	ガラクタン 　アガラン 　　アガロース 　　フノラン 　　ポルフィラン 　カラギーナン 　　カラギーナン（$\mu, \nu, \lambda, \xi, \kappa, \iota, \theta$） 　　フルセラン	デンプン
褐藻	セルロース	アルギン酸 フコイダン 　硫酸化フカン 　硫酸化フコグルクロノマンナン 　硫酸化フコガラクタン 　硫酸化グルクロノフカン 　サルガッサン 　アスコフィラン	ラミナラン

4.2.2 紅藻の多糖類

　紅藻の細胞間粘質多糖のガラクタン（galactan）は，β-D-ガラクトースとα-（DあるいはL）-（アンヒドロガラクトースあるいはガラクトース）が交互に結合した多糖である。ガラクタンはカラギーナン（carrageenan）とアガラン（agaran）からなる。前者は，β-D-ガラクトースとα-D-ガラクトースが交互に結合した構造を基本骨格としている。β-D-ガラクトースが部分的に3,6-アンヒドロガラクトースとなったもの，構成糖の水酸基が部分的に硫酸化されたものなどがあり，それらが構造的に分類されている[1]。カラギーナンの場合，2糖単位で見ても硫酸基の配位例は126通りもあるため，理論的には無数の種類のカラギーナンが存在することになるが，現在7種類（$\mu, \nu, \lambda, \xi, \kappa, \iota, \theta$型）のものが命名されているのみである[1]。例えば，*Furcellaria*属海藻の多糖フルセラン（furcellan）もカラギーナンの一種であるが，上記の7種にはあてはまらない[1]。詳細な構造解析を行えばまだまだ，新しい分子種が発見されると考えられるが，糖骨格が同じ多糖をあまりにも細かく分類しても大きな意味をなさないと考える。

　もう一方のガラクタンである「アガラン」は近年使われ始めた名称であるが，アガロース

第4章 機能性食品素材（サプリメント）

(agarose), アガロペクチン (agaropectin) など, β-D-ガラクトースとα-L-3,6-アンヒドロガラクトースが交互に結合した構造を基本骨格とする多糖のことである。部分的にアンヒドロ型ではないL-ガラクトースが入ったり, 構成糖の水酸基が硫酸基, メチル基などで修飾されたりして, 構造的に多種類のものが存在する[1]。例えば, フクロフノリやマフノリに含まれているフノラン (funoran)[3], アマノリ属 (*Porphyra*) 海藻のポルフィラン (porphyran)[4] などがその例である。分類学的に近縁の海藻は糖骨格が同じ多糖を生合成することが多いが, 恐らく硫酸基の位置などが異なると考えられるため, 骨格にアガロース構造を持つ多糖の種類は, カラギーナンと同様に, 相当数にのぼると考えられる。

最近, カラギーナンとアガランの混成体を生合成する海藻もいくつか報告されており[5], 両多糖の境界を再考する必要が生じてきた。

4.2.3 褐藻の多糖類

褐藻のラミナラン (laminaran) は, 比較的鎖長の短いβ-1,3-D-グルカンであり, 分子量は数千程度のものである。β-1,6の分岐を持つものや, 還元性末端にマンニトールを持つものもある[1]。

アルギン酸はβ-D-マンヌロン酸とα-L-グルロン酸が直鎖状にランダムに結合した多糖であり, 通常藻体内では不溶性のカルシウム塩として存在している。両構成糖の比率は海藻の種類, 藻体の部位や季節などによって変動する[1]。

フコイダン (fucoidan) は, もともとは, ヒバマタ属 (*Fucus*) 海藻の硫酸化多糖につけられた名称であったが, その後, 褐藻類には一般的に, 硫酸化L-フコースを含む多糖が含まれることが解明され, 徐々にそれらの多糖の総称として使われるようになってきた。1990年以後の分析技術の進歩もあり, 種々の海藻由来のフコイダンの構造が決定された結果, 由来となる海藻の種類によりそれらの構造が著しく異なることが解明されてきた。褐藻類のフコイダンの中で, 最も構造研究が進んでいるのは, ガゴメコンブ*Kjellmaniella crassifolia*由来フコイダンである。既に, 3種類のフコイダンについては, 種々のフコイダン分解酵素を利用して化学構造が決定されている[6〜9]。「フコイダン」の中には, 構成糖がα-L-フコースのみのもの（硫酸化フカン, コンブ属, ヒバマタ属, *Ascophyllum*属海藻で確認), 主鎖がα-L-フコースからなり, 側鎖がα-D-グルクロン酸のもの（硫酸化グルクロノフカン, オキナワモズクで確認), 主鎖がβ-D-ガラクトースからなり, 側鎖がβ-D-ガラクトースとα-L-フコースのもの（硫酸化フコガラクタン, ガゴメコンブで確認), 主鎖がβ-D-グルクロン酸とα-D-マンノースからなり, 側鎖がα-L-フコースのもの（硫酸化フコグルクロノマンナン, ガゴメコンブ, ヒバマタ属海藻で確認) などの分子種が確認されている[6]。その他にもアスコフィラン (ascophyllan), サルガッサン (sargassan) などのキシロースを含む多糖がいくつか報告されているが[10], これらの詳細な構造につ

いては解明されていない。

　上記のフコイダンのうち，例えば，硫酸化フカンについては，ヒバマタ目海藻のものと，コンブ目海藻のもので，主鎖の構造が全く異なる[6]。前者では，L-フコースがα-1,3結合したものとα-1,4結合したものが交互に結合しているが[11,12]，後者ではα-1,3-L-フコースのみの直鎖構造である[6]。また，前者は分岐が少ないが[11,12]，後者は5から6糖に1残基にα-1,2-L-フコースの分岐がある[6]。硫酸化フコガラクタンは，ワカメ胞子葉にも含まれているが，その詳細な構造は解明されていない。また，硫酸化フコグルクロノマンナンについては，ガゴメコンブのものと，ヒバマタ属海藻のものでは，側鎖の構造が異なる[6]。前者はL-フコースあるいは硫酸化L-フコース1残基であるが，後者は，1残基のものに加えて，フコフラノースとフコピラノースの2残基からなる側鎖が多数存在する[6,7]。

　一般に，1種の海藻は数種の「フコイダン」を持ち，海藻の種類によって「フコイダン」の構造が異なる（表2）。そのため，上記の「フコイダン」以外にも構造が解明されていないものが何種類もあると考えられる。カラギーナンやアガランの構造の多様性は硫酸基やメチル基の量的，位置的な差によるものであるが，フコイダンの場合は硫酸基やアセチル基の量的，位置的な差に加えて，骨格構造，側鎖構造，構成糖の種類までに及ぶため全く別種の分子が何種類も存在する。すなわち，「フコイダン」を扱う際には少なくとも由来となる海藻をしっかりと認識しておく必要がある。

表2　種々のフコイダンの主要化学構造

硫酸化フコグルクロノマンナン（ガゴメ由来）
$(-4GA\beta 1-2(F(3S)\alpha 1-3)Man\alpha 1-)n$
硫酸化フコグルクロノマンナン（*Fucus vesiculosus*由来）
$(-4GA\beta 1-2(Ff(5S)\alpha 1-4F(2,3diS)\alpha 1-3)Man(6S)\alpha 1-)n$
硫酸化フコガラクタン（ガゴメ由来）
$(-6Gal(3S)\beta 1-6Gal(3S)\beta 1-6(F(3S)\alpha 1-4F(3S)\alpha 1-3Gal\beta 1-4)Gal(3S)\beta 1-)n$
硫酸化フカン（ガゴメ由来）
$(-3F(2,4diS)\alpha 1-3F(2,4diS)\alpha 1-3(F(3S)\alpha 1-2)F(4S)\alpha 1-3F(2,4diS)\alpha 1-3F(2,4diS)\alpha 1-3F(2,4diS)\alpha 1-)n$
硫酸化フカン（*Fucus vesiculosus*由来）
$(-3F(2S)\alpha 1-4F(2,3diS)\alpha 1-)n$
硫酸化グルクロノフカン（オキナワモズク由来）
$(-3F\alpha 1-3F(4S)\alpha 1-3F(4S)\alpha 1-3(GA\alpha 1-2)F(4-O\text{-}acetyl)\alpha 1-)n$

（図中略号）F, L-fucose; Ff, L-fucofuranose; GA, D-glucuronic acid; Gal, D-galactose; Man, D-mannose; S, *O*-sulfate; diS, di-*O*-sulfate

第4章 機能性食品素材（サプリメント）

4.3 海藻多糖類の食品としての機能性

海藻多糖類のうち，機能性食品素材としてよく利用されているのは細胞間粘質多糖である。ここでは，機能性食品素材として比較的研究の進んでいる，ガラクタン（アガラン，カラギナン），アルギン酸およびフコイダンについて述べる。

4.3.1 ガラクタン

スサビノリのアガラン（ポルフィラン）の経口投与により，マウスに移植したエールリッヒ癌腫の増殖が抑制される[13]。また，マフノリのアガラン（フノラン）を経口投与すると，高血圧モデルラットの血圧上昇，血清コレステロールおよび血清トリグリセリドの濃度上昇が抑制される[14]。フノランは，実際健康食品としてフノラン研究所から長期に渡って販売されている。

アガランの中でも硫酸含量が少なく，3,6-アンヒドロ-L-ガラクトース含量が多いものがアガロースであり，寒天の主成分である。アガロースを弱酸で分解するとアガロオリゴ糖が生成する。アガロオリゴ糖は，還元性末端に非常に反応性に富む3,6-アンヒドロ-L-ガラクトース残基を持つため種々の生物活性を持つ。例えば，マクロファージの誘導型一酸化窒素合成酵素の発現を抑制することにより，NOの産生を抑制する[15]。生体内でNOの産生を抑制できれば，がん細胞の増殖を抑制できる可能性がある。また，アガロオリゴ糖により，マクロファージのヘムオキシゲナーゼの発現を増強することができる[15]。生体内でヘムオキシゲナーゼを誘導できれば酸化的ストレスから生体を保護することもできる。例えば，乳頭腫発生モデル動物にアガロオリゴ糖水溶液を自由飲水させると乳頭腫の発生率をコントロール群の発生率の10%にまで抑制することができる[15]。また，慢性関節リウマチモデル動物にアガロオリゴ糖水溶液を自由飲水させることにより関節炎の予防効果及び治療効果が認められた[16]。アガロオリゴ糖は健康食品及び機能性食品素材としてタカラバイオから販売されている。

もう一方のガラクタンであるカラギーナンについては，例えばκおよびλカラギーナンの経口投与により，マウスに移植したエールリッヒ腹水腫の増殖が抑制される[13]。なお，カラギーナンは食品素材，化粧品素材，医薬品カプセル原料など，幅広い用途があるにもかかわらず[11]，機能性食品素材としては全く用途が開けていない。アガランとカラギーナンは構造的には近縁であり，両者には境界がない可能性すらあることを上述したが，生物活性という観点からみればかなり異なる可能性がある。例えば，カラギーナンの摂取により，実験動物において大腸炎が起こる例が報告されているが[17]，このことがカラギーナンの機能性食品としての開発を止めているのかもしれない。

4.3.2 アルギン酸

高コレステロール血症モデルラットにアルギン酸ナトリウムを投与すると血清コレステロールの濃度上昇を抑えることができる[1]。腸管内でアルギン酸ナトリウムがコレステロールを包み込

んでそのまま排泄されるからだと考えられている。カイゲンや大正製薬から、アルギン酸ナトリウムを含む食品が血清コレステロール濃度を低下させる特定保健用食品として販売されている。

また、高血圧自然発症ラットにアルギン酸カリウムを投与すると血圧の上昇を抑えることができる。これは、腸管内で、アルギン酸カリウムがカリウムイオンを遊離し、ナトリウムイオンと結合して排泄されること、遊離したカリウムイオンが吸収されて血中のナトリウムイオンを追い出すことにより、二重に体内ナトリウムイオン濃度を下げるためだと考えられている。また、アルギン酸ナトリウムの経口投与により、マウスに移植したエールリッヒ腹水腫の増殖を抑制するという報告がある[13]。

4.3.3 フコイダン

フコイダンの生物活性に関する研究報告は相当数に上るが、意外にも経口投与した場合の生物活性についてはあまり調べられていない。フコイダンの機能性食品素材としての意義を捉えるため、以下には経口投与した場合の研究結果について記述する。なお、前述したようにフコイダンは海藻の種類によって構造が全く異なるため海藻ごとに記述する。

(1) ガゴメコンブ由来フコイダン

ガゴメコンブには乾燥重量の約4%のフコイダンが含まれている[6]。ガゴメコンブ由来フコイダンは、その構造や食品としての機能について他の海藻由来のものよりも深く研究されている。

ガゴメコンブ由来フコイダンを添加した餌を、サルコーマ180肉腫を移植したマウスに与えると、肉腫細胞の増殖が抑制される。また、アゾキシメタンで化学発がんさせたラットにフコイダン水溶液を自由飲水させると、ラットを延命させることができる[18]。現時点ではこれらの現象のメカニズムは解明されていないが、担がん動物の脾臓細胞を単離し、その培地にフコイダンを添加すると、脾臓細胞によるインターフェロンγやインターロイキン12の産生が増強される[15]。これらのサイトカインが担がん動物の生体内で産生されれば、細胞傷害性T細胞、ナチュラルキラー細胞、マクロファージなどを活性化し、がん細胞を殺すことができる。

また、フコイダンをラットに経口投与すると肝細胞増殖因子（HGF）の産生を増強することができる[15]。HGFには抗がん作用があるとの報告もあるため[19]、フコイダンの経口投与によるがん抑制と関連がある可能性もある。一方HGFには、発毛促進作用もあり[20]、民間で伝承されているコンブの養毛作用をも裏付けている。

また、フコイダンの経口投与により、「受身皮膚アナフィラキシーモデル動物」において、IgEの産生を抑制できること、すなわち、アレルギー反応を抑制できることが証明されている[21]。

また、Helicobacter pylori感染モデルスナネズミにガゴメコンブフコイダンを経口投与すると、H. pyloriの感染率をコントロール群の感染率の約30%に抑制することができた[22]。ちなみに、同時に試験を行った、ヒバマタ由来フコイダンには、感染抑制作用が見られなかった。

第4章 機能性食品素材（サプリメント）

ガゴメコンブフコイダンは，健康食品および機能性食品素材としてタカラバイオから長期に渡って販売されている。

最近，酵素的に低分子化させて得られたガゴメコンブフコイダンオリゴ糖（図1）を経口投与することにより，頸静脈血栓モデルラットの血栓発生率が低下することが見出された[23]。低分子化されたヘパリンにも同じ活性が見出されているが，種々のフコイダンの中で，ヘパリンと同等の陰性荷電を持っているのはコンブフコイダンのみである。たとえば，ガゴメコンブ，*Fucus vesiculosus*，オキナワモズク由来のフコイダンの10糖あたりの硫酸基の数は，それぞれ，17，15，4残基であり，主鎖構造や側鎖構造も異なる[6]。これらのフコイダンが同等の血栓形成抑制作用を持つということは考えにくいことである。

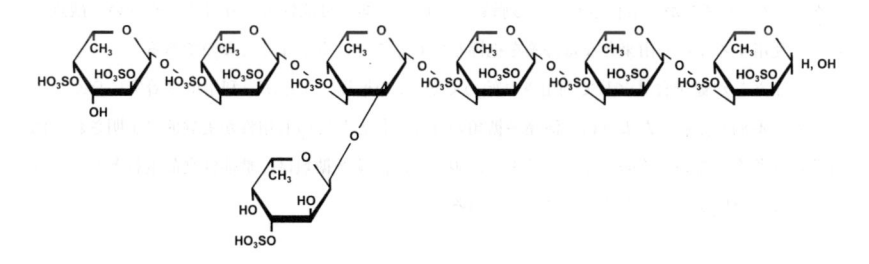

図1 フコイダナーゼを利用して調製したガゴメ由来硫酸化フカン7糖の化学構造

(2) オキナワモズク由来フコイダン

オキナワモズク*Cladosiphon okamuranus*には乾燥重量の約30％のフコイダンが含まれているので，藻体からのフコイダンの精製は比較的容易である。そのためオキナワモズクフコイダンは安価に製造できることもあり，消費量が最も多い。また，その構造研究や機能性研究も比較的進んでいる。

*H. pylori*感染モデルスナネズミにオキナワモズクフコイダン水溶液を自由飲水させると，ガゴメコンブフコイダンの場合と同様に感染率の低下が見られる[24]。また，インドメタシン胃粘膜障害モデルラットおよび酢酸潰瘍モデルラットにフコイダンを経口投与することにより，胃潰瘍の傷害面積を小さくすることができる[25]。オキナワモズク由来フコイダンは，健康食品および機能性食品素材として沖縄発酵化学から販売されている。

(3) その他の海藻由来フコイダン

ワカメの胞子葉には，乾燥重量の10％程度のフコイダンが含まれているが[6]，そのフコイダンを経口投与することにより，マウスに移植したエールリッヒ腹水腫の増殖を抑制する[13]。ワカメ胞子葉由来のフコイダンは，健康食品および機能性食品素材として理研ビタミンやマルイ物産か

ら販売されている。

4.4 おわりに

上述のように海藻多糖類は，同じ名称で呼ばれているものでも，由来となる海藻が異なれば構造がかなり異なる。異なる構造のものは，活性も異なると考えられるので，多糖の機能性を利用する場合，その多糖の由来を調べておくことは大切なことである。また，海藻多糖類，それらの中でも特にフコイダンは，分子内に疎水性部分（メチル基）と親水性部分（硫酸基）を併せ持っているため，由来となる海藻に含まれている脂質類を可溶化させる作用が強い。褐藻類の脂質類には，強い生物活性を持つ物質が何種類もあるため，フコイダンの作用として考えられている作用が，「フコイダンが可溶化させている脂質の作用」である可能性もあり得る。そういう観点からも，使用する多糖の由来となる海藻を把握しておくことは重要なことなのである。

フコイダンが健康食品として利用され始めてから，9年程になるが，利用度は着実に高くなっている。本稿で記載したように，海藻多糖類の食品素材としての有用性が実験的に証明された例はそれ程多くはない。そのためフコイダンに限らず，海藻多糖類は，機能性食品素材として今後もさらなる発展が充分に期待できる素材である。

文 献

1) 山田信夫，海藻利用の科学，成山堂書店 (2000)
2) N. Harada, M. Maeda, *Biosci. Biotechnol. Biochem.*, **62**, 1647 (1998)
3) 藤木寛之，農化誌，**46**, 59 (1972)
4) Q. Zhang et al., *Carbohydr. Res.*, **339**, 105 (2004)
5) J. M. Estevez et al., *Carbohydr. Res.*, **339**, 2575 (2004)
6) 酒井武，加藤郁之進，バイオサイエンスとインダストリー，**60**, 377 (2002)
7) T. Sakai et al., *Mar. Biotechnol.*, **5**, 70 (2003)
8) T. Sakai et al., *Mar. Biotechnol.*, **5**, 536 (2003)
9) T. Sakai et al., *Mar. Biotechnol.*, **6**, 335 (2004)
10) C. Boisson-Vidal et al., *Drugs Future*, **16**, 539 (1991)
11) L. Chevolot et al., *Carbohydr. Res.*, **330**, 529 (2001)
12) M. I. Bilan et al., *Carbohydr. Res.*, **339**, 511 (2004)
13) S. Hashimoto, K. Nishizawa, *Nippon Suisan Gakkaishi*, **55**, 1265 (1989)
14) D. Ren et al., *Fisheries Sci.*, **60**, 423 (1994)

15) 加藤郁之進ほか,有用海藻誌,内田老鶴圃,p. 477(2004)
16) 加藤郁之進,藻類シンポジウム講演集,p. 9(2002)
17) J. K. Tobacman, *Environ. Health Perspect.*, **109**, 983(2001)
18) 于福功ほか,第57回日本癌学会総会記事,p. 645(1998)
19) Y. Tsunoda *et al.*, *Anticancer Res.*, **18**, 433(1998)
20) T. Jindo *et al.*, *J. Invest. Dermatol.*, **110**, 338(1998)
21) 加藤郁之進ほか,ジャパンフードサイエンス,**39**, 43(2000)
22) 深水裕二ほか,公開特許公報,特開平10-287571(1998)
23) 酒井武ほか,第7回マリンバイオテクノロジー学会大会講演要旨集,p.161(2004)
24) H. Shibata *et al.*, *Helicobacter*, **8**, 59(2003)
25) 柴田英之ほか,薬理と治療,**26**, 1211(1998)

5 アミノ酸およびペプチド類

藤田裕之[*1], 吉川正明[*2]

5.1 はじめに

海洋生物は，陸上の植物や動物にはない特殊な生理機能や呈味性を示すアミノ酸やペプチド類を多数含んでいることから，古くからそれらの物質の持つ機能性について検討が進められてきた。特に，海洋生物の生態の解明や，育種という観点，および安全性の面からも他の種（ヒトを含む）に対する毒性について多くの研究がなされてきた。一方，食品は，栄養機能，感覚機能に加えて，第三の機能として生体調節機能を有することが近年示され，豊富な資源量を持つ海洋生物についても，この面での研究が活発になされるようになってきた。そこで本稿では，ヒトに対して有用な生体調節機能を示すことが明確なアミノ酸やペプチド類に的を絞って述べていきたい。

5.2 アミノ酸

海洋生物に含まれる遊離アミノ酸を概括すると，カツオ，マグロ類はヒスチジンを，エビ類はグリシンを，また貝類はタウリンを多く含有している。通常のタンパク質を構成するアミノ酸以外に，アミノスルホン酸，インドールアミノ酸，グアニジルアミノ酸など，特有の構造を有するアミノ酸類が多数報告されているが，未だ生理機能が明らかにされてはいないものが多い[1]。その中でも特に生理機能が明らかなアミノ酸類について以下にまとめた。

5.2.1 ヒスチジン

ヒスチジン（表1）は，カツオやマグロなどのように活動性が高い魚類の赤身に多く含有されており，またブリの血合い肉にも多く含まれているアミノ酸である[2]。ヒスチジンはヒスタミンの前駆物質であり，視床下部においてヒスタミンへと変換される。この脳内のヒスタミンの増加により摂食量が抑制されることから，ヒスチジンを摂取することにより肥満が改善されるのではないかと言われている[3]。最近の研究では，体脂肪率が低い人ほどヒスチジン摂取量が多いことが示されており，ヒスチジンには脂肪を分解・促進する作用のあることが示唆されている[3]。

5.2.2 グリシン

グリシンは，魚介類ではエビ類に多く含有されている甘み成分である[1]。また，グリシンは中枢神経にも作用するアミノ酸としても知られており，グリシン受容体を介して中枢神経系の抑制作用を示す[4]。一方，興奮性神経伝達に関与するNMDA受容体にはグリシン認識ドメインが存在

[*1] Hiroyuki Fujita　日本サプリメント㈱　研究開発部　部長
[*2] Masaaki Yoshikawa　京都大学　大学院農学研究科　食品生物科学専攻　食品生理機能学教授

第4章 機能性食品素材（サプリメント）

表1 海洋生物由来機能性アミノ酸およびペプチド類の化学構造

名称	構造	名称	構造
タウリン	$H_2N-CH_2CH_2-SO_3H$		
γ-アミノ酪酸	$H_2N-CH_2CH_2CH_2-COOH$	アンセリン	(β-アラニル-1-メチルヒスチジン構造)
ヒスチジン	(イミダゾール-CH_2-CH(NH_2)-COOH)		
ラミニン	$(CH_3)_3N^+-(CH_2)_4-CH(NH_2)-COO^-$	カルノシン	(β-アラニル-3-メチルヒスチジン構造)
クレアチン	$H_2N-C(=NH)-N(CH_3)-CH_2-COOH$		
グリシンベタイン	$(CH_3)_3N^+-CH_2-COO^-$		
β-アラニンベタイン	$(CH_3)_3N^+-CH_2CH_2-COO^-$		
γ-ブチロベタイン	$(CH_3)_3N^+-CH_2CH_2CH_2-COO^-$		
ホマリン	(N-メチルピリジニウム-2-カルボキシラート)		

し，これを介した活性を示すことも知られている[5]。

5.2.3 タウリン

　タウリンの構造は（表1），2-アミノエタンスルホン酸で，主に魚介類，特に貝類（カキ）やイカ，タコ，魚の血合い肉などに多く含まれる成分である[6]。生体内では，筋肉，心臓，肝臓などの臓器，脳，眼の網膜などに高い濃度で含まれており，特に筋肉には，全タウリン量の約70%が含まれていると言われている。タウリンは，コレステロール低下作用があり，その主な作用メカニズムとして肝臓からの胆汁酸分泌を促進し，コレステロールの排泄を増加させることによるものと考えられている[7]。また，この他にも，糖尿病改善作用，抗酸化作用，肝機能改善作用，血圧降下作用などが報告されているが，これらについては成書を参照していただきたい[8]。なお，タウリンは，身体が必要とする量の5%程度しか体内で合成されないため，このような魚介類からの補給が必要と言われている。

5.2.4 γ-アミノ酪酸

γ-アミノ酪酸（GABA，表1）は，植物，無脊椎動物から脊椎動物にいたるまで広く自然界に存在しており，海洋生物では紅藻類などの海藻に多く含まれている[1]。GABAは，当初哺乳類の脳抽出液中から発見され，その後脳髄や延髄に多く存在し，抑制性の神経伝達物質として作用することが見出された。また，GABAは血圧降下作用を示すことが知られており，今では広く一般食品やサプリメントとして販売されるに至っている[9]。その他に精神安定作用や，脳血流の改善作用，腎・肝機能活性化，大腸がん抑制作用などについても研究が進められている。なお，血液脳関門を通過しない物質であることが報告されており，経口摂取したGABAがそのまま神経伝達物質として作用することは無いようである[10]。

5.2.5 ラミニン

ラミニン（表1）は，コンブ科の海藻類に多く含有されている血圧降下作用を示すアミノ酸の一種で，末梢血管に作用し直接血管拡張作用を示すと言われている[11]。なお，このラミニンは，細胞外マトリックスに存在するタンパク質のラミニン[12]とは異なる物質である。

5.2.6 クレアチン

クレアチン（表1）は，魚肉に普遍的に存在し，他の物質と比較して量的にも多く存在している。特に，白身魚に多く含まれているが，海綿，腔腸棘皮動物にも含まれている[13]。クレアチンは，ヒトの体内でも生産されており，そのほとんど（95～98％）は骨格筋に貯えられている。クレアチンリン酸は，高エネルギーのリン酸結合を有するため，必要時には比較的瞬時にATPを産生することができる[14]。このため，近年，運動能力の向上，疲労がたまり難くなるなどの報告がされており，スポーツサプリメントとして広く使用されるようになってきた[14]。特に，クレアチンが注目されるようになったのは，1992年のバルセロナオリンピックで陸上100mの金メダリストのリンフォード・クリスティが，クレアチンを使用したのがきっかけとなっている。

5.2.7 ベタイン

ベタイン（表1）は，エビ，カニ，タコ，イカ，貝類などの水産物に多く含まれ，主な物にグリシンベタイン，β-アラニンベタイン，γ-ブチロベタイン，およびホマリンが知られている[15]。ベタインの塩酸塩は，古くから胃液の酸性度を調節する医薬品として用いられてきたが，ベタインには，幼動物の成長促進，脂肪代謝に影響を与えるため，飼料添加物としても用いられている[1]。一方，このベタインが，高脂血症，肝機能障害，肥満等の改善に役立つことが最近報告され，また脂肪肝とアルコールによる肝機能障害の改善にも効果があるとの報告がある[16]。

5.2.8 その他のアミノ酸成分

上述の他に，海産生物から単離された機能性を有するアミノ酸には，カイニン酸（kainic acid）やオピン（opine），サルコシン（sarcosine）や[13]，非天然型のD体のアミノ酸が多く存在するこ

とが知られている。特に，二枚貝には，D-アラニンが多量に存在している[13]。

それらの中で，カイニン酸は，海人草水抽出エキスから単離され，我が国では，長く回虫の駆虫剤として使用されてきた[17]。また，イオンチャネル型グルタミン酸受容体の一つであるAMPA/カイニン酸受容体のアゴニストでもあることが明らかにされ，ラットに対する静脈内注射により痙攣を生じ，大脳皮質，海馬，扁桃核などに選択的神経細胞死を起こすことが明らかとなった[17]。また，カイニン酸とほぼ同様の薬理学的効果を示すドーモイ酸（domoic acid）は，カナダにおけるムラサキガイの食中毒の原因物質であったことは記憶に新しい。

また，オピンは単一の物質の呼び名ではなく，D-アラニンと他のアミノ酸がアミノ基を共有する形で結合したイミノ化合物の総称である[13]。これまでに海産無脊椎動物から発見されているオピンには，オクトピン，アラノピン，ストロンビン，タウロピン，およびβ-アラノピンの5種類がある。これらのオピン類は激しい筋肉運動後の回復期に増加することから，オピンが嫌気的呼吸の産物であると考えられている。

5.3 ペプチド類

海洋生物からも多くの生理活性ペプチドが発見されてきた。これらのペプチドには，①海洋生物に特有に存在するペプチド類と，②海洋生物由来のタンパク質を加水分解することによって得られた新規なペプチドがあり，以下ではそれらの代表的な物についてまとめた。

5.3.1 海洋生物に特有のペプチド類

（1）アンセリン

アンセリン（anserine）(表1)は，β-アラニンと1-メチルヒスチジンが結合したジペプチドで，カツオ，マグロの筋肉に多く含まれている。アンセリンは抗酸化作用を有することが知られている。近年，このアンセリンがヒトまたは動物において，抗疲労，活性酸素の除去，血流改善などの種々の効果を有することが報告されている[18]。これには，激しい運動後にクレアチンホスホキナーゼが筋肉細胞から遊離され，血中濃度が上昇するが，アンセリン投与により用量依存的にその血中濃度が低下したという動物実験の結果に基づいている。また，激しい運動をした際に筋肉組織において，乳酸が蓄積するが，アンセリンはこの乳酸の除去の促進にも作用しているらしい[19]。

（2）カルノシン

カルノシン（carnosine）(表1)は，アラニンとヒスチジンが結合したジペプチドで，当初は鶏肉などの肉エキス成分から発見された。魚介類にも多く存在し，特にカツオに多く含まれている[13]。カルノシンもまた抗酸化作用を有する。その生理作用として，疲労回復や集中力の向上に役立つことが示唆されている。これには，疲労物質の乳酸を除去する酵素を誘導することにより，疲労がたまるのを防ぐ作用があると言われている[18]。

(3) その他の海洋生物に特有なペプチド成分

これらの他に，クジラの肉エキスに含まれるバレニン（balenine）[1]，タコに多く含まれるアデノクロム（adenochorom）[1]という特有のペプチドが発見されている。また，地中海産頭足類のジャコウダコから単離されたエレドイシン（eledoisin）は，ブラジキニンよりも強力な血圧降下作用を示すペプチドとして報告されている[1]。

(4) 海洋生物由来タンパク質を加水分解して得られる機能性ペプチド

近年，特に注目を集めているのは，タンパク質を加水分解して得られる機能性ペプチドであり，海洋生物由来のペプチドについても多数の報告がなされている。その生理機能としては，血圧降下作用[19~27]，抗酸化作用[28]，および糖尿病改善作用[29]が報告されており，これらの他にコレステロール低下やミネラル吸収促進といった機能についても研究が進められている。これらの中でも，アンジオテンシン変換酵素（ACE）阻害による血圧降下ペプチドが，最も研究が活発に行われ，かつヒトでの有効性についても検討されている。そこで，種々の生理機能を示すペプチドの中でも，ここでは特にACE阻害ペプチドに焦点をあてて述べたい。

① ACE阻害ペプチド

ACEはジペプチジルカルボキシペプチターゼであり，C末端からジペプチド単位でペプチドを切断する酵素である。図1に示すのは，ACEの示す血圧上昇メカニズムであるが，ACEは不活性型のアンジオテンシンIを，動脈収縮・血圧上昇作用を示すアンジオテンシンIIに変換する一方で，動脈弛緩・血圧降下作用を示すブラジキニンを分解してその作用を不活性化させるため血圧上昇をもたらす。従って，ACE阻害薬はこれらの反応を阻害することによって血管拡張作用を介し，血圧を低下させる。

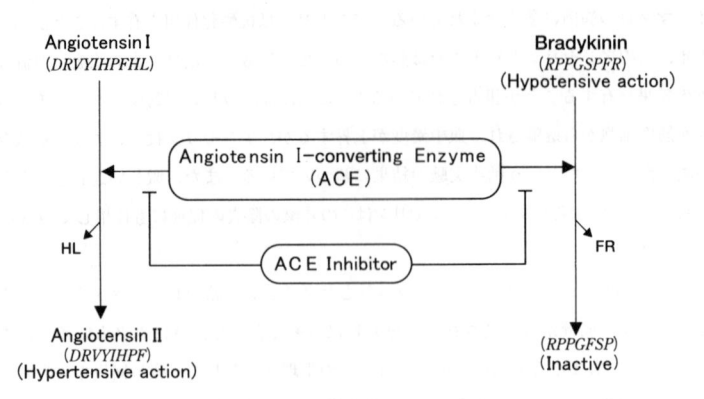

図1 アンジオテンシン変換酵による血圧上昇メカニズム

第4章　機能性食品素材（サプリメント）

表2　海洋生物由来ACE阻害ペプチド

ペプチド	由来	$IC_{50}(\mu M)$	引用文献
IY	かつお節	2.3	21
IKP	かつお節	6.9	21
IWHHT	かつお節	5.8	21
LKPNM	かつお節	2.4	21
IVGRPRHQG	かつお節	2.4	21
PTHIKWGD	マグロ	0.9	22
VY	イワシ	11	23
DW	サケ	13	24
AKYSY	ノリ	1.52	25
YNKL	ワカメ	21	26
KLKFV	オキアミ	30	27

ペプチドの構造はアミノ酸の1文字符号で表記。

　食品タンパク質の分解物からのACE阻害ペプチドが単離された最初の例は，微生物由来コラゲナーゼによるゼラチン消化物からであった[30]。このACE阻害活性を測定するアッセイ法が比較的容易なため，それ以降，多くの食品タンパク質消化物からACE阻害ペプチドが単離されている。すなわち，海洋食品の，かつお節[21]，マグロ[22]，イワシ[23]，サケ[24]，ノリ[25]，ワカメ[26]，オキアミ[27]などを原料に，それらの筋肉や内臓を各種プロテアーゼ消化物や自己消化物から多くのACE阻害ペプチドが単離されている（表2）。しかしながら，これらのペプチドのうち，経口投与により血圧降下作用が証明されているのは数例にすぎない[21,23,25,26]。一方，筆者らは，種々の食品タンパク質の酵素消化物からACE阻害ペプチドを単離・同定し，それらのペプチドの示す血圧降下作用について検討したところ，単にACE阻害活性が強力であっても，血圧降下作用とは必ずしも相関しないことがわかった[31]。そこで，この原因について検討した結果，ACEが基質特異性の広い酵素であることから，消化物中には多くのACE基質ペプチドが存在し，これらは見かけ上の酵素阻害活性を示すが，血圧降下作用は示さない場合があることに起因していることがわかった[31]。筆者らの単離した，かつお節由来のACE阻害ペプチドは，経口投与により有効な真のACE阻害ペプチドだけでなく，ACEそのものの作用により，基質ペプチドから真のACE阻害ペプチドに変換されるというプロドラッグ型とも呼ぶべき興味深いペプチドも含有していることが明らかとなった[31]。そこで，このかつお節由来ACE阻害ペプチドの開発の経緯について以下に述べる。

②　かつお節由来ACE阻害ペプチド

　筆者らは，かつお節が日本の伝統食であり，食経験が豊富で安全性が高い点，他の魚を原料としたものと異なり魚臭が少なくフレーバー的に優れているという点に着目し，かつお節を出発原料として選択した。かつお節を種々のプロテアーゼで分解し，その分解物のACE阻害活性につ

いて検討した結果，サーモリシン消化物が最も強力なACE阻害活性を示すことがわかった（IC$_{50}$=29μg/ml）。そこで，かつお節のサーモリシン消化物を高血圧自然発症ラット（SHR）に対し経口投与して血圧降下作用を検討したところ，250mg/kgの投与量でも有意な血圧降下作用を示した[32]。次いで，かつお節のサーモリシン消化物（以下，かつお節オリゴペプチド）からACE阻害ペプチドを単離・構造決定した結果，8個の強力なACE阻害ペプチドを同定した[21]。これらのペプチドの中で，LKPNMおよびIWHHTというペプチドは，ACEそのものの作用により，ACE阻害ペプチドに変換されるというプロドラッグ型のACE阻害ペプチドであることがわかった[29]。すなわち，LKPNMおよびIWHHTは，ACEとのプレインキュベーションによりそれぞれ，IC$_{50}$=2.4および5.8μMからIC$_{50}$0.76および3.5μMへとそれぞれ強くなることがわかった。特に，LKPNMは，ACEによりLKPに変換され，ACE阻害活性が約8倍活性化されるという，典型的なプロドラッグ型のACE阻害ペプチドであることが明らかとなった[31,33]。また，これらのプロドラッグ型のACE阻害ペプチドの利点は，単純なACE阻害ペプチドよりも持続的な血圧降下作用を示す点である。

さらに，ヒトでの効果については，かつお節オリゴペプチドを高血圧症者，あるいは境界域の高血圧症者に対して摂取させ，その効果を確認した[32,35]。すなわち，医薬品の評価にも用いられている厳格な試験方法により，プラセボコントロール，5週間ごとのクロスオーバーおよび無作

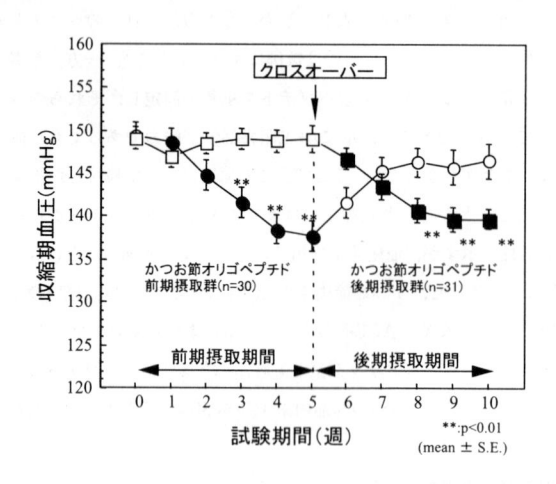

図2　かつお節オリゴペプチドによるプラセボコントロール，クロスオーバーによるヒト臨床試験
61名の境界域高血圧症者による，かつお節オリゴペプチド（1.5g/日）による血圧降下作用を検討した。2週間の観察期間の後，30名の前期摂取群（○）および31名のプラセボ群（□）にランダムに2群にわけ5週間の前期摂取期間の後に，クロスオーバーし，さらに5週間の後期摂取期間を設定した。なお，かつお節オリゴペプチド摂取期間はそれぞれ（●）および（■）で表示した。

為化試験を行ったところ,図2に示す結果を得た[32]。61名の境界域高血圧および高血圧症者に対し,かつお節オリゴペプチドを1日に1.5gを摂取させた結果,収縮期血圧が前期摂取群(30名)では11.7mmHg,後期摂取群(31名)では9.4mmHgの有意な血圧降下作用を示した(図2)。この時の有効率はそれぞれ63.4%および61.3%であり,1日に1.5gの摂取で有効であることが明らかとなった。これらの有効性のデータおよび安全性のデータをもとに,かつお節オリゴペプチドを有効成分とする,日本初の錠剤タイプの食品「ペプチドエース3000」を含む4食品が2002年に厚生労働省から「血圧が高めの方に適した」特定保健用食品として許可された。

③ かつお節オリゴペプチドとイワシ由来のACE阻害ペプチドとの血圧降下作用の比較

イワシをアルカリプロテアーゼで分解して得られるACE阻害ペプチドもまた,ヒト臨床試験においてその効果が確認され,特定保健用食品として許可されているペプチドである。イワシペプチドのマーカーペプチドとされている,VY(IC_{50}=11μM)は,10mg/kgの経口投与で効果があると報告されているが[23],筆者らの評価系においては,血圧降下作用はそれほど強くなかった。そこで,筆者らは,かつお節オリゴペプチドのマーカーペプチドであるLKPNMと,VYの血圧降下作用を同一条件で比較検討した[36]。これらのペプチドを,SHRに対し8mg/kgで経口投与し,

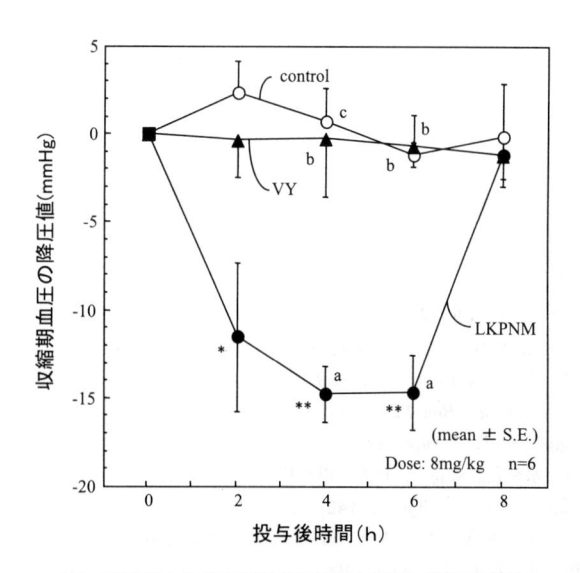

図3 LKPNMおよびVYを等量経口投与した際の血圧下降作用
SHRに対し、LKPNM(●)およびVY(▲)を等量(8 mg/kg)経口投与した際の血圧降下作用について検討した。
投与前後での有意差検定:*:$p<0.05$,**:$p<0.01$
異なる群間での有意差検定:a,b間:$p<0.05$, a,c間:$p<0.01$

投与後2時間おきに無麻酔下で血圧測定を行った。その結果，LKPNMは投与4時間後に14mmHg のコントロール群と比較して有意な最大降圧作用を示し，その効果は投与6時間後においても認められた（図3）。一方，VYは本投与量では血圧降下作用を示さなかった（図3）。さらに，これらのペプチドの示す血圧降下作用の用量依存性について検討したところ，LKPNMは，5mg/kg の投与量でも有効であったが，VYは，30mg/kg以上の投与量でないと有意な血圧降下作用が得られなかった[36]。以上のことは，少なくとも筆者らの評価系においては，かつお節オリゴペプチド由来のLKPNMの血圧降下作用は，VYよりも強く，有効性の高いペプチドであることを示している[36]。

5.4 おわりに

海洋生物には，未だ研究の手が入れられていない動植物が多く，本稿で取り上げたアミノ酸類やペプチド以外にも未知の機能性を有する物質が多く含まれていると思われる。さらに，筆者らが行ったように，各種微生物プロテアーゼの処理により派生するペプチドにまで対象を拡げるならば，まさに無限の可能性を持った資源といえよう。今後の，さらなる機能性ペプチド類の探索研究に期待が寄せられる。

文　献

1) 芝哲夫，海洋天然物化学，学会出版センター，p.246（1979）
2) 清水亘，水産利用学，金原出版，p.45（1958）
3) 中島滋ほか，肥満研究，**7**，276，(2001)
4) D. Colquhiun, L. G. Sivilotti, *Trends Nurisci.*, **27**, 337（2004）
5) G. Dannhardt, B. K. Kohl, *Curr. Med. Chem.*, **5**, 253（1998）
6) J. W. Simpson *et al.*, *Biol. Bull.*, **117**, 371（1959）
7) H. Yokogoshi *et al.*, *J. Nutr.*, **129**, 1705（1999）
8) 鈴木平行，水産食品栄養学，技報堂出版社，p.265（2004）
9) K. A. C. Elliott *et al.*, *J. Physiol.*, **146**, 70（1959）
10) J. M. Goaillard, E. Marder, *Nat. Neurosci.*, **6**, 1121（2003）
11) 竹本常松，薬学雑誌，**84**，1176（1964）
12) T. D. Palmer *et al.*, *Mol. Cell Neurosci.*, **8**, 389（1997）
13) 江口祝，海洋天然物化学，学会出版センター，p.216（1979）
14) S. B. Racette, J. Orthop, *Sport. Physiol. Ther.*, **33**, 615（2003）

第 4 章　機能性食品素材（サプリメント）

15) 鴻巣章二，水産学と栄養，恒星社厚生閣，p.23 (1982)
16) J. Balkan *et al.*, *Exp. Toxicol Pathol.*, **55**, 505 (2004)
17) H. Shinozaki *et al.*, *Brain Res.*, **24**, 368 (1970)
18) H. Abe, *Biochemistry*, **65**, 757 (2000)
19) S. L. Stovolinskii *et al.*, *Biokhinmiia*, **57**, 1317 (1992)
20) K. Suetsuna, K. Osajima, *Jpn. Soc. Nutr. Food Sci.*, **42**, 47 (1989)
21) K. Yokoyama *et al.*, *Agric. Biol. Chem.*, **55**, 1541 (1992)
22) Y. Kohama *et al.*, *Biochem. Biophys. Res. Commun.*, **155**, 332 (1988)
23) 松井利郎，バイオサイエンスとインダストリー，**60**, 665 (2002)
24) T. Ohta *et al.*, *Food Sci. Technol. Int. Tokyo*, **3**, 339 (1997)
25) K. Suetsuna, *J. Mar. Biotech.*, **6**, 163 (1998)
26) K. Suetsuna, *J. Nutr. Biochem.*, **11**, 450 (2000)
27) Y. Kawamura *et al.*, *J. Agric. Res. Quant.*, **26**, 211 (1992)
28) K. Suetsuna, *J. Nutr. Biochem.*, **11**, 450 (2000)
29) T. Matsui *et al.*, *Biosci. Biotechnol. Biochem.*, **60**, 2019 (1996)
30) G. Oshima *et al.*, *Biochem. Biophys. Acta*, **566**, 128 (1979)
31) M. Yoshikawa, H. Fujita, "Developments in Food Engineering", p.1053, Blackie Academic and Professional, London (1994)
32) H. Fujita *et al.*, *Nutr. Res.*, **21**, 1149 (2001)
33) H. Fujita, M. Yoshikawa, *Immunopharmacology*, **44**, 123 (1999)
34) H. Fujita, *et al.*, *J. Food Sci.*, **65**, 564 (2000)
35) 藤田裕之ほか，薬理と治療，**25**, 147 (1997)
36) 藤田裕之，吉川正明，FFIジャーナル，**209**, 661 (2004)

海洋生物成分の利用

第5章　ハイドロコロイド

西成勝好[*]

1　海藻多糖類

　海藻から抽出される多糖類は，他の植物種子，果実，根茎，あるいは微生物由来の多糖類と並んで，食品のテクスチャー（口当たり，歯ごたえ，咽喉越しなどの口腔内感覚，最近は食感などとも言われる）をコントロールするために広く用いられている。それはこれらの多糖類が低濃度でもゲル化，増粘，安定分散作用があるためである。また，動物起源のハイドロコロイドとして，狂牛病発生以来新たな脚光を浴びた魚類起源のゼラチン，さらに甲殻類由来のキチン，キトサンなども注目されている[1~6]。

　海藻多糖類の中で特に多く使用されているのは，紅藻類由来の寒天，カラギーナン，褐藻類由来のアルギン酸である。

　寒天はテングサ属などの紅藻類の細胞壁成分として存在する。細断した原藻に加水，加熱してろ過したものを，冷却して凝固させ，凍結・融解によりゲル中の水（98~99%）を除去してキセロゲル（棒寒天とか糸寒天と呼ばれる）とする。寒天の主成分はアガロース（図1）とアガロペクチンである。アガロースはD-ガラクトース残基（a）と3,6-アンヒドロ-L-ガラクトース残基（b）とがβ-1,4結合，α-1,3結合で交互に反復結合した直鎖の多糖類で，強いゲル形成能を持つ。アガロペクチンの主鎖はアガロースと同様であるが，少量の硫酸塩，グルクロン酸，ピルビン酸を含み，ゲル形成能はアガロースより弱いか，あるいはゲル化しない成分とされている。図1に示す構造は理想化された構造式で，現実に海藻から抽出されたアガロースにおいてはD-ガラク

(a) D-ガラクトース残基　(b) 3,6-アンヒドロ-L-ガラクトース残基

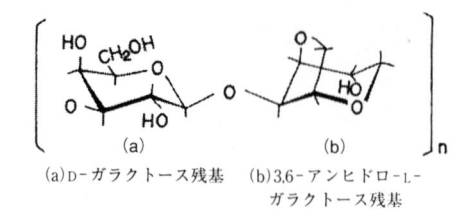

図1　アガロースの構造

---

[*] Katsuyoshi Nishinari　大阪市立大学　大学院生活科学研究科　教授

第5章 ハイドロコロイド

トース残基と3,6-アンヒドロ-L-ガラクトース残基とが交互に繰り返されているわけではなく，3,6-アンヒドロ-L-ガラクトース残基の含量は40%以下である場合が多い。

カラギーナンはツノマタ属（*Chondrus*），スギノリ属（*Gigartina*），キリンサイ（*Eucheuma*）などの紅藻類から抽出されるが，硫酸基の付いている位置や量によりκ-カラギーナン，ι-カラギーナン，λ-カラギーナン，μ-カラギーナンなどに分類されている。κ-カラギーナンの骨格構造は図2に示すように，D-ガラクトース残基(a)と3,6-アンヒドロ-D-ガラクトース残基(b)とがβ-1,4結合，α-1,3結合で交互に反復結合した直鎖の多糖類である。

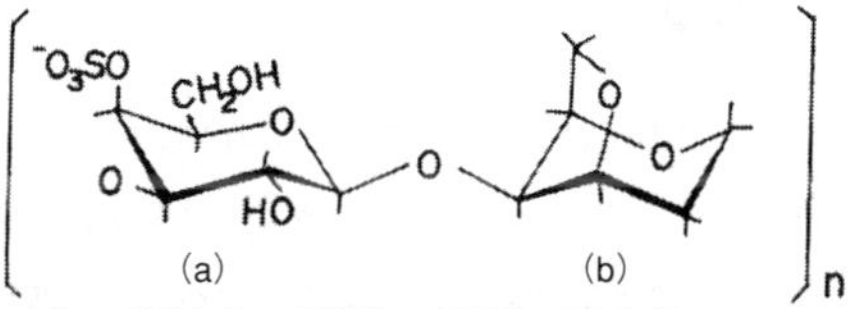

(a) D-ガラクトース残基　(b) 3,6-アンヒドロ-D-ガラクトース残基
図2　κ-カラギーナンの構造

アルギン酸はコンブ属（*Laminaria*）などの褐藻類の細胞壁成分で，細断した原藻を酸性溶液に浸漬して可溶性成分を除去した後，炭酸ナトリウムを添加して，およそ50℃で抽出する。L-グルロン酸GとD-マンヌロン酸Mが1,4グルコシド結合したものであり，強いゲル形成能を有する。原藻によりG/M比率が異なるが，商業的にはG含量の高いアルギン酸ナトリウムが多く出回っている。

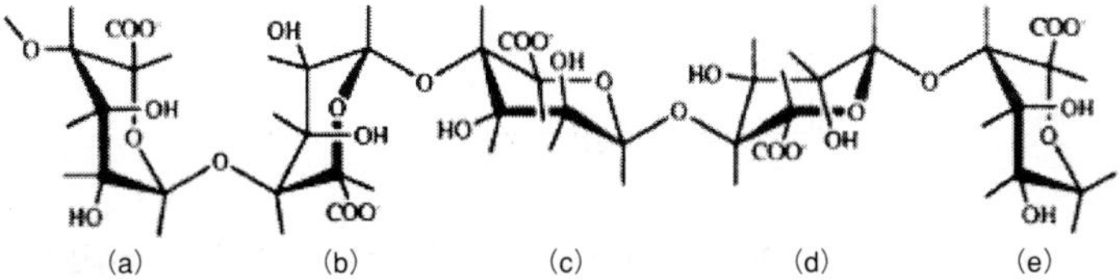

(a) L-グルロン酸　(b) L-グルロン酸　(c) D-マンヌロン酸　(d) D-マンヌロン酸　(e) L-グルロン酸
図3　アルギン酸の構造

アルギン酸のゲル形成は主としてグルロン酸の間にカルシウム・イオンが入り，配位結合によりエッグ・ボックス型の架橋領域（図4）を形成することによって起こるとされている。アルギン酸は果実に含まれるペクチンと鏡面対象の関係にあり，そのゲル形成機構は類似していると考えられている。

図4 グルロン酸のカルシウム・イオンによるエッグ・ボックス型架橋領域の形成

2 多糖類のゲル形成機構

本節では，主としてアガロースおよびκ-カラギーナンのゲル形成について述べる。

寒天のゲル形成はアガロースによるものである。アガロース分子は水溶液中において，高温では糸まり状（ランダムコイル）の形態，低温ではらせん状（ヘリックス）の形態となることが円二色性などの測定から推論されている[7,8]（図5）。アガロース分子はX線回析により左巻きの二重らせんでピッチは1.9nmであるとされている。そして，この構造は溶液中においても維持されていると考えられている。

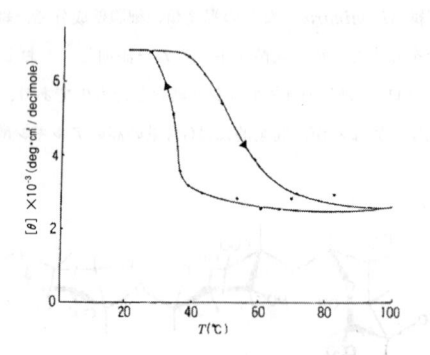

図5 アガロースの円二色性測定における分子楕円率（波長180nm）の温度依存性

降温に伴い，これらの二重らせん分子が形成され，会合して，架橋領域と呼ばれる規則的構造が生ずる。この部分が立体的な網目構造の結び目（架橋点）となって空間全体にこの構造が発達すれば，流動しなくなり，ゲルが生成すると考えられている。

工業的に寒天を製造する場合，原藻に含まれている硫酸基を除去することにより，ゲル形成能を高める。そのためにアルカリ前処理を行うことが多い。チリ産およびアルゼンチン産の *Gracilariopsis chorda* より抽出した寒天について，粉末状態のDSC（示差走査熱量測定）および

第5章 ハイドロコロイド

TG（熱重量分析）と，ゲル状態の動的粘弾性測定により，構造と物性の関係が明らかにされた[9~11]。

チリ産試料から調製したゲルは水酸化ナトリウム前処理濃度10%まで，水酸化ナトリウム濃度の増加に伴い弾性率は増大した（図6）。アルゼンチン産試料から調製したゲルは，水酸化ナトリウム濃度7%までは，アルカリ濃度とともに弾性率は増大したが，それ以上のアルカリ濃度では減少した（図7）。熱重量分析によれば，粉末試料は200~250℃くらいまで安定であった。温度上昇に伴う粉末試料の重量減少はアルカリ処理をしてある試料の方がアルカリ無処理の試料よりも緩慢であった。

チリ産試料粉末では，アルカリ処理により脱エステル化が起こり，3,6-アンヒドロ-L-ガラクトースが形成される。その結果，D-ガラクトースと3,6-アンヒドロ-L-ガラクトースの繰り返しの規則性が良くなり，ゲルを形成する二重らせん構造が安定化される。図8に寒天フィルムの赤外線吸収スペクトルを示す。1,250cm^{-1}の吸収は硫酸基全体の吸収によるもので，850cm^{-1}の吸

図6 2%w/w及び4%チリ産寒天ゲルの弾性率E'のアルカリ前処理濃度依存性
（横軸はアルカリ〔NaOH〕前処理濃度〔%〕）

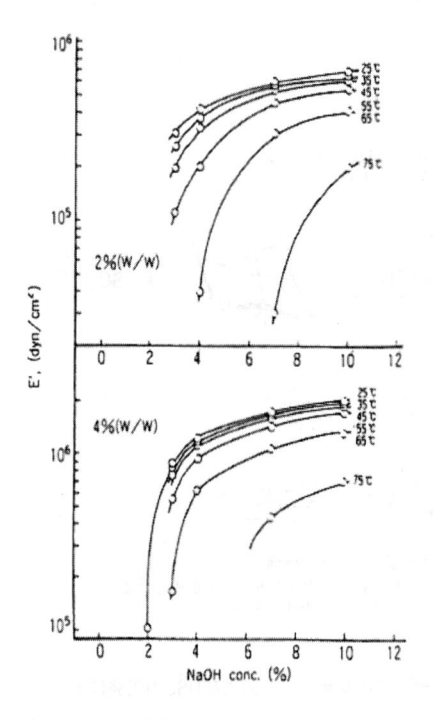

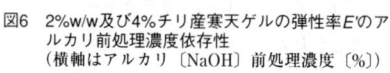

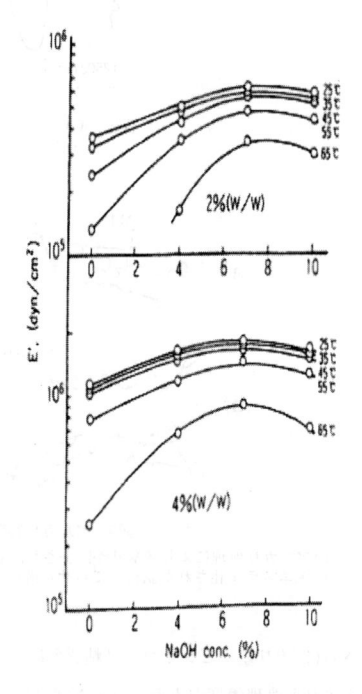

図7 2%及び4%アルゼンチン産寒天ゲルの弾性率E'のアルカリ前処理濃度依存性
（横軸はアルカリ〔NaOH〕前処理濃度〔%〕）

収は1,4結合におけるC₆の位置の硫酸基の吸収によるものである。後者の硫酸基は繊維軸にアキシャル（繊維軸方向に垂直）に配位しているので、アルカリ処理により除去されやすい。アルカリ処理による脱エステル化の機構を図9に示す[9]。

アルゼンチン産試料では、アルカリ濃度が高いと、分子鎖の切断が起こり、ゲルの弾性率が低下するものと考えられる。赤外線吸収と熱測定の結果もこれらの推察を支持する。

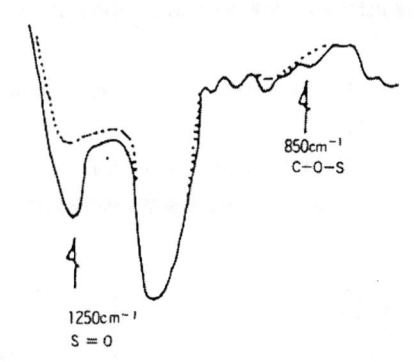

図8 寒天フィルムの赤外線吸収スペクトル
…アルカリ前処理，－未処理

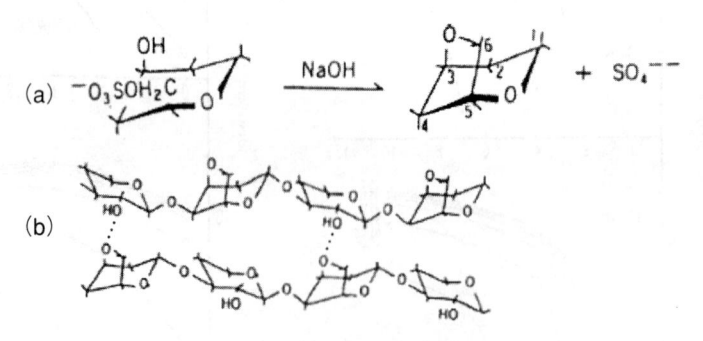

図9 アルカリ処理による脱エステル化機構
(a)アルカリ処理により硫酸基が除去され、3,6-アンヒドロ-L-ガラクトースが形成される。
(b)脱エステル化された試料中でらせん構造中に水素結合(…)が形成される

さらに、チリ産クビレオゴノリ粘質多糖ゲルについてのレオロジーおよびDSCの実験によれば、アルカリ前処理濃度がカセイソーダ2％以上になると、3,6-アンヒドロ-L-ガラクトース含量が33％以上となり、ゲル形成能が急激に増加することが確認された。

試料の種類により、また使用する目的に合わせて、適当なテクスチャーを得るために、アルカ

リ前処理濃度を変える必要があろう。

3 ゲルの構造と力学的・熱的性質との関係

3.1 アガロースのゲルの構造と弾性率

アガロースゲルのような熱可逆性ゲルのゲル－ゾル転移は力学的・熱的・光学的方法により調べられてきた。ここではアガロースおよびゼラチンゲルについて，スクロース添加により架橋領域がどのように変化するかについて，DSCおよびレオロジー測定により検討した結果について説明する[12〜16]。

架橋領域構造パラメータを決定するため，ゲルの弾性率の高分子濃度依存性を検討する。ゲルは3次元的な網目構造であるから，その剛性率G〔等方的な（方角によらない）固体の弾性率には，伸縮変形における弾性率であるヤング率，ずり（せん断）変形における弾性率である剛性率（せん断弾性率またはずり弾性率とも言う），体積の膨張収縮変形における体積弾性率があるが，これらの弾性率とポアソン比の間には関係があり，独立な弾性定数は2つだけである。つまり，この4つのうちの2つが決まれば他の2つの定数も決まる〕はゴム弾性理論により

$$G = RTc/M_c \tag{1}$$

と書けるものとする。ここで，cは高分子濃度（W/W），M_cは隣り合った架橋領域間を結ぶ高分子鎖の数平均分子量，Rは気体定数，Tは絶対温度である。

単位体積の溶液について考える。Mを高分子の数平均分子量，Avogadro数をN_Aとすれば，この単位体積中の高分子数はN_Ac/Mと書ける。単位体積中にJ個の架橋領域があるとすれば，1本の高分子鎖当りの架橋領域数はJM/N_Acである。したがって，1本の高分子鎖当りの"活動的な鎖 (active chain)"の数は，JM/N_Ac-1と書ける。ここで"活動的な鎖"とは，両端が架橋領域に結ばれている高分子鎖を意味する。これに対して，一端のみ架橋領域に結ばれているが他端は自由になっているような鎖を"遊んでいる鎖 (free chain)"と呼ぶ。このような"遊んでいる鎖"は剛性率には寄与しないので，これを無視し，架橋領域の数平均分子量をM_Jとすれば活動的な鎖の数平均分子量は，

$$M_c = \{M - (M_J MJ/N_A c)\}/\{(JM/N_A c) - 1\} \tag{2}$$

と書ける。式(2)を式(1)へ代入すれば，剛性率は

$$G = -(RTC/M)\{(M[J]-c)/(M_J [J]-c)\} \tag{3}$$

で表わされる。ここで，$[J] = J/N_A$は架橋領域の"モル濃度"である。

架橋領域を形成する反応についての平衡定数Kは，

$$K = [J]/[P]^n \tag{4}$$

で与えられる。

ここで,〔J〕=架橋領域のモル濃度,〔P〕=架橋領域を形成する可能性のある接合点のモル濃度,およびnは1つの架橋領域を形成するのに必要な高分子のセグメント数である。

また,濃度Cは架橋領域に結合している部分と架橋領域を形成する可能性のある接合点の部分との和で与えられるから

$$C = M_j \, 〔J〕 + (M_J/n) \, 〔P〕 \tag{5}$$

と書ける。(4) と (5) より

$$K = 〔J〕M_j^n |n(c - M_j 〔J〕)|^n \tag{6}$$

が与えられる。

式 (3) と式 (6) より,剛性率と濃度の関係が与えられる。G, cについて多数の実測値があれば,4つの未知数M, M_J, K, nが求められる。ここで,この理論を適用するにあたり,次のことが仮定されていることに注意する必要がある。①高分子鎖は十分しなやかで,Gauss鎖(高分子鎖を数学的に扱う際の最も簡単なモデルで,この鎖の両末端間距離の分布はGauss分布に従う。DNAとかコラーゲン,シゾフィランなどのような剛直な伸びた鎖はGauss鎖では近似できないので,別のモデルを使う必要がある)により近似できるものとする。このことは式(1)が成立するために必要である。②架橋領域の形成は質量作用則に従う平衡過程と仮定する。したがって,こ

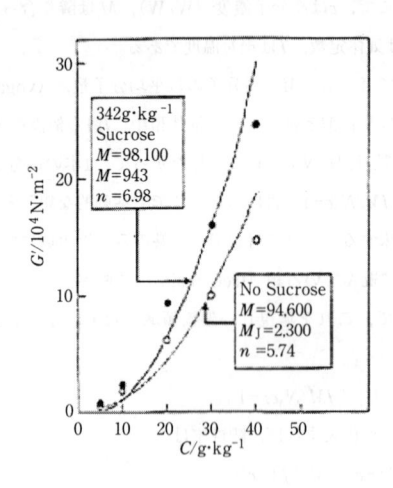

図10 アガロースゲルの剛性率G'(2Hz)の濃度依存性

○:スクロース無添加ゲル,●:342g/kgスクロース添加ゲル
曲線は式(3)と(6)を用いて,最小二乗法により得られた。
M:アガロースの分子量, M_J:架橋領域の分子量, n:架橋領域を形成するのに必要な高分子のセグメント数

第5章 ハイドロコロイド

の理論はゲル化の初期過程，または非常に稀薄な溶液のゲル化についてのみ適用できる。

図10にアガロースゲルの弾性率の高分子（アガロース）濃度依存性を示す[17]。図11に2.0%アガロースゲルの昇温DSC曲線を示す[8]。添加するスクロース濃度の増加につれて，ゲル-ゾル転移に伴う吸熱ピーク温度T_mは高温側へ移動した。点線はジッパー・モデルによる曲線のあてはめである。スクロースの添加により，ジッパー数N_zあるいはジッパーを構成するリンク数Nが増加し，リンクの回転の自由度Gは減少すると考えられた。NはM_jに比例すると仮定すると，図10および11の結果からスクロースの添加によりアガロースゲルの架橋領域は小さくなり，その数が増加し，ジッパーを構成するリンクの回転の自由度が減少するものと推測される。

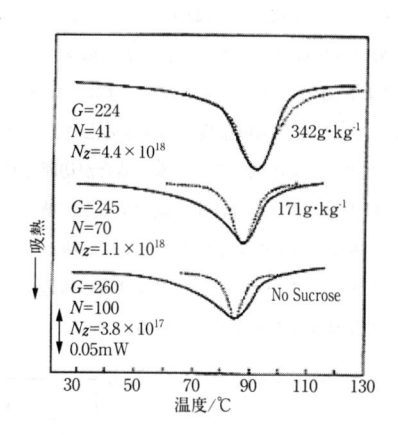

図11　2%アガロースゲルのDSC昇温曲線に対するスクロース添加の影響
昇温速度：2℃/分。点線の曲線はジッパー・モデルを用いて，曲線のあてはめにより得られた。
ここで，貯蔵剛性率Gは貯蔵ヤング率の1/3に等しいと仮定した。ゼラチンゲルの場合と同様，スクロースの添加によりゲルを構成する高分子鎖の分子量Mおよび架橋領域から流れ出ている分子鎖数nは変わらず，架橋領域の分子量M_jは減少すると考えられる。

ゼラチンゲルでは架橋領域がコラーゲンの三重らせんよりなるといわれており，$n \sim 3$という値が得られていることから，三重らせんは一本の鎖が折りたたまれてできたのではなく，異なる3本の分子鎖よりなると考えられた。また，κ-カラギーナンゲルではK^+イオンの存在下で$n=10.9$，Na^+イオンの存在下では$n=3.74$という値が得られていることは，多数の二重らせんが凝集して架橋領域を形成していることと対応するものと考えられる。この結果はK^+イオンを含むκ-カラギーナンゲルの方が，Na^+イオンを含むκ-カラギーナンゲルより大きい弾性率を示す事実と良く対応している[16]。

図11において,理論曲線はDSCの実験曲線より鋭くなっているが,これはジッパーの種類が一種類であると仮定したためである。リンクの回転の自由度Gおよびジッパー数N_zに分布があると考えれば,実験曲線に正確に合わせることができる。

3.2 アガロースおよびκ-カラギーナンのゲル形成に対する各種物質添加の影響

アガロースゲルの架橋領域はこれまで述べてきたようにらせん状分子が会合して形成されているものと考えられているが,その構造を安定化させているのは主として水素結合であると考えられている。尿素や塩酸グアニジンは水素結合を切断するといわれているが,これらを添加すると,昇温DSC曲線の吸熱ピーク温度T_mは低温側へ移動し,吸熱エンタルピーも減少する[18]。また,吸熱ピーク温度の逆数に対してゲルの濃度の対数をプロットしたEldridge-Ferryプロットから得られる架橋領域1モルが形成されるのに必要な熱量ΔH_mも尿素あるいは塩酸グアニジン添加により減少する(図12a)。これに対してグルコースあるいはスクロースを添加したT_mは高温側へ移動し,ΔH_mは増加する。ただし,添加糖濃度が高すぎるとΔH_mはかえって減少する(図12a)。また,尿素あるいは塩酸グアニジン添加により,水素結合が切断されるため,架橋領域は弱められるか数が減少することにより,ゲルの弾性率は減少するが,糖の添加により弾性率は増加する(図12b)。糖の添加により弾性率が増加する理由としては,糖とアガロースが直接相互作用して新しい架橋領域が形成されるか,または糖の添加により水の構造が変化することを通じて架橋領域が強化されるかその数が増加するためと考えられる。

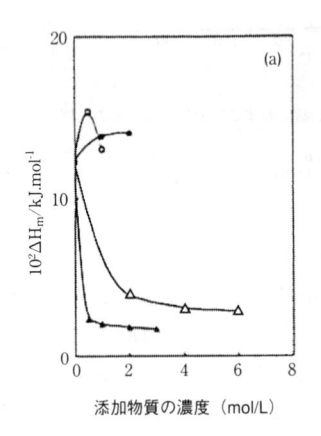

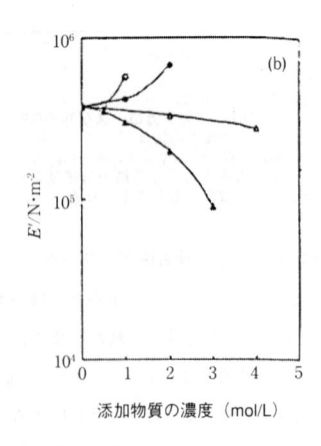

図12 (a) 塩酸グアニジン(▲),尿素(△),スクロース(○),グルコース(●)を添加したときのアガロースの1モルの架橋領域を形成するときに吸収される熱量ΔH_mおよび (b) 25℃における4w/w%アガロースゲルの貯蔵ヤング率E'(記号は(a)と同じ)の添加物質濃度依存性

第5章 ハイドロコロイド

κ-カラギーナンの場合にも，糖の添加の影響はアガロースの場合と同様な現象が見られる。つまり，グルコースあるいはスクロースを添加したT_mは高温側へ移動し，ΔH_mは増加する。ただし，添加糖濃度が高すぎるとΔH_mはかえって減少する。しかし，弾性率は尿素添加により減少するのに対して，塩酸グアニジンを添加した場合にはある濃度までは添加によりむしろ増加する。これは，塩酸グアニジンのグアニジウムイオンが κ-カラギーナン分子中の硫酸基の静電的反発を遮蔽してヘリックス形成およびその会合を促進するためと考えられる[19]。しかし，過剰に添加した場合には，その効果よりもむしろ水素結合切断効果のほうが効くようになり弾性率は減少したものと考えられる。

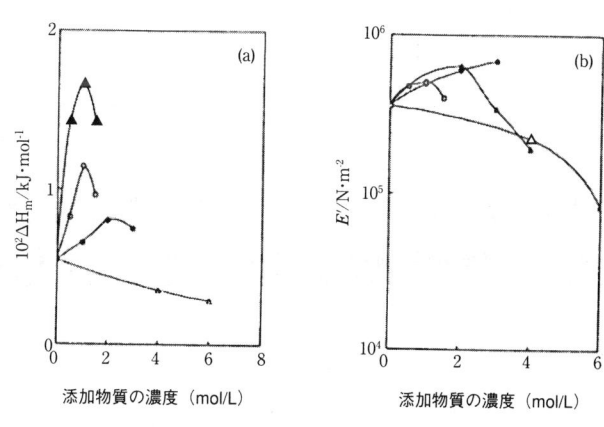

図13 (a) 塩酸グアニジン (▲)，尿素 (△)，スクロース (○)，グルコース (●) を添加したときのκ-カラギーナンの1モルの架橋領域を形成するときに吸収される熱量ΔH_mと (b) 25℃における4w/w% κ-カラギーナンゲルの貯蔵ヤング率E'の添加物質濃度依存性。(b)記号は(a)と同じ。

添加する糖の種類をいろいろ変化させるとき，単位糖濃度あたりのゲルの融解温度は高温側に移動するが，その移動の割合$\Delta T_m/C = (T_m-T_{m0})/C$〔ただし，$C$は添加する糖の濃度 (mol/L)，$T_{m0}$は糖を添加しないゲルの融解温度〕は，添加する糖分子中のエクアトリアル（繊維軸方向に平行）に配位した水酸基の数あるいは動的水和数n_{DHN}が大きいほど大きくなる（図14および15）[20, 21]。降温DSC曲線中のゾル→ゲル転移に伴って観測される発熱ピーク温度の移動の割合$\Delta T_s/C = (T_s-T_{m0})/C$も$\Delta T_m/C$と同じ傾向を示す。ここで，図14および15に登場する糖の動的水和数を挙げておく。n_{DHN} (リボース)=10.9, n_{DHN} (マンノース)=14.7, n_{DHN} (フルクトース)=16.5, n_{DHN} (ガラクトース)=16.6, n_{DHN} (グルコース)=18.6, n_{DHN} (スクロース)=25.2, n_{DHN} (マルトース)=27.2, n_{DHN} (ラフィノース)=30.7。糖分子中のエクアトリアルに配位した水酸基の数と動的水和数の間には良好な比例関係があることが示されているので，図14および15における横軸をエクアトリア

ルに配位した水酸基の数にしても同様な関係が見られる。

今後,原子間力顕微鏡など構造の直接観察とあわせた,より詳しい構造解析の発展が期待される。

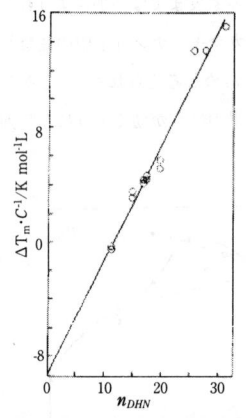

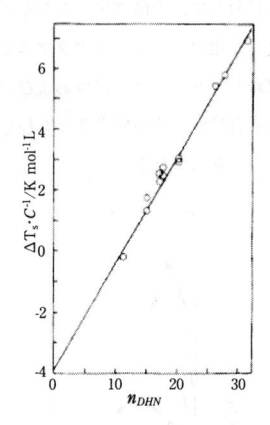

図14 2%w/wアガロースに各種の糖を添加するときの糖の動的水和数n_{DHN}とゲル-ゾル転移温度の増加 $\Delta T_m \cdot C^{-1}$(左)およびゾル-ゲル転移温度の増加$\Delta T_s \cdot C^{-1}$(右)(Cは添加物質濃度(mol/L))

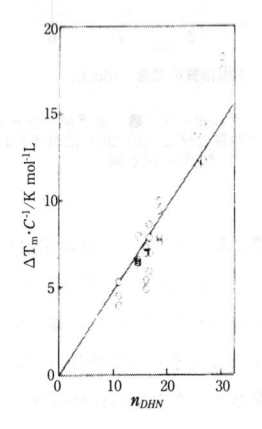

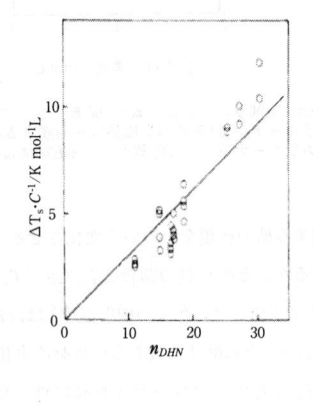

図15 2%w/w κ-カラギーナンに各種の糖を添加するときの糖の動的水和数n_{DHN}とゲル-ゾル転移温度の増加$\Delta T_m \cdot C^{-1}$(左)およびゾル-ゲル転移温度の増加$\Delta T_s \cdot C^{-1}$(右)

3.3 κ-カラギーナンとアルカリ金属イオンとの相互作用

κ-カラギーナンのゲル化には金属イオンが関与することが知られているが,既に形成されたゲルを塩水溶液に浸漬すると,金属イオンが浸透して弾性率が増加する。κ-カラギーナンとア

第5章 ハイドロコロイド

ガロースのゲルを調製し、これをアルカリ金属塩の水溶液に浸漬して、ゲルの弾性率が時間と共にどのように変化するかを動的粘弾性測定により調べることが可能である。アルカリ金属塩の水溶液に浸漬したことにより、κ-カラギーナンゲルの濃度はわずかに増加し、弾性率は著しく増大した。アガロースのゲルはあまり影響を受けない。それはアガロースが中性多糖類であるのに対して、κ-カラギーナンのゲルは電解基を含むからである[22]。

図16に1.5% κ-カラギーナンゲルの弾性率がアルカリ金属塩水溶液浸漬によりどのように変化するかを示す。この場合も、最初からゲルに塩を入れた場合と同様、Li^+およびNa^+イオンとK^+およびCs^+イオンでは弾性率の増加の割合が異なり、後者のグループの方が著しい増加を示した。ゲルの弾性率の濃度依存性は古くから研究されてきたが、次のように書けることが多い。

$$G = kC^n$$

ただし、Gはゲルの弾性率、Cは濃度、k, nは定数である。溶液濃度が高い場合には、nがほぼ2に等しいような場合が多く見いだされたので、このような弾性率の濃度依存性は2乗則と呼ばれてきた。また、溶質濃度が低い場合には、nがほぼ4に等しい場合が多い（4乗則）。

Hermansは高分子鎖間の結合の形成を二量体形成の平衡として扱い、

$$G = K' \left[W_g (2 - W_g) C/C_0 - 2W_g \right] C/C_0$$

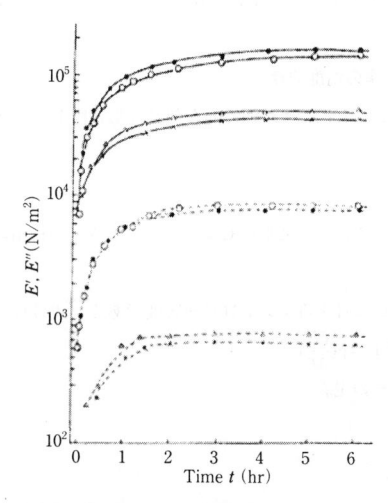

図16　1.5%w/w κ-カラギーナンゲルを1モルアルカリ金属塩水溶液に浸漬したときの貯蔵弾性率E'（実線）、損失弾性率E''（破線）の経時変化（●：CsCl、○：KCl、△：NaCl、×：LiCl）

を導いた。ここで、C_0はゲル化が起こるのに必要な最低濃度、W_gはゲル分率、$K' \propto T/fM$、Mは分子量、Tは絶対温度、fは官能性、すなわち架橋領域から出ている分子鎖の数である。この式により大豆蛋白質の加熱凝固ゲルの濃度依存性が調べられた。Hermansの式はfが非常に大きい場合についてのみ成立するが、ClarkとRoss-Murphyはカスケード理論により任意のfについて使える式を提出した[23]。

κ-カラギーナンゲルのアルカリ金属塩水溶液浸漬による弾性率の増加が、ゲル濃度の増加によるものとして、$G=kC^n$を仮定して計算すると弾性率Gの増加はこの計算から推定される増加より大きかった。したがって、濃度変化よりもむしろ、構造変化によるものと考えられる。おそらく、アルカリ金属塩が存在しない条件下で形成されたゲルの構造がアルカリ金属塩水溶液への浸漬により変化したものと考えられる。

いろいろな濃度のアルカリ金属塩水溶液に κ-カラギーナンゲルを浸漬し、その体積変化および弾性率の変化を測定したところ、ゲルの体積減少はカラギーナン濃度が1.5～1.8%のときに最も顕著であった。塩溶液の濃度が同じ場合には、体積減少の割合はCsCl、KCl、NaCl、LiClの順であった。常温では、弾性率はLiCl、KCl、CsClの濃度が高くなるにつれて増大したが、NaClの場合には特異な挙動を示した。アルカリ金属イオンの存在による κ-カラギーナンゲルの弾性率の増大は、カラギーナン分子中の硫酸基の静電的反発が遮へいされることによるものと考えられる。

3.4 アガロースゲルの弾性率の温度依存性[24]

ヤング率をE、伸び歪をγとするとき、弾性的な伸長変形に際して、ゲルの単位体積あたりに貯えられる仕事Wは、

$$W = E\gamma^2/2 \tag{7}$$

と書ける。体積一定の条件下での可逆変形に対するヘルムホルツの自由エネルギー変化は、

$$d\Delta F_V = -\Delta S_V dT + dW \tag{8}$$

と書ける。ここでΔS_Vは変形に対するエントロピー密度である。式(7),(8)より

$$\left(\frac{\partial \Delta F_V}{\partial \gamma}\right)_T = E\gamma_T, \quad -\left(\frac{\partial \Delta S_V}{\partial \gamma}\right)_T = \gamma\left(\frac{\partial E}{\partial T}\right)_T \tag{9}$$

が得られる。自由エネルギーの定義

$$\Delta F_V = \Delta U_V - T\Delta S_V \tag{10}$$

および式(9)より

$$\begin{aligned}
E &\equiv E_t = E_s + E_u \\
E_s &= -\frac{T}{\gamma}\left(\frac{\partial \Delta S_V}{\partial \gamma}\right)_T = T\left(\frac{\partial E}{\partial T}\right)_T \\
E_u &= \frac{1}{\gamma}\left(\frac{\partial \Delta U_V}{\partial \gamma}\right)_T = -T^2\frac{\partial}{\partial T}\left(\frac{E}{T}\right)_T
\end{aligned} \tag{11}$$

が得られる。つまり，ヤング率Eはエントロピー項E_sとエネルギー項E_uに分離される。温度の関数として実測されたヤング率から，式(11)によってEをE_sとE_uに分離するためには，実測値の精度を考慮して，Eの実測値を平滑化しなければならない。

試料として，分子量（正確な測定は困難なので，固有粘度〔η〕を指標として用いる）の異なる4つの画分のアガロースより調製したゲルを用いた。この4つの画分a, b, c, dの硫酸基含量はほぼ等しく，3,6アンヒドロ-L-ガラクトース含量もほぼ44%で等しく，固有粘度はそれぞれ2.0dL/g, 3.9dL/g, 5.4dL/g, 6.0dL/gである。

図17に分子量の異なる2%アガロースゲルのヤング率の実測値（○）を示す。各温度におけるE_iを結ぶ点線は平滑化のために得られた最小二乗法による放物線近似である。

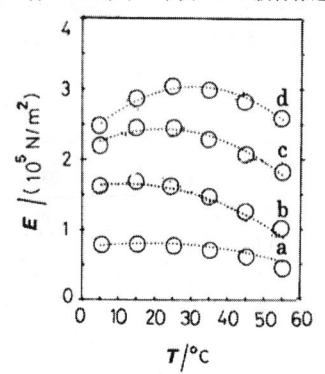

図17　分子量の異なる2%アガロースゲルの弾性率の温度依存性
分子量は固有粘度〔η〕を指標とした。
a:〔η〕=2.0dL/g, b:〔η〕=3.9dL/g, c:〔η〕=5.4dL/g, d:〔η〕=6.0dL/g

エントロピー項E_sの全体のヤング率E_iに対する比E_s/E_iを〔η〕の関数として調べると，エントロピー項の寄与は〔η〕が2.0から3.9までの間では〔η〕とともに減少し，〔η〕が3.9以上では〔η〕とともに増加した。前者の領域では鎖の実効長さが減少し，後者の領域ではそれが増加しているためではないかと考えられる。

低温DSCによりハイドロゲル中の水の存在状態を調べることができるので，多くの研究がなされている[25]。氷あるいは油脂などの結晶の融解において吸収される熱量を融解熱という。これは潜熱の一種である。逆に水が凍結すると凝固熱として発熱が起こる。これはそれぞれDSCの吸熱あるいは発熱ピークとして捉えることができる。融解やゲル→ゾル転移あるいは澱粉の糊化のような秩序構造の崩壊する現象では，一般に昇温DSC曲線において吸熱ピークが見られることが多い。

低分子量アガロースの濃厚ゲルについて，低温域におけるDSC昇温曲線は，ある温度からベー

スラインより吸熱側へずれ始める[26,27]。この温度T_gは，昇温速度の増加に伴い高温側へ移動した（図18）。最近，多糖類水溶液を凍結するとガラスを形成することが見いだされており，この場合もガラス質が形成されたものと考えられる。0℃付近に見られる2つ目の鋭い吸熱ピークは昇温速度の変化によって，そのピーク温度はあまり変わらないことから，凍結した自由水の融解によるものと考えられる。2つの吸熱ピーク間に鋭い発熱ピークが出現した。

この発熱ピークはガラスあるいは無定形氷が融けることによって生じる。その後，融けたものが，再配列して結晶化する過程が低温結晶化（Cold Crystallization）である。濃厚アガロースゲルのX線回折において，結晶特有の回折ピークが観測される（希薄ゲルではハローしか観測されない）ことから，無定形氷は主としてアガロースゲルの結晶領域に存在するものと推察される。

なお，NMR分析により，アガロースゲルおよびゼラチンゲル中の水の状態について研究がなされている。

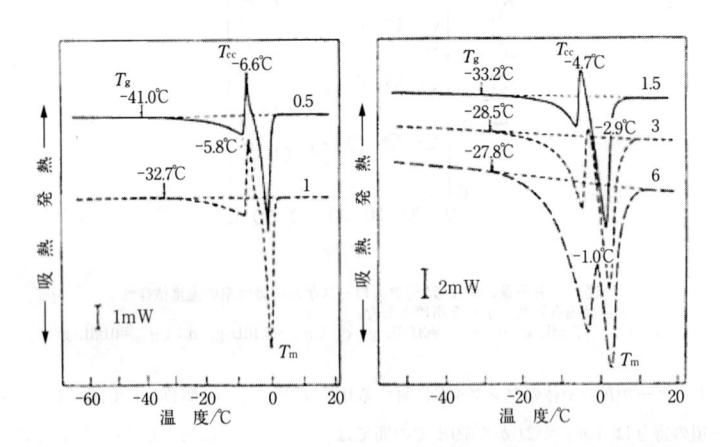

図18 40%アガロースゲルを液体窒素で急冷し，-120℃に10分保った後の昇温DSC曲線
各曲線の右脇の数字は℃・min^{-1}で表した昇温速度。
昇温速度が0.5℃/minから6℃/minまで速くなっても，凍結した自由水の融解温度T_mはそれほど移動しないが，DSC曲線が低温側でベースラインからずれ始める温度T_g（ガラス転移温度）は昇温速度の増加に伴い，-41.0℃から-27.8℃へと高温側に移動している。

3.5 カラギーナン－コンニャクグルコマンナン混合系のゲル化

コンニャクグルコマンナン（KGM）とカラギーナン（CAR）混合系のDSC降温曲線を図19に示す。CARの含量が増加し，約70%以上になるとそれ以下では1つであった発熱ピークが2つ見られるようになる（曲線E，F）。高温側のピークⅠ（43℃付近）はKGMとCARの相互作用によるもので低温側ピークⅡ（38℃付近）は余剰CARのみによるものと考えられる。CARのみの場合（曲

第5章　ハイドロコロイド

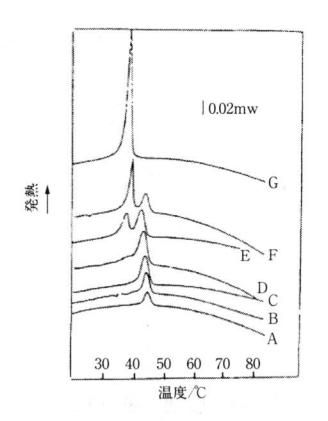

図19　KGM-CAR混合系（50mMKCl）の降温DSC曲線
全多糖濃度0.6%，降温速度0.1℃/分
CAR/KGM混合比：A) 0.1/0.5，B) 0.2/0.4,
C) 0.3/0.3，D) 0.4/0.2，E) 0.45/0.15，F) 0.5/0.1，G) 0.6/0

線G）は，唯一の発熱ピーク（38℃）を示すが，KGMのみの場合，図には示していないが，降温曲線はなだらかでピークは出現しない。ピークⅠの強度はCAR:KGM=1:1付近で極大となるが，ピークⅡの強度はCARの含率と共に増加した。また，発熱ピークの面積より求めたゲル化のエンタルピーH_gを混合系中のCAR1グラム当りの熱量として表すと，H_gはCAR単独の場合と同様，CARの含率の増加に伴い増加したが，CARのみの場合より小さな値を示した。KGMの分子鎖がCAR会合体の表面に吸着して，それ以上の会合を妨害するためとも考えられる。こう考えると，CAR-KGM複合体がX線回折で見いだされなかったことと良くつじつまが合う。しかしこの点は更に検討を要する。

過剰のCARの存在下では，CAR-KGM混合系中のCAR分子のコイル→ヘリックス転移は二段階で起こる。つまり，DSCピークⅠに対応する高温域での転移（これはKGMの存在により高温側へ移動する）とDSCピークⅡに対応する低温域での転移（KGMの存在により影響を受けない）とである。

CARが過剰になると，KGMの反応しやすい部分が全部DSCピークⅠの転移で使われてしまい，それより低温のピークⅡはCARのみのゲル化と同じになり，KGMの影響を受けなくなる。

0.5%CAR/0.1%KGM混合系の塩化カリウム存在下での降温DSC曲線を図20に示す[28]。ピークⅠもピークⅡもKCl濃度の増加に伴い高温側へ移動するが，ピークⅡの強度は増加するのに対して，ピークⅠの強度は減少していく。

0.50mol dm^{-3}KCl中の0.45%CAR/0.15%KGM混合系のESRスペクトルを図21に示す[28]。ゲル化

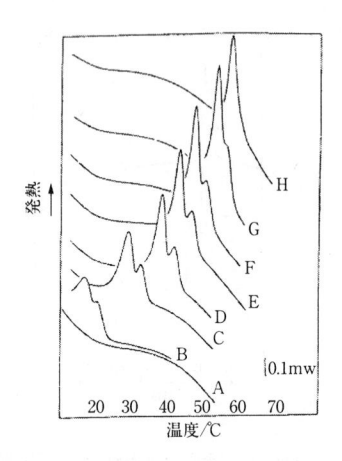

図20　0.5%CAR/0.1%KGM混合系のカリウムイオン存在下での降温DSC曲線
降温速度1℃/min，KCl濃度
A：0mM，B：10mM，C：25mM，D：50mM，E：75mM，F：100mM，
G：150mM，H：200mM

温度より高温ではスペクトルは等方向で，低温では異方向になる。スペクトルの中央線と低磁場側の強度比h_{+1}/h_0はスピンラベルの易動度の尺度と考えられるが，これを温度の関数として図22に示す[28]。降温に伴い，高分子鎖セグメント運動の抑制に伴い，h_{+1}/h_0は減少し，DSCでのピークⅠが現れる43℃ではh_{+1}/h_0は急激に減少し，異方性成分が現れてスペクトル広幅化が起こる。0.2%のKGMのみの分散液のh_{+1}/h_0はこのような急激な変化を示さない。コンピューターによる解析では全スペクトルのうち30%が異方的で，つまり30%のKGM分子のセグメントが会合に関与していると考えられる。

　また，神山らは，分子量の異なるKGMとCARとの混合ゲルを調製し，引っ張り試験を行ったところ，高分子量のKGMを含む混合ゲルはヤング率，破壊応力，破壊歪みとも，低分子量のKGMを含む混合ゲルより，大きな値を示した（表1）[29,30]。同じ混合系について，貯蔵剛性率G'の温度依存性を調べると（図23），降温時にゲル化に伴ってG'が急激に増加し始める温度（ゲル化温度）も昇温時にG'が非常に小さくなる温度（ゾル化温度）も混合系中のKGMの分子量にほとんど依存しなかった（表2）。ヤング率が大きいことは弾性率に寄与する分子鎖の数が多いこと，すなわち架橋領域の数が多いことと同等である。CARとKGM混合系のゲルは英国食品研究所のMorrisによれば，CARの分子鎖の形成する網目構造にKGMはただ単にまとわりついているだけ（つまり，KGMは弾性率には寄与しない）と考えられた。しかし，上記の実験事実は，KGM分子鎖もそれほど強くはないかもしれないが，ある程度の強さの相互作用でCAR分子鎖網目と結

第5章　ハイドロコロイド

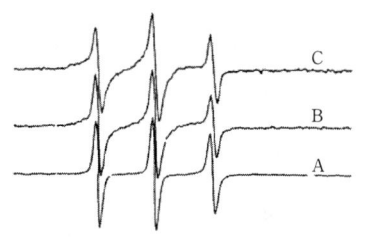

図21　50mM KCl中の0.45%CAR/0.15%KGM混合系のESRスペクトル
A：ゲル化温度以上，B：ゲル化温度，C：ゲル化温度以下

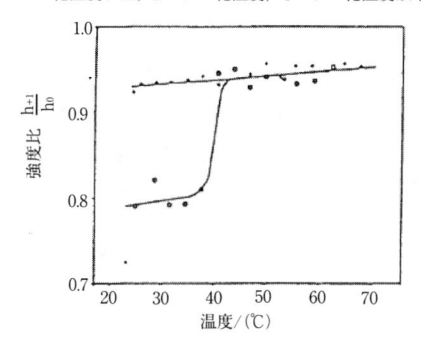

図22　50mM KCl中の0.45%CAR/0.15%KGM混合系（□）および0.2%KGM（●）のh_{-1}/h_0の温度依存性

表1　CAR-KGM混合系ゲルの力学特性

試料	破壊応力 (kPa)	破壊歪 (cm/cm)	ヤング率 (kPa)
CAR	16.47±2.54	0.210±0.025	60.64±2.04
CAR+LM1	8.57±0.97	0.388±0.043	15.15±1.43
CAR+LM2	9.23±0.84	0.369±0.030	15.46±1.24
CAR+LM3	37.36±1.18	0.870±0.048	20.76±10.9
CAR+ND	74.66±4.55	1.958±0.103	9.97±0.96

LM1, LM2, LM3, NDは分子量の異なるKGMで分子量は
LM1<LM2<LM3<ND。

びついており弾性率に寄与することを示唆している。

　図24は，KGMとCAR混合系ゲルの引張り試験における力-変形曲線を示す。KGMの分子量が大きくなるに伴い破断応力，破断歪みが大きくなっている。このことは，CARの網目を補強しているKGMの分子鎖が長くなることにより説明される。つまり，KGMの分子量が大きくなると，分子鎖が長くなり，そうすると混合系ゲル中の架橋領域の数が増加するとともに，架橋領域間を結ぶ分子鎖も長くなることにより，弾性率も破壊歪みも破壊応力も増加する。ただし，KGMとCARとの結合はあまり強くないので，力学的にはいくらか寄与するが，熱的にはあまり寄与せず，ゲル-ゾル転移温度は，KGMの分子量にはあまり依存しない。これらのことから，混合系

海洋生物成分の利用

表2 CAR-KGM混合系の
ゲル化温度T_{gel}およびゾル化温度T_{sol}

Sample	T_{gel}(℃)	T_{sol}(℃)
CAR1.5%	34	55
CAR0.75%	27	43
CAR+LM1	30	50
CAR+LM2	30	49
CAR+LM3	30	50
CAR+ND	32	53

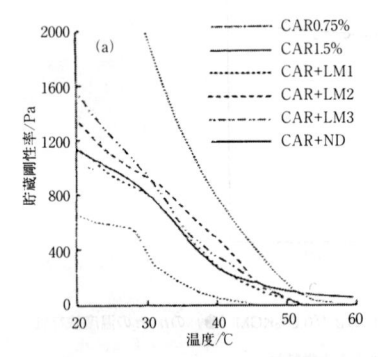

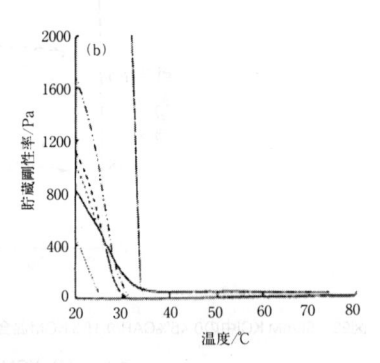

図23 カラギーナン（CAR）と種々の分子量のコンニャクグルコマンナン（LM1, LM2, LM3, ND）混合系を降温（b）および昇温（a）させたときの貯蔵剛性率
昇降温速度1℃/分，全多糖濃度CAR0.75%以外は1.5%。コンニャクグルコマンナンの分子量 LM1<LM2<LM3<ND。

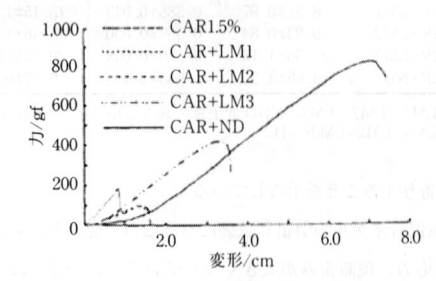

図24 カラギーナン（CAR）と種々の分子量のコンニャクグルコマンナン（LM1, LM2, LM3, ND）混合系ゲルの引張り試験における力-変形曲線
ゲルの形状：内径20mm，外径30mm，幅11mmの円環

第5章 ハイドロコロイド

ゲルの三次元網目構造は主としてCARによって形成されており，KGMはCARと相互作用して，弱い架橋領域を形成するものと想像される（図25）。

3.6 海藻多糖類の産業における応用

アルギン酸は酸性pHあるいはカルシウムによりゲル化するので，人工イクラの表皮形成に用いられたり，カシス果汁入りグミゼリー(カシス果汁をアルギン酸溶液と一緒に押し出して外側をアルギン酸で覆い，カルシウム溶液に滴下する)などに使われている（W.J.Sime, "Food Gels"所収，p.74, Fig.9, P.Harris 編集., Elsevier, Amsterdam, 1990）。アルギン酸は外傷の被覆剤として（既にバイキングの時代から使われていたようであるが，アルギン酸カルシウムゲルからの繊維を用いる)，また，医薬品，化粧品にも使用されている。この場合にはマイクロカプセル化により薬効成分を徐放させるために用いられる。

カラギーナンはコンニャクマンナンとの混合により果汁入りのデザートゼリーが作られている。また，ミルクとの混合によるゼリーは古くからアイルランドではブラマンジェ（フランス語で白い食べ物の意）として親しまれている。チョコレートミルクやアイスクリームの安定剤としても用いられている。結着，保水作用を利用してハム，ソーセージなどの畜肉加工品において広く用いられている。

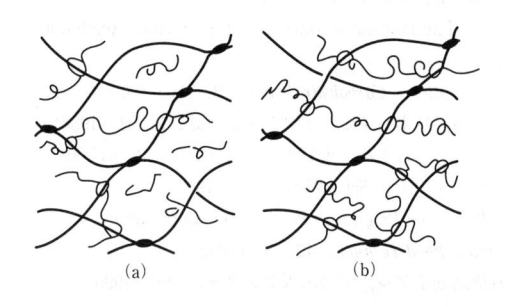

図25 KGM-CAR混合ゲルの構造
(a) 低分子量KGM，(b) 高分子量KGM
太線はCAR分子鎖，細線はKGM分子鎖を表す。●はCAR同士により形成される架橋領域，○はCAR-KGMにより形成される弱い架橋領域，弾性に寄与する分子鎖の数と，その分子鎖の鎖に沿った長さのKGM分子量の増加に伴い増加する。

4 おわりに

原藻の種類，生育条件，抽出の仕方などにより，得られる多糖類の物性は異なるし，その水溶液に塩，糖，その他の化学物質を加えると性質は影響を受ける。また，他の多糖類あるいは蛋白

質などとの混合により新しい特性の材料を得ることも可能である。本稿ではその一端しか紹介できなかった。これらについての成書を挙げておく[1~5]。また，各種多糖類の構造と物性について，最近のレヴューが出ている（FFIジャーナル，vol.208, No.10およびNo.11（2003），vol.209, No.4（2004））。

文　　献

1) K.Nishinari, E.Doi (Eds), "Food Hydrocolloids-Structures, Properties, and Functions", Plenum Press, New York (1994)
2) K.Nishinari (Ed), "Hydrocolloids", Vols 1, 2, Elsevier, Amsterdam (2000)
3) 宮本武明ほか編，天然・生体高分子材料の新展開，シーエムシー出版 (2003)
4) G.O.Phillips, P. Williams (Eds), "Handbook of Hydrocolloids", Woodhead Publ., Cambridge (2000)
5) 西成勝好，矢野俊正編，食品ハイドロコロイドの科学，朝倉書店 (1990)
6) 大石圭一編，海藻の科学，朝倉書店 (1993)
7) D. A. Rees, *Pure Appl. Chem.*, **53**, 1 (1981)
8) D.A.Rees *et al.*, "The Polysaccharides", Vol. 1, p.195, Academic Press, New York (1982)
9) K.Nishinari, M.Watase, *Carbohydr. Polym.*, **3**, 39 (1983)
10) 渡瀬峰男，西成勝，日本バイオレオロジー学会誌，**2**, 51 (1988)
11) 渡瀬峰男，西成勝好，日本バイオレオロジー学会誌，**2**, 81 (1988)
12) K.Nishinari, *Colloid Polym. Sci.*, **275**, 1093 (1997)
13) K.Nishinari, *Reports on Progress in Polymer Physics in Japan*, **43**, 163 (2000)
14) K.Nishinari *et al.*, *Food Technol.*, **49**, 90 (1995)
15) 西成勝好，有機高分子ゲル，学会出版センター，p.96 (1990)
16) 西成勝好，高分子加工，**44**, 215 (1995)
17) K.Nishinari *et al.*, *Polymer J.*, **24**, 871 (1992)
18) M.Watase *et al.*, *J. Agric. Food Chem.*, **38**, 1181 (1990)
19) K.Nishinari *et al.*, *J. Agric. Food Chem.*, **38**, 1188 (1990)
20) K.Nishinari , M.Watase, *Thermochim. Acta*, **206**, 149 (1992)
21) M.Watase *et al.*, *Thermochim. Acta*, **206**, 163 (1992)
22) M.Watase, K.Nishinari, *Colloid Polym. Sci.*, **260**, 971 (1982)
23) 西成勝好，日本レオロジー学会誌，**17**, 100 (1989)
24) K. Nishinari *et al.*, *Makromol. Chem.*, **185**, 2663 (1984)

第5章 ハイドロコロイド

25) J. M. V. Blanshard, P.J.Lillford (Eds), "The Glassy State in Foods", Nottingham Univ. Press, Nottingham (1993)
26) M. Watase et al., *Food Hydrocolloids*, **2**, 427 (1988)
27) K. Nishinari et al., "Water Relationships in Foods", P. 235, Plenum Press, New York (1991)
28) P. A. Williams et al., *Macromolecules*, **26**, 5441 (1993)
29) K. Kohyama et al., "Food Hydrocolloids: Structures, Propertie and Functions", p. 457, Plenum Press, New York (1994)
30) K.Kohyama et al., *Food Hydrocolloids*, **10**, 229 (1996)

第6章 レクチン

1 海藻のレクチン

堀 貫治*

1.1 はじめに

　レクチンは糖結合性を示すタンパク質ないし糖タンパク質で，抗体や糖関連酵素を除くものと定義されている[1]。多くのレクチンは分子内に複数の糖結合部位を含み，細胞表面の糖鎖との結合を介して細胞を架橋（凝集）したり，溶液中の複合糖質を沈降させる作用を示す。レクチンの主たる機能はこの糖結合性であるが，分子内に他の機能ドメインを併せもつものも存在する[1]。一方，糖タンパク質や糖脂質の糖鎖がこれら生体分子の機能発現にきわめて重要であることが示されるに伴い，糖鎖は核酸，タンパク質に次ぐ第3の生命の鎖として位置づけられるようになった。現在，糖鎖の機能解明や応用技術に関する新しい学問分野として糖鎖生物学や糖鎖工学に関する研究が活発に展開されている[2,3]。この中で，レクチンは糖鎖の相補的分子，すなわち糖鎖認識分子として機能し，生命体の基本的現象である細胞内，細胞間，および生体間の相互作用において糖鎖と同様に重要な役割を担うことが明らかにされつつある。

　レクチン研究は，生物学・生化学・医学領域における便利な道具や医薬素材としての開発研究と生体内での機能解明研究の両側面をもって進展してきた。結果として，今日ではレクチンはウイルスからヒトを含む高等動物までの広範囲の生物種に含まれていることが明らかとなっている[1]。レクチンの分子構造や認識する糖構造ならびに生物活性は一般に由来する生物種により異なり多様である。この多様性が便利な道具としての有用性をもたらしている。海藻のレクチンに関しては研究の歴史も浅く，他の生物グループ由来のものに比べて情報量も少なかった。しかし，最近になり海藻レクチンの性状に関する情報が少しずつ得られるにつれ，新しいレクチン群として基礎科学ならびに応用科学の両面で興味深い対象となりつつある。

　本章では，これまでに明らかにされた海藻（淡水産藍藻を含む）レクチンの分布，一般的性状，生物活性，糖鎖認識ならびに分子構造について概観する。

1.2 分布

　プエルトリコ産[4]，イギリス産[5]，ドイツ産[6]，日本産[7]，スペイン産[8]，アメリカ産[9] およびブ

---

* Kanji Hori　広島大学　大学院生物圏科学研究科　教授

第6章 レクチン

表1 海藻におけるレクチン（赤血球凝集素）の検索結果

海藻種	活性種の数（活性種数／検索種数）赤血球			計
	動物	ヒト	魚類	
緑藻[a]	24/51	27/44	3/3	34/54
紅藻[b]	74/110	53/157	37/37	120/196
褐藻[c]	13/19	38/76	24/24	51/76
計	111/160	118/277	64/64	205/326
活性種の検出率	69%	42%	100%	63%

a：緑藻検索種：5目10科15属に属する54種
b：紅藻検索種：8目31科93属に属する196種
c：褐藻検索種：10目26科50属に属する76種

ラジル産海藻[10]が，緩衝液抽出液の赤血球凝集活性を指標として，レクチン検索されている。1966年のBoyd（"レクチン"の名付け親）らによるプエルトリコ産海藻を対象とした最初の検索[4]以来，1994年までに報告された検索結果をまとめたものが表1である。検索種326種中205種に赤血球凝集素が存在することが認められており，海藻もレクチン（赤血球凝集素）資源として有望であることを示している。なお，褐藻の結果については，レクチン様の疑似赤血球凝集作用を示すポリフェノールを多く含むことから，再検討が必要とされている[11]。

海藻レクチンはヒト赤血球よりも動物赤血球，とくにウサギやヒツジの蛋白分解酵素処理した赤血球を強く凝集する傾向があることが示されている[7]。その後の検索研究結果でも同様の傾向が認められている。これらの検索結果では，緑藻ミル目のミル科，ハネモ科，イワヅタ科，紅藻スギノリ目のミリン科，オゴノリ科，およびダルス目のイギス科に属する海藻種に強い凝集活性が検出されている。この他，微細藻類に属する渦鞭毛藻，ラフィド藻および珪藻[12]（表2）ならびに淡水産藍藻数種の緩衝液抽出液[13]にもレクチン（赤血球凝集）活性が検出されている。これらの結果から，筆者らは，大型藻類と微細藻類のレクチンを総称して藻類レクチン（phycolectins）と呼ぶことを提唱している。

1.3 精製レクチンの一般的性状

レクチンの精製には，結合する単糖（もしくは糖タンパク質）を固定化リガンドとし，同単糖溶液を溶出剤とするアフィニティークロマトグラフィーが一般に多用されている。単糖結合性を示す海藻レクチンは同様の方法で比較的容易に単離されているが，多くの海藻（特に紅藻）レクチンは単糖結合性を示さないことから，同様のアフィニティークロマトグラフィーでの精製が困難であり，通常のタンパク質精製法に従って精製されている場合が多い。精製されたレクチンの収量は，概ね乾燥藻体重量の0.01%程度であるが，約1%の収量で得られるキリンサイ属レクチ

表2 渦鞭毛藻, ラフィド藻および珪藻におけるレクチン (赤血球凝集素) および溶血素の検索[12]

種名	細胞抽出液 赤血球凝集活性[a]	細胞抽出液 溶血活性[a]	培養液 赤血球凝集活性[a]	培養液 溶血活性[b]
渦鞭毛藻				
Alexandrium cohorticula	8	−[c]	2	+[d]
A. tamarense	64	32	−	+
A. catenella	nd[e]	nd	−	+
Amphidium carterae	16	2	−	+
Coolia monotis	nd	nd	−	+
Gymnodinium mikimotoi	4	2	−	−
G. catenatum	−	−	−	+
Gymnodinium sp.	32	4	−	+
Heterocapsa sp.	nd	nd	−	−
Prorocentrum lima	8	4	−	+
P. balticum	32	−	−	+
P. micans	16	4	−	−
ラフィド藻				
Chattonella antiqua	256	8	4	−
珪藻				
Nitzchia sp.	32	16		

a:検液(藻体湿重量の2倍容の緩衝液で抽出)の連続2倍希釈液の活性を測定し, 活性を示した希釈液の希釈倍の逆数(力価)で表示
b:活性の有無を定性的に表示
c:活性なし
d:活性あり
e:未測定

ン[14]のような例外もある.

　これまでに緑藻16種と紅藻20種のレクチンが単離されている. 従来, 海藻レクチンは分子量が小さいこと, 単量体からなるタンパク質もしくは糖タンパク質であること, 単糖結合性を示さないこと, 活性発現に金属イオン要求性を示さないこと, 耐熱性であることを特徴とすることが示されてきた[15〜17]. 一方, 最近, 緑藻から精製されたレクチンの多くは, 多量体構造からなり単糖結合性を示すことで, 陸上植物由来のレクチンと類似した性質を示している. 海藻レクチンのアミノ酸配列に関する情報は十分に蓄積されていないが, N末端配列に関しては少なくとも属レベルで保存されている[17]. 海藻レクチンの中で, 陸上植物レクチンと類似したアミノ酸配列をもつものはこれまでに見いだされておらず, 海藻レクチンは新規のレクチン群を形成すると考えられる. 以下に, これまでに単離された緑藻レクチンおよび紅藻レクチンと淡水産藍藻レクチンの一般的性状を概述する.

1.3.1 緑藻レクチン

　アオサ科アオノリ属1種およびアオサ属3種, アオモグサ科アオモグサ属1種, イワヅタ科イワ

第6章 レクチン

ツタ属1種，ミル科ミル属10種からレクチンが単離され，その部分性状が調べられている（表3）。これらの緑藻レクチンはサブユニット構造を有し，その赤血球凝集活性が単糖で阻止されるものが多い。

アオサ科からは，凝集活性がL-フコースとD-マンノースで阻止されるスジアオノリ *Enteromorpha prolifera* レクチン (EPL-1とEPL-2)[18]，L-フコースで阻止されるオオバアオサ *Ulva lactuca* レクチン[19]，N-アセチル-D-グルコサミンで阻止されるアナアオサ *U. pertusa* レクチン[20]などが見いだされている。アオサ科レクチンの凝集活性はフコイダンで阻止されるものが多いのも興味深い。さらに，アオノリ属レクチンはマンナンで，アオサ属レクチンはムチンでも阻止される。*E. prolifera* レクチン (EPL-2)のビオチン化マンノースとの結合は Man(α1-6)Man>Man(α1-3)Man>Man(α1-2)Man>α-D-Man の順で強く阻止されることも明らかにされた[18]。

表3 これまでに精製された藻類レクチン

種名[a]（レクチン）	分子量 (kDa)		サブユニット構造	糖含量	金属イオン要求性	糖結合特異性 単糖・二糖/糖蛋白質・多糖
	SDS-PAGE	ゲルろ過				
1) *CHLOROPHYTA*（緑藻）						
Ulvales（アオサ目）						
Ulvacea（アオサ科）						
Entermorpha prolifera （スジアオノリ）	20.0	60.0	α_n	—	nd[b]	L-Fuc, D-Man /mannan, fucoidan
	22.0	59.5	α_n	—	+[c]	None/mannan, fucoidan
Ulva laeterirens （和名不詳）	18.9	30.3	α_2	nd	+	None/mucin, fucoidan
U. lactuca（オオバアオサ）	17.1	8.3	α	nd	+	L-Fuc/mucin, fucoidan
U. pertusa（アナアオサ）	23.0	nd	nd	1.2	+	D-GlcNAc/thyroglobulin
Siphonocladales（ミドリゲ目）						
Boodleaceae（アオモグサ科）						
Boodlea coacta（アオモグサ）	14〜15	17〜20	α	+	—[b]	None/yeast mannan
Caulerpales（イワズタ目）						
Caulerpaceae（イワズタ科）						
Caulerpa cupressoides （和名不詳）	23.1	44.7	α_2	11.05	nd	Lac/mucin
Codiales（ミル目）						
Codiacese（ミル科）						
Codium fragile（ミル）	9.5	69	α_7	+	—	GalNAc>GlcNAc/mucin
C. fragile subs. *atlanticum* （ミル亜種）	15	60	α_4	13.1	—	GalNAc>GlcNAc/mucin
C. fragile subs. *tomenntosoides* （ミル亜種）	15	60	α_4	11.9	—	GalNAc/mucin
C. tomentosum (=*C. yezonse*) （エゾミル）	15	nd	nd	+	—	GalNAc/mucin
	16	nd	nd	+	—	GalNAc
C. giraffa（和名不詳）	17.8	17.8	α	nd	—	GalNAC, GlcNAc/mucin

（つづく）

表3 これまでに精製された藻類レクチン(続き)

種名[a](レクチン)	分子量(kDa) SDS-PAGE	分子量(kDa) ゲルろ過	サブユニット構造	糖含量	金属イオン要求性	糖結合特異性 単糖・二糖/糖蛋白質・多糖
C. minus(タマミル)	9.5, 8.5	36	$\alpha_2\beta_2$	+	−	GalNAc/mucin
C. puginformis (=C. spongiosum) (コブシミル)	9.5, 8.5	36	$\alpha_2\beta_2$	+	−	GalNAc/mucin
C. divaricatum (=C. subtubulosum) (クロミル)	11	72	α_7	+	−	GalNAc/mucin
C. intricatum(モツレミル)	36	60	α_2	+	−	GalNAc/mucin
C. cylindricum (=C. divaricatum) (ナガミル)	11	nd	nd	nd	−	GalNAc/mucin
2) RHODOPHYTA(紅藻)						
Palmariaceae(ダルス目)						
Palmariaceae(ダルス科)						
Palmaria palmata(ダルス)	20	43	α_2	+	−	NANA, GlcUA
Gigartinales(スギノリ目)						
Rhodophyllidaceae (=Cystocloniacea) (アミハダ科)						
Cystoclonium purpureum (和名不詳)	6	12.5	α_2	5.6		None
Halymeniaceae(ムカデノリ科)						
Carpopeltis flabellata (= C. prorifera) (コメノリ)	25	25	α	+	−	None/Yeast mannan, fetuin
Hypneaceae(イバラノリ科)						
Hypnea japonica (カギイバラノリ) (hypnin A-1〜3)	9	9	α	−	−	None/mucin, fetuin, PLA2
H. musiformis(和名不詳)	9.3	9.3	α	−	−	None
Bryothamnion triquetrum (和名不詳)	9	3.5	nd	3.8	−	None/avidin, fetuin, mucin
B. seaforthii(和名不詳)	nd	4.5	nd	3.2	−	None/avidin, fetuin, mucin
Sorieriaceae(ミリン科)						
Eucheuma serra (トゲキリンサイ) (ESA-1〜3)	28	29	α	−	−	None/yeast mannan
E. amakusaense (アマクサキリンサイ) (EAA-1〜3)	28	29	α	−	−	None/yeast mannan
E. cottoni (=Kappaphycus alyazerii) (和名不詳) (ECA-1〜2)	28	29	α	−	−	None/yeast mannan
Sorieria robusta(= S. pacifica) (solnin A〜C)(ミリン)	28	23	α	−	−	None/yeast mannan
S. chordalis(和名不詳)	35	70×n	α_n	nd	nd	None

(つづく)

第6章 レクチン

表3 これまでに精製された藻類レクチン(続き)

種名[a](レクチン)	分子量(kDa) SDS-PAGE	ゲルろ過	サブユニット構造	糖含量	金属イオン要求性	糖結合特異性 単糖・二糖/糖蛋白質・多糖
Agardhiella tenera (和名不詳)	13	12	α	2.7	−	None
Gracilariales(オゴノリ目)						
Graciariaceae(オゴノリ科)						
Gracilaria bursa-pastoris (シラモ)	30	15.5	α	20.0	−	None/yeast mannan
Gracilaria verrucosa (=G. vermiculophylla) (オゴノリ)	12.2, 10.5	41	$\alpha_2\beta_2$	nd	−	None
Ceramiales(イギス目)						
Ceramiaceae(イギス科)						
Ptilota plumosa(和名不詳)	17.4	65, 170	α_4	nd	−	D-Gal
P. serrata(和名不詳)	18.3	64.5	$\alpha_{3\sim4}$	nd	−	D-GalNAc, D-Gal, D-Fuc
P. filicina(クシベニヒバ)	19.3	56.9	$\alpha_{3\sim4}$	nd	+	D-GalNAc, D-Gal/mucin
Plumaria elegans (和名不詳)	nd	18.5	nd	nd	−	None
Rhodomelaceae (フジマツモ科)						
Amansia multifida (ヒオドシグサ)	nd	14.2	α	2.9	−	None/avidin
3) CYANOPHYTA(淡水産藍藻)						
Microcystis aeruginosa	57	72	α	7.8	−	D-GalNAc, D-Gal
M. viridis	13	12	α	−	−	None/yeast mannan
Oscillatoria agardhii	13	16	α	−	−	None/yeast mannan

a:表および本文中の括弧内の種名は吉田[58]により訂正,変更されたものを示す。
b:未測定
c:有り
d:無し

　これらアオサ科レクチンはサブユニット構造を有し,活性発現に二価陽イオン要求性を示す。アオサ科レクチンの中では唯一,U.pertusaレクチンサブユニットのアミノ酸配列がcDNAクローニング結果から推定され,既知配列との比較から新規タンパク質であることが明らかとなっている[20]。

　アオモグサ科のアオモグサBoodlea coactaレクチン[21]は単量体からなり,その凝集活性は単糖で阻止されず,酵母マンナンで阻止される。その後,高マンノース型糖鎖特異的レクチンに属することが認められた。このレクチンは,全配列の2/3相当の部分アミノ酸配列解析結果から,新規のレクチンタンパク質と推定されている。

　イワヅタ科からは凝集活性がラクトースとムチンで阻止されるイワヅタ属Caulerpa cupressoides (和名不詳)レクチン[22]が見いだされている。

　ミル科ミル属10種[17, 23~25]のレクチンは,凝集活性がN-アセチル-D-ガラクトサミンおよびム

チンで阻止されることで互いに共通している。*C. giraffa*（和名不詳）レクチンを除き，いずれもサブユニット構造を有する。ミル亜種*C. fragile* subs. *atlanticum*レクチンについては，Tn抗原糖鎖に結合特異性を示すことが明らかにされている[26]。その後，ミル*Codium fragile*レクチンはフォルスマン抗原糖鎖に高い結合選択性をもつことが認められた。

1.3.2 紅藻レクチン

これまでにダルス科ダルス属1種，アミハダ科アミハダ属1種，ムカデノリ科チャボキントキ属1種，イバラノリ科イバラノリ属2種および*Bryothamnion*（和名不詳）属2種，ミリン科キリンサイ属3種，ミリン属2種および*Agardhiella*（和名不詳）属1種，オゴノリ科オゴノリ属2種，イギス科クシベニヒバ属3種およびイトシノブ属1種，フジマツモ科フジマツモ属1種からレクチンが単離され，その性状が明らかにされている（表3）。紅藻レクチンは，一部のものを除き，分子量が小さいこと，単量体であること，その赤血球凝集活性は単糖で阻止されないこと，活性発現に金属イオン要求性をもたないこと，強い耐熱性を示すことを特徴としている。

紅藻レクチンの中で，凝集活性が単糖で阻止されるものとしては，シアル酸およびグルクロン酸で阻止されるダルス科ダルス属ダルス*Palmaria palmata*レクチン[27]，D-ガラクトースで阻止されるイギス科クシベニヒバ属の*Ptilota plumosa*（和名不詳）レクチン[28]，N-アセチルD-ガラクトサミンとD-ガラクトースで阻止される同属の*P. serrata*（和名不詳）[29]およびクシベニヒバ*P. filicina*[30]の各レクチンが見いだされている。このように，単糖で阻止されるものはイギス科クシベニヒバ属のものに集中している。これら単糖結合性を示すものは，緑藻レクチンの場合と同様に，サブユニット構造を有していることも興味深い。単糖結合性はレクチンタンパク質の多量体構造と関連がありそうである。なお，*P. filicina*レクチンは，紅藻由来ものとしては唯一，活性発現に二価陽イオンを必要とする。

スギノリ目の紅藻からは比較的多くのレクチンが単離されている。アミハダ科アミハダ属の*Cystoclonium purpureum*（和名不詳）レクチン[31]は6kDaサブユニットの2量体糖タンパク質で，同サブユニットは海藻レクチンの中ではもっとも低分子量である。凝集活性は単糖で阻止されない。

ムカデノリ科のコメノリ*Carpopeltis flabellata*（=*C. prorifera*）レクチン[32]は25kDaの単量体糖タンパク質で，海藻由来のものとしては最初にリンパ球分裂促進作用を示すことが明らかにされた。その後，このレクチンは複合型および高マンノース型の両糖鎖結合性をもつことが認められた。

イバラノリ科からはイバラノリ属2種カギイバラノリ*Hypnea japonica*[33, 34]および*H. musciformis*[35]（和名不詳）と*Bryothamnion*（和名不詳）属2種*B. triquetrum*[36]（和名不詳）および*B. seaforthii*[37]（和名不詳）のレクチン（凝集素）が単離されている。いずれも共通して低分子量の単量体タンパク質であることで特異的である。*H. japonica*のイソレクチン（hypnin A-1～3）（90残基）と*B. triquetrum*レクチン（91残基）は全アミノ酸配列が明らかにされ，両者配列に共通性が認めら

れている。凝集活性は糖タンパク質で阻止されるが，この科のレクチンの糖結合性はまだ明らかにされていない。この科のレクチンはきわめて強い耐熱性を示すことを特徴とする。

ミリン科キリンサイ属に属するトゲキリンサイ*Eucheuma serra*の3種イソレクチン（ESA-1～3)[14]，アマクサキリンサイ*E. amakusaense*の3種イソレクチン（EAA-1～3)[38]，*E. cottonii*（=*Kappaphycus alyazerii*）の2種イソレクチン（ECA-1～2)[38]，およびミリン属ミリン*Sorieria robusta*（=*S. filicina*）の3種イソレクチン（solnin A～C)[39]の計11種類のレクチンは互いに共通した性質を示し，一つのファミリーを形成している。いずれも約28kDaの単量体タンパク質でリンパ球分裂促進作用を示す。これらの凝集活性は単糖類で阻止されず，酵母マンナンなどの高マンノース型糖鎖含有の糖タンパク質でのみ阻止される。その後，高マンノース型糖鎖に対してきわめて高い結合選択性を示すことが認められた。ミリン科レクチンは高収量で単離されるが，特にキリンサイ属レクチンの収量は高く，*E. serra*におけるレクチン含有量は乾燥藻体重量の約1%に達する。なお，*Agardhiella tenera*（和名不詳）レクチン[40]は海藻から最初に単離されたレクチンであるが，糖結合性や分子構造に関する情報はなく，他ミリン科レクチンとの相違については不明である。

オゴノリ科のシラモ*Gracilaria bursa-pastoris*レクチン[41]は上記ミリン科のレクチンと共通した性質を示し，ミリン科レクチンファミリーに属する。サブユニット構造を有するオゴノリ*G. verrucosa*（=*G. vermiculophylla*）レクチン[15, 42]については，採集時期や場所により異なる性質を示すことが報告されている[43]が，*G. bursa-pastoris*レクチンとは明らかに異なる性質を示す。

フジマツモ科のヒオドシグサ*Amansia multifida*レクチン[44]は14.2kDaの単量体糖タンパク質で，その凝集活性は単糖で阻止されない。

1.3.3 藍藻レクチン

淡水産でアオコ形成種と知られているミクロシスチス アエルギノサ*Macrocystis aeruginosa*[45]，ミクロシスチス ビリディス*M. viridis*[46]およびオシロトリア アガルディ*Oscillatoria agardhii*[47]の各培養藻体から，それぞれレクチンが単離されている。いずれも単量体レクチンとして単離されているが，約57kDaの*M. aeruginosa*レクチンの凝集活性はN-アセチル-D-ガラクトサミンとD-ガラクトースで阻止されるのに対し，約13kDaの*M. viridis*レクチンと*O. agardhii*レクチンは単糖類で活性阻止を受けず，酵母マンナンで阻止される（表3）。*M. aeruginosa*と*M. viridis*の両レクチンについては，レクチン遺伝子がクローニングされているが，両者の演繹アミノ酸配列は互いに異なる。最近，*O. agardhii*レクチンの全アミノ酸配列が解析されたが，このレクチンの同配列は*Microcystis*属レクチンとは共通性が見られず，大型紅藻ミリン科レクチンファミリーと高い配列共通性が認められた。

1.4 生物活性

精製された海藻レクチンの生物活性として，赤血球以外に，細菌，藍藻，渦鞭毛藻，酵母，リンパ球，血小板，腫瘍細胞など各種細胞の凝集作用[17]，リンパ球分裂促進作用[17]，腫瘍細胞の増殖抑制作用[17]，血小板凝集阻害作用[48]，魚類病原菌に対する抗菌作用[49]，好中球遊走促進作用[50]，海産無脊椎動物の胚発生の阻害作用[15]，赤潮生物を含む微細胞に対する殺藻作用[17] などが見いだされている。一例として，食用海藻 *E. serra* から高収量で得られるレクチン (ESA-2) については，リンパ球分裂促進作用の他に，最近，ヒト癌細胞37系列の *in vitro* 増殖を5～10μM (IC_{50}) レベルで抑制すること，化学発癌剤を予め投与したマウスに0.1%濃度で飲料として経口投与すると，毒性は示さず大腸癌の発現を著しく抑制することが認められた[51]。この結果は，本レクチンが健康食品素材としても有望であることを示唆している。また，本レクチンを固定化した人工リポゾームは腫瘍細胞に結合した後，アポトーシスにより腫瘍細胞を死にいたらしめるが，正常細胞には結合性ならびに毒性を示さないことも認められている[52]。本レクチンは魚類病原菌 *Vibrio vulnificus* に対して抗菌活性を示すことも認められた[49]。以上述べたように，海藻レクチンの中には多様な生物活性が認められており，健康食品素材，臨床試薬，医薬ならびに生態環境試薬として今後の利用開発に期待がもたれるものが多く存在する。また，海藻レクチンは後述するようにある特定の糖鎖構造をきわめて選択的に認識するものが多いことから，糖鎖センサーとしての利用価値が高いと考えられる。

1.5 糖鎖認識

レクチンは主に生体膜糖鎖との結合を介して種々の生物活性を示すことから，それらが認識する糖構造に関する情報は重要である。また，この情報は糖鎖センサーとしてのレクチンの利用の面からも大切である。

レクチンの糖結合性は，細胞（赤血球）凝集や複合糖質との結合を阻止する糖化合物を検索する間接的方法，固定化レクチンに対する糖化合物の結合性を検索する直接的方法（表面プラズモン共鳴法やアフニティクロマトグラフィー）などを用いて解析されている。海藻レクチンの場合は，これまで赤血球凝集阻止試験が多用されており，詳細な糖結合性に関する情報は十分とは言えない。赤血球凝集阻止試験の結果から，海藻レクチンは単糖結合性の有無により2大別され，緑藻レクチンの多くは単糖結合性を示し，紅藻レクチンの多くは単糖結合性を示さない。単糖結合性レクチンは高分子量もしくは多量体構造をもつのに対し，非単糖結合性レクチンは低分子量の単量体構造を有する傾向がみられる。一方，単糖結合性をもたない海藻レクチンは，その凝集活性が糖タンパク質や糖ペプチドで阻害されること，それら糖タンパク質をコーティングしたポリスチレンビーズを凝集することから，糖タンパク質に直接結合することが認められた[53]。なお，

第6章 レクチン

糖タンパク質をコーティングしたポリスチレンビーズに対する凝集活性も単糖類では阻止されない。レクチンの生体内レセプターは単糖よりも複合糖質の糖鎖である可能性が高いことから，複合糖質もしくは糖鎖に対する結合性の情報は有益である。

糖タンパク質の糖鎖構造はN-グリコシド型（アスパラギン結合型）糖鎖とO-グリコシド型（セリン/スレオニン結合型）糖鎖に2大別される。N-グリコシド型糖鎖は共通のコア構造（Man α1-6(Manα1-3)Manβ1-4GlcNAcβ1-4GlcNAc）を有するが，コア構造からの分岐糖鎖構造の違いにより，複合型，高マンノース型，混成型の3グループに細分類される（図1）。さらに，複合型糖鎖にはN-アセチルラクトサミンからなる分岐鎖の本数などにより，高マンノース型糖鎖には分岐糖鎖部分のオリゴマンノースの構造の違いにより，それぞれ種々の構造が見いだされている。海藻レクチンは，糖タンパク質との結合性に基づいて，高マンノース型糖鎖特異的なもの，複合型糖鎖特異的なのもの，両型糖鎖に結合するものの3つにグループ分けされる。最近，厳選した45種類の糖鎖を対象として，遠心限外ろ過-HPLC法を用いて海藻レクチンの糖鎖結合性を精査した結果，高マンノース型糖鎖特異的なもの，複合型糖鎖特異的なもの，両糖鎖に結合するもの，シアリルルイスX型糖鎖特異的なもの，フォルスマン抗原糖鎖特異的なものなど，既知レクチンとは異なってきわめて選択性の高い糖鎖結合特異性をもつレクチンが数多く存在することが認められた[54]（表4）。また，同解析から，高マンノース型糖鎖特異的なものは非還元末端にα1-2Man残基が付加すると結合活性が低下するもの（タイプI）と，同残基が付加したものとしか結合しないもの（タイプII）にさらに区別されること，複合型糖鎖特異的なものにはN-アセチルラクトサミンからなる分岐糖鎖の本数の違いにより結合活性が異なるものが存在することなど，それら糖鎖構造中の認識部位に関してもユニークな性質をもつことが認められた。

海藻は系統分類上では下等な生物グループに属すると考えられるが，海藻レクチンの糖鎖認識能は他生物由来のものにはみられない厳密性を有しており，特異性が高い。したがって，これら海藻レクチンは特定の糖鎖構造のみを認識する選択性の高い糖鎖センサーとして応用価値が高いだけでなく，タンパク質-糖鎖間の相互作用の分子基盤を解析するためのモデル物質としても有用と思われる。

1.6 分子構造

海藻レクチンの多くは低分子量の単量体からなり，N末端アミノ酸配列に関して他生物グループのものと共通性がないこと，新規の糖鎖認識能を示すことから，構造的にも新しいレクチン群に属すると推定されるが，分子構造の詳細に関する情報はまだ十分に蓄積されていない。この中では，紅藻イバラノリ科とミリン科，および緑藻アオサ科のものが比較的詳しく調べられている。

紅藻カギイバラノリ$H. japonica$の3種イソレクチン（hypninA-1〜3）は種々の生物活性（細

複合型

$\pm$GlcNacβ1 $\pm$Fucα1

($\pm$SAα2-6(3)Galβ1-4GlcNAcβ1-)$_{1\sim5}$ Manα1^6 　 ^{4}
Manα1^3 Manβ1-4GlcNAcB1-4GlcNAc-Asn

高マンノース型

$\pm$Manα1-2Manα1 Manα1^6
$\pm$Manα1-2Manα1^3 Manα1^3 Manβ1-4GlcNAcB1-4GlcNAc-Asn
(Manα1-2)$_{0\sim2}$

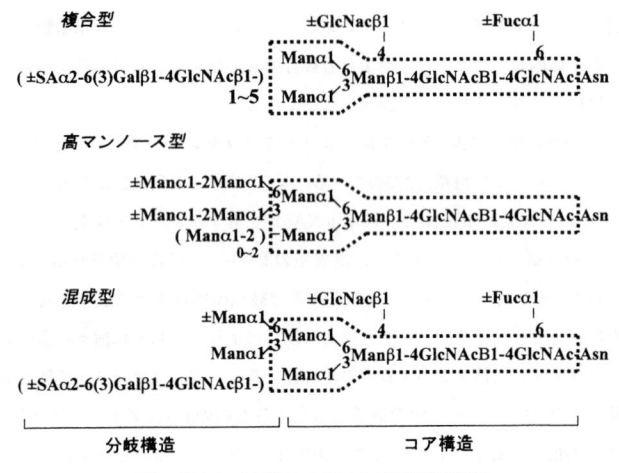

混成型

$\pm$Manα1 $\pm$GlcNacβ1 $\pm$Fucα1

Manα1^6 　 ^{4} 　 ^{6}
($\pm$SAα2-6(3)Galβ1-4GlcNAcβ1-) Manα1^3 Manβ1-4GlcNAcB1-4GlcNAc-Asn

　　　　　　　分岐構造　　　　　　コア構造

図1　糖タンパク質N-クリコシド型糖鎖の構造

表4　海藻レクチンの糖鎖結合特異性

1) 高マンノース型糖鎖特異的なもの
　　Eucheuma serra（ESA-1〜3）
　　E. amakusaense（EAA-1〜3）
　　E. cottonii（ECA-1〜2）
　　Sorieria robusta（solnin A〜C）
　　Oscillatoria agardhii（OAA）
　　Boodlea coacta（BCA）
2) 複合型糖鎖特異的なもの
　　Gracilaria verrucosa（GVL）
3) 高マンノース型と複合型の両糖鎖に結合するもの
　　Carpopeltis flabellata（carnin）
4) シアリルルイスX型糖鎖特異的なもの
　　Bryopsis sp.（Bry-1）
5) フォルスマン抗原糖鎖特異的なもの
　　Codium fragle（CFA）

胞凝集，リンパ球分裂促進，腫瘍細胞の増殖抑制，血小板凝集阻害および殺藻作用）をもつ低分子量の単量体タンパク質で，きわめて強い耐熱性を示す。このうちhypninA-1および2の一次構造が解析され，両レクチンは活性発現に必須の2つの鎖内SS結合を含む90アミノ酸からなる単一ペプチド鎖で構成され，3箇所のアミノ酸だけが異なるイソレクチンであることが明らかにされた[34]（図2）。両レクチンのアミノ酸残基の半数近くがセリン，グリシン，プロリンの3種アミノ酸で構成されているのも特異的である。本レクチンの強耐熱性は，この特異なアミノ酸組成と2つ

第 6 章 レクチン

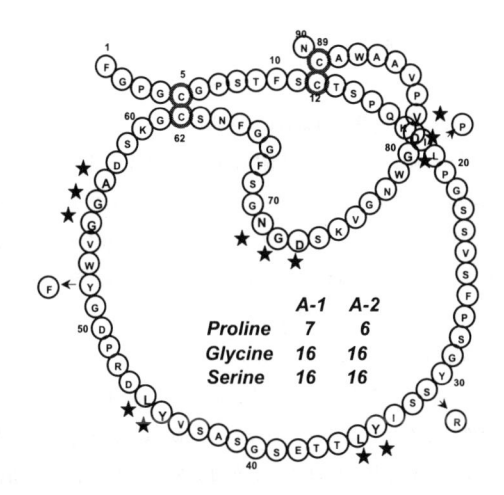

図2 紅藻カギイバラノリレクチン（hypnin A-1およびA-2）の一次構造
イソレクチン間の置換アミノ酸は矢印（hypninA-1）で示した。既知の血小板凝集阻害ペプチドおよび抗凝固ペプチドと類似配列を示す部分はスターを付した。C5-C62およびC12-C89は鎖内SS結合を示す。

```
                    1                                                  50
Hypnin A-1     FGPGCGPSTFSCTSPQKIPPGSSVSFPSGYRSIYLTTESGSASVYLDRPD
Hypnin A-2     FGPGCGPSTFSCTSPQKILPGSSVSFPSGYSSIYLTTESGSASVYLDRPD
B. triquetrum  ADPICGSSGYSCTTPAILTPKSPGSFPSGYSKVIVTGVGGSYSVYIHRPD
                    51                                                 90
Hypnin A-1     GFWVGGADSKGCSNFGGFSGNGDSKVGNWGDVP-VAAWACN
Hypnin A-2     GYWVGGADSKGCSNFGGFSGNGDSKVGNWGDVP-VAAWACN
B. triquetrum  GFKVYKASEGGCASFGSYSGGGNSEVGKYGSGGTVVAVACK
```

図3 紅藻イバラノリ科のHypnea japonicaレクチンとBryothamnion triquetrumレクチンのアミノ酸配列の比較
網掛内は3種レクチンタンパク質間での同一アミノ酸を示す。

の鎖内SS結合から予想されるコンパクトに折り畳まれた立体構造に由来すると考えられているが，立体構造はまだ不明である．このレクチンは血小板凝集阻害作用を示すことから[48]，抗血栓剤の開発研究にも有用と思われるが，その配列中には血小板凝集阻害活性をもつ接着性トリペプチド配列（RGD）やヒルジンの同阻害活性ペプチド（NGDFEEIPEEYL）と類似のNGDおよびYL配列が認められ，この部分が同阻害に関係する可能性が示唆される．その後，本レクチンは抗凝固活性も示すことを認められているが，フィブリノーゲンγ鎖の抗凝固活性ペプチド（HLGGAKNAGDV）と類似のGGAおよびGDV配列を含むことも興味深い．既知のタンパク質中

に，本レクチンと全体的な配列共通性をもつものは存在しないが，興味深いことにC-タイプ動物レクチンの糖認識ドメイン（CRD）[35]と類似したモチーフを含んでいることが判明している[34]。なお，C-タイプCRDのCa^{2+}および単糖との結合に直接関与する5アミノ酸残基のうち3残基が置換されており，この置換が本海藻レクチンが単糖結合性をもたないことと関連すると考えられている。他方，hypninsの凝集活性は糖ペプチド以外に単純タンパク質であるホスホリパーゼA$_2$でも阻止される[34]ことから，本レクチン分子はタンパク質結合部位ももつと推定される。したがって，リピート構造をもたない本レクチンは，単一ペプチド鎖に糖鎖結合部位（C-タイプCRD類似モチーフ）とタンパク質結合部位の2つの異なる結合部位をもつことにより細胞を凝集している可能性もある。これに関連して，生体膜ホスホリパーゼA$_2$レセプターは分子内にC-タイプCRDをもつことが明らかにされているが，同CRD内にはhypninsの場合と同様のアミノ酸置換が認められており，糖結合性はまだ見いだされていない。なお，C-タイプ動物レクチンと植物レクチンの間で類似モチーフが認められたのはこれが最初である。ほぼ同じ頃，hypninsと同様にシステイン4残基を含む91アミノ酸からなる単量体レクチンが，紅藻 B. triquetrum から単離されており[36]，類似構造をもつレクチンがイバラノリ科紅藻に広く存在する可能性も示唆される（図3）。

紅藻ミリン科の数種から単離したレクチンは腫瘍細胞の増殖抑制および強いリンパ球分裂促進作用をもち[14,17,39]，また厳密な高マンノース型糖鎖結合選択性をもつことから応用面での開発が期待されるが，この科に属するレクチンは互いに共通した糖鎖結合特異性とN末端配列を示す[38]。さらに，淡水産藍藻 O. agardhii から単離したレクチンも紅藻ミリン科レクチンと同様のN末端配列と高マンノース型糖鎖結合選択性をもつことが明らかにされている[47]。興味深いことに，これら藻類レクチンは粘性細菌 Myxococcus xanthus から単離された凝集素（MBHA）[56]と高いN末端配列共通性を有していることが認められている（図4）。キリンサイ属 E. serra および淡水産藍藻 O. agardhii の各レクチンについては最近その全一次構造が明らかにされ，上記の紅藻（ESA-2，268残基），藍藻（OAA，132残基），細菌（MBHA，267残基）の各レクチンは互いにきわめて高い構造共通性をもつことが認められた。いずれも N末端約67残基の相同配列のタンデムリピート構造をもち，配列共通性はリピート構造単位で認められた。藻類由来の両レクチンは共通して厳密な高マンノース型糖鎖結合選択性をもつが，それぞれ単一ペプチド鎖中の糖鎖結合部位数とリピート配列数が一致することから，リピート配列部分が糖鎖認識ドメインと考えられたが，最近ESA-2のX線結晶解析から明らかとなった3次元構造からは異なる糖鎖認識ドメイン構造が推定されている（未発表）。このように両単量体レクチンは単一ペプチド鎖上の複数の糖鎖結合部位を介して細胞を凝集することが明らかになった。真核生物と原核生物の間でレクチン分子の構造共通性が認められたのはこれが最初であり，細菌，藍藻，紅藻の下等生物間に新しいレクチンファミリーが存在することが認められた。MBHAの糖結合特異性はよく調べられていないが，

第6章 レクチン

	1	25

紅藻（真核生物）
　Eucheuma serra (ESAs)　　　　　GRYTVQNQWGGSSAPWNDAGLWILG
　E. amakusaense (EAAs)　　　　　 GRYTVKNQWGGSSAPWNDAGLWILG
　E. cottonii　　　(ECAs)　　　　　GRYTVQNQWGGSSAPWNDAG-----
　Solieria robusta (solnins)　　　 GRYTVQNQWGGSSAAWNDAGLWVLG
　Gracilaria bursa-pastoris (GBA)* GRYTVQNQWGGSSAPWN-AGL-VL-

淡水産藍藻（原核生物）
　Oscillatoria agardhii (OAA)　　　ALYNVENQWGGSSAPWNEGGQWEIG

粘性細菌（原核生物）
　Myxoccocus xanthus (MBHA)*　　　AAYLVQNQWGGSQATWNPGGLWLIG

図4　紅藻および藍藻の高マンノース型糖鎖特異的レクチンと細菌凝集素の N末端アミノ酸配列
網掛部分は各レクチン間での同一アミノ酸を示す。米印のものの糖鎖結合性は未測定。

　構造共通性から推測して、同様の高マンノース型糖鎖特異性をもつものと思われる。この粘性細菌については、貧栄養下で凝集し子実体を形成することから多細胞化の機構を解明するための原型モデルとして現在活発な研究がなされているが、同凝集素は子実体形成期に特異的に発現されることが明らかとなっている[56]。今後、上記の下等生物間に見いだされた新しいレクチンファミリーの生体内機能に興味がもたれる。

　この他、前述したように、アオサ科のU. pertusaレクチンについては、RACE法を用いてレクチンサブユニットのcDNAがクローニングされ、203アミノ酸からなる新規配列が明らかにされている[20]。淡水産藍藻のM. viridis NIES-102レクチンについては、ゲノムDNAを鋳型としてレクチン遺伝子が単離され、その演繹アミノ酸配列は113残基からなり、相同な54アミノ酸のタンデムリピート構造を有することが明らかにされている[43]。M. aeruginosa M228レクチンについても同様の方法でレクチン遺伝子が単離され、その演繹アミノ酸配列は517残基からなり、C末端側に相同な61アミノ酸の3回リピート構造を有していることが明らかにされている[57]。両藍藻レクチン間に配列共通性は認められず、両レクチンとも新規タンパク質であることが判明している。これらの単細胞性藍藻レクチンと糸状体藍藻O. agardhiiレクチンとの間にも配列共通性は存在しない。

　以上に述べたように、海藻（特に紅藻）レクチンの多くは分子サイズが小さいこと、単量体構造をとること、耐熱性で金属イオン非依存性の活性を示すことで、タンパク質分子の進化の点からも"プリミティブ"と考えられる。この構造特徴が伸展した糖鎖構造のみを認識することと関連するようであるが、糖鎖認識能には高い選択性がみられる。これらの生化学的特性は応用上の利点でもあり、今後の構造生物学的アプローチと生理機能解明によって、その有用性がさらに明らかになると思われる。

文　献

1) N. Sharon, H. Lis, "Lectins", Kluwer Academic Publishers (2003)
2) A. Varki et al. (eds), "Essentials of Glycobiology", Cold Spring Harbor Laboratory Press, New York (1999)
3) 小川智也ほか編，糖鎖工学，産業調査会，(1992)
4) W. C. Boyd et al., *Transfusion*, **6**, 82 (1966)
5) G. Blunden et al., *Lloydia*, **38**, 162 (1975)；G. Blunden et al., "Modern Approaches to the Taxonomy of red and Brown algae" (D.E.G. Irvine and J. H. Price, eds.), Academic Press, London, p. 21 (1980)；D.J. Rogers et al., *Bot. Mar.*, **23**, 569 (1980)
6) M. Wagner, B. Wagner, *Z. Alg. Mikrobiol.*, **18**, 355 (1978)
7) K. Hori et al., *Bull. Japan. Soc. Sci. Fish*, **47**, 793 (1981)；*Bot. Mar.*, **31**, 133 (1988)
8) J. Fabregas et al., *Bot. Mar.*, **28**, 517 (1985)；*J. Exp. Mar. Biol. Ecol.*, **97**, 213-219 (1986)；*Nippon Suisan Gakkaishi*, **54**, 2121 (1988)；*Comp. Biochem. Biophys.*, **103A**, 307 (1992)
9) T. C. Chiles, K. T. Bird, *Comp. Biochem. Physiol.*, **94B**, 107 (1989)；K.T. Bird et al., *J. Appl. Phycol.*, **5**, 213 (1993)
10) I. L. Ainouz, A. H. Sampaio, *Bot. Mar.*, **34**, 211 (1991)；I. L. Ainouz et al., *Bot. Mar.*, **35**, 475 (1992)
11) D. J. Rogers, R. W. Loveless, *Bot. Mar.*, **28**, 133 (1985)；*J. Appl. Phycol.*, **3**, 83 (1991)
12) K. Hori et al., *J. Phycol.*, **32**, 783 (1996)
13) M. F. Watanabe et al., *Nippon Suisan Gakkaishi*, **53**, 1643 (1987)；S. Sakamoto et al., "Harmful and Toxic Algal Blooms" (T. Yasumoto et al., eds), Intergovernmental Oceanographic Commision of UNESCO, pp. 569 (1996)
14) A. Kawakubo et al., *J. Appl. Phycol.*, **9**, 331 (1997)
15) K. Hori et al., *Hydrobiologia*, **204/205**, 561 (1990)
16) D. Rogers, K. Hori, *Hydrobiologia*, **260/261**, 589 (1993)
17) 堀貫治, 化学と生物, **27**, 210 (1989)；同, **32**, 586 (1994)；21世紀の海藻資源-生態機構と利用の可能性-水産学叢書2（大野正夫編），緑書房, p. 185 (1996)
18) A. L. Ambroisio et al., *Arch. Biochem. Biophys.*, **415**, 245 (2003)
19) A. H. Sampaio et al., *Bot. Mar.*, **41**, 427 (1998)
20) S. Wang et al., *Acta Biochim. Biophys. Sinica*, **36**, 111 (2004)
21) K. Hori et al., *Bot. Mar.*, **29**, 323 (1986)
22) M. M. B. Benevides et al., *Bot. Mar.*, **44**, 17 (2001)
23) D. J. Rogers et al., "Lectins", Vol. V (T. C. Bog-Hansen, E. van Driessche, eds.), Walter de Gruyter, Berlin, p. 150 (1986)
24) J. Fabregas et al., *J. Exp. Mar. Ecol.*, **124**, 21 (1988)
25) S. A. Hernandez et al., *Bot. Mar.*, **42**, 573 (1999)

26) A. M. Wu et al., Eur. J. Biochem., **233**, 145 (1995)
27) H. Kamiya et al., Bot. Mar., **25**, 537 (1982)
28) D. J. Rogers, G. Blunden, Bot. Mar., **23**, 459 (1980)
29) A. H. Sampaio et al., J. Appl. Phycol., **10**, 539 (1998)
30) A. H. Sampaio et al., Phytochemistry, **48**, 765 (1998)
31) H. Kamiya et al., J. Nat. Prod., **43**, 136 (1980)
32) K. Hori et al., Phytochemistry, **26**, 1335 (1987)
33) K. Hori et al., Biochim. Biophys. Acta, **873**, 228 (1986)
34) K. Hori et al., Biochim. Biophys. Acta, **1474**, 226 (2000)
35) C. S. Nagano et al., Protein. Pept. Lett., **9**, 159 (2002)
36) J. J. Calvete et al., CMLS Cell. Mole Life Sci., **57**, 343 (2000)
37) I. L. Ainouz et al., Rev. Bras. Fisiol., **7**, 15 (1995)
38) A. Kawakubo et al., J. Appl. Phycol., **11**, 149 (1999)
39) K. Hori et al., Phytochemistry, **27**, 2063 (1988)
40) K. Shiomi et al., Biochim. Biophys. Acta, **576**, 118 (1979)
41) R. Okamoto et al., Experientia, **46**, 975 (1990)
42) K. Shiomi et al., Bull. Japan. Soc. Sci. Fish., **47**, 1079 (1981)
43) Y. Takahashi and S. Katagiri, Nippon Suisan Gakkaishi, **53**, 2133 (1987)
44) H. C. Lima et al., J. Appl. Phycol., **10**, 153 (1998)
45) M. Yamaguchi et al., Comp. Biochem. Biophys., **119B**, 593 (1998)
46) M. Yamaguchi et al., Biochem. Biophys. Res. Commun., **265**, 703 (1999)
47) Y. Sato et al., Comp. Biochem. Physiol., **125B**, 169 (2000)
48) K. Matsubara et al., Experientia, **52**, 540 (1996)
49) W.-R. Liao et al., J. Ind. Microbiol. Biotechnol., **30**, 433 (2003)
50) S. A. Neves et al., Inflamm. Res., **50**, 486 (2001)
51) A. Takamine et al., The Abstract of The Twentieth International Lectin Meeting, p.146 (2002)
52) T. Sugahara et al., Cytotechnology, **36**, 93 (2001)
53) 堀貫治, 電子情報通信学会誌, **88**, 13 (1988)
54) K. Hori et al., The Abstract of The Eighteenth International Lectin Meeting, p. 62 (1999)
55) W. I. Weis and K. Drickamer, Annu. Rev. Biochem., **65**, 441 (1996)
56) J.M. Romeo et al., Proc. Natl. Acad. Sci. USA, **83**, 6332 (1986)
57) M. Jimbo et al., Biochem. Biophys. Res. Commun., **273**, 499 (2000)
58) 吉田忠生, 新日本海藻誌, 内田老鶴圃 (1998)

2 動物レクチン

村本光二[*1], 小川智久[*2], 神谷久男[*3]

2.1 はじめに

ポストゲノムの重要な研究課題に糖鎖の機能解析があげられるが,糖鎖を介した認識機構は,生体内で細胞への情報伝達や,細胞間,あるいは分子同士の特異的相互作用に重要であり,あらゆる生命現象にみられる。代表的な糖鎖認識分子であるレクチンは,ウイルスからヒトまでのあらゆる生物種で機能しており,高等脊椎動物では発生・分化や生体防御,アポトーシスなどに関与していることが最近の研究で明らかにされている[1]。レクチンは,単一の祖先遺伝子から分子進化したものではなく,糖鎖との結合能をもったタンパク質の総称である。いろいろな分子家系(ファミリー)のレクチンが海洋動物からも多数単離されているが,それらの構造が解析されて生物機能と関係づけて議論がなされ始めたのは最近であり,高等脊椎動物のレクチンに関する研究の進歩に比べると遅れている。本節では,海洋動物レクチンの構造と機能性の多様性を紹介し,糖鎖認識機能分子としてのレクチンの応用性を展望したい。

2.2 動物レクチン・ファミリー

これまでに海洋動物から,表1のように多様なレクチンが単離され,糖鎖結合特異性や構造が明らかにされた[2]。海綿は系統進化上,最も古い多細胞生物であり,バラバラにした海綿細胞が種特異的に凝集する現象は,胚の組織形成でみられる選択的細胞接着や細胞間認識の分子機構によく似ている。*Geodia cydonium*では,カルシウム依存性の凝集因子とそのレセプターの結合をレクチン(ガレクチン)の二量体が仲介することによって凝集が始まる[3]。面白いことに,ガレクチンの二量体形成にはカルシウムイオンが必要であるが,ガレクチン単量体が凝集因子およびレセプターと結合するときにはカルシウムは不要となる。カルシウムイオン存在下,非特異的に海綿細胞を凝集する因子が六方海綿*Aphrocallistes vastus*には存在するが,この因子は191アミノ酸残基からなるCタイプ・レクチンである[4]。さらに,*Axinella polypoides*からは互いに65%の相同性をもった2種類のレクチンがみつかったが,ガレクチンやCタイプ・レクチンといった高等脊椎動物でもみられる主要なレクチン・ファミリーのいずれとも異なる[5]。このことからも分かるように,単細胞真核生物から多細胞動物への進化の過程でレクチンおよびそのレセプターは,細胞認識と接着を担う分子群として進化し,動物種の多様化にも重要な役割を果たしたと思われる。

[*1] Koji Muramoto 東北大学 大学院生命科学研究科 教授
[*2] Tomohisa Ogawa 東北大学 大学院生命科学研究科 助教授
[*3] Hisao Kamiya 北里大学 水産学部 教授

第6章 レクチン

表1 動物レクチン・ファミリーの分布*(1)

動物	レクチン名・アミノ酸残基数	糖結合特異性	レクチン・ファミリー	文献番号
〔海綿動物〕				
Axinella polypoides	AP-I 144	D-ガラクトース	植物レクチン・リシン様	35
	AP-II 147	D-ガラクトース		5
Geodia cydonium	GCLT1 190	N-アセチルラクトサミン	ガレクチン	3
Aphrocallistes vastus	LECC1 191	D-ガラクトース	C-タイプ	4
〔軟体動物〕				
アワビ				
Haliotis laevigata	パールシン(PLC)155	D-ガラクトース/D-マンノース	C-タイプ	22
〔節足動物〕				
アカフジツボ				
Megabalanus rosa	BRA-2 172	D-ガラクトース	C-タイプ	36
	BRA-3 138	D-ガラクトース	C-タイプ	37
ミネフジツボ				
Balanus rostratus	BRL 182	D-ガラクトース	C-タイプ	24
カブトガニ				
Tachypleus tridentatus	タキレクチン1 221			38
(ヘモサイト)	タキレクチン2 236	N-アセチルグルコサミン		39
	タキレクチン3 123			40
	タキレクチン4 232	L-フコース/ノイラミン酸	ペントラキシン	41
	タキレクチン5A/B 269/289	N-アセチルノイラミン酸	フィコリン様	18
(ヘモリンパ)	TPL-1 232	N-アセチルグルコサミン	タキレクチン1様	42
	TPL-2 128	N-アセチルグルコサミン	タキレクチン3様	
Limulus polyphemus	18k-LAF 153			43
〔棘皮動物〕				
グミ				
Cucumaria echinata	CEL-IV 157	D-ガラクトース	C-タイプ	44
	CEL-III 432	N-アセチルガラクトサミン D-ガラクトース	植物レクチン・リシン様	45
	CEL-I 140	N-アセチルガラクトサミン	C-タイプ	46
マナマコ				
Stichpus japonicus	SJL-I 143	N-アセチルガラクトサミン D-ガラクトース	C-タイプ	47
ウニ				
Anthocidaris crassispina				
(卵)	SUEL 105	D-ガラクトース	卵レクチン様	48
(ヘモリンパ)	エキノイディン147	D-ガラクトース	C-タイプ	49
ヒトデ				
Asterina pectinifera	168	N-アセチルガラクトサミン	C-タイプ	50
〔原索動物〕				
Polyandrocarpa misakiensis	TC14 125	D-ガラクトース	C-タイプ	51
マボヤ				
Halocynthia roretzi	327	D-ガラクトース/ノイラミン酸	C-タイプ	9

*1次構造が解析されているもの。

表1 動物レクチン・ファミリーの分布*(2)

動物	レクチン名・アミノ酸残基数	糖結合特異性	レクチン・ファミリー	文献番号
〔脊椎動物〕				
軟骨魚類				
サメ	166		C-タイプ	52
Carcharchinus springeri				
硬骨魚類				
カジカ				
Hemitripterus americanus	不凍タンパク質 129		C-タイプ	53
キュウリウオ				
Osmerus mordax	不凍タンパク質 159		C-タイプ	10
マアナゴ				
Conger myriaster	コンジェリン1 136	β-ガラクトシド	ガレクチン	54
(皮膚)	コンジェリン2 135	β-ガラクトシド	ガレクチン	12
ウナギ				
Anguilla japonica				
(血清)	フコレクチン 178	L-フコース	ペントラキシン	14
(皮膚)	AJL-2 142	ラクトース	C-タイプ	55
	AJL-1 142	β-ガラクトシド	ガレクチン	13
スチールヘッドマス				
Oncorhynchus mykiss(卵)	STL1〜3 195〜289	L-ラムノース	卵レクチン	15
(血清)	TCL-1 238	D-グルコース	C-タイプ	56
		N-アセチルグルコサミン		
	341		ガレクチン	57
ナマズ				
Silurus asotus(卵)	SAL 308	L-ラムノース	卵レクチン	34
フグ				
Fugu rubripes(皮膚)	116	D-マンノース	単子葉植物レクチン様	58
コイ				
Cyprinus carpio	238	N-アセチルグルコサミン	タキレクチン1様	59
(卵)	227		ペントラキシン	60
	128	D-マンノース	C-タイプ	61

*1次構造が解析されているもの。

　無脊椎動物では、レクチンが免疫グロブリンの原始体ではないかとの推測のもとに研究が行われた経緯がある[6]。この分子進化的つながりがうち消された現在でも、レクチンが免疫グロブリン様の役割を担っていることについては多くの支持が得られている。同じ動物においても、レクチンはヘモリンパのほか、異なる組織で複数みつかることが多く（マルチプル・レクチン）、これらには抗菌性やオプソニン作用を持つものがあることをカブトガニ Tachypleus tridentatus で明確にされている[7]。棘皮動物に属するグミ Cucumaria echinata のレクチンには、溶血活性をもつもの（CEL-Ⅲ）がある[8]。さらに無脊椎動物と脊椎動物の中間に位置づけられる原索動物マボヤ Halocynthia roretzi から単離されたレクチンは、N-末端部にフィブリノーゲン類似の配列をも

第6章　レクチン

ったCタイプ・レクチンである[9]。肝膵臓から分泌されるそのレクチンは，ヘモサイトによる貪食作用を増強する。

サメ*Carcharhinus springeri*軟骨のテトラネクチン様タンパク質や，極海に棲むノトセニア亜目魚属の血液を流れる不凍タンパク質（タイプⅡ）[10]にはCタイプ・レクチン様のアミノ酸配列がみられるほか，魚類においても多様なレクチン・ファミリーが分布する。魚類の体表は外界からの物理的な防御壁であるばかりでなく，体表に分泌される粘液には溶血素やリゾチームが含まれ，病原性細菌や寄生虫からからだを守る働きがある[11]。マアナゴ*Conger myriaster*の体表粘液には2種類のガレクチン[12]が，そしてウナギ*Anguilla japonica*にはガレクチンだけでなく，Cタイプ・レクチンが存在する[13]。さらにウナギの血液には，ヒトのO型赤血球を特異的に凝集するL-フコース結合性レクチンがある[14]。これらのレクチンは，高等脊椎動物でみられる動物レクチン・ファミリーのいずれかに属するものである。ところが，魚類卵に存在するL-ラムノース結合特異性レクチンは，いずれの動物レクチン・ファミリーにも属さない新規のファミリーであった[15]。

2.3　動物レクチン・ファミリーの特性
2.3.1　Cタイプ・レクチン

動物レクチンは構造的特徴によっておよそ8つのファミリーに分けられているが，Cタイプ・レクチンはすべての動物界に分布するもっとも大きなファミリーである。このファミリーのレクチンは共通してSSループで囲まれた特徴的な糖鎖認識ドメイン（CRD）を持ち，活性発現にカルシウムイオンを必要とするが，糖特異性はあまり高くない。さらにこのファミリーの特徴としては，CRDが1つの機能ドメインとして多様なマルチドメイン・タンパク質となり，細胞外マトリックス，エンドサイトーシス，自然免疫，そして血液細胞の相互作用に関与していることがあげられる。マルチドメイン・タンパク質の多くは，さらに多量体化しており，このことが糖鎖結合の多価性をもたらし，ひいてはレクチンの多様な機能性を生み出している。

Cタイプ・レクチン間のアミノ酸配列の相同率は20〜30%に過ぎない。Cタイプ・レクチンのCRDには例外なく，前半部に長い2本ずつのβシートとαヘリックスがあり，後半部にはカルシウムイオンと糖鎖の結合部位があって繰り返しのないループ構造がみられる[16]。またCRDには，1カ所ないし2カ所のカルシウムイオン結合部位があり，ガラクトースやマンノースとの結合性に関わる。

2.3.2　ガレクチン

もう1つの主要な動物レクチン・ファミリーであるガレクチン・ファミリーは共通して，β-ガラクトシドに結合特異性があり，約130アミノ酸残基からなる保存されたCRDをもつ。ガレクチンも，高等脊椎動物から海綿などの無脊椎動物，さらには菌類に至る多様な生物種に存在する。

ガレクチンには，CRDのみからなるプロトタイプ，他の機能ドメインと連結したキメラタイプ，そしてCRDの繰り返しからなるタンデムタイプの3つの種類がある[17]。ほ乳類由来のガレクチンでは，現在14種類（ガレクチン-1から14まで）が確認されており，細胞接着，分化，増殖，腫瘍細胞の転移，そして細胞死など多様な機能に関わっている（表2）。

表2　哺乳類ガレクチンの組織分布と機能

構造（タイプ）	ガレクチン名	組織分布	（推定される）機能
プロトタイプ	Gal-1	全体（肺，胎盤，脳，脾臓，心臓，リンパ球，皮膚，卵巣）	T細胞アポトーシス，CD45誘導シグナリング，細胞接着，増殖
	Gal-2	消化管上皮細胞（HepG2細胞，膵臓，胃，小腸）	不明
	Gal-5	赤血球系細胞（赤血球，腎臓）	赤血球分化
	Gal-7	表皮（皮膚，角化細胞）	細胞間および細胞-マトリックス間相互作用調節，アポトーシス
	Gal-10	好酸球，好塩基球	好酸球および好塩基球の分化成長
	Gal-11	レンズ	不明
	Gal-13	胎盤	リゾホスホリパーゼ（Gal-10様）
	Gal-14	好酸球（肺）	好酸球機能，アレルギー性炎症
キメラタイプ	Gal-3	全体（上皮性悪性腫瘍，肺，皮膚，心臓，肝臓，単球マクロファージ）	pre-mRNAスプライシング，IgE-結合タンパク質，増殖，細胞接着，細胞外アポトーシス，細胞内抗アポトーシス活性
タンデムリピートタイプ	Gal-4	消化管（胃，腸管）	接着結合の会合
	Gal-6	消化管（腸），肺	接着結合の会合（Gal-4様）
	Gal-8	全体（脳海馬）	相互作用の調節
	Gal-9	全体（肝臓，小腸，胸腺）	胸腺細胞-上皮相互作用
	Gal-12	網膜，肝臓，脂肪細胞	細胞周期調節，アポトーシス

2.3.3　ファミリーの多様性

　ペントラキシンはC反応性タンパク質（CRP）や血清アミロイドP成分でみられるような特徴的な構造をもった小さな動物レクチン・ファミリーであるが，類似した構造のレクチンがホヤやカブトガニ，ウナギでもみつかっている[14]。カブトガニのレクチンには，コラーゲン様ドメインを欠損したフィコリンが存在する。フィコリンはコラーゲン様ドメインとフィブリノーゲン様ドメインを併せもったレクチン・ファミリーである[18]。さらに，魚類の卵や皮膚にはラムノースに結合特異性をもつ新規のレクチン・ファミリーや，マンノースに結合特異性をもつ植物レクチン・ファミリー様レクチンがあり，海洋動物レクチンは非常に多様性に富んだ構造と特性をもつ機能性分子である[11]。

第6章 レクチン

2.4 バイオミネラリゼーションとレクチン
2.4.1 バイオミネラリゼーション

　水産生物が作り出す殻（外骨格）や棘，真珠などの硬組織は多様であり，超精密構造を持ちながら，その組成は驚くほど単純である。すなわち，タンパク質や糖質などからできた基質（マトリックス）を取り巻いて炭酸カルシウムがアラレ石や方解石に結晶化している[19]。この生石灰化（バイオミネラリゼーション）の機構解明は，基礎生物科学分野だけでなく，人工骨・歯，人工真珠・殻，半導体基板，触媒や磁性セラミックなどの新素材開発の応用分野で，ナノテクノロジーの基盤となる重要な研究課題となっている。バイオミネラリゼーションでは，結晶表面における有機分子と無機分子の相互作用によって結晶化の制御，すなわち結晶核の生成と成長，形，強度，弾力性や張力などの特性の調節が行われている。炭酸カルシウムのカルシウムイオン間の距離（4.7Å）とタンパク質のβ-シートの側鎖官能基間の距離（4.96Å）はほぼ等しく，両者の相互作用を可能にしている。また，氷の結晶格子間の距離も4.5Åであり，極海に棲む魚類の体内では無機分子の場合に類似した機構により，不凍タンパク質が氷の結晶核とナノレベルで相互作用して氷の成長を制御していると推測される[10]。

2.4.2 フジツボ・レクチン

　甲殻類アカフジツボ*Megabalanus rosa*のヘモリンパにおける主要タンパク質は，分子量が異なる3種類のCタイプ・レクチン（BRA-1，BRA-2，BRA-3）である[20]。これらのレクチンは，ヒトやウサギなどの赤血球を凝集させるだけでなく，マウスのがん細胞を凝集したり，がん細胞にマクロファージが結合するのを誘導する働きがある。D-ガラクトースやN-アセチルノイラミン酸などの比較的多くの糖に結合活性をもち，糖特異性はそれほど厳密ではない。BRAの生体内分布と変動，カルシウムとの相互作用，さらに過飽和炭酸カルシウム溶液における強力な結晶化阻害作用などから，BRAのバイオミネラリゼーションにおける働きを提案した。これを支持する知見として，BRAとヒト膵臓結石タンパク質や不凍タンパク質との構造的相同性，最近相次いで報告されたウニの棘[21]やアワビの殻[22]におけるCタイプ・レクチンモチーフを持ったタンパク質の発見があげられる。実際に，アカフジツボの殻底に穴を開け，ゴム片を挿入して殻の修復を追跡した。数日でゴム片表面がクチクラ層で覆われ，その後石灰化が始まって約5週間で完全に穴が塞がった[23]。このとき，最初に異物認識に関わるヘモサイトにはBRAが結合しており，リンパ液を緩衝液に換えるとレクチンによってヘモサイトが凝集した。さらに石灰層の有機マトリックス成分にはBRAが含まれていた。

　レクチンのカルシウムとの結合定数は$1.4 \sim 2.2 \times 10^4 \, M^{-1}$であるが，pHの影響を受ける。体内レベルの1/100以下の0.003mg/mlでもカルシウム塩結晶化阻害活性をもち，レクチンの立体構造を破壊したり糖鎖を除去すると阻害活性は低下した。また，レクチン共存下で生成した炭酸カルシ

ウムの結晶は,走査電子顕微鏡下で図1のようにそれぞれ特徴的な形状を示した。特にミネフジツボレクチンでは,窪みを持った円盤状の結晶が観察された[24]。すなわちこれらの結果は,レクチンとカルシウムの相互作用をいろいろなパラメーターで制御可能であることを示している。

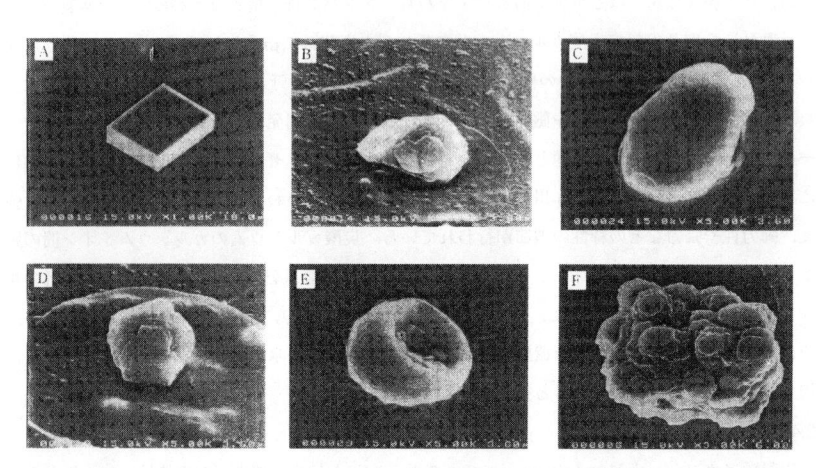

図1 レクチン存在下で生成した炭酸カルシウムの結晶
A:レクチン非存在下,B:アカフジツボレクチンBRA-1,C:BRA-2,
D:BRA-3,E:ミネフジツボレクチン,F:BRA-2の臭化シアン分解物

2.4.3 結晶化制御

バイオミメティックスによるミネラルの結晶化制御には相異なる2つのアプローチがみられる。1つは,有用な結晶を作り出して新素材を開発する取り組みであり,半導体やセラミックスへの応用を視野に入れた材料科学やエレクトロニクス分野,人工骨・歯の再生医療分野でナノテクノロジーの中核として研究が進められている。もう一方は,結晶化を抑える目的での研究である。カルシウム塩は一般に水に溶け難く,沈殿や結晶化しやすい。それゆえ必須栄養素でありながら日本人に不足しているカルシウムの腸管からの吸収性を高めるために,カルシウム塩の不溶化阻止作用を持ったカゼインリン酸化ペプチド(CPP)が特定保健用食品として使われている。また,カルシウム塩の結晶化阻害技術は,歯石の予防,乳製品の製造パイプラインの詰まりや冷却水配管の缶石予防にも重要なのものである。さらに氷結晶生成阻害物質は,極寒域にある動植物にとっては必須のものであり,不凍タンパク質の添加や遺伝子導入による冷害対策や食品の凍結障害防止などへの応用が期待できる。

2.5 ガレクチンによるアポトーシス誘導
2.5.1 多様なレクチンの生物活性

レクチンは，細胞の識別・同定，細胞の選別，糖鎖構造の解析，免疫細胞をはじめとする細胞の分化，アポトーシス誘導など，生化学研究の重要なツールとして用いられてきた。特異的糖鎖認識能に基づく優れた細胞認識能は，薬のターゲッティング（ドラッグデリバリー）に応用され，医薬素材としての利用が進められている。とくにレクチンには，細胞に対する認識能は高いにもかかわらず，親和性（$K_a=10^{-3}～10^{-7}$）が抗体（$K_a=～10^{-12}$）に比べて低く，特異糖鎖を競合させることによって細胞を傷つけることなく温和な条件で可逆的に解離することができる特長がある。

2.5.2 マアナゴ・ガレクチン

マアナゴの体表粘液に含まれるガレクチン（コンジェリン1および2）は，アフィニティークロマトグラフィーと陰イオン交換クロマトグラフィーの2段階で，比較的容易にかつ大量に単離することができる。また，大腸菌によるリコンビナント体の大量発現も可能であり，1ℓの培地から可溶型リコンビナント・コンジェリン1および2を大量（50～100mg）に調製できる[25]。分子内にシステイン残基を含まないため酸化による失活がみられず，ヒト・ガレクチンに比べて安定性に優れている。X線構造解析によりコンジェリン1とコンジェリン2には，糖鎖結合ポケットやサブユニット間でのストランド?スワップ構造に違いがあることが分かり，このことによって耐熱性や大腸菌ベロ毒素のリガンド糖鎖Gb3に対する結合特異性に差がみられる[26]。

2.5.3 T細胞に対するアポトーシス誘導

コンジェリン1および2は，ヒト・ガレクチン-1（hGal-1）と同様，ヒト白血病Tリンパ腫（Jurkat，MOLT-4F細胞）に対してアポトーシスを誘導した[27]。図2にJurkat細胞に対するコンジェリン1および2の作用をhGal-1と比較して示しているが，コンジェリン1の活性は，hGal-1の

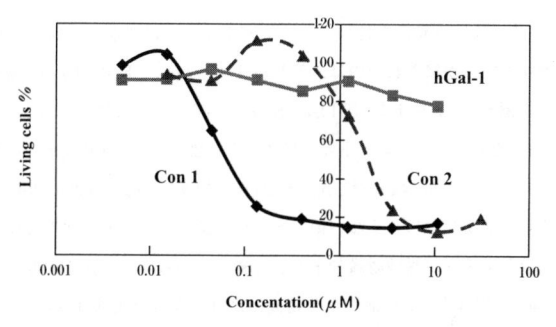

図2 ガレクチンのJurkat細胞に対するアポトーシス誘導
Con 1：コンジェリン1，Con 2：コンジェリン2，hGal-1：ヒトガレクチン-1

100〜1,000倍の強さであった。このアポトーシスはコンジェリンの特異糖鎖であるラクトースやラクト-N-フコペンタオース-I（LNFP-I）で阻害されるので、細胞表面糖鎖へのコンジェリンの結合により誘導されることが判明した。コンジェリン1はhGal-1に比べ、T細胞膜表面糖タンパク質に対して10倍以上の強い結合能を示したが、これにはCD43の関与が示唆された。ガレクチン-1は、様々な自己免疫疾患モデルマウスへの投与によって症状の改善や回復をもたらし、新たな治療薬の候補として注目されている。コンジェリンは、ほ乳動物ガレクチンに比べて非常に強いアポトーシス誘導活性を持っており、酸化による失活がなく、さらに大量調製が可能であるなどの特長から、医薬素材としての活用が考えられる。

2.6 魚類卵レクチンのパターン認識能
2.6.1 生体防御

自然免疫はすべての多細胞生物に備わっており、その中でレクチンは、病原体などの異物を非自己であると識別するパターン認識分子として機能し、異物表面のおもに糖鎖部分に結合する[28]。この場合の糖鎖としては、グラム陰性菌のリポ多糖（LPS）やグラム陽性菌のリポテイコ酸（LTA）、酵母のマンナンなどである。海洋動物における生体防御分子としてのレクチンの位置づけは十分になされているわけではない。しかし、同一組織に特性が異なるマルチプル・レクチンがしばしば存在して多様な異物を認識するのに都合が良いこと、多数のレクチンが血液細胞や、外界と接する皮膚や消化器官、エラで産生されること、さらにLPSによって産生と分泌が誘導されるレクチンもあることなどの事実から、レクチンを生体防御分子とする見方は合理的である。魚卵や孵化したばかりの稚魚は微生物の感染を受け難いことが知られているが、その理由は分かっていない。

2.6.2 魚類卵レクチン

魚類卵にL-ラムノースに特異性を持つレクチンがあることは以前から報告されていたが、詳しい生化学的な性状が明らかにされたのは、サケ科スチールヘッドマス*Oncorhynchus mykiss*の未受精卵から単離した3種類のレクチン（STL1、STL2、STL3）が最初である[15]。それぞれ31.4k、21.3k、21.5kの分子量をもつサブユニットから構成され、289、218、195残基からなるアミノ酸配列には3回（STL1）または2回の繰り返し配列があり、相互に40から53％の相同性がある[29]。ラムノースは、微生物や植物では珍しくない糖であるが、動物にはほとんどみられない。このことはラムノース特異性レクチンが異種認識分子として働いていることを強く示唆する。囲卵腔に存在していたSTL2量とSTL3量は受精前から受精後にかけて大きな変動はみられなかったものの、孵化によって卵外に放出されて大きく減少した。一方、STL1量は孵化で逆に増加し、卵黄嚢の吸収とともに減少した。STL1は雌雄の肝臓で発現し、白血球や脾臓といった免疫系の細胞だけ

第6章　レクチン

でなく鰓の粘液細胞や腸の胚細胞などの外分泌細胞，精巣基部の動脈内皮細胞，脳の毛細血管にも存在していた．一方，STL2とSTL3は卵母細胞の細胞質で発現してそのまま卵黄胞に蓄積される[30]．

2.6.3 微生物表面パターンの認識

LPSは，図3のようにリピドA，Rコア，O抗原多糖の3部分から構成されており，O抗原を持っているLPSはスムース型LPS（S-LPS），O抗原を欠いているものをラフ型LPS（R-LPS）と呼

A

L-Rhamnose　　L-Arabinose　　D-Fucose　　D-Galactose　　Melibiose

Raffinose

B

Escherichia coli K-12

$\rightarrow$2)-β-D-Gal(1$\rightarrow$6)-α-D-Glc-(1$\rightarrow$3)-α-L-**Rha** (1$\rightarrow$3)-α-D-GlcNAc(1$\rightarrow$

O-acetyl↓2　　α-D-Glc↓1,6

Shigella flexneri 1A

$\rightarrow$3)-β-D-GlcNAc-(1$\rightarrow$2)-α-L-**Rha**-(1$\rightarrow$2)-α-L-**Rha**(1$\rightarrow$3)-α-L-**Rha**(1$\rightarrow$

Glc↓1,4

Escherichia coli O26:B6

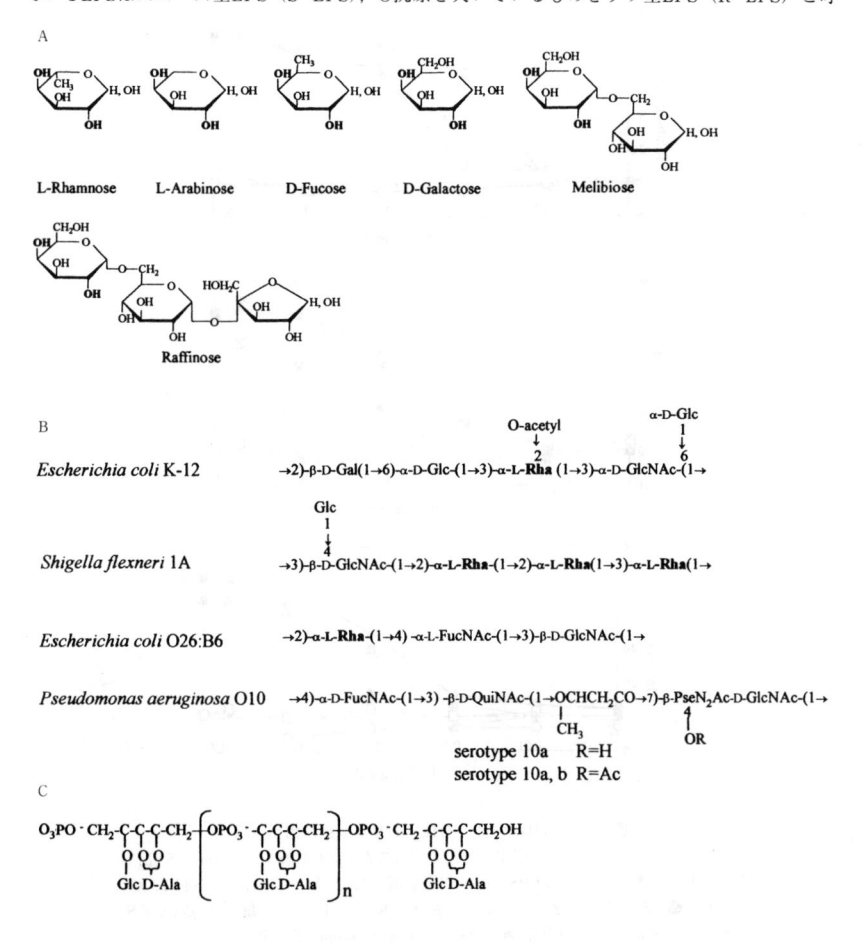

$\rightarrow$2)-α-L-**Rha**-(1$\rightarrow$4) -α-L-FucNAc-(1$\rightarrow$3)-β-D-GlcNAc-(1$\rightarrow$

Pseudomonas aeruginosa O10

$\rightarrow$4)-α-D-FucNAc-(1$\rightarrow$3) -β-D-QuiNAc-(1$\rightarrow$OCHCH$_2$CO$\rightarrow$7)-β-PseN$_2$Ac-D-GlcNAc-(1$\rightarrow$

　　　　　　　　　　　　　　　　　|
　　　　　　　　　　　　　　　　　CH$_3$　　　　　　　　　　OR

serotype 10a　　R=H
serotype 10a, b　R=Ac

C

O$_3$PO-CH$_2$-C-C-C-CH$_2$-[OPO$_3$-C-C-C-CH$_2$]-OPO$_3$-CH$_2$-C-C-C-CH$_2$OH
　　　　　　O O O　　　　　　　O O O　　　　　　　　　O O O
　　　　　　Glc D-Ala　　　　　　Glc D-Ala]$_n$　　　　　Glc D-Ala

図3　糖および微生物表面パターンの構造
A：糖，B：リポ多糖，C：リポテイコ酸

285

ぶ。STLはLPSに結合を示し,とくに大腸菌*Escherichia coli* K-12株由来S-LPSと赤痢菌*Shigella flexneri* 1A由来S-LPSに特に強く結合した[31]。STLはラフ型LPSよりもスムース型LPSにより強く結合するので,結合にはO抗原の構造が重要であることが明らかである(図4)。またSTLはグラム陽性菌である枯草菌由来のリポテイコ酸にも濃度依存的に結合し,ラムノースによって結合

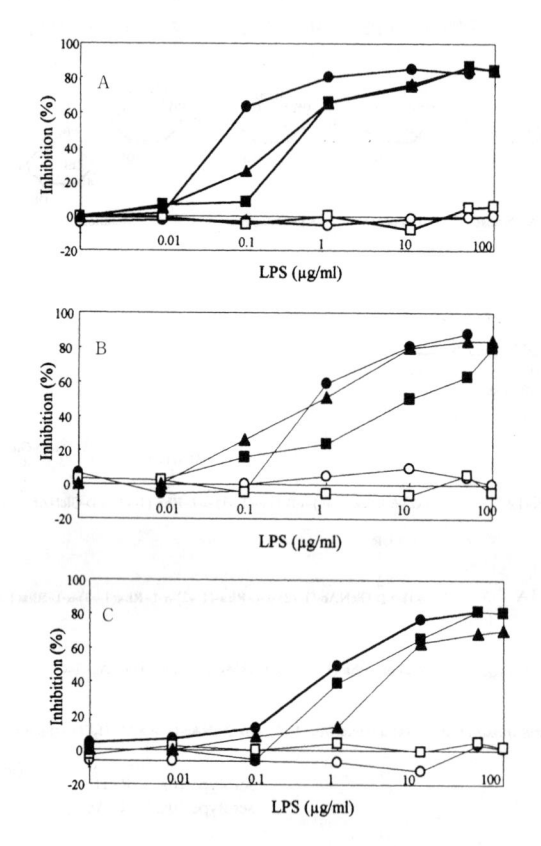

図4 マス卵レクチン(STL)とリポ多糖の相互作用
マイクロタイタープレートに固定化した赤痢菌スムース型LPS(*S. flexneri* S-LPS)とSTL1~3の結合に対するLPSの阻害作用を調べた。 A:STL1,B:STL2,C:STL3。 ●:*E. coli* K-12 S-LPS,○:*E. coli* K-12 R-LPS,■:*S. flexneri* S-LPS,□:*S. flexneri* R-LPS,▲:緑膿菌(*P. aeruginosa*)S-LPS。

は阻害された。これらの微生物表面パターンを持った大腸菌K-12や枯草菌にSTLは強く結合して凝集し、増殖を阻害した。これらのことから、STLは微生物がもつ特徴的な糖鎖構造を特異的に認識して結合するパターン認識レセプターであることが分かった。

シロサケ*Oncorhynchus keta*[32]やアメマス*Salvelinus leucomaenis*[33]などのサケ科のほか、アユ科アユ*Plecoglossus altivelis*、ナマズ科マナマズ*Silurus asotus*[34]、コイ科マルタ*Tribolodon taczanowski*でも、約95アミノ酸残基からなる類似の糖鎖認識ドメイン（CRD）を2回または3回繰り返した構造のレクチンが単離されており、無脊椎動物やほ乳類でも類似のCRDもったタンパク質が存在する。魚類の卵で見つけだされたこれらのレクチンの生体防御機構における詳しい役割は、まだ十分には理解されていない。しかし、非常に多くの動植物レクチンの中でもL-ラムノースに特異性を持つものはほとんどないので、生化学ツールとしての魚類卵レクチンの価値は高い。また今後の展開としては、病原微生物の感染・増殖の制御への応用が期待できる。

2.7 おわりに

海洋動物には様々なレクチン・ファミリーが分布し、多種多様な特性を持っていることを紹介した。無脊椎動物から高等脊椎動物にいたるレクチンの分布をみれば、生物進化のきわめて早い段階でレクチン分子が出現し、重要な役割を担ってきただろうことは容易に納得できる。しかし、個々のレクチン、あるいは個々のレクチン・ファミリーについての明確な生物機能の理解は十分になされているとはいい難い。これは発生・分化、生体防御など、特異的な糖鎖認識機能によっていろいろな役割を担いつつも、複数のレクチン分子が相互に補完機能を果たしているためと考える。最初の多細胞生物といわれる海綿でも、細胞の組織化に複数のレクチン・ファミリーが関与しているのが1つの例である。

応用面では、海洋動物レクチンは比較的入手が容易なものが多く、ツールや素材としての利用が期待できる。たとえば、ラムノースに結合特異性をもつレクチンは、魚類卵以外にはほとんどないし、コンジェリンのようにタンパク質工学的な取り組みに適したレクチンもある。レクチンには、糖鎖のみならずタンパク質や脂質、核酸とも結合活性をもつものがあることが分かってきており、分子認識素子として優れた特性を多く持っている。

文　献

1) H.-J. Gabius *et al.*, *Biochim. Biophys. Acta*, **1572**, 165 (2002)

2) 村本光二ほか, 化学と生物, **41**, 379 (2003)
3) C. Wagner-Hulsmann et al., *Glycobiology*, 6 785 (1996)
4) D. Gundacker et al., *Glycobiology*, **11**, 21 (2001)
5) F. Buck et al., *Comp. Biochem. Physiol.*, **121B**, 153 (1998)
6) G. R. Vasta et al., *Develp. Comp. Immunol.*, **23**, 401 (1999)
7) 川畑俊一郎, 化学と生物, **37**, 647 (1999)
8) 山崎信行, 農化誌, **73**, 3 (1999)
9) Y. Abe et al., *Eur. J. Biochem.*, **261**, 33 (1999)
10) K. V. Ewart et al., *Biochemistry*, **37**, 4080 (1998)
11) Y. Suzuki et al., *Comp.Biochem. Physiol.*, **136B**, 723 (2003)
12) K. Muramoto et al., *Comp. Biochem. Physiol.*, **123B**, 33 (1999)
13) S. Tasumi et al., *Develop.Comp.Immunol.*, **28**, 325 (2004)
14) S. Honda et al., *J. Biol. Chem.*, **275**, 33151 (2000)
15) H. Tateno et al., *J. Biol. Chem.*, **273**, 19190 (1998)
16) S. F. Poget et al., *J. Mol. Biol.*, **290** 867 (1999)
17) J. Hirabayashi et al., *Biochim. Biophys. Acta*, **1572**, 232 (2002)
18) S. Gokudan et al., *Proc. Natl. Acad. Sci. USA*, **96**, 10086 (1999)
19) L. Addadi, S. Weiner, *Nature*, **389**, 912 (1997)
20) 神谷久男 ほか, 化学と生物, **31**, 773 (1993)
21) F. H. Wilt, *Zool. Sci.*, **19**, 253 (2002)
22) K. Mann et al., *Eur. J. Biochem.*, **267**, 5257 (2000)
23) H. Kamiya et al., *Mar. Biol*, **140**, 1235 (2002)
24) K. Muramoto et al., *Fisheries Sci.*, **67**, 703 (2001)
25) T. Ogawa et al., *Biosci. Biotechnol. Biochem.*, **66**, 476 (2002)
26) T. Ogawa et al., *Glycoconjugate J.*, **19**, 451-458 (2004)
27) T. Ogawa et al., "Biomolecular Chemistry-A Bridge for the Future-", p. 134, Maruzen Co., Tokyo (2003)
28) T. Fujita et al., *Immunol.Rev.*, **198**, 185 (2004)
29) H. Tateno et al., *Biosci. Biotechnol. Biochem.*, **65**, 1328 (2001)
30) H. Tateno et al., *Develop. Comp. Immunol.*, **26**, 543 (2002)
31) H. Tateno et al., *Biosci. Biotechnol. Biochem.*, **66**, 1356 (2002)
32) N. Shiina et al., *Fisheries Sci.*, **68**, 1352 (2002)
33) H. Tateno et al., *Biosci. Biotechnol. Biochem.*, **66**, 604 (2002)
34) M. Hosono et al., *Biochim. Biophys. Acta*, **1472**, 668 (1999)
35) F. Buck et al., *Biochim. Biophys. Acta*, **1159**, 1 (1992)
36) K. Muramoto et al., *Biochim. Biophys. Acta*, **874**, 285 (1986)
37) K. Muramoto et al., *Biochim. Biophys. Acta*, **1039**, 42 (1990)
38) T. Saito et al., *J. Biol. Chem.*, **270**, 14493 (1995)

第 6 章　レクチン

39) N. Okino *et al.*, *J. Biol. Chem.*, **270**, 31008 (1995)
40) K. Inamori *et al.*, *J. Biol. Chem.*, **274**, 3272 (1999)
41) T. Saito *et al.*, *J. Biol. Chem.*, **272**, 30703 (1997)
42) S. C. Chen *et al.*, *J. Biol. Chem.*, **276**, 9631 (2001)
43) N. Fujii *et al.*, *J. Biol. Chem.*, **267**, 22452 (1992)
44) T. Hatakeyama *et al.*, *Biosci. Biotechnol. Biochem.*, **59**, 1314 (1995)
45) M. Nakano *et al.*, *Biochim. Biophys. Acta*, **1435**, 167 (1999)
46) T. Hatakeyama *et al.*, *Biosci. Biotechnol. Biochem.*, **66**, 157 (2002)
47) T. Himeshima *et al.*, *J. Biochem.*, **115**, 689 (1994)
48) Y. Ozeki *et al.*, *Biochemistry*, **30**, 2391 (1991)
49) Y. Giga *et al.*, *J. Biol. Chem.*, **262**, 6197 (1987)
50) M. Kakiuchi *et al.*, *Glycobiology*, **12**, 85 (2002)
51) T. Suzuki *et al.*, *J. Biol. Chem.*, **265**, 1274 (1990)
52) P. J. Neame *et al.*, *Protein Sci.*, **1**, 161 (1992)
53) N. F. L. Ng *et al.*, *J. Biol. Chem.*, **267**, 16069 (1992)
54) K. Muramoto *et al.*, *Biochim. Biophys. Acta*, **1116**, 129 (1992)
55) S. Tasumi *et al.*, *J. Biol. Chem.*, **277**, 27305 (2002)
56) H. Zhang *et al.*, *Biochim. Biophys. Acta*, **1494**, 14 (2000)
57) H. Inagawa *et al.*, *Fish Shellfish Immunol.*, **11**, 217 (2001)
58) S. Tsutsui *et al.*, *J. Biol. Chem.*, **278**, 20882 (2003)
59) M. Galliano *et al.*, *Biochem. J.*, **376**, 433 (2003)
60) K. Fujiki *et al.*, *Fish Shellfish Immunol.*, **11**, 275 (2001)
61) R. Savan *et al.*, *Mol. Immunol.*, **41**, 891 (2004)

第7章　その他

1　防汚剤

野方靖行[*]

1.1　はじめに

　フジツボ，イガイ，ホヤなどの海洋付着生物は，発電所の取放水路，船底，養殖施設などに付着して多大の被害を与えることから海洋汚損生物として扱われることが多い[1]。これらの生物の防除には，従来有機スズ化合物や亜酸化銅などの重金属を含む防汚塗料が主に使われてきた。有機スズ系防汚塗料は優れた防汚効果を有することから広く用いられてきたが，多くの海産生物に対して毒性を示すことが判明したため，我が国では1992年に使用が禁止となっている。また，世界的にも使用を禁止する方向でIMO（世界海事機構）を中心に協議が進められ，2008年以降すべての船舶の船体外部表面に殺生物剤として機能する有機スズ化合物を含有する防汚塗料の存在を禁止する条約が決議された[2]。さらに，亜酸化銅系塗料も海洋環境に与える影響が懸念されているばかりでなく[3,4]，有機スズ化合物の代替品として登場したIrgarol 1051[8]などのバイオサイドにも同様な問題が生じている[5,6]。この様な状況から，現在主力である重金属を用いた塗料に代わる，いわゆる環境に優しい防汚剤の開発が緊急の課題となっている。そこで，新たな防汚剤候補として海洋生物の化学防御機構[7~9]に着目した付着阻害物質が探索されている。

　化学防御機構とは，海洋に生息する海藻，海綿，ホヤなどの固着性生物や動きの遅いウミウシなどが，様々な生物活性物質によって他種の付着生物からの付着，魚類などからの捕食，あるいは病原微生物からの侵襲から身を守る手段の一つである。海洋生物飼育技術の進歩により，フジツボやムラサキイガイなどの付着生物幼生の周年飼育ができるようになったことなどから，付着汚損生物に対する付着阻害活性試験が可能となった。その結果，様々な海洋生物から300種類以上の付着阻害物質が報告されている[10~13]。それらの化合物の中には，極めて低濃度で付着生物幼生の付着を防ぎ，かつ高濃度で毒性を示さない，いわゆる付着忌避物質も数多いことから環境負荷の少ない防汚剤候補として注目されている。ここでは，防汚剤として有望視されている海洋天然物質について概説するとともに，それらを基とした防汚剤開発について紹介する。

---

[*] Yasuyuki Nogata　㈶電力中央研究所　環境科学研究所　バイオテクノロジー領域　主任研究員

第7章 そ の 他

1.2 海藻由来の付着阻害物質

　紅藻類からは，様々な生物活性をもつハロゲンを含む化合物が数多く報告されているが，それらのなかには付着阻害活性を持つものも多い。ソゾ*Laurencia* spp.由来の摂餌阻害物質としてもよく知られているセスキテルペンのelatol（1），deschloroelatol（2）およびその類縁体（3，4）に，付着阻害作用が報告されている[14,15]。例えば，1はタテジマフジツボ*Balanus amphitrite*およびフサコケムシ*Bugula neritina*幼生の着生をそれぞれ10ng/cm^{2}で阻害し，2はそれらの着生をそれぞれ100ng/cm^{2}および10ng/cm^{2}で阻害する[14]。また，化合物1～4は海藻*Chirella fusca*の付着も阻害する[15]。

　同じく，オーストラリア産タマイイタダキ属の紅藻*Delisea pulchre*からはフラノン環をもつfimbrolide類（5～9）が付着阻害物質として単離されている[16]。これらの化合物はもともと抗菌物質として知られていたが，タテジマフジツボキプリス幼生の着生を硫酸銅よりも低濃度で阻害する（EC$_{50}$：20～320ng/ml）。さらには，緑藻*Ulva lactuca*胞子の着生やバイオフィルムを形成する海産バクテリアの成長も低濃度で阻害し，室内およびフィールド実験で有望な防汚性能を発揮したことから[17]，オーストラリアのSteinbergらによって類縁体の合成をはじめ，様々な実用化の検討が行われており，コンタクトレンズの消毒剤や魚網，船底の防汚剤としての利用が期待されている[18]。なお，フラノン類は，アシルホモセリンラクトン（AHL）のアンタゴニストとして作用し，AHLを介した制御システムを特異的に阻害することでバクテリアのコロニー形成などを防ぐという。

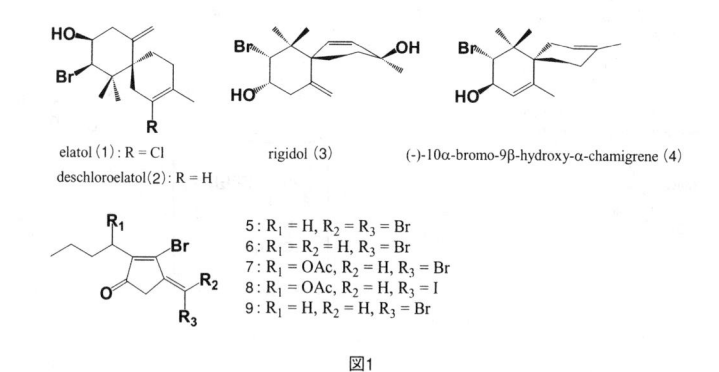

elatol (1) : R = Cl
deschloroelatol(2) : R = H

rigidol (3)

(-)-10α-bromo-9β-hydroxy-α-chamigrene (4)

5 : R_1 = H, R_2 = R_3 = Br
6 : R_1 = R_2 = H, R_3 = Br
7 : R_1 = OAc, R_2 = H, R_3 = Br
8 : R_1 = OAc, R_2 = H, R_3 = I
9 : R_1 = H, R_2 = H, R_3 = Br

図1

1.3 海綿および軟体動物由来の付着阻害物質

　海綿は，生物活性をもつ二次代謝化合物の宝庫といわれているが（第2章第3節参照），付着阻

害活性物質も多数報告されている。ここでは，特に有望なものについて記す。

八丈島産の*Pseudoceratina purpurea*からは，ジブロモチロシン誘導体であるceratinamide A (10)，moloka'iamine (11)，psammaplysin A (12)，とブロモピロール誘導体のpseudoceratidine (13) など計7種類が付着阻害物質として単離されている[19]。すなわち，10は$0.1\mu g/ml$ (EC_{50}) でキプリス幼生の着生を阻害し，一方，12はキプリス幼生の着生を$0.27\mu g/ml$ (EC_{50}) で阻害すると同時に，ホヤ幼生の変態を$EC_{100}1.2\mu g/ml$で誘起するという。なお，12と13は海洋細菌*Flavobacterium marinotypicum*に対しても抗菌活性を示す。この知見を基にSchoenfeldらは，11を含む8種類の類縁体を合成し[20]，タテジマフジツボキプリス幼生に対する付着阻害活性および毒性を調べたところ，14が幼生の着生を低濃度 ($EC_{50}8.0ng/ml$) で阻害し，かつ毒性は低かった ($LD_{50}30ng/ml$) ことを報告している[21]。

海綿から得られたアルキルピリジン化合物は，魚毒性，細胞毒性など様々な活性が報告されている。地中海産の*Reniera sarai*から単離されたpoly-APS (15) は，3-アルキルピリジンユニット29個 (5,520Da) および99個 (18,900Da) からなる混合物であるが，タテジマフジツボ幼生の着生を$EC_{50}0.27\mu g/ml$で阻害する[22]。また，この化合物は現行の防汚塗料添加剤である亜鉛ピリチオンや銅ピリチオンなどと比較しても，非常に低毒性であるため，3-アルキルピリジンオリゴマーやポリマーの合成が試みられている[23]。

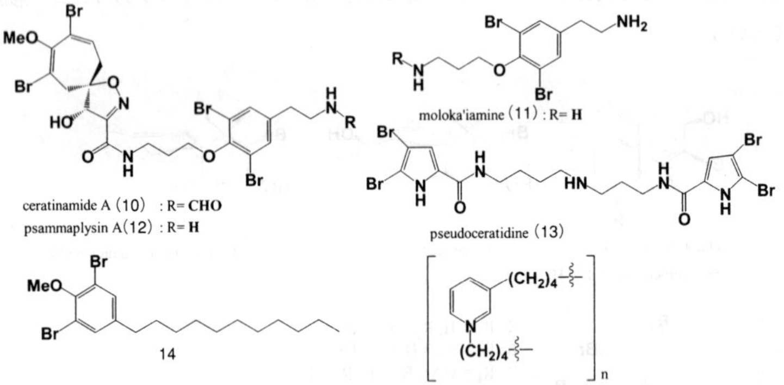

図2

*Acanthella caverosa*からは多くのテルペン類がタテジマフジツボ幼生付着阻害物質として報告されている[24〜27]。なかでも，kalihinol A (16)，kalihinol E (17)，10β-formamido-5β-isothiocyanatokalihinol A (18)，10-formamidokalihinene (19) などはEC_{50}値$0.1\mu g/ml$以下で付着

第7章 その他

阻害を示すとともに、キプリス幼生に対する毒性も低く防汚剤の候補物質として有望と考えられる[24]。

また、軟体動物後鰓類のウミウシの仲間は、餌生物から化学防御物質を手に入れて捕食者などから身を守っているものが多い。特に、海綿を食べるウミウシは、海綿がもつ様々な生物活性物質を防御に利用している。沖野らは薩南群島産のコイボウミウシ*Phyllidia pustulosa*、キイロイボウミウシ *P. ocelata*、タテヒダイボウミウシ *P. varicose*、および *Phillidiopsis krempfi* からタテジマフジツボ幼生に対する着生阻害物質を合計10種類得ている[24,28]。これらの化合物の多くはイソシアノ基あるいはその関連官能基を有している。例えば、10-isocyano-4-cadinene (20)、3-isocyanotheonellin (21) は、EC_{50} 0.1 μg/mlの強い付着阻害活性を示し、かつLD_{50} 100 μg/ml以上と毒性が著しく低かった[24]。

このように海綿やウミウシから単離されたテルペン類には、イソシアノ基、ホルムアミド基、イソチオシアノ基などの天然物には珍しい官能基を有するものも多く、これらの官能基がフジツボ幼生の着生阻害に重要な役割を果たしていると推測される。そこで、より簡単な誘導体が合成されて活性が調べられている（1.6項参照）。

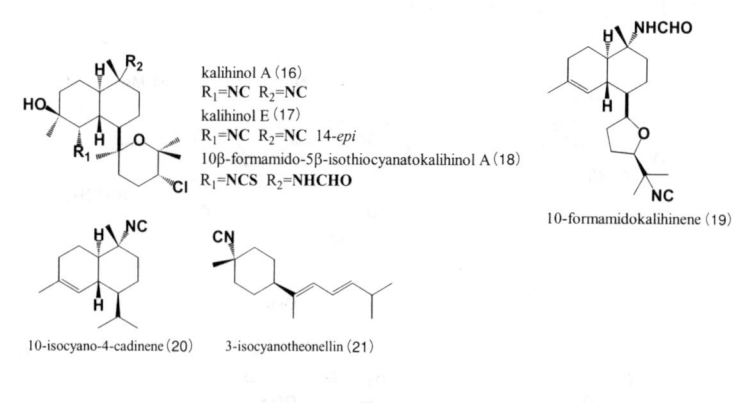

kalihinol A (16)
R_1=NC R_2=NC
kalihinol E (17)
R_1=NC R_2=NC 14-*epi*
10β-formamido-5β-isothiocyanatokalihinol A (18)
R_1=NCS R_2=NHCHO

10-formamidokalihinene (19)

10-isocyano-4-cadinene (20)   3-isocyanotheonellin (21)

図3

1.4 腔腸動物由来の付着阻害物質

ウミトサカ類をはじめとするソフトコーラルからはジテルペンであるセンブレン誘導体が数多く報告されており、それらが化学防御に役立っていると考えられている。実際、センブレン誘導体の多くは魚毒性などの様々な動物種に毒性を示すことが明らかにされており、ウミトサカやウミキノコ類からセンブレン化合物が海水中に放出され、放出量が減ると海藻に覆われてしまうこ

とも実証されている[29]。このような知見を基に，ソフトコーラルからの付着阻害物質の探索が行われ，以下に示すような有望な化合物が報告されている。

ウミエラ目ウミシイタケ科の*Renilla reniformis*からは，タテジマフジツボ幼生の着生をEC_{50} $0.02 \sim 0.2 \mu g/ml$で阻害するジテルペンrenillafoulin A〜C（22〜24）が単離されている[30,31]。Priceらは，*Renilla*の粗抽出液を用いてフィールド試験を行い，これらの化合物が実海域においても有望な防汚性を示すことを報告している[32]。また，ヤギ目ウチワヤギ科の*Leptogorgia virgulata*から単離されたpukalide（25）は，キプリス幼生の着生をEC_{50} $19ng/ml$で阻害する[33]。なお，ソフトコーラル*Sinularia* sp.由来の類縁体13α-acetoxypukalide（26）は，タテジマフジツボ幼生に対してEC_{99} $0.1\mu g/ml$の活性を示したという[34]。

これらの化合物が共通してフラン環を有していることから，Clareらは，化合物中にラクトン環やフラン環を有する19種類の化合物のタテジマフジツボ幼生に対する着生阻害活性と毒性を調べている[35]。その結果，最も活性が強かったのは2-furyl-*n*-pentylketone（27）で，その着生阻害活性はEC_{50} $2.0nM$と非常に強く，毒性はLD_{50} $186.7\mu M$であり高濃度側では麻酔的な活性を示した。また，khellin（28）（EC_{50} $46.1\mu M$）は実験室内ではあまり顕著な活性を示さなかったが，フィールドにおける予備実験では有望な活性を示したという[36]。

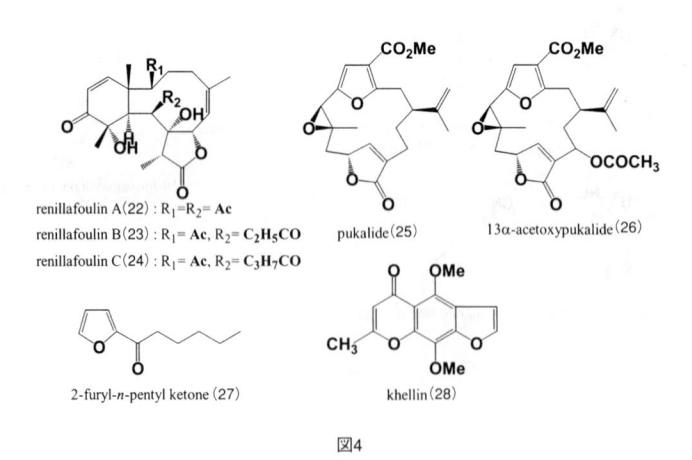

図4

1.5 外肛動物由来の付着阻害物質

清水港産のホンダワラコケムシ*Zoobotryon pellucidum*から2,5,6-tribromo-1-methylgramine（TBG：29）など数種の付着阻害物質[37]が得られたが，29は特に活性が強く，タテジマフジツボキプリス幼生に対するEC_{99}は$0.03ppm$であり，一方その毒性はLC_{50} $0.60ppm$と弱かった。TBTO

と比較した場合，阻害活性は6.7倍と高く（TBTO，0.20ppm），毒性は10分の1（TBTO，0.06ppm）であった。さらに，29はムラサキイガイの付着も1.6ng/cm^{2}の濃度で抑えることがわかり，実用化に向けた検討が行われた[38, 39]。

先ず，TBGの基本骨格であるインドール系化合物100種以上について付着阻害試験を行ったところ，5,6-dichlorogramine（DCG：30）と5,6-dichloro-2-methyl-gramine（DCMG：31）が製造コストの面からも優れており，かつ29と同等かそれ以上の付着阻害活性と低毒性を示した（30：EC$_{99}$ 0.008ppm，LC$_{50}$ > 1.0ppm，31：EC$_{99}$ 0.063ppm，LC$_{50}$ 0.6ppm）。さらに，付着を阻害する溶出速度は，4〜10μg/cm^2/day以上で付着忌避効果が持続することが分かった[38]。

その後，シリコン樹脂にDCMGを5〜10％混ぜて塗料を作成して実海域浸漬試験を行った結果，1年6ヵ月以上の防汚効果を発揮すること，および溶出速度の計算からもDCMGが理想的な溶出曲線を示すことを明らかにしている。現在も引き続き耐用年数5年以上の防汚塗料の開発を目指して検討が行われている[39]。

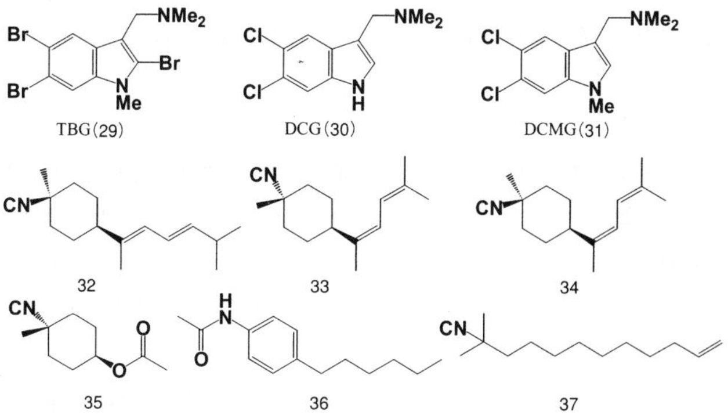

図5

1.6 天然イソシアノ化合物から防汚剤の開発

前述のように，イソシアノ基ならびにその関連官能基をもつテルペンは，環境に優しい防汚剤候補と考えられる。特に，21は構造が簡単であり，タテジマフジツボキプリス幼生に対してEC$_{50}$ 0.13μg/mlの付着阻害活性を示す一方，毒性が弱かった（LD$_{50}$ > 100μg/ml）。そこで，筆者らは，本化合物をモデル化合物として，各種類縁体を合成して付着阻害活性を評価した。先ず，3-isocyanotheonellinを含む4つの異性体を合成する[40]とともに，側鎖部分を還元したもの[41]，他の官能基で置き換えた化合物[42]，さらには直鎖イソシアノ化合物[43]を60種類以上合成し，それらの

キプリス幼生に対する付着阻害活性と毒性を調べた。

その結果,合成した3つの異性体（32～34）は,21とほぼ同等の阻害活性を示した[40]。また,側鎖部分をカルボニル基を含む構造に変えた化合物は,非常に強い付着忌避活性を示し,かつ測定した範囲では顕著な毒性を示さなかった。特に, $trans$-4-isocyano-4-methylcyclohexyl acetate（35）は,合成した化合物のなかで最も強い活性（EC_{50} 0.0094 μg/ml）を示した[42]。また,イソシアノ基をアセトアミド基へ変換した N-(4-hexylphenyl) acetamide（36）や直鎖イソシアノ化合物1,1-dimethyl-10-undecyl isocyanide（37）なども強い活性を示した（36：EC_{50} 0.2 μg/ml, 37: EC_{50} 0.046 μg/ml）。しかも,硫酸銅の毒性の10倍（LD_{50} 30 μg/ml）でも毒性が認められず,比較的簡単に合成ができるため,防汚剤として有望と考えられた[43]。そこで,36と37をそれぞれ大量合成し,試作塗料を作成して実海域浸漬試験を行ったところ,試作塗料面はヒドロ虫の走根と付着珪藻の付着が見られたものの,3ヵ月後でも塗装面へのホヤなどの大型付着生物の付着は少なく,フジツボの付着数も無塗装面と比較して有意に少なかった。よって,亜酸化銅塗料と比較するとやや防汚性能が劣るものの,数ヵ月の試験的な浸漬においては防汚性能が持続すると考えられた。現在,新たな試作塗料を作成し浸漬試験を行っている。

1.7 おわりに

上記のように,環境に優しい防汚剤の開発を目的に,海洋生物より付着阻害物質の探索が行われており,得られた知見を基に実用化の検討が行われているものもある。防汚剤は生化学試薬や医薬品などと比較すると,大量に供給でき安価であることが求められる。そこで,天然物そのものを実用化検討に使用するというよりも,化学合成により候補化合物の構造活性相関の検討を行って,付着阻害が強く,かつ毒性が弱い化合物を見出す必要がある。今後,対象となる化合物の生産する生物を安価に大量培養する技術や,化合物を生産する遺伝子を微生物などに組み込んだ生産が可能となれば,これまで構造が複雑なために大量供給できなかった有望な付着阻害活性物質などを実用化できるものと考えられる。また,化合物の供給が安価になれば,対象となる付着生物のみに選択的に作用するような防汚剤を組み合わせるような検討も行うことができるようになり,さらなる環境適応型防汚塗料の開発が可能となると思われる。同時に,ある種の付着生物に特異的な付着阻害物質を大量に供給可能となれば,付着を阻害するメカニズムについての研究も進展し,新たな防汚剤の開発も可能になると考えられる。いずれにしても,有機スズ化合物による失敗を繰り返さないためにも,海洋天然物由来の防汚剤についてのさらなる研究の発展が期待される。

第7章　そ　の　他

文　献

1) Woods Hole Oceanographic Institute, "Marine Fouling and Its Prevention", US Naval Institute, Annapolis (1952)
2) M. A. Champ, *Sci. Total Environ.*, **258**, 21 (2000) ; *Mar. Pollut. Bull.*, **46**, 935 (2003)
3) E. Armstrong et al., *Biotechnol. Annu. Rev.*, **6**, 221 (2000)
4) A. P. Negri et al., *Mar. Pollut. Bull.*, **44**, 111 (2002)
5) N. Kobayashi, H. Okamura, *Mar. Pollut. Bull.*, **44**, 748 (2002)
6) H. Okamura et al., *Mar. Pollut. Bull.*, **47**, 59 (2003)
7) 北川 勲, 伏谷伸宏編, 海洋生物のケミカルシグナル, 講談社サイエンティフィク (1989)
8) J. R. Pawlik, *Chem. Rev.*, **93**, 1911 (1993)
9) C. D. Amsler et al., "Marine Chemical Ecology", p.267, CRC Press, Boca Raton (2001)
10) A. S. Clare, *Biofouling*, **9**, 211 (1996)
11) D. Rittschof, "Marine Chemical Ecology", p.543, CRC Press, Boca Raton (2001)
12) I. Omae, *Chem. Rev.*, **103**, 3431 (2003)
13) N. Fusetani, *Nat. Prod. Rep.*, **21**, 94 (2004)
14) R. de Nys et al., *Biofouling*, **10**, 21 (1996)
15) G. M. Konig, A. D. Wright, *J. Nat. Prod.*, **60**, 967 (1997)
16) R. de Nys et al., *Biofouling*, **8**, 259 (1995)
17) R. de Nys, P. D. Steinberg, *Curr. Opin. Biotechnol.*, **13**, 244 (2002)
18) http://www.biosignal.com.au/
19) S. Tsukamoto et al., *Tetrahedron*, **52**, 8181 (1996)
20) R. C. Schoenfeld et al., *Tetrahedron Lett.*, **39**, 4147 (1998)
21) R. C. Schoenfeld et al., *Bioorg. Med. Chem. Lett.*, **12**, 823 (2002)
22) M. Faimali et al.., *Biofouling*, **19**, 47 (2003)
23) I. Mancini et al., *Org. Biomol. Chem.*, **2**, 1368 (2004)
24) N. Fusetani et al., *J. Nat. Toxins.*, **5**, 249 (1996)
25) T. Okino et al., *J. Nat. Prod.*, **59**, 1081 (1996)
26) H. Hirota et al., *Tetrahedron*, **52**, 2359 (1996)
27) Y. Nogata et al., *Biofouling*, **19** (suppl.), 193 (2003)
28) T. Okino et al., *Tetrahedron*, **52**, 9447 (1996)
29) J. C. Coll et al., *Mar. Biol.*, **96**, 129 (1987)
30) P. A. Keifer et al., *J. Org. Chem.*, **51**, 4450 (1986)
31) D. J.Rittschof et al., "Recent Developments in Biofouling Control." p. 269, A. A. Balkema Press, Rotterdam (1994)
32) R. R. Price et al., *Biofouling*, **6**, 207 (1992)
33) D. J. Gerhart et al., *J. Chem. Ecol.*, **14**, 1905 (1988)

34) S. Mizobuchi et al., *Fish. Sci.*, **60**, 345 (1994)
35) A. S. Clare et al., *Mar. Biotechnol.*, **1**, 427 (1999)
36) A. S. Clare et al., "Biodeterioration and Biodegradation", p. 573, Institution of Chemical Engineers, Rugby (1995)
37) K. Kon-ya et al., *Fish. Sci.*, **60**, 773 (1994)
38) K. Kon-ya et al., *Biosci. Biotechnol. Biochem.*, **58**, 2178 (1994)
39) 紺屋一美ほか, *Sessile Organisms*, **18**, 119 (2001)
40) Y. Kitano et al., *J. Chem. Soc. Perkin Trans.*, **1**, 2251 (2002)
41) Y. Kitano et al., *Biofouling*, **19** (suppl.), 187 (2002)
42) Y. Kitano et al., *Biofouling*, **20**, 93 (2004)
43) Y. Nogata et al., *Biofouling*, **20**, 87 (2004)

2 その他

伏谷伸宏[*]

2.1 はじめに

　第2章から第7章1節で取り上げなかった海洋生物成分のなかにも産業上有望なものが少なくない。まず、アルギン酸産業の副産物として得られるフコステロールを原料として活性型のビタミンD_3が合成された[1]ように、海洋生物に特有で、かつ多く含まれる化合物を原料に、医薬などの付加価値の高い製品に誘導することが考えられる。例えば、甲殻類の殻の成分であるキチン・キトサンはすでに機能性食品素材あるいは医療素材として利用されている。また、その構成成分のグルコサミンは機能性食品として有名であるが、大量に入手可能なので、アミノグリコシド抗生物質の合成の原料として利用することも可能であろう。

　一方、サケやニシンなど魚類の精巣（白子）に含まれるプロタミンは、60％以上がアルギニンから構成されている特異なタンパク質であるが、すでにサプリメントあるいは水産練製品を始めとする食品保存料として応用されている。同様に、極海に生息する魚類から最初に発見された不凍タンパク質も冷凍食品の品質保持など、食品への応用が試みられている[2]。

　海洋生物由来の酵素も古くから研究用試薬として用いられてきた。地味だが、よく使われているのがサザエなどの巻貝由来のスルファターゼ（硫酸エステル加水分解酵素）であろう。近年注目されているのが、熱水噴出孔などから分離された超好熱細菌が生産する酵素である[3]。PCRの目覚ましい普及とともに、高温でも失活しない酵素が脚光を浴びるようになり、特許戦争にまで発展している。

　本節では、海洋生物由来のタンパク質とペプチドのうち、現在話題になっているものについて概説する。

2.2 海洋タンパク質

　海洋生物由来のタンパク質は、食品という観点からの研究は盛んであるが、その他については驚くほど知られていない。このような状況にあって、将来いろいろな面で期待されるものは以下のものである。

2.2.1 セメントタンパク質

　海洋生物の特徴の一つは、岩などの基盤に固着棲息する動物が多いことである。それらの動物は、セメントタンパク質と呼ばれる接着剤を分泌して自分の身体を基盤に固着させる。従って、

---

[*] Nobuhiro Fusetani　北海道大学　大学院水産科学研究科　生命資源科学専攻　客員教授；
東京大学　名誉教授；マリンバイオテクノロジー学会　前会長

表1 ムラサキイガイの主な足糸タンパク質

足糸タンパク質	主な繰返し配列	推定分子量
Mefp-1	AKPS*Y*PPTYK	>100 KDa
Mefp-2	XXNXCPNPCKNXGXCXXX	42〜47 KDa
Mefp-3	GXXXYXCXCXXGYXGXXC AD*YY*GPNYGP*PRRY*GGGN*Y*N*RY* NGYGGG*RRY*GGYKGWNNGW N*R*G*RR*GKYW	6kDa
PreCol-P	XGGPGおよびG (P/X)(P/X)	95 kDa
PreCol-D	AAAXGGGXおよびG (P/X)(P/X)	80 kDa

P：*trans*-4-hydroxy-L-proline, *P*：*trans*-2,3-*cis*-3,4-dihydroxy-L-proline,
R：4-hydroxy-L-arginine, X：不特定なアミノ酸, *Y*：DOPA

　セメントタンパク質は，耐水性でしかも強力接着剤（主なエポキシ樹脂の2倍）として手術用の組織接着剤や歯科用セメントなど広い多方面への応用が期待されたが，それらについての知見は非常に限られている。

　最も研究が進んでいるのが，ムラサキイガイ*Mytilus edulis*とイガイ*M. galloprovincialis*の足糸タンパクである[4]。特に，長い研究歴のある前者からは，表1に示すようなタンパク質が得られている。これらのうち，Mefp-1は基盤に接着した部分（面盤部, plaque）から得られたタンパク質で，表に示すアミノ酸10個からなる配列の80回繰り返し構造をもつという（*M. galloprovincialis*からも同様なタンパク質が得られている）。最も多く含まれるのが，Mefp-2で，DOPAを多く含む酸性ドメインをもつ。一方，Mefp-3は，アルギニンとDOPAに富む少なくとも10種の小さなタンパク質からなる。なお，DOPAのほか，いくつかの修飾アミノ酸が含まれる。これらタンパク質の固化には，DOPAが関与していることは間違いないが，その機序については十分な説明がされていない。ごく最近になって，Fe（DOPA）$_3$架橋モデルが提唱されて話題になっている[5]。イガイのセメントタンパク質は産業上重要であるが，その供給が問題となっており，ベンチャー企業が参画して，細菌や植物にMefp-1などを発現させる試みが行われている。なお，PreColは糸の部分から得られたものである。

　フジツボのセメントタンパク質については，いろいろな説が出されていたが，最近ようやくその姿が見えてきた。すなわち，紙野らはアカフジツボ*Megabalanus rosa*が基盤上に残したセメントを，大過剰のジチオトレイトールで処理するとタンパク質を可溶化できることを見出し，数種のタンパク質を得ている[6]。これらのうち，高疎水性のcp-100とcp-52は，接着剤としての副機

能(自己集合,接着強度など)に関わっていると考えられている。一方,cp-68は,Ser,Thr,Gly,およびAlaが60%を占める特異な糖タンパク質で,基盤表面との相互作用に関与しているものと推測されている。いずれにしても,これらタンパク質がどのようにしてセメント機能を発揮するのかを解明するには,十分量のタンパク質を調製する方途を開発する必要があろう。

2.2.2 バイオミネラル

細菌からほ乳類にいたるまで,ほとんどの生物は鉱物(バイオミネラル),すなわち真珠,貝殻,骨,歯などを作る。その生成機構をバイオミネラリゼーションといい,機能性素材のデザイン,特にナノテクノロジーの分野へ応用という観点から近年注目されている。バイオミネラルは,無機物質と生体高分子からできている。例えば,真珠や貝殻は,カルサイト,アラゴナイトなどと呼ばれる炭酸カルシウムと生体高分子が積層した構造をしているため,光の屈折によりあの独特の光沢を放つ[7]。これをモデルにいろいろな炭酸カルシウムを含むバイオミネラルが人工的に作られている。

最近,ナノテクノロジーへの応用から注目されているのが,シリカを含むバイオミネラルである。まず,ケイ藻は非常に微細なパターンをもつ殻を形成することはよく知られているが,なぜあのような微細構造を作れるのかは長い間謎であった。ところが,最近になってその謎の一部が解けつつある。ケイ藻には,バイオミネラリゼーションに関わるsilica deposition vesicle(SDV)と呼ばれる特異な器官が存在する。*Cylindrotheca fusiformis*の細胞壁からバイオミネラリゼーションに関わるタンパク質として,frustulin類(75〜200kDaの糖タンパク質),pleuralin 1〜3(200,180および150kDaのタンパク質)およびsilaffin類が得られている[8]。これらのうち,silaffin類について最も研究が進んでいる。Kröerらは,それまでフッ化水素で細胞壁を処理して抽出していたのを,フッ化アンモニウムを用いてより温和な条件で抽出したところ,natSil-1Aと命名した分子量6.5kDaのポリアミンを含むポリペプチド(図1)を得た[9]。さらに,natSil-1Aはモノケイ酸溶液から用量依存的にシリカを沈澱させた。なお,ポリアミンの構造は,種特異的で,ポリアミンだけでもシリカを沈澱させることができるという[8]。

一方,海綿*Tethya aurantia*の骨片をフッ化水素で処理すると,silicatein α, β, γ (29, 28, 27 kDa)と命名された3つのタンパク質が得られた[10]。驚いたことに,cDNAより決定されたsilicatein αのアミノ酸配列は,カテプシンLと高い相同性を示した。事実,このタンパク質は加水分解酵素で,ケイ酸や酸化チタンから方向性をもったシリカやチタンオキシドの重合体を形成するという。しかし,その機構は不明である。いずれにしても,半導体などへの応用が期待されるので,米国政府が出資してsilicateinから有用素材を開発する新しい研究所が創設された。

2.2.3 蛍光タンパク質[11]

刺胞動物由来の蛍光タンパク質は,トランスジェニック細胞,植物あるいは動物のリポーター

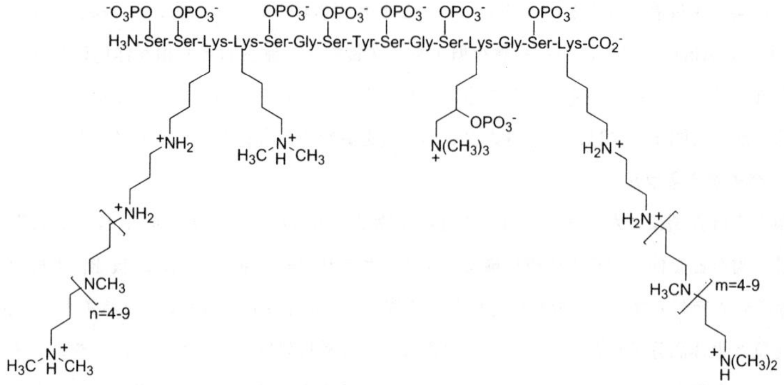

図1　Natsil-1A

遺伝子として有用なことから，近年非常に注目されている．新たな蛍光タンパク質を求めて，企業が参入してきている．特に，最初にクローニングされたオワンクラゲ*Aequorea victorea*の緑色蛍光タンパク質（GFP）は，特許紛争までに発展するなどにぎやかである．このタンパク質は，発色団としてSer-Tyr-Glyの配列をもち，酸素分子の存在下，自動的に環化して*p*-imidazolidine環を形成する．

オワンクラゲGFPが発見されて以来，種々の手法を用いて黄，緑，藍，紫，橙，赤色など多彩な蛍光を発するタンパク質が発見された．その数は100に及ぶという．これらはいずれも，230前後のアミノ酸からなる単純タンパク質で，クラゲ，石サンゴ，イソギンチャク，スナギンチャク，ウミエラなど，ほぼ全ての刺胞動物からクローニングされている．現在も新しい蛍光タンパク質が次々に発見されているのみならず，それに伴い様々な使用法も開発されているので（例えば，405nmの光を照射すると蛍光が緑か藍に変わる"photoswitchable cyan fluorecent protein"，PS-CFPの開発により，ラベルしたタンパク質が空時的に追跡できるようになった[12]），GFPに端を発した蛍光タンパク質騒動は当分続くと思われる．

同様に，タンパク質の標識によく用いられているのが海藻の色素，フィコビリンである．今後需要が伸びるものと思われる．

2.3 抗菌ペプチド[13]

細菌からほ乳類にわたる広い生物種に，抗菌活性を有する物質が含まれている．なかでも，抗菌ペプチド（antimicrobial peptides, AMP）と呼ばれる物質は，広い生物種に見られ，病原微生物に対する一義的な防御および自然免疫の役割を担っているものと考えられている．AMPはその構造上の特徴から，①直鎖α-ヘリックス（Ⅰ型），②直鎖で，特定のアミノ酸に富む（Ⅱ

第7章 その他

型), ③1つのジスルフィド結合をもつ (Ⅲ型), ④2つ以上のジスルフィド結合をもつ (Ⅳ型), および⑤その他 (Ⅴ型) に大きく分類できる。AMPは, 抗菌・抗カビ性に加え, 抗ウイルス性や溶血性を示す。多くの場合, 微生物の細胞膜に孔を開けて, 微生物の成長を抑えたり, 殺したりするので, 耐性菌が出現し難いため, 新しい型の抗生物質として有望視されている。また, HIVに効果のあるものもあり, 注目されている。海洋生物から発見された主なAMPは, 表2の通りであるが, 軟体動物後鰓類のアメフラシやタツナミガイから発見されている抗菌性ペプチドと

表2 主な抗菌ペプチド

生 物 種	ペプチド	残基数[1]	タイプ[2]	活性[3]
環形動物				
Arenicola marina	Arenicin	21	Ⅲ	B,F
軟体動物				
Mytilus edulis	Defensin A,B	35, 37	Ⅳ(3)	B,F
	Mytilin A,B	34	Ⅳ(4)	B,F
M. galloprovincialis	Defensin 1,2	39	Ⅳ(4)	B,F
	Myticin A,B	34	Ⅳ(4)	B,F
節足動物				
Penaeus vannamei	Penaeidin-1〜3	50, 50, 63	Ⅳ(3)	B,F
Limulus polyphemus	TachyplesinⅡ	17	Ⅳ(2)	B,F,V,H
	PolyphemsinⅠ,Ⅱ	18	Ⅳ(2)	B,F
Tachyplesus gigas	TachyplesinⅢ	17	Ⅳ(2)	B,F,V,H
T. tridentatus	TachyplesinⅠ	17	Ⅳ(2)	B,F,V,H
	Big defensin	79	Ⅳ(3)	B
	Tachycitin	76	Ⅳ(5)	B,F
原索動物				
Halocynthia aurantium	Dicyanthaurin	30	Ⅰ	B,F
Styela clava	Styelin	32	Ⅰ	B,H,C
	Clavanin A〜E	23	Ⅰ	B,F
	Clavaspirin	23	Ⅰ	B,F
S. plicata	Plicatamide	8	Ⅰ	B,F
魚類				
Misgurunus anguillicaudatus	Misgurin	21	Ⅰ	B,F
Morone chrysips	Moronecidin	13	Ⅰ	B,F
Onchorhynchus mykiss	OnchorhyncinⅡ	69	Ⅰ	B
Parasiburus asotus	ParasinⅠ	19	Ⅰ	B
Pardachirus pavoninus	Pardaxin P-Ⅰ	33	Ⅰ	B,F
Pleuronectes americanus	Pleurocidin	25	Ⅰ	B

[1]:アミノ酸残基数, [2]:構造上の特徴, Ⅰ=αヘリックス、Ⅲ=1つのスルフィド結合を含む、Ⅳ=複数のスルフィド結合を含む (カッコ内はその数), [3]:生物活性, B=抗バクテリア性, C=抗ウイルス性, F=抗カビ性, H=溶血性

タンパク質[14]もこの範疇に入るものと思われる。表2のクルマエビの仲間から得られたpenaeidin類はヘモシアニン由来と考えられている。なお，ホヤから分離されている低分子ペプチドについては，すでに第2章8節で述べられているので，ここでは割愛した。

2.4 おわりに

産業上有用な海洋タンパク質/ペプチドについては，探索がほとんど行われていないのが現状で，今後の進展が期待される。ただ，水産食品としてのタンパク質を除けば，得られる量が少ないのが問題となるであろう。こうした問題も技術の進歩が目覚ましいので，早晩解決されると思われるので，海洋タンパク質は魅力的な資源といえる。

文　献

1) 池川信夫，海洋天然物化学，学会出版センター，p. 158（1979）
2) 河原秀次，木幡　斉，化学，**57**，12（2002）
3) 藤原伸介，今中忠行，バイオサイエンスとインダストリー，**53**，232（1995）；藤原伸介ほか，バイオインダストリー，**16**，13（1999）
4) T. J. Deming, *Curr. Opin. Chem. Biol.*, **3**, 100（1999）
5) M. J. Sever *et al.*, *Angew. Chem. Int. Ed.*, **43**, 448（2004）
6) 紙野　圭，化学と生物，**42**，724（2004）
7) 加藤隆史，化学と工業，**54**，670（2001）
8) E. Bäuerlein, *Angew. Chem. Int. Ed.*, **42**, 614（2003）; S. A. Davis *et al.*, *Curr. Opin. Solid State Mater. Sci.*, **7**, 273（2003）
9) N. Kröger *et al.*, *Science*, **298**, 584（2002）
10) D. E. Morse, *Trends Biotechnol.*, **17**, 230（1999）; J. L. Sumerel *et al.*, *Chem. Mater.*, **15**, 4804（2003）; J. L. Sumerel, D. E. Morse, "Silicon Biomineralization", p. 225, Springer-Verlag, Berlin（2003）
11) R. W. Carter *et al.*, *Comp. Biochem. Physiol.*, **138C**, 259（2004）; J. M. Kendall, M. N. Badminton, *Trends Biotechnol.*, **16**, 216（1998）; R. Y. Tsien, *Annu. Rev. Biochem.*, **67**, 509（1998）; D. A. Shagin *et al.*, *Mol. Biol. Evol.*, **21**, 841（2004）
12) A. Miyawaki, *Nat. Biotechnol.*, **22**, 1374（2004）; D. M. Chudakov *et al.*, *Nat. Biotechnol.*, **22**, 1435（2004）
13) D. Andreu, L. Rivas, *Biopoly.*, **47**, 415（1998）; J. Vizioli, M. Salzet, *Trends Pharmacol. Sci.*, **23**, 494（2002）; P. Bulet *et al.*, *Immunol. Rev.*, **198**, 169（2004）; J. A. Tincu, S. W. Taylor, *Antimicrob. Agents Chemother.*, **48**, 3545（2004）
14) R. Iijima *et al.*, *Dev. Comp. Immunol.*, **27**, 305（2003）

《CMCテクニカルライブラリー》発行にあたって

弊社は、1961年創立以来、多くの技術レポートを発行してまいりました。これらの多くは、その時代の最先端情報を企業や研究機関などの法人に提供することを目的としたもので、価格も一般の理工書に比べて遙かに高価なものでした。

一方、ある時代に最先端であった技術も、実用化され、応用展開されるにあたって普及期、成熟期を迎えていきます。ところが、最先端の時代に一流の研究者によって書かれたレポートの内容は、時代を経ても当該技術を学ぶ技術書、理工書としていささかも遜色のないことを、多くの方々が指摘されています。

弊社では過去に発行した技術レポートを個人向けの廉価な普及版《CMCテクニカルライブラリー》として発行することとしました。このシリーズが、21世紀の科学技術の発展にいささかでも貢献できれば幸いです。

2000年12月

株式会社　シーエムシー出版

マリンバイオテクノロジー
―海洋生物成分の有効利用―

(B0938)

2005年 3月31日　初　版　第1刷発行
2010年 9月23日　普及版　第1刷発行

監　修　伏谷　伸宏　　　　　　　　　　Printed in Japan
発行者　辻　　賢司
発行所　株式会社　シーエムシー出版
　　　　東京都千代田区内神田1-13-1　豊島屋ビル
　　　　電話 03 (3293) 2061
　　　　http://www.cmcbooks.co.jp

〔印刷　倉敷印刷株式会社〕　　　　　　© N. Fusetani, 2010

定価はカバーに表示してあります。
落丁・乱丁本はお取替えいたします。

ISBN978-4-7813-0267-6 C3045 ¥4600E

本書の内容の一部あるいは全部を無断で複写（コピー）することは、法律で認められた場合を除き、著作者および出版社の権利の侵害になります。

CMCテクニカルライブラリー のご案内

難燃剤・難燃材料の活用技術
著者／西澤 仁
ISBN978-4-7813-0231-7　　　　B927
A5判・353頁　本体5,200円＋税（〒380円）
初版2004年8月　普及版2010年5月

構成および内容：解説（国内外の規格，規制の動向／難燃材料，難燃剤の動向／難燃化技術の動向 他）／難燃剤データ（総論／臭素系難燃剤／塩素系難燃剤／りん系難燃剤／無機系難燃剤／窒素系難燃剤，窒素‐りん系難燃剤／シリコーン系難燃剤 他）／難燃材料データ（高分子材料と難燃材料の動向／難燃性PE／難燃性ABS／難燃性PET／難燃性変性PPE樹脂／難燃性エポキシ樹脂 他）

プリンター開発技術の動向
監修／髙橋恭介
ISBN978-4-7813-0212-6　　　　B923
A5判・215頁　本体3,600円＋税（〒380円）
初版2005年2月　普及版2010年5月

構成および内容：【総論】【オフィスプリンター】IPSiO Color レーザープリンタ 他【携帯・業務用プリンター】カメラ付き携帯電話用プリンターNP-1 他【オンデマンド印刷機】デジタルドキュメントパブリッシャー（DDP）他【ファインパターン技術】インクジェット分注技術 他【材料・ケミカルスと記録媒体】重合トナー／情報用紙 他
執筆者：日髙重助／佐藤眞澄／醒井雅裕 他26名

有機EL技術と材料開発
監修／佐藤佳晴
ISBN978-4-7813-0211-9　　　　B922
A5判・279頁　本体4,200円＋税（〒380円）
初版2004年5月　普及版2010年5月

構成および内容：【課題編（基礎，原理，解析）】長寿命化技術／高発光効率化技術／駆動回路技術／プロセス技術【材料編（課題を克服する材料）】電荷輸送材料（正孔注入材料 他）／発光材料（蛍光ドーパント／共役高分子材料 他）／リン光用材料（正孔阻止材料 他）／周辺材料（封止材料 他）／各社ディスプレイ技術 他
執筆者：松本敏男／照元幸次／河村祐一郎 他34名

有機ケイ素化学の応用展開
―機能性物質のためのニューシーズ―
監修／玉尾皓平
ISBN978-4-7813-0194-5　　　　B920
A5判・316頁　本体4,800円＋税（〒380円）
初版2004年11月　普及版2010年5月

構成および内容：有機ケイ素化合物群／オリゴシラン，ポリシラン／ポリシランのフォトエレクトロニクスへの応用／ケイ素を含む共役電子系（シロールおよび関連化合物 他）／シロキサン，シルセスキオキサン，カルボシラン／シリコーンの応用（UV硬化型シリコーンハードコート剤 他）／シリコン表面，シリコンクラスター 他
執筆者：岩本武明／吉良満夫／今 喜裕 他64名

ソフトマテリアルの応用展開
監修／西 敏夫
ISBN978-4-7813-0193-8　　　　B919
A5判・302頁　本体4,200円＋税（〒380円）
初版2004年11月　普及版2010年4月

構成および内容：【動的制御のための非共有結合性相互作用の探索】生体分子を有するポリマーを利用した新規細胞接着基質 他【水素結合を利用した階層構造の構築と機能化】サーフェースエンジニアリング 他【複合機能の時空間制御】モルフォロジー制御 他【エントロピー制御と相分離リサイクル】ゲルの網目構造の制御 他
執筆者：三原久和／中村 聡／小畠英理 他39名

ポリマー系ナノコンポジットの技術と用途
監修／岡本正巳
ISBN978-4-7813-0192-1　　　　B918
A5判・299頁　本体4,200円＋税（〒380円）
初版2004年12月　普及版2010年4月

構成および内容：【基礎技術編】クレイ系ナノコンポジット（生分解性ポリマー系ナノコンポジット／ポリカーボネートナノコンポジット 他）／その他のナノコンポジット（熱硬化性樹脂系ナノコンポジット／補強用ナノカーボン調製のためのポリマーブレンド技術）【応用編】耐熱，長期耐久性ポリ乳酸ナノコンポジット／コンポセラン 他
執筆者：祢宜信成／上田一恵／野中裕文 他22名

ナノ粒子・マイクロ粒子の調製と応用技術
監修／川口春馬
ISBN978-4-7813-0191-4　　　　B917
A5判・314頁　本体4,400円＋税（〒380円）
初版2004年10月　普及版2010年4月

構成および内容：【微粒子製造と新規微粒子】微粒子作製技術／注目を集める微粒子（色素増感太陽電池 他）／微粒子集積技術【微粒子・粉体の応用展開】レオロジー・トライボロジーと微粒子／情報・メディアと微粒子／生体・医療と微粒子（ガン治療法の開発 他）／光と微粒子／ナノテクノロジーと微粒子／産業用微粒子 他
執筆者：杉本忠夫／山本孝夫／岩村 武 他45名

防汚・抗菌の技術動向
監修／角田光雄
ISBN978-4-7813-0190-7　　　　B916
A5判・266頁　本体4,000円＋税（〒380円）
初版2004年10月　普及版2010年4月

構成および内容：防汚技術の基礎／光触媒技術を応用した防汚技術（光触媒の実用化例 他）／高分子材料によるコーティング技術（アクリルシリコン樹脂 他）／帯電防止技術の応用（粒子汚染への静電気の影響と制電技術 他）／実際の応用例（半導体工場のケミカル汚染対策／超精密ウェーハ表面加工における防汚 他）
執筆者：佐伯義光／髙濱孝一／砂田香矢乃 他19名

※書籍をご購入の際は，最寄りの書店にご注文いただくか，㈱シーエムシー出版のホームページ（http://www.cmcbooks.co.jp/）にてお申し込み下さい。

CMCテクニカルライブラリーのご案内

ナノサイエンスが作る多孔性材料
監修／北川 進
ISBN978-4-7813-0189-1　　B915
A5判・249頁　本体3,400円+税（〒380円）
初版2004年11月　普及版2010年3月

構成および内容：【基礎】製造方法（金属系多孔性材料／木質系多孔性材料／吸着理論（計算機科学 他）【応用】化学機能材料への展開（炭化シリコン合成法／ポリマー合成への応用／光応答性メソポーラスシリカ／ゼオライトを用いた単層カーボンナノチューブの合成 他）／物性材料への展開／環境・エネルギー関連への展開
執筆者：中嶋英雄／大久保達也／小倉 賢 他27名

ゼオライト触媒の開発技術
監修／辰巳 敬／西村陽一
ISBN978-4-7813-0178-5　　B914
A5判・272頁　本体3,800円+税（〒380円）
初版2004年10月　普及版2010年3月

構成および内容：【総論】【石油精製用ゼオライト触媒】流動接触分解／水素化分解／水素化精製／パラフィンの異性化【石油化学プロセス用】芳香族化合物のアルキル化／酸化反応【ファインケミカル合成用】ゼオライト系ピリジン塩基類合成触媒の開発【環境浄化用】NO_x選択接触還元／Co-βによるNO_x選択還元／自動車排ガス浄化【展望】
執筆者：窪田好浩／増田立男／岡崎 肇 他16名

膜を用いた水処理技術
監修／中尾真一／渡辺義公
ISBN978-4-7813-0177-8　　B913
A5判・284頁　本体4,000円+税（〒380円）
初版2004年9月　普及版2010年3月

構成および内容：【総論】膜ろ過による水処理技術 他【技術】下水・廃水処理システム 他【応用】膜型浄水システム／用水・下水・排水処理システム（純水・超純水製造／ビル排水再利用システム／産業廃水処理システム／廃棄物最終処分場浸出水処理システム／膜分離活性汚泥法を用いた畜産廃水処理システム 他）／海水淡水化施設 他
執筆者：伊藤雅喜／木村克輝／住田一郎 他21名

電子ペーパー開発の技術動向
監修／面谷 信
ISBN978-4-7813-0176-1　　B912
A5判・225頁　本体3,200円+税（〒380円）
初版2004年7月　普及版2010年3月

構成および内容：【ヒューマンインターフェース】読みやすさと表示媒体の形態的特性／マイクロカプセル型電気泳動方式 他）／液晶とELの開発動向【応用展開】電子書籍普及のためには 他
執筆者：小清水実／眞島 修／高橋泰樹 他22名

ディスプレイ材料と機能性色素
監修／中澄博行
ISBN978-4-7813-0175-4　　B911
A5判・251頁　本体3,600円+税（〒380円）
初版2004年9月　普及版2010年2月

構成および内容：液晶ディスプレイと機能性色素（課題／液晶プロジェクターの概要と技術課題／高精細LCD用カラーフィルター／ゲスト-ホスト型液晶用機能性色素／偏光フィルム用機能性色素／LCD用バックライトの発光材料 他）／プラズマディスプレイと機能性色素／有機ELディスプレイと機能性色素／LEDと発光材料／FED 他
執筆者：小林駿介／鎌倉 弘／後藤泰行 他26名

難培養微生物の利用技術
監修／工藤俊章／大熊盛也
ISBN978-4-7813-0174-7　　B910
A5判・265頁　本体3,800円+税（〒380円）
初版2004年7月　普及版2010年2月

構成および内容：【研究方法】海洋性VBNC微生物とその検出法／定量的PCR法を用いた難培養微生物のモニタリング 他【自然環境中の難培養微生物】有機性廃棄物の生分解処理と難培養微生物／ヒトの大腸内細菌叢の解析／昆虫の細胞内共生微生物／植物の内生窒素固定細菌 他【微生物資源としての難培養微生物】EST解析／系統保存化 他
執筆者：木暮一啓／上田賢志／別府輝彦 他36名

水性コーティング材料の設計と応用
監修／三代澤良明
ISBN978-4-7813-0173-0　　B909
A5判・406頁　本体5,600円+税（〒380円）
初版2004年8月　普及版2010年2月

構成および内容：【総論】【樹脂設計】アクリル樹脂／エポキシ樹脂／環境対応型高耐久性フッ素樹脂および塗料／硬化方法／ハイブリッド樹脂【塗料設計】塗料の流動性／顔料分散／添加剤【応用】自動車用塗料／アルミ建材用電着塗料／家電用塗料／缶用塗料／水性塗装システムの構築 他【塗装】【排水処理技術】塗装ラインの排水処理
執筆者：石倉慎一／大西 清／和田秀一 他25名

コンビナトリアル・バイオエンジニアリング
監修／植田充美
ISBN978-4-7813-0172-3　　B908
A5判・351頁　本体5,000円+税（〒380円）
初版2004年8月　普及版2010年2月

構成および内容：【研究成果】ファージディスプレイ／乳酸菌ディスプレイ／酵母ディスプレイ／無細胞合成系／人工遺伝子系【応用と展開】ライブラリー創製／アレイ系／細胞チップを用いた薬剤スクリーニング／植物小胞輸送工学による有用タンパク質生産／ゼブラフィッシュ系／蛋白質相互作用領域の迅速同定 他
執筆者：津本浩平／熊谷 泉／上田 宏 他45名

※書籍をご購入の際は、最寄りの書店にご注文いただくか、㈱シーエムシー出版のホームページ（http://www.cmcbooks.co.jp/）にてお申し込み下さい。

CMCテクニカルライブラリー のご案内

超臨界流体技術とナノテクノロジー開発
監修／阿尻雅文
ISBN978-4-7813-0163-1　　　B906
A5判・300頁　本体4,300円＋税（〒380円）
初版2004年8月　普及版2010年1月

構成および内容：超臨界流体技術（特性／原理と動向）／ナノテクノロジーの動向／ナノ粒子合成（超臨界流体を利用したナノ微粒子創製／超臨界水熱合成／マイクロエマルションとナノマテリアル　他）／ナノ構造制御／超臨界流体材料合成プロセスの設計（超臨界流体を利用した材料製造プロセスの数値シミュレーション　他）／索引

執筆者：猪股　宏／岩井芳夫／古屋　武　他42名

スピンエレクトロニクスの基礎と応用
監修／猪俣浩一郎
ISBN978-4-7813-0162-4　　　B905
A5判・325頁　本体4,600円＋税（〒380円）
初版2004年7月　普及版2010年1月

構成および内容：【基礎】巨大磁気抵抗効果／スピン注入・蓄積効果／磁性半導体の光磁化と光操作／配列ドット格子と磁気物性　他【材料・デバイス】ハーフメタル薄膜とTMR／スピン注入による磁化反転／室温強磁性半導体／磁気抵抗スイッチ効果　他【応用】微細加工技術／Development of MRAM／スピンバルブトランジスタ／量子コンピュータ　他

執筆者：宮崎照宣／高橋三郎／前川禎通　他35名

光時代における透明性樹脂
監修／井手文雄
ISBN978-4-7813-0161-7　　　B904
A5判・194頁　本体3,600円＋税（〒380円）
初版2004年6月　普及版2010年1月

構成および内容：【総論】透明性樹脂の動向と材料設計【材料と技術各論】ポリカーボネート／シクロオレフィンポリマー／非複屈折性脂環式アクリル樹脂／全フッ素樹脂とPOFへの応用／透明ポリイミド／エポキシ樹脂／スチレン系ポリマー／ポリエチレンテレフタレート　他【用途展開と展望】光通信／光部品用接着剤／光ディスク　他

執筆者：岸本祐一郎／秋原　勲／橋本昌和　他12名

粘着製品の開発
—環境対応と高機能化—
監修／地畑健吉
ISBN978-4-7813-0160-0　　　B903
A5判・246頁　本体3,400円＋税（〒380円）
初版2004年7月　普及版2010年1月

構成および内容：総論／材料開発の動向と環境対応（基材／粘着剤／剥離剤および剥離ライナー）／塗工技術／粘着製品の開発動向と環境対応（電気・電子関連用粘着製品／建築・建材関連用／医療関連用／表面保護用／粘着ラベルの環境対応／構造用接着テープ）／特許から見た粘着製品の開発動向／各国の粘着製品市場とその動向／法規制

執筆者：西川一哉／福田雅之／山本宜延　他16名

液晶ポリマーの開発技術
—高性能・高機能化—
監修／小出直之
ISBN978-4-7813-0157-0　　　B902
A5判・286頁　本体4,000円＋税（〒380円）
初版2004年7月　普及版2009年12月

構成および内容：【発展】高性能材料としての液晶ポリマー】樹脂成形材料／繊維／成形品【高機能性材料としての液晶ポリマー】電気・電子機能（フィルム／高熱伝導性材料）／光学素子（棒状高分子液晶／ハイブリッドフィルム）／光記録材料【トピックス】液晶エラストマー／液晶性有機半導体での電荷輸送／液晶性共役系高分子　他

執筆者：三原隆志／井上俊英／真壁芳樹　他15名

CO_2固定化・削減と有効利用
監修／湯川英則
ISBN978-4-7813-0156-3　　　B901
A5判・233頁　本体3,400円＋税（〒380円）
初版2004年8月　普及版2009年12月

構成および内容：【直接的技術】CO_2隔離・固定化技術（地中貯留／海洋隔離／大規模緑化／地下微生物利用）／CO_2分離・分解技術／CO_2有効利用／CO_2排出削減技術】太陽光利用（宇宙空間利用発電／化学的水素製造／生物的水素製造）／バイオマス利用（超臨界流体利用技術／燃焼技術／エタノール生産／化学品・エネルギー生産　他）

執筆者：大隅多加志／村井重夫／富澤健一　他22名

フィールドエミッションディスプレイ
監修／齋藤弥八
ISBN978-4-7813-0155-6　　　B900
A5判・218頁　本体3,000円＋税（〒380円）
初版2004年6月　普及版2009年12月

構成および内容：【FED研究開発の流れ】歴史／構造と動作　他【FED用冷陰極】金属マイクロエミッタ／カーボンナノチューブエミッタ／横型薄膜エミッタ／ナノ結晶シリコンエミッタ BSD／MIMエミッタ／転写モールド法によるエミッタアレイの作製【FED用蛍光体】電子線励起用蛍光体【イメージセンサ】高感度撮像デバイス／赤外線センサ

執筆者：金丸正剛／伊藤茂生／田中　満　他16名

バイオチップの技術と応用
監修／松永　是
ISBN978-4-7813-0154-9　　　B899
A5判・255頁　本体3,800円＋税（〒380円）
初版2004年6月　普及版2009年12月

構成および内容：【総論】【要素技術】アレイ・チップ材料の開発（磁性ビーズを利用したバイオチップ／表面処理技術　他）／検出技術開発／バイオチップの情報処理技術【応用・開発】DNAチップ／プロテインチップ／細胞チップ（発光微生物を利用した環境モニタリング／免疫診断用マイクロウェルアレイ細胞チップ　他）／ラボオンチップ

執筆者：岡村好子／田中　剛／久本秀明　他52名

※ 書籍をご購入の際は、最寄りの書店にご注文いただくか、㈱シーエムシー出版のホームページ (http://www.cmcbooks.co.jp/) にてお申し込み下さい。